穀物の経済思想史

穀物の経済思想史

服部正治著

知泉書館

まえがき

本書は，18 世紀後半のアダム・スミス『国富論』から 20 世紀終盤までのイギリスにおける経済学ならびに政策展開の歴史的検証を通じて，穀物の意義に関する認識の変遷を明示し，あわせて穀物をめぐる国際関係の推移と経済学の性格の変化とを解明しようとするものである。

産業革命によって工業化と資本主義的生産の展開とを世界に先駆けて行ったイギリスは，自由貿易と植民地への資本・労働の移植とを通じて 20 世紀初頭には，食料の国外依存と国内農業人口減少とに表現される，農業の外部化を――当時，人口 4,000 万人を超える経済大国としては――その極限にまで進めた。国内・国際分業の進展は，自らへの食料供給を他者に依存する人口を増大させるとともに，資本主義的生産において自らの働く能力を再生産する役割を国民大衆自身の日々の生活に委ねたから，市場を通じた妥当な価格での恒常的な食料供給の維持が資本主義社会において果たす意義は明らかであった。スミスをはじめ多くの経済学者が食料，とりわけパンの材料である小麦の意義を重視したのは，食料が人間の生存にとって不可欠であるという根源的事実のみならず，国民が自らを労働力として再生産し続けるためには，食料を日々自らの体内に取り入れその代謝過程を通じて，社会的存在としての自らの労働力を陶冶するとともに，その中で資本のための労働力の供給を継続的に維持することの重要性を，彼ら経済学者が事実上認識し，前提にしていたからであった。

農業の外部化を極限まで進めたイギリスは，第二次大戦後は自らの経済力低下の中で再びその内部化を図り，EC 加盟による共通農業政策を通じて，小麦を始め主要食料の自給化を実現した。しかしこの内部化も，生活水準向上による食料の地位低下と内部化に伴うコスト増加とを背景に，食料生産過程における環境負荷的投入要素の多投ならびに栽培品種の限定，流通過程におけるアグリビジネスの支配，さらには消費過程における加工食品の増加によって，食料供給を他者（国内であれ外国であれ）に依存する国民大衆が，自らの日々の代謝過程を通じて社会的存在としての労働力＝人的能力を陶冶するという観点からは，多くの課題を残すものであった。第二次大戦中に設置されたイギリス食料省は，1955年に農業省に統合され農業・漁業・食料省（Ministry of Agriculture, Fisheries and Food）となったが，21世紀に至って環境・食料・農村地域省（Department for Environment, Food and Rural Affairs）に改編された。それは環境・地域を始め，新たに生起した問題への対応の必要を象徴するものであった。

筆者は，これまでに発表した著作で，本書の主題とかかわる問題についても論じてきた。本書はこの3年ほどの間に書き下ろしたものであるが，以前の著作での論点と部分的に重なる箇所もある。それらはすべて注で明示したうえで，本書の構成にしたがって組み替えられている。

目　次

穀物の経済思想史

序章　小麦パンの地位

1999年2月イギリスでは「パン戦争」が起きた。パンが不足して消費者の購入競争が起きたのではない。逆である。大手スーパーマーケット（アスダ，テスコ，セーフウェイら）が800gのスライスパンの価格をそれまでの17ペンスから7ペンスに引き下げたのである――ちなみに，日本のスーパーで一般に売られている4枚切り・6枚切りの食パンは，1斤340gが基準である――。このパンの原価は52ペンスと言われていたから，17ペンスでも原価割れ販売であったが，さすがに7ペンス・パンは世間の注目を集めた。牧羊業者がパンを羊の飼料に使用したとも報じられた[1]。7ペンスという価格は1963年当時のそれであった。なお2017年現在では，スーパーによって差があるが1ポンド前後で売られている。

新聞各紙は，「大手スーパーは7ペンス・パンのティ・パーティに参加」，「7ペンス・パンはスライスパン〔販売〕以来の最大の価格戦争」，「パン戦争は〔パン小売店の〕店じまいで終わる」と書き立てた。この時の為替レートは1ポンド＝190円程度であったから，800gのパンが13円ということになる。ちなみに当時のロンドン地下鉄ゾーン1の料金は1ポンド40ペンス（＝266円）であった。この事件は，イギリス食生活におけるパンの地位の低下を象徴するものであった。

同年4月18日の『インディペンデント』紙は「スーパーの戦争は小売業者を失業者の列に加える」という記事で，「価格戦争は人々の生活のなかでのパンの役割を変えつつある。スーパーはパンの重要性と品質を蝕（むしば）みつつある。消費者はパンをそれが〔7ペンスで〕なくても安い物

1）　A. Magnan, *When Wheat was King*, UBC Press, 2016, p.119.

だと考えはじめている。パンはわれわれの食事になくてはならないものなのに」という発言を報じている[2]。明らかにパンの地位は低下した。

家庭でのパン消費量は，1人週平均で，第二次世界大戦中の1718gから減少を続け1980年代中盤にはその半分になり，パン戦争のあった1999年には779g，そして現在（2015年）では543gと減り続けている。また支出金額では穀類全体の2割強，肉類全体の2割弱にすぎない。食料・飲料支出（除く外食，含むアルコール）に占めるパンの比率は4%程度である。ちなみにパンと並んで食卓にのぼることの多いジャガイモ・ジャガイモ食品消費量は675gで，それらへの支出はパンをわずかに上廻る[3]。

だが日本の米と同じように，時代を遡れば食生活におけるパンの地位は高かった。食物史家オッデイは19世紀前半には，「パンは生命の糧（staff of life）」であったと述べ，人々は一日1ポンド（= 454g）もしくはそれ以上のパンを食べた，と記している[4]。本書でパンという場合小麦パンを指すが，19世紀になっても小麦パン消費はイギリスでは地域差があり，スコットランドではオートミール（燕麦）消費が普及していたし，ウエールズでは小麦よりも大麦，ライ麦消費が勝っていた。さらに所得階層によって，また労働者でも都市と農村ではパンの比重は異なった。所得が低いほどパンの地位は高い。また農村ではとくにそうであった。しかしいずれにせよ，全体として当時の小麦パン優位の趨勢は明らかである。『パンとイギリス経済』と題する著作でピーターセンは，1770-1870年の1世紀を「小麦パンの時代」と呼んだ。イギリス産業革命から大不況の始まりまでのこの1世紀の間に，年間パン消費量は4倍以上になった。この増加分のうち人口増要因が3/4，残りがその他穀類から小麦パンへの切り替えによるものであった[5]。イギリス（グ

2）*The Independent*, The Supermarket Wars that put Small Shops on the Bread Line, 18 April 1999, p.18.

3）H.F. Marks (ed., D.K. Britton), *A Hundred Years of British Food & Farming*, Taylor & Francis, 1989, Table 9.5 ; *Family Food 2015*, https://www.gov.uk/government/statistical-data-sets/family-food-datasets.

4）Derek J. Oddy, *From Plain Fare to Fusion Food*, Boydell Press, 2003, p.4.

5）Christian Petersen, *Bread and the British Economy c1770-1870*, Scolar Press, 1995, p.4. なお，小麦以外の穀物から小麦パンへの切り替えは，イギリスを始めヨーロッパ諸国では19世紀中葉以降に加速する。イギリス国内でも，1800年にはスコットランドでは圧倒的にオート

レート・ブリテン）の人口はこの1世紀の間に850万人程度から2584万人へと3倍に増えていた。

19世紀末に小麦の自給率が23%になった事実を論じたある論説は，食料自給を唱える見解についてこう評していた。「こうした見解はたいてい，『食料』は『パン』と同義語であるという観念と結び付いていることがわかる。そして〔食料供給という〕問題をいわゆる命の糧の供給との関連でのみ論ずるという，過度に強調的な傾向が存在する」[6]，と。また20世紀の戦間期においても，生産者価格保証によって小麦生産拡大を目指した小麦法（1932年）を批判したある著書はこう述べた。この法律制定に当たっては，「パンは生命の糧であり，パンは小麦から作られる。したがって小麦は最重要な食料であり，その生産は保全されるべきである」という，経済的考慮を越える「ある特別な感情」が存在した[7]，と。

パンの地位の高さを明瞭に示した事例を，救貧法と呼ばれる貧民救済制度において1795年にバークシャ（南部イングランドの農業州）で成立したスピーナムランド制度に見ることができる。1795年はフランスとの戦争中であり，また不作で小麦価格が大きく上昇し，貧民の生活の困窮が一気に高まった年であった。同制度は貧民への教区からの救済額をパン価格に連動させた。同法には以下の決議文がある。長い文だがパン価格と生計費とを直接に関係させたことがわかる。

「重さ8ポンド11オンス〔≒3,944g〕の第2級粉のガロン塊のパンが1シリング〔=12ペンス〕のときには，すべての貧困にして

麦消費が優位を占めていたが，1世紀後には小麦の優位が確立している。またヨーロッパ全体をみても，国，地域，風土などによって加速の程度は異なるが，「長期的にはほとんどのヨーロッパ諸国で，小麦と小麦パンが他の種類の穀物・穀類料理にとって代わり，標準的な穀物・食用穀物となったことは議論の余地のない事実である」。E.J.T. Collins, Dietary Change and Cereal Consumption in Britain in the Nineteenth Century, *Agricultural History Review*, Vol.23, Pt.2, 1975, pp.105,114 ; Why Wheat ? Choice of Food Grains in Europe in the Nineteenth and Twentieth Centuries, *Journal of European Economic History*, Vol.22, No.1, 1993, p.12.

6）R.F. Crawford, The Food Supply of the United Kingdom, *Journal of the Royal Statistical Society*, Vol.62, Pt.4, 1899, p.19.

7）Viscount Astor and B. Seebohm Rowntree, *British Agriculture*, Longmans, 1938, pp.82-83.

勤勉な男性は彼自身の扶養のために，彼自身もしくは家族の労働によるかあるいは救貧税からの手当てによって週3シリング，彼の妻と家族一人ごとの扶養のために週1シリング6ペンスを得なければならない。/ ガロン塊のパンが1シリング4ペンスのときには，すべての貧困にして勤勉な男性は彼自身の扶養のために週4シリング，彼の家族一人ごとに1シリング10ペンスを得なければならない。/ そして，パンの価格が上昇あるいは下落するのに比例して，（すなわち）男性には3ペンスまた他の全家族一人ごとに1ペニーが，パン塊が1シリングを越えて上がったときの各1ペニーについて与えられる」。

こうして，男性は週3 × 3,944g分の，妻と子供はまずは各々1.5 × 3,944gの小麦パンに相当する額が生計維持に最低限必要と想定され，勤労収入の不足分を救貧手当で補填されることになったのである[8)]。

労働者の家計支出に占めるパンの割合はどれほどであったのか。個人消費についての信頼できるデータがとれるのは1870年以降なので，それ以前は断片的な調査例に頼るしかない。ピーターセンは，1760年代から1836年までの9例（内8例が1800年まで）の調査で家計費に占めるパンの割合を示しているが，それによると，特別に高い例（89%）を除くと4-6割の間であった[9)]。食物史家バーネットは『豊富と欠乏』という著書で，1843年の救貧報告の農業労働者家計（夫婦，子供4人）から，パンの割合が家計費の65%という例を示している[10)]。救貧対象者の場合には当然にパンの比重は重い。またピーターセンは，1793-1838年の期間の7年についてケント州（南部農業州）の農業労働者家計のうち食料・飲料費に占めるパンの割合も示しているが，それによると46.1-74.2%の間であった[11)]。調査の時期・場所・対象によってちがいは大きい。だが各家庭は，パン価格が高いときには「生命の糧」であるパンの消費量

8） George Nicholls, *A History of English Poor Laws*, New Edition, Vol.2, P.S. Kings & Son, 1898, p.131. 小山路男『西洋社会事業史論』光生館，1978年，104ページに引用。訳文は修正。

9） Petersen, *op.cit.,* p.241.

10） John Burnett, *Plenty and Want*, Nelson, 1966, p.26.

11） Petersen, *op.cit.,* p.5.

を維持しようとするので他の消費支出が減り，結果的に家計支出に占めるパンの地位は高まり，逆の場合は逆となるという状況は一般的であった。ちなみに74.2%という数字は1812年で，この年の平均小麦価格は1クォータ126シリング6ペンスと20世紀に至るまでの最高値を記録した。「小麦パンの時代」が始まった1770年代の2倍半の水準である。

19世紀後半以降については1860年，1880年，1914年の，労働者家庭における所得水準ごとの家計支出と食料費支出に関する調査がある。どの所得階層でも，食費の割合は6割程度である[12]。オッデイが記したように，「1914年以前には週当たりの食費が労働者家計所得の60-70%を占めるのは普通のことであった」。1913年の生計費調査では，所得水準によって異なるが，食費のなかの最大の支出品目は肉であり25-32%，次いでパンと小麦粉が20-25%を占めた。「小麦パンの時代」の終わりから，労働者家庭においても肉，ミルクをはじめパン以外のさまざまな品目への支出が増加したが，第一次世界大戦終了時まで「すべての所得水準の労働者家庭においてパンは主食の地位にとどまった」[13]。

食生活においてパンが高い地位を有していた「小麦パンの時代」に，パンの材料である小麦の自給率は100%から40%台に低下した。イギリスで全国的な穀物産出統計が整備されるのは1866年であったから[14]，それ以前について自給率を得るためには，人口統計と小麦輸出入統計と1人当たり年間小麦消費量の推定値とを用いて，小麦純輸入量から外国産小麦で扶養される人口数を推定し，自給率を概算するより手立てはない。本来自給率とは国民の総消費量に占める国産量の割合を意味するものであるが，上記の如く20世紀後半に顕著になったように，パンの総消費量は消費動向の変化とともに変化する。ところがここでは，1人当たり年間小麦消費量をある量と推定しておいて，総消費量の変動要因を人口数に収斂させているのであるから，言いかえると，各人口は一定量の小麦を消費するとしておいて，小麦輸入量から自給率を推定するので

12）友松憲彦『近代イギリス労働者と食品流通』晃洋書房，1997年，29ページ。

13）Oddy, *op.cit.,* p.55.

14）「19世紀イギリス農業史の大きなギャップの一つは，1866年の農業センサス以前の，全国的穀類生産高に関する満足のいく指標の欠如である」。Collins, Dietary Change, op.cit., p.97.

あるから，その数値は厳密なものとは言えない。しかしそれでも，以下の理由から「小麦パンの時代」については大まかな趨勢を示すことは可能である。

ピーターセンは「小麦パンの時代」における1人当たり年間小麦消費量を1クォータ（quarter. 容積の単位。1クォータ＝8ブッシェル≒218kg）と推定した。この1人年間1クォータ消費説は「小麦パンの時代」に幾人もの論者が主張していたものだが，ピーターセンは，パンだけに限定すると1クォータという値は高すぎる（0.784クォータが推定平均値）が，パン以外のパン菓子，ロールケーキなどを含めれば，根拠のある推定値だと結論している[15)]。「小麦パンの時代」の始期には小麦パンを主食とする人々の年間消費量はその終期よりも高かったと思われるが，他方で小麦以外の穀類を主食とした人口がそれを小麦パンに切り替える傾向が「小麦パンの時代」とともに進んだために，「小麦パンの時代」を通して社会全体の1人当たりの年間消費量はほぼ一定の値をとったと想定されるのである。

本書も，品目別産出高統計が整備されるまでの「小麦パンの時代」については，1人年間1クォータ消費説を採用する。1クォータをすべてパンとすると，小麦を製粉するときの歩留まり率によってちがいは出るが，1日当たり1人平均500g以上のパンを食べていた計算になる。0.8クォータがパンだとすると440g程度になる。どちらをとっても，オッデイの言うように，1日1ポンドもしくはそれ以上のパンを食べていた，ということになる。また自給率を推定する場合，1人1クォータ消費説をとろうと0.8クォータ説をとろうと，小麦輸入量が多くない場合には推定自給率には大きなちがいは出ない。しかし輸入量がつねに1,000万クォータを越える1870年代になると，2,600万人程度の人口のなかで，1,000万クォータの輸入で外国小麦扶養人口が1,000万人とするのか，1,250万人とするのかで，自給率の推定値には10%程度の差が出ることになる。

ここで，18世紀後半から現在までのイギリスでの小麦自給率について，あらかじめ以下の諸点を指摘しておきたい。

15） Petersen, *op.cit.,* pp.146,250.

①　17-18世紀後半に至るまでは小麦の自給国であり，輸出超過の年も多々あった。小麦の輸入国になるのは工業化の進展が速度を増した18世紀末である。しかしそれでも自給率は90%台後半であり，基本的には国内生産の不足分を輸入で補う程度であった。なお関税による小麦輸入への制限――いわゆる穀物法（Corn Laws）による農業保護――は1846年まで実施された。それ以降は登録関税と称する名目的関税（1クォータ1シリング）が課された後，1869年からは小麦輸入については無関税輸入が行われた。

②　19世紀に入って，穀物法による保護にもかかわらず，また国内生産量増加にもかかわらず，小麦輸入量は増大した。1800-20年代は年平均で60万クォータ程度であったが，30年代は150万クォータ，穀物法廃止直前の40年代前半は190万クォータとなった。輸入量増大の大きな理由は人口増加であった。イギリス（グレート・ブリテン）の人口は19世紀の間に1,069万人から3,709万人へと3倍以上になった。こうした状況下では，国内小麦生産量の増加と小麦輸入量の増大・自給率低下とが両立しえた。穀物法廃止直前の自給率は90%程度と推定される。

③　穀物自由貿易にもかかわらず，国内小麦生産量は1860年代前半までは減少傾向を示しつつも，ほぼ維持された[16)]。つまり国産小麦による扶養人口は大きな減少を示さなかった。だがそれが一挙に反転したのが1870年代に始まる農業不況であった。アメリカ大陸からの小麦輸入が激増し，国内生産は大きく減少した。1860年代には60%台であった自給率は，1870-80年代には40-30%台に低下し，世紀末には20%台となった。第一次世界大戦の前には「週末しか自給のできない国民（a nation of self-suppliers for the week-end only）」という言葉が生まれる状況であった[17)]。この言葉が表すように，小麦輸入は著しく増大した。

16)　Susan Fairlie, The Corn Laws and British Wheat Production, 1829-76, *Economic History Review*, Vol.22, No.1, 1969, pp.114-15.

17)　T.H. Middleton, *Food Production in War*, Clarendon Press, 1923, pp.1-2. ただし，ここでの「週末だけ」とは金曜の夜から月曜の朝までのことであり，小麦ではなくて食料全体について言われている。小麦だけなら，土曜の昼から日曜の夜まででであろう。ミドルトンが言うように，19世紀の幕開けにはパン供給者として「『堂々たる』地位」を占めたイギリス農

1861年の輸入量は825万クォータであるが, 1899年には2,227万クォータとなった。小麦価格も1860年代の1クォータ50シリング程度から20シリング台後半へと急落した。

④　20世紀の二つの世界大戦は小麦自給率の引き上げを強いた。1932年には上記の小麦法による生産拡大策が実施され，またオタワ英帝国経済会議で，それまでの小麦無関税輸入を改めて，帝国産は無関税・外国産は関税賦課（1クォータ2シリング）という特恵関税制度が採用された。ただし小麦への帝国特恵は，第二次大戦を目前に控えた1938年に廃止され，大戦中は無関税輸入が行われた。関税うんぬんよりも，いかにして必要な小麦輸入を確保するかが最重要の課題であった。永久牧草地への小麦作付奨励策や食料省による保証価格での小麦買取政策によって，第二次大戦中には自給率は40%程度にまで上昇した。

⑤　第二次大戦後も小麦の無関税輸入を行う一方で，戦中の小麦生産奨励策——政府と生産者との協議で決められる生産者価格と市場価格との差額を不足払いという形で国庫から補填する——が維持された。20世紀の小麦自給率については，世紀初めの25%から第二次大戦直後の30%，そしてEC加盟時（1973年）の52%と順調に増した自給率は，EC共通農業政策のもとで1980年代には100%に回復した[18)]。そして21世紀の現在では，イギリスは小麦輸出国である。2010年の小麦純輸出量は220万トン（≒100万クォータ），金額にして2億8,300万ポンドであった[19)]。

こうしてみると，イギリスの小麦自給率は18世紀前半の100%から19世紀末の20%台へと低下し，20世紀には二つの世界大戦をはさんで一定の上昇を示したのちに，世紀終盤には再び100%になり，21世紀には100%を越えて輸出国化するという，大きな変化を記録したわけである。

業者は大戦前には「食料供給へのマイナーな貢献者」になっていた。

18）David Grigg, *English Agriculture*, Basil Blackwell, 1989, p.9.

19）*Agriculture in the United Kingdom 2013*, tables 13.2, 13.3. https://www.gov.uk/government/uploads/system/uploads/attachment_data/file/315103/auk-2013-29may14.pdf. ただし，2012・13年は不作のために，長らく続いた小麦の輸出国から輸入国化したが，2015年から再び輸出国である。

小麦自給率100%への回復を達成した1983年の『ガーディアン・ウィークリ』紙（7月24日付）は，1940年代後半の，なお人力に頼ることの多い収穫風景と現在の機械化が進展したそれとを対比したうえで，以下のように述べた。「飢餓という恐れはほとんど意味をなさないほどにイギリスでは完全に除去されている。事実，現代農業の達成は目覚ましく，たとえイギリスが自国資源に頼ることになり，自らを養うことを余儀なくされたとしても，それは可能である。われわれは小麦生産において，また毎日のパンにおいて自給状態にあり，過去数年間にわたって大麦の輸出余剰を有してさえいる」[20)]，と。

2年後の『エコノミスト』誌の一論説は，小麦の自給率が143%，大麦のそれが163%という数字をあげながら，過剰という問題を指摘するに至った。すなわち，「豊富は現在では問題である。イギリスは自国の食料をこれ以上輸出することはできない。なぜならば，これ以上の輸出にかかるコストはECを破産させるだろうからである」。イギリス農業者は，面積当たりの，また労働投入当たりの産出高の点では世界で最も高能率の生産者となったが，投入エネルギー当たりの産出高は低下している。「疑問の余地のないことは，農業がエネルギー集約的で，高コスト高産出ビジネスになった」という事実である[21)]。EC共通農業政策による輸入課徴金という保護のもとでの小麦自給の達成は，同時に過剰問題の顕在化を伴った。さらに留意しておくべきは，現在国内向けに供給される小麦（輸出を除く）の過半が飼料用であるという現実である[22)]。

本書では，こうした穀物をめぐる状況の大きな変化のなかで，各時代の経済学者ならびに政策担当者たちが，穀物供給という問題をいかに理論的に把握し，そのうえで穀物貿易ならびに穀物生産に関するいかなる政策提言を行ったのか，さらにそうした政策の実施がもたらす結果をどのように想定していたのか，を明らかにしたい。一国の食料政策の目的が，ある時点での栄養基準に基づく各種食料を国民全体に安定的に供給

20）*Guardian Weekly*, Fair Prospects of a Splendid Harvest, 24 July 1983, p.19.

21）*Economist*, Technological Fix, 2 November 1985, p.41.

22）*Agriculture in the United Kingdom 2016*, table 7.2. 2016年の国産小麦に占める食用小麦の割合は41%である。それでも20年前からみれば，食用小麦の割合は10%以上増加している。Cf. *Agriculture in the United Kingdom 1996*, table 5.1.

することにあるとすれば，本書は穀物＝小麦を中心とするイギリス食料政策論の歴史ということになるが，食料政策それ自体とともに経済学者や政策担当者が経済全体のなかでの穀物の占める地位をいかに認識していたのかに重点を置いて分析したい。この意味で本書の題名を『穀物の経済思想史』としている。

経済学が人間の織り成す社会的行為の結果としての社会の物質代謝過程を総体的にとらえようとする限り，人間の存在を，すなわち労働力の再生産を可能にする食料，そのなかでも穀物は最重要な位置を占めるはずである。それは経済学の歴史における，農業のみが生産的と論ずるいわゆる重農主義とは別のことである。生産力上昇の結果，生活水準が上昇すると，人間存在にとっての穀物の地位は低下する。こうした事態を経済学はどのように把握し，それが経済学の性格にどのように反映されてきたのか。この点を考える材料が得られれば，本書の目的は達せられる[23)]。

なお本書がイギリスの経済学者のみを対象としていることについて，その理由を一言述べておきたい。第一に，資本主義が最も典型的に発達し，その結果経済学の母国となったのがイギリスであったこと。第二に，穀物の供給が，18 世紀後半の自給状態から 19 世紀末の圧倒的な海外依存状態（あわせて農業人口の激減），そして 2 世紀を経て再び 20 世紀末の自給へと極めて大きな変動を経ることで，穀物供給についての国民の関心が高まり，穀物供給の国民経済にとっての意味について経済学者や政治家などからのさまざまな見解が，いわば典型的に示されたこと。そして経済学者たちの見解の中に，時々の穀物供給の国際的環境が明瞭に投影されていること。この点では，農業人口が多く伝統的に農業大国であるフランスとは事情が異なる。第三に，この結果，経済学の発展が――19 世紀末までは――穀物供給問題となんらかの関連をもって行われたこと。またその後の，穀物供給問題との関連の喪失自体が，経

23）筆者は本書のトルソとして，「イギリス経済思想史における穀物」経済学史学会編『古典から読み解く経済思想史』ミネルヴァ書房，2012 年，所収，を発表している。同じく筆者は，第二次大戦前後のイギリス食料政策論を対象とした『イギリス食料政策論――FAO 初代事務局長 J.B. オール』日本経済評論社，2014 年を公刊している。なお，イギリス農業の歴史的展開と現代の課題に関して簡明には，道重一郎「現代イギリス農業の形成と展開」『共済総合研究』53 号，2008 年，を参照。

済学の性格の変化を逆に表現していると考えられること。

以上である。なぜイギリスなのかという問いに本書全体で答えるべく筆を進めたい。

第1章

自由貿易論における穀物

――アダム・スミス――

1 『国富論』における国内分業と国際分業

国内取引の自由と国際貿易の自由とを一体のものとして，自由貿易（free trade）の有効性を体系的に基礎づける経済学を打ち立てたのはアダム・スミス（Adam Smith）の『国富論』（初版1776年）が最初であろう。この場合の「取引」も「貿易」もともにtradeである。もともとtradeは経済活動一般を意味しており，国内での取引＝経済活動の成果が国境を越えると貿易ということになる。スミス以前にも国際貿易の自由の主張はあったが，それが国王からの貿易特許権を付与された東インド会社のような，特権会社の利害を反映する場合には，特許権の開放が自ら主張されることはなかった。また国内取引＝経済活動の自由に基づいて生産力を増した製造業の場合でも，外国の低賃金に依拠する低価格の製品との競争に耐える基盤が形成されて，国際貿易の自由を主張することがようやく可能になった。17-18世紀においては，イギリス製造業の賃金はフランスのそれの2倍と考えられていた。この2倍の壁を越えるためには，産業革命による機械的生産力の上昇が前提とされねばならなかった。

国内取引の自由と国際貿易の自由を，分業（division of labour）の利益に基づいて，しかも分業の原語が示すように，富を生産するのは労働＝勤労であるという根本的認識に基づいて，前者のもたらす国内分業と後者のもたらす国際分業とを一体のものとして説明した以下の文章を引用することから，経済学の古典中の古典である『国富論』において穀物がいかに論じられているのかを考えたい。

> 「国産品が外国の勤労の生産物と同様に安く国内市場に提供されるならば，規制は明らかに無用である。もしそうできない〔=外国産のほうが安い〕としても，規制は一般に有害にちがいない。買うよりも自分で作る方が高くつくものは，自分のところで作ろうとはしないというのが，慎慮ある家長のやり方である。仕立屋は，自分の靴を自分で作ろうとはしないで靴屋から買う。靴屋は，自分で服を仕立てようとはしないで仕立屋に作らせる。農民は靴も服も自分で作ろうとはしないで，それぞれの職人に作らせる。彼らはみな，自分の勤労のすべてを多少とも勝っている方面に用い，その生産物の一部でもって……自分たちが必要とする他の品物を買う方が彼らの利益に叶うことを知っている。
>
> 　およそ私人が一家を治めるにあたって慎慮あるやり方とされるものが，一大王国を治めるうえにおいて愚かなことであるはずがない。もし外国が，ある商品をわれわれ自身が作るよりも安く供給できるならば，われわれは，彼らに比べて多少とも勝っているような仕方で自国の勤労を活動させ，勤労の生産物の一部でもってその商品を当の国から買う方がよい。こうしたところで，国の全勤労はそれを働かせる資本につねに比例しているのだから，上述の職人たちの場合と同様，それが減少することはないであろう。ただ勤労が最大の利益を伴って使用される方法を見出すように放任されているだけなのである」（*WN* pp.456-57. 訳Ⅱ 122-23 ページ）[1]。

この文章は『国富論』第4編2章におかれて，いわゆる重商主義の貿易規制（=輸入制限）による国内市場の独占を批判するものである。

1）『国富論』からの引用・参照は，*WN* と略記しグラスゴウ大学版『国富論』（R.H. Campbell and A.S. Skinner ed., Adam Smith, *An Inquiry into the Nature and Causes of the Wealth of Nations*, Clarendon Press, 1976）のページ数と大河内一男監訳版（中央公論社，1976年）の巻数，ページ数とを本文中に記す。訳文は適宜手を加えている。以下すべての引用文について同じ。

議論は端的で，国内取引においても国際貿易においても，自らの勤労を生産性の高い方向に振り向けて，勤労の生産物を相互に自由に（=「規制」なしに）交換することが，相互の利益であることが主張されている。そして国内取引の例では，仕立屋，靴屋そして農民が登場することから，国内での工業者間の分業に加えて，農業者・工業者間の分業もが想定できるように描かれている。しかも仕立屋，靴屋，農民に加えてその他の生産者をいくらでも追加できるから，国内分業の拡大に限界を置く理由はない。

だがスミスが示した国際貿易の例から，国内分業と同様の国際分業の拡大が想定されている，と言えるのだろうか。スミスは，穀物や畜牛，塩漬肉を例に出して，農産物の国際分業の限界を工業製品と対比して以下のように述べている。「工業製品，それも特に比較的精巧な種類のものは，穀物や畜牛よりも容易に一国から他国に輸送できる。だから外国貿易は，主として工業製品を運搬し取引するのである。工業製品の場合は，ほんのわずかでも有利な条件があれば，わが国内市場においてさえ，外国人がわが国の職人よりも安く売ることができる。だが土地の原生産物の場合には，外国人がそうできるためには，極めて大きな利点が必要である」（*WN* p.459. 訳Ⅱ 126 ページ）。工業製品の自由貿易の場合には，外国との競争で特定の製造業が敗北し資本と労働の転用を余儀なくされることもありうる。つまり，工業製品の場合には論理的には国際分業の限界はありえない，と主張される――ただし 18 世紀のこの時代にあっては，実際には，工業製品貿易を含めた全外国貿易の大きさは全国内取引＝国内市場に比べれば極めて小さかったことに留意しておくべきである[2)]。

だが農産物に関しては，国内取引に占める外国貿易の割合ははるかに小さい。スミスはこの事情を以下のように表現している。「だが土地

2） 外国貿易に比したイギリス国内市場の成熟は当時の経済学者が明確に認識したところである。小林昇「重商主義」『小林昇経済学史著作集 Ⅰ』未来社，1976 年，403 ページ以下。18 世紀初期についてであるが，ホブソンは各国の産業組織が「かなりの程度に自給的，したがって同質的な国民的形態」にあり，国民的産業の特化がほとんど見られないことを指摘している。John A. Hobson, *The Evolution of Modern Capitalism*, 12thed., George Allen & Unwin, 1954（1sted., 1894），p.34. 住谷悦治・阪本勝・松澤兼人訳『近代資本主義発達史論 上』改造社，1932 年，69 ページ。

の原生産物については，最も自由な輸入が行われても，自国農業に対して，工業製品の場合のような影響を及ぼすことはありえないであろう」(*ibid.*)。その理由は，畜牛――生肉ではなくて生きた牛――の場合には陸路よりも海路の方が輸送費が高いうえに，陸路でも市場までの移動において畜牛が痩せてしまうからである。塩漬肉に加工しても，その品質は生肉に劣るし，塩漬けのコストは大きいからである。続いてスミスは，穀物に関しても自由貿易の国内農業への影響は極めて小さいと述べ，穀物に関する国際分業の成立に限界を置く。

「外国産穀物の輸入を自由にしても，グレート・ブリテンの農業者の利害にはほとんど影響しないであろう。穀物は生肉よりもずっと嵩張る商品である。……穀物が著しく不足した時でさえ，輸入された外国産穀物の量がわずかであったことは，穀物の最も自由な輸入でさえなんら恐れる必要がないことをわが国農業者に確信させるに足るものであろう。穀物貿易に精通していて，これに関する論説の著者によれば，年平均輸入量は各種の穀類を合わせて，23,728クォータにすぎず，年消費量の1/571を超えていない」(*WN* p.461. 訳Ⅱ 129ページ)。しかも名誉革命後に制定された1689年穀物法の穀物輸出奨励金は，国内豊作時の余剰の輸出を促して国内在庫を減らし不作時の輸入を増加させる傾向があるが，輸出奨励金を廃止して穀物の自由貿易を行えば，豊作時の在庫のおかげで不作時の輸入は減るはずであり，農業者への影響はさらに減る。

スミスがこの文章で言及した穀物貿易に関する論説とは，チャールズ・スミス（Charles Smith）『穀物貿易ならびに穀物法に関する三論説』（1766年，第2版）である。そこでCh. スミスは，1697-1765年の全穀物年平均輸入量が23,728クォータで，年平均消費量は13,555,850クォータであるとして，年平均輸入量は消費量の約1/571と，また年平均穀物輸入量は輸出量（= 422,352クォータ）の1/18としていた。小麦について言えば，年平均消費量は384万クォータ，輸出量は210,771クォータ，輸入量は4,168クォータであった。以上の議論においてCh. スミスは，イングランドとウエールズについて，1689年以降小麦パンが庶民の食物になってきたが，1764年現在においても小麦パンが国民全体の食料になってはいないと述べ，600万人と想定した人口のうち375万人が年1クォータの小麦を，89万人が1クォータ1ブッシェルのライ麦,

74万人が1クォータ3ブッシェルの大麦，62万人が2クォータ7ブッシェルのオート麦（燕麦）を食べると想定している[3)]。

以上の『国富論』の議論でまず留意すべきは，穀物が嵩張る商品であり大量輸入が困難であることを根拠に，そもそも穀物貿易はイギリスの生産量・消費量からみれば限界的なものであるという現状認識が示されていることである。そしてそのうえで以下の二つの点を確認できる。第一に，17世紀末から1764年までの期間は，不作の年に少量の穀物輸入があるにしても全体として，イギリスは小麦を含めて穀物輸出国であった。第二に，イギリスが輸出国であるとしても，平均的には，年消費量との割合で言えば，穀物全体ではその比率は高くなかった――ただし後に重要な論点になるが，短期間で飢える存在としての人間にとっては，また需要の価格弾力性が低い穀物にあっては，平均では処理しきれない問題が残ることになる――。

『国富論』が記したように，「文明国では，穀物は年々の消費額が最も大きい商品であるから，その生産には，他のいかなる商品の生産よりも多量の勤労が年々用いられている」が，「自国民の生活資料に十分な量をはるかに超えるほどの原生産物を生産する国はほとんどない」のが，イギリスを含めたヨーロッパの文明諸国の現実であった。スミスは，「穀物の外国貿易は国内取引に比べていかに重要性が小さいか」を十分に認識していた。「どこの国でも，国内市場は，穀物にとって最も近くて最も便利な市場であり，かつまた，その最大にして最重要な市場でもある」（*WN* pp.445,525-26,535-36. 訳Ⅱ 104,235,250,252ページ）という言葉がこの認識を明瞭に示している。当時における穀物貿易は全体として，イギリスはもちろん，各国の生産量・消費量のなかで限界的なものにとどまったのである。

3） Charles Smith, *Three Tracts on the Corn-Trade and Corn-Laws*, 2nd ed., London, 1766, pp.139-40,144-45,185. ただしバーンズが指摘したように，この数字の正確さには留保をつけなければならない。その理由は，① 年平均消費量の算定に当たって，この期間（1697-1765年）のイングランドとウエールズの人口を事実上600万人としているが，この期間の始期は550万人，終期は740万人と推定される。また1人当たりの消費量を定常量としている。② 1730年までの穀物輸出量はほとんど無視しうる程度であり，この期間全体の単純平均は誤解を招く。例えば，小麦輸出量が95万クォータと最大を記録した1750年は，輸出量は年消費量の1/4，また1760-64年の平均では1/10分と推定できる。D.G. Barnes, *A History of the English Corn Laws 1660-1846*, Routledge, 1930, reprinted in 1965, p.30.

この点は，母国との間の農工分業関係の下で行われる植民地（北アメリカ）貿易についても，植民地からの農産物輸出は母国農業（とくに穀物，家畜）に打撃を与えない，むしろ奨励するとのスミスの主張からも確認される。航海条例による非列挙商品に穀物は含まれるものの，当時においては植民地からの輸出農産物は基本的に植民地の特産物であり，こうして，植民地貿易は母国ヨーロッパの製造業を奨励することを通じて間接的に母国農業を奨励すると結論される。すなわち，植民地貿易によって利益を得る母国の製造業者は自国農業に対する新たな販路を提供し，「あらゆる市場の中で最も有利な市場，つまりヨーロッパの穀物，家畜すなわちパンおよび食肉のための国内市場は，こうしてアメリカとの植民地貿易のおかげで，おおいに拡張される」（*WN* p.609. 訳Ⅱ 376 ページ）のである。ここには 1 世紀後に生じる，アメリカからの大量穀物輸入はまったく想定されていない。

18 世紀後半に至るまでイギリスが穀物自給国・輸出国であることは，またそのなかでの穀物貿易量の限界の存在は，スミスをはじめ当時の内外の多くの論者が共有していた認識であった。そうした認識の例をいくつか紹介しておく。

○　ダニエル・デフォー（Daniel Defoe）『イギリス経済の構図』（1728 年）:「正当にも穀物国（a Corn Country）と呼ばれうるグレート・ブリテンは，市場が見出されるかぎりどこへでも穀物を送れるようにつねに準備している。……〔オランダはもとより，フランス，スペイン，ポルトガル，イタリーなど〕どこであれ，もし外国で穀物の収穫が不作のことがあれば，われわれはいつでもそれを供給するための手持ちがある。イングランドとスコットランドが全般的な不作のため，輸出を止めなければならないというようなことは極めて稀である。/ ……したがって，この穀物輸出という項目は，その大きさに比例して，わが経済の最も有利な部門の一つである」[4]。

○　フランソワ・ケネー（François Quesnay）「穀物（経済学）」（1757

4） Daniel Defoe, *A Plan of the English Commerce*, London, 1728, pp.231-32. 山下幸男・天川潤二郎訳『イギリス経済の構図』東京大学出版会，1975 年，214-15 ページ。

年)：「イギリスにおいて，小麦価格の変動が何故こんなにもわずかであったかは容易に了解されるところである。すなわちイギリスにおいて農業は非常に大きな進歩を遂げたので，収穫がどんなに少なくても住民の生活資料としてはつねに有り余るほどある」[5)]。

○　ジョウゼフ・ハリス (Joseph Harris)『貨幣・鋳貨論』第一部 (1757年)：イングランドの小麦やトルコの米などは，長期の場合の「諸物の価値の変化を判定するのに最適の尺度である」。「イングランド……では，小麦は時代の好みで生産の変わることがなくまた偶然に産出されることもない，恒常的で最も一般的な食料である。だが農業者たちはこれを，予測できる限り消費に釣り合わせようと，ある時には多くある時には少なく播種するのであり，このためにそれは，特に7年とか12年とかをまとめてみる場合には……，何物にもまして必然的にその消費にぴったりと釣り合いを保つこととなる。たとえ季節上の変事によるある年の作柄の豊凶がその前年ないし次年の収穫とあるいはおおいにちがうことがあろうとも，そうなのである」。そしてハリスは，イギリスの主要生産物として，真っ先に「あらゆる種類の豊富な食料」をあげている[6)]。

○　ジェイムズ・ステュアート (James Steuart)『経済の原理』(1767年)：「ヨーロッパでは，イングランドほど穀類を豊富に生産する国はそう多くないと私は信じている」[7)]。「イングランドでは輸入が必要となるほど価格が高騰したことはけっしてなかった。そこでは今世紀の初頭以来，生活資料の価格がどんなに高い年でも，最下層の製造業者にしろ，日雇労働者にしろ，私がみてきたヨーロッパのあらゆる国で彼らと同じ階層に属する大多数の人々の実際の暮らしと比べて，より良い生活を

5) *François Quesnay & La Physiocratie*, II, Institut National D'études D'émographiques, 1958, p.474. 島津亮二・菱山泉訳『ケネー全集第2巻』有斐閣，1952年，70-71ページ。

6) Joseph Harris, *An Essay upon Money and Coins*, Part I, London,1757, pp.26,62. 小林昇訳『貨幣・鋳貨論』東京大学出版会，1975年，27,64ページ。ハリスはこの文章をJohn Locke, *Some Considerations of the Consequences of the Lowering of Interest*, London,1691からの引用に近い要約として記している。田中正司・竹本洋訳『利子・貨幣論』東京大学出版会，1978年，71-72ページ。

7) James Steuart, *An Inquiry into the Principles of Political Economy*, Vol.I, London,1767, p.109. 小林昇監訳・竹本洋他訳『経済の原理―第1・第2編』名古屋大学出版会，1998年，100ページ。

送っているであろう」。「イングランドは最も作柄の悪い年でもその全住民にとっての最小限の生活資料を生産する……。/ 事実はまさにその通りだと，私は理解している」（強調は原文）。

ステュアートは，スミスと同じく上述のCh. スミスの数値例を詳しく紹介し，過去最大の穀物合計輸入量を記録した1757年でも，それは151,743クォータで，「イングランドの国民の通常の消費量の89分の1にも達せず，彼らの生活資料の4日と2時間24分に相当するものである」と記し，その割合が極めて小さいことを強調している[8]。また，穀物輸出入量の限界に関してはこう述べられている。すなわち，オランダを除く「ヨーロッパのたいていの国では，その国で生産される食物はほとんどその住民によって消費される。ここでほとんどと言うのは，輸出される部分は国内消費に対しては小さい割合しかもたないことを意味する」（強調は原文）。「全ヨーロッパをひとまとめにして考えれば，全体の生産物がその住民によっておおむね消費されるのであって，したがって全般的な不作に見舞われた年に，他の国民が飢えているというのに，どこかの国民が飽食を許されるということは……不可能ではないにしても，非常に難しいであろう」[9]。

○　アーサー・ヤング（Arthur Young）『政治算術』（1774年）：ヤングは，エンクロージャに基づく大農経営が生み出すイギリスの高い穀物生産力を前提にして，「生存に不可欠な食料の価値を与える生業（employment）を人口が得られるならば，国内における食料の量〔の存在〕はつねに当然のことと考えて，私は食料という論点を問題から外そうと言うのである。好むだけ人口を増加させれば，食料はそれとともに増加するであろう」と述べて，後に論ずるマルサス人口論的な問題の立て方を一歩超えた理解をしていた。高い穀物生産力という環境で生まれた人口は，この環境を活用して必ず穀物を生産する，と言うのである。「〔名誉〕革命後にわが王国で生じたにちがいない人口の増加にもかかわらず，そしてそれに加えて奢侈品の浪費や穀物の輸出にもかかわらず，

8）*The Works, Political, Metaphisical, and Chronological, of the late Sir James Steuart of Coltness, Bart. &c.*, Vol.I, London, 1805, pp.147,151-52, Vol.II, p.209. 同上訳 103,106,447ページ。

9）Steuart, *op.cit.*, pp.109,293. 同上訳 100,267ページ。

穀物価格は低下した」というのがヤングの現状認識である。

穀物輸出奨励金こそが，豊作時の穀物価格の過度な低下を抑えて価格の安定をもたらし，農業者に「手近の市場と収益のあがる十分な価格」とを保証し，その結果穀物生産の拡大をもたらした。この意味で彼にとっては，穀物輸出奨励金はイギリスの「政策上の最も注目すべき偉業の一つ」というべきものであった。1741-56年にかけて豊作が続いた時期に，輸出奨励金がなかったならば，農業者は小麦の作付を停止し，その後に価格の暴騰が起こったはずであった。だが奨励金が「価格により大きな安定」を与え，その結果小麦生産が拡大し，むしろ小麦価格は低下した。総じて「われわれの政策（police）の目的は，生産者のために穀物があまりに低く下落しないようにしつつ，消費者のために適度な価格を維持することである」。

ヤングにおいては「穀物価格の均等化は〔穀物の自由〕輸入によってではなくて，〔穀物輸出奨励金→価格安定→需要に応じた〕生産〔の拡大〕によって調整されるべきもの」であった。イギリスが穀物輸出国であることは，ヤングには自明のことであった。それは彼が，穀物生産を自ら放棄して穀物輸入国化を進めたオランダとイギリスを対比させて以下のように論じたことからも明らかである。すなわち，「穀物に関してはオランダは二つの利害，すなわち商業と消費という利害しかもたない」。これら二つの利害にとっては「穀物は安ければ安いほど良い」。ところが，「イギリスの場合には事情はまったく異なる。われわれには，〔商業と消費という〕二つの利害のいずれとも並んで十分な注意が払われて然るべきもう一つの利害がある――それは農業という利害であり――，オランダではまったく問題にされていない利害なのである」[10)]，と。

以上紹介したところからも理解されるように，『国富論』の時代まではイギリスは穀物自給国・輸出国であった。スミス自身，イギリスでは，17-18世紀の初め以降農業への資本投下が進んだ結果，現在では

10）Arthur Young, *Political Arithmetic*, London, 1774, pp.28,29-31,69,193,276-77,278. スミスも記したように，「オランダがその富のすべてのみならず，必要な生活資料の大部分をも外国貿易から得ていることは，人も知るところ」であった（*WN* p.497. 訳II190ページ）。

「国内市場の需要が必要とするよりも多量の穀物」を生産することが普通であると述べている。さらにスミスは，「それでも，現在なお国土の極めて大きい部分が未耕のままであり，そしてそれにも増して大きな部分は，今なお，そうあって然るべきよりもはるかに劣った耕作の状態にある」と記して，今後の国内農業の拡大を想定している。国内穀物取引に対する現在の諸規制が除去されれば，「この事情の変化だけで，国土全体に生じる〔農業の〕改良がいかに大きく，いかに広範囲で，そしていかに急激なものであるかは，おそらく想像を超えるであろう」というのが，イギリス農業生産力に対する『国富論』の認識であった（*WN* pp.144,372,424,532. 訳Ⅰ 213,582, Ⅱ 68,246 ページ）。

ここには，自由貿易に基づく国際分業の拡大がもたらす利益という論理は存在しても，自由貿易の結果イギリスが穀物の大量の，そして恒常的な輸入国になるという認識はなかった。

2　地代論 ――『国富論』における穀物　1[11)]

以上の穀物に関する生産，国内取引，外国貿易の状態をふまえたうえで，『国富論』において穀物がどのように位置づけられているのかを検討したい。

『国富論』という経済学体系の特質の一つとして，自らが分析の対象とした，資本家と賃金労働者が分離した資本主義の社会（スミスの表現では文明社会 civilized society）の成立過程が，同時代人のヒューム（David Hume）やステュアートに倣って農業者から工業者が分離する過程として[12)]，つまり社会的分業の拡大＝商品生産の拡大過程として把握され，

11）以下の二つの節は，服部「『国富論』における穀物」『立教経済学研究』65 巻 2 号，2011 年と内容的に重なる部分がある。

12）ステュアートは，農工分離過程の進展を二つの階級の商品交換として把握した。ひとつは，土地や農業用具などの生産手段を所有する農業者（farmer）であり，もうひとつは農業者が自らの消費部分を超えて生産した余剰部分と交換される工業製品などを生産し，食料を自ら生産する必要から逃れている人々である。そしてステュアートは，後者に対してフリー・ハンズ（free hands）という名称を与えた。すなわち，「後者を私はフリー・ハンズと呼ぶことにする。というのは，彼らの仕事は，社会の諸欲望に適応した労働によって，農業者の剰余のなかから自らの生活資料を獲得するためのものであって，その故に，社会の欲望

そしてこうした把握に基づく社会をみる眼が文明社会の分析においてつねに背後に存在する点があげられる。分析対象の社会をその社会成立の過程＝歴史の眼を通して理解するということは，その社会の本質理解において極めて重要である。だが同時に，文明社会成立の過程をすでに成立した文明社会の運動法則に基づいて論理化する場合には，文明社会の運動法則の理解において恣意的と思われるような想定を置く必要を生むこともありうる。その一つの例が『国富論』における地代把握である。

資本主義の社会における地代の分析は『国富論』第1編11章で行われる。『国富論』第1編はいわゆる理論編であり，11章「土地の地代について」は分業論，価値・価格論，賃金論，利潤論に続いてこの編を閉じる章である。この意味で，資本主義の社会の三大所得範疇の分析の最後に当たる部分である。だがその全体像を把握するのは容易ではない。その理由は，この章でスミスは，粗放な農業の段階から文明社会に至る歴史的過程のなかでの地代成立と文明社会成立後の地代の変動とを，一体のものとして説明しているからである。以下にその内容をI-Vのように整理したうえで，その説明のなかでスミスが穀物にいかに重要な地位を与えているのかを明らかにしたい。なお，『国富論』第1編11章に関わる引用・参照箇所については，長文にわたるもの以外は該当箇所の表示を省略する。

I　文明社会においては，地代は「ひとつの独占価格」であり，農業者が地主に地代を支払いうるだけの高さの価格が成立する結果である。とすると，こうした価格の成立の成否が地代成立の成否を規定する。さて，人間の生存に必要な食・衣・住に関わる財のうち，「食料に対してはつねに多少なりとも需要がある」。人間は他の動物と同じく，食料に比例して増殖し，増加した人口は食料を需要するからである。人口はつねに食料を需要するという，この関係を逆に表現すると，「食料はつねに，大なり小なりの労働を購買ないし支配できる」ということになる。ただしこの場合，購買・支配できる労働の量はその時々の賃金水準によって異なる。18世紀になってイギリスの貨幣賃金は上昇し，実質賃

に応じて彼らの仕事はさまざまであり，またこれらの欲望も時代の精神に応じて多様でありうるからである」。Steuart, *op.cit.*, p.31. 前掲訳29ページ，強調は原文。

金もかなり上昇している。しかし,「食料はある種類の労働がその地方で通常維持されている程度（rate）〔＝賃金・生活水準〕に応じて，その食料が維持しうるだけの労働量をつねに購買しうる」。ほとんどの土地は，賃金がどんなに高くても,「食料を市場にもたらすのに必要な労働のすべてを維持するに足る以上の量の食料を生産する」（*WN* p.162. 訳Ⅰ 245ページ)。

しかも，この剰余は食料生産に使用された賃金部分を含む資本をその利潤とともに回収する以上の額になり，利潤とともに資本を回収した以上の剰余が地代になる。この意味で,「賃金や利潤が高いか低いかは，価格の高低の原因であるが，地代が高いか低いかはその結果である」。つまり，地代成立の根底の理由は食料に対する人間の需要がつねに存在し，それが賃金・利潤を越える剰余に価格を与えることにある。

Ⅱ　この場合の食料とはまずは穀物である。またヨーロッパの食において穀物と並んで重要なものは肉牛である。「普通程度の豊度の穀作地は，同じ面積の最良の牧草地よりもはるかに多量の人間のための食料を生産する」。穀物は肉牛よりもその生産に多量の労働が必要であるが,「種子を回収し，それに要するすべての労働を維持した後に残る剰余も，〔肉牛よりも〕はるかに大きい」。ここでスミスは，穀物と肉という使用価値の異なる財の剰余の大きさを，投入労働とその財が維持する労働との差額を基準にして比較している[13)]。

国土の大部分が未改良で原野の状態にあり，そこで家畜が放置されていた「農業の粗放な初期の段階」においては,「肉はパンより豊富で

13）この文章は，肉牛に比した「穀物のもつ再生産上のエネルギー効率の高さ」を示していると解釈すべきである。高哲男「スミス「地代」論における「構成価格」論の意義について」九州大学『経済学研究』61巻2号，1995年，6ページ。サミュエル・ホランダーは，穀作地の剰余が牧草地のそれよりも大きい理由を穀作地の資本回転率が牧草地のそれよりも高いことに求めている（小林昇監訳『アダム・スミスの経済学』東洋経済新報社，1976年，420ページ)。しかし，資本回転率が問題にされるのは価格メカニズムが働きだしてからのことであり，今問題にしている箇所は「農業の粗放な初期の段階」での穀物のもつ本源的な意義に関わる議論であり，資本の回転率以前の段階での事柄である。ホランダーのような理解が生まれる原因は，地代論でのスミスの説明が,「農業の粗放な初期の段階」と耕作が広まって価格メカニズムが働きだす段階とを混在させ，しかも続いてみるように，穀物1ポンドの価格は肉1ポンドの価格よりも高いというように，後者の段階での論理を前者での議論に適用しているからである。この結果，エネルギー効率の視点からする穀物のもつ本源的な意義に関するスミスの主張が見えにくくなっている。

あり」，パン 1 ポンド（重量）は肉 1 ポンド（重量）よりも価格が高い。国土の大部分が原野の段階においては「穀物は一種の製造品（a sort of manufacture)」であり，穀作地の「このより大きい剰余はどこでもより大きい価値を持ち，農業者の利潤と地主の地代との両方に対するより大きい源泉となるであろう」。スコットランドのハイランド地方では，1 世紀前までは，（オートミールの）パン 1 ポンドは肉 1 ポンドよりも高価だった。

Ⅲ　だが「国の大部分にまで耕作が広がる」（＝文明社会に接近した）段階になると事情は異なる。現在では，イギリスのどこでも肉 1 ポンドはパン 2 ポンド以上の，時には 3-4 ポンド分の価格をもつ。これは，穀作が広まり人口が増加し，それとともに肉需要の増加が生じた結果である。この段階では「肉よりパンが豊富になり」，肉とパンの価格は逆転する。こうして，「農業の粗放な初期の段階」では牧草地の――単位面積当たりの――地代は低いが，「国の大部分にまで耕作が広がる」段階ではそれは高くなる。つまり，初期の段階から耕作が広がる段階まで，穀物に対する肉の相対価格の変化を通じて穀作地の地代が牧草地の地代を規制する形で，牧草地の地代が上昇するのである。

ただし穀作地と牧草地との間で地代が均等化するのは，大国で土地利用の互換性が高く，進んだ農業段階にある「進歩した国」においてである。穀作地と牧草地との間の地代の均等化と同様の事態は，肉牛以外の農作物（ホップ，果樹，野菜など）にも当てはまる。進んだ農業段階にあるヨーロッパの国々では，「穀作地の地代が他のあらゆる耕地の地代を規制する」。こうして，穀物，肉，野菜等の食料はつねに必ず地代をもたらす「唯一の土地生産物」である。

なお，改良と耕作の拡大とともに，穀物に対する動物性食料の相対価格は上昇するが，穀物に対する植物性食料のそれは低下する。土地の肥沃度の上昇や役畜使用による生産性向上の結果としての植物性食料（カブ，人参，キャベツなど）の豊富化と，農業上の諸改善によるその多様化（穀物よりも少ない土地と少ない労働で生産され安く販売される，ジャガイモとトウモロコシの導入）とが生じるからである。

Ⅳ　食以外の衣と住に関わる財に関しては，地代を生むに足る価格がつねに成立するとは言えない。それらを生産する土地は，国の農工分離の状況に，つまり，それらを材料として使用する工業からの需要状況に応じて，その地代の存否が決まる。土地はその「原始未開の状態」では，人口が需要するよりもはるかに多くの衣・住の材料を提供する。木材についてみれば，そこではそれはほとんど価値を持たないし，地代も生まれない。だが，「土地の改良と耕作によって，一家族の労働で二家族分の食料が提供できるようになると，社会の半数の人間の労働で社会全体を養うことができるようになる。そうなると，他の半数，またそのうちの少なくとも大部分は，食料以外のものを供給する仕事につくことができる」（*WN* p.180. 訳 I 273 ページ）。農工分離過程の開始である。

こうなれば，衣・住の材料に対する需要は，それらの輸送上の困難が克服されるにつれて，地方・国・世界へと広がり，それに応じて価格が成立する。「食料に対する欲望は……人間の胃の腑の容量によって制限される」が，衣・住・そしてそれ以外の奢侈品に対する欲望には限りがない。この結果，衣・住・奢侈に関わる財の材料を生産する土地の地代も，食料生産地の，そしてそのなかでも，穀物生産地の地代によって規定されることになる。穀物生産地の地代が他の諸財の生産地の地代を規定する範囲は，農工分離の進行とともに，こうして拡大する。

「食料は地代の本源的な源泉であるばかりではない。後になって地代を生じる他の土地生産物のすべてが，その価値のなかの地代部分を引き出すのは，土地の改良や耕作による，労働の食料生産力（the powers of labour in producing food）の改善からなのである」（*WN* p.182. 訳 I 274 ページ）。労働の食料生産力の改善が——ステュアートの言う，自らは食料生産から逃れているが，工業財などの生産を通じて，農業者の食料剰余を手に入れるフリー・ハンズである——工業者の存立を可能にさせ，工業財などとの交換を通じて食料以外の土地生産物に価格を与え，こうしてそれらを生産する土地に地代が生まれることになる。すなわち，食が充たされて衣・住・その他への欲望が生じる。

こうして「食料は世界の富の主要部分を構成するだけではない。食料以外の多くの種類の富にその価値の主要部分を与えるのも，食料の豊富さなのである」（*WN* p.192. 訳 I 290 ページ）。簡単に表現すると，労働の食料生産力が食料以外のすべての財に，それらへの需要を生み出すことを通じて，価値を与えるのである。

なお，衣・住に関わる財の価値は改良と耕作の進展に応じて成立・上昇するのだから，それらの価値は食料の価値との比率においては上昇する。つまり，改良の進展と衣・住への欲望の拡大とによるそれらの価値の成立・上昇につれて，食料の相対的価値は低下することになる。文明社会の成立に連れて，食料の，穀物の地位は低下するのである。

V　続いてスミスは，穀物がすべての財のなかで――貨幣材料である銀よりも――最も正確な価値の尺度であると主張する。スミスはすでに，価値について論じた第1編5章において，遠く離れた時点間で等量の労働を購買するうえでは，金銀よりも穀物の一定量の方が優れていると述べていた。その際に，社会の状態が前進的か停滞的か衰退的かによって「労働者の生活資料，すなわち労働の真の価格」は大いに異なるので，一定量の穀物が支配できる労働量は異なることを指摘していた。また同一国でも，穀物の貨幣価格は年々変動するが，労働の貨幣価格は穀物の「平均価格または通常価格」に適応するものであるから，一定量の穀物は年々の場合には（つまり毎年）等量の労働を購買・支配できないことも指摘していた。

だが特定の国の，長期にわたる改良の段階を対象とする場合には，穀物は最良の価値尺度である。あらゆる社会の段階において，穀物は人間の労働の生産物であり，平均すれば穀物供給は穀物需要に適合するように調整される。「そのうえ，改良のあらゆる段階において土壌と気候に変化がなければ，平均すれば，等量の穀物の生産にはほぼ同じ量の労働……を必要とするであろう」。なぜなら，耕作の改良による労働生産力の上昇によって，一定量の穀物生産に要する労働量は減少するが，穀物生産に不可欠な家畜の価格は，Ⅲで見たように上昇するので，その分は多少とも相殺されるからである。

こうして「〔特定の国の〕あらゆる改良の段階において，等量の穀物は他のいかなる等量の土地生産物よりも，いっそうよく同じ量の労働を代表し，また同じ量の労働と等価になるであろう」。しかも「穀物……はあらゆる文明国において労働者の第一の生活資料をなしている。農業の拡張の結果，あらゆる国の土地は動物性食料よりもはるかに多く植物性食料を生産する。そして労働者はどこの国でも，最も安価で最も豊富に存在する健康に良い〔植物性〕食料（wholesome food）でもっぱら生活する」（*WN* pp.206-07. 訳Ⅰ 309-10ページ）。賃金が最も高い繁栄しつつある国を除けば，肉は労働者の生活資料のわずかな部分をなすにすぎない。こうして穀物は，すべての財を生産する労働の価格を測る最も正確な尺度である。

以上のスミス地代論の展開について，以下の三点を指摘しておく必要があろう。

第一に，ここでの地代は資本主義社会（＝文明社会）における地代のみが分析の対象とされているのではない。Ⅰでは地主・農業資本家，農業労働者という資本主義における三大階級を前提にした表象から議論が始められるが，議論の展開のなかで，Ⅱのように「農業の粗放な初期の段階」での地代もが対象になる。全体として，農工分離が未成熟の「初期の段階」から，それが進み土地の耕作と改良が広まった「進歩した」段階である文明社会に至るまでの過程において，食と衣・住とに対する人間の根源的で不変の欲望順位に基づいて，食と衣・住の材料とを生産する土地の地代の成立が，それらの価格の成立・変動を通して説明されている。

第二に，Ⅰでも指摘したように，食のなかの穀物については，価格成立の根拠が人間の根源的欲望に置かれている。つまり，土地耕作に従事する人間の数以上の人間を維持しうる穀物量を産出する土地の生産力を前提にしたうえで――そしてそれが「労働の食料生産力」として表現される――，穀物への需要の普遍的存在を根拠にして，地代を生むに足る価格の成立が説かれている。他方，食のなかの肉さらにホップ・果樹・野菜に関しては，穀作地地代と牧草地地代との間の均等化の説明において，また野菜園等の地代成立の説明において，土地の用途代替や投資コストの多寡や収穫の不安定などを組み込んだ価格メカニズムと資源配分による説明が行われている。

こうしてみると，人間の根源的な欲望を基礎において，最初に，穀物についてつねに地代を与えるに足る価格の成立が説明され，さらにその系論として価格メカニズムに基づいて肉，その他の食料の地代を与えるに足る価格成立が説かれ，そして耕作と改良の進展すなわち農工分離の進行につれて，価格メカニズムの作用の範囲が衣・住に関わる財にまで拡張し，土地耕作と改良が全面的に進んだ文明社会においては価格メカニズムが十全に働き，各用途間の土地の地代が均衡すると想定されている。

第三に，以上のスミスの地代の説明において最も特徴的なのは，食のなかでも穀物の扱いである。Iで見たように，穀物はそれ自身が需要創出力を持つから地代を生むに足る価格を成立させるという主張であるならば，本来はその需要の意味が問われねばならない。飢えた貧者は穀物を欲するが，その欲望が有効需要でなければ価格は成立しない。問題は，穀物剰余がなぜ必ず価値をもつのかである。また，人間は穀物がなければ生きていけないという根源的な事実の裏返しの表現であるとしても，それがなぜ地代を生む価格を成立させるのかも問われねばならない。ほとんどの土地は，たとえ賃金が高くても「食料を市場にもたらすのに必要な労働のすべてを扶養するに足る以上の量の食料を生産する」としても，それがなぜ資本と利潤の回収分を越える地代の成立になるのか，スミスの理論的説明はない[14]。

スミスの議論を整理すると，むしろ，資本制以前の現物地代を表象して物理的に地代成立を確認し，そこから文明社会の穀作地地代の成立を説明しようとしたと思われる。スミスは，穀物のなかの米についてこう述べている。すなわち，「米作地は最も肥沃な穀作地よりもはるかに多量の食料を生産する」。二期作が行われ多くの労働が投入されるが，「このすべての労働を維持した後に残る剰余は，〔穀作地よりも〕はるかに大きい」。したがって米が人々の常食である「米産国では，小麦生産国よりも大きい剰余からの大きい分け前が地主の取り分となる」（*WN* p.176. 訳 I 266 ページ。強調は引用者）――ただし，米作地はそれ以外の食料生産地との土地利用の互換性はないから，米作国では米作地の地代が他の土地の地代を規制することはない――とされていることからも，そうした推測は根拠づけられるであろう。

『国富論』の地代論の有する以上の特質と問題点を通して，スミスが穀物に与えた地位について以下のように確認したい。この点については高哲男の研究が参考になる。高の主張を集約する文章を引用しよう。す

14）　スミスが残したこうした課題を説明しようとしたのが，第 2 章でみるマルサス『地代の性質と増進，ならびに地代を規制する原理に関する研究』（1815 年）であった。

なわち，

> 「スミスが穀物生産の拡大を文明社会成立の基礎条件とみなした究極の根拠は，〔牧畜に比して大きい〕資本コストを考慮したとしてもなお，あらゆる人間の食料のうちで穀物こそが〈維持しうる労働量〉を基準にみた投入－産出のエネルギー効率が最大である自然の産物であること，つまりは〈地代になりうる剰余〉が最大の生産物だという生物学的自然の認識にあった。労働＝人間を再生産するためのエネルギー効率としてみると，穀物こそもっとも効率的な食料だという認識なのである。〈維持しうる労働量〉を基準にみて最もエネルギー効率が高い財である穀物を生産した場合に得られたであろう地代と利潤が，耕作された土地全ての地代と利潤を規制すること（＝均等化すること）を通じて，エネルギー効率の低い他のさまざまな食料や他のすべての土地生産物の生産量が決まり，結果的に，……分業のいっそうの進展が，社会機構的に保証されるという理解なのである。高級財の生産と消費の拡大（＝生活水準の向上）をともないつつさらに人口の増加をもたらすという意味での経済成長のプロセスが，穀物生産の進展を基軸にした〈つねに地代をもたらす土地生産物〉多様化の過程として，理論的に解明された」[15)]。

15）高「『国富論』第1編における2つの「構成価格」論」『経済学研究』62巻1-6号，1996年，54-55ページ。ただし高の文章では「」の箇所（ここでは〈〉であらわした）が多くかえって読みにくいと思われるので，適宜「」を省略して引用した。

穀物が最もエネルギー効率の高い食料であることは，ピーターセンの研究が要約したように多くの論者によって確認されている。ブローデルが1780年頃のパリ食料市場でのコストに対するカロリー比で示した数字によると，穀物は肉の11倍，卵の6倍，バターの3倍の値をもつ。Christian Petersen, *Bread and the British Economy, c1770-1870*, Scolar Press,1995, p.15; フェルナン・ブローデル『日常性の構造1』村上光彦訳，みすず書房，1985年，167ページ。ピーターセンは，各種穀物1（重量）ポンドから得られる純エネルギー価値に関してジャスニ（N. Jasny）が算定した，小麦100に対してライ麦85，大麦83，オート麦77という数字を掲げている（Petersen, *op.cit.*, p.26）。すでにみたように，Ch. スミスは，小麦食人口は年1クォータ，ライ麦食人口は1.125クォータ，大麦食人口は1.375クォータ，オート麦食人口は2.875クォータを食べると想定していた（Ch. Smith, *op.cit.*, pp.161,205）。この数字はジャスニの数字と整合している。つまり，純エネルギー効率の小さい穀物ほど1人が1年に消費する穀物量は大きい。

穀物こそ，人間，労働力を再生産するためのエネルギー効率のうえで最も効率的な食料であるという認識に基づいて，他の食料，そして衣・住に関わる財の生産のプロセスを，つまり社会的分業の拡大過程を，価格メカニズムという手法を使って説明したところに，スミス地代論の特徴をみるべきであろう。したがって高の言うように，社会的分業の拡大がもたらす富裕が実質賃金（生活水準）を引き上げることで，労働者の生活資料に占める穀物の割合は低下し，「一定量の穀物が購買または支配しうる労働量」は減少するが，このこと自体は，穀物こそ，人間を再生産するためのエネルギー効率のうえで最も効率的な食料であるという認識が，富裕な文明社会では相対的に目立たなくなり隠されたにすぎない[16)]。

富の増大と生活水準の上昇のなかで，低下の傾向を示す穀物の地位にもかかわらず，文明社会の根底に人間の維持・再生産の基本原理が貫いていることを，スミスはその地代論を通じて示している。

3　穀物輸出奨励金批判――『国富論』における穀物　2

ヤングが高く評価した穀物輸出奨励金に対する『国富論』の批判は，第4編5章「奨励金について」でなされる。穀物貿易に関説した第4編2章と合わせて，そこでのスミスの議論を紹介したうえで，穀物に付与された本源的な地位が，いかに穀物輸出奨励金という政策への批判に適用されているのかを明らかにしたい。

まず穀物輸出奨励金をめぐる議論の背景について見ておく必要があろう。スミスが批判した穀物輸出奨励金は直接には，1689年の法律により，小麦については1クォータ48シリング以下の時にはクォータ当たり5シリングの輸出奨励金を与えるというものであった。また輸入関税についても1669年法によって，小麦価格が44シリング以下の時には2シリングの，44シリング以上の時には4ペンスの税を課すことが定められ，その後関税額は引き上げられ，1773年法では44シリング以

16)　高「アダム・スミスの「地代」論（Ⅲ）」『広島大学経済論叢』16巻1・2号，1992年，243-44ページ。

下の時には22シリングの関税額を基点に，価格に応じて関税額が変動する輸入関税を課していた。だが，イギリスは1765年までは小麦の輸出国であり，小麦輸入は1697-1773年の間の総合計でも150万クォータにすぎず，しかもこのうちの2/3は1765-73年の間に集中したし，さらに不作で小麦価格が上昇した時には輸入関税は停止されたから，輸入関税が大きな問題となることはほぼなかった。ただし，輸入関税は輸出奨励金目当ての再輸出を防ぎ，奨励金制度自体を維持するためには必要であった。

こうして，『国富論』が問題とした穀物貿易を制限する穀物法に関しては，輸出奨励金が主な対象であった[17]。また穀物輸出に関しても，それが急増するのは1730年代からであり1750年には小麦輸出の最高値95万クォータを記録する。この時期から穀物法問題への関心は一挙に高まる。輸出奨励金のための国庫負担の急増が問題となったのである[18]。

さらにスミスの議論の背景として，主に国内穀物取引に関する規制と関連してE.P. トムソンが提起した，労働貧民の「生存権」としてのパンの保証という「モラル・エコノミー」の主張が，I. ホントらによって，フランスを含めた全ヨーロッパ的背景のなかで位置づけ直されていることを指摘しておくべきであろう[19]。

フランス絶対王政末期に，ケネーの主張に基づいて実施された1763・64年の国内穀物取引の自由化と，一定の枠内での穀物輸出の自由化とは，穀物を他の商品とは異なる「共有財産」・「政治的」商品として見なし，穀物市場の「ポリス（police）」＝統制をおこなってきたフランスの従来の制度を改変するものであった。ケネーにあっては，穀物取引の自由化は穀物の「良価（bon prix）」をもたらし，穀物価格の安定と農業生産の向上とをもたらし，しかも穀物の「良価」に応じた賃金増

17）C.R. Fay, *The Corn Laws and Social England*, Cambridge University Press, 1932, chap.2.

18）D.G. Barnes, *op.cit.*, chap.3.

19）イシュトファン・ホント，田中秀夫監訳『貿易の嫉妬』昭和堂，2009年，序文，第6章。竹本洋『『国富論』を読む』名古屋大学出版会，2005年，第1章「穀物と民衆」は，ホントを超える視点から，スミスの穀物自由貿易論を論じた必読文献である。最近の研究として，安藤祐介『商業・専制・世論』創文社，2014年がある。

加を生む，というのが自らの確信するところであった。ところが現実には，穀物取引の自由化は未整備な流通組織のなかでの穀物商人の買い占めを横行させ，1768年には年平均小麦価格は自由化以前の2倍以上に上昇した。だが賃金上昇はそれに追いつかず，労働者の困窮が増して食料一揆が急増した。そのなかで1770年に穀物取引自由化は廃止される。ところが74年に財務総監に就いたチュルゴ（A.R.J. Turgot）は再び自由化を宣言するが，75年の「小麦粉戦争」と呼ばれる一揆のなかで，翌76年に失脚することになる。『国富論』出版の年である。この後フランスでの穀物取引の統制は復活し，大革命まで存続する。

『国富論』は，フランスにおける穀物取引の自由化とそれがもたらした穀物価格の高騰と食料一揆の勃発という事態を見据えながら，イギリスでの穀物国内取引の自由と穀物貿易の自由とを主張するものであった[20]。またイギリスでも7年戦争下の1756-57年の穀物価格高騰のなかで，一連の食料一揆がイングランド中部から各地に広まっていた[21]。

スミスの穀物輸出奨励金に対する批判は，以下のように要点を整理できる。

Ⅰ　Ch. スミスは1689年の穀物輸出奨励金の意義を評価し，この制度によって穀物輸出は増大し，穀物の貿易黒字総額は奨励金支出総額を大きく上回り国に利益を与えた，と主張する。だが，これはまさに「真の重商主義の原理」に基づいた主張である。この場合Ch. スミスは，奨励金のために生産性の低い土地への投資が行われ，その時点での国全体の資本の最適配分が阻害されたことを考慮していない。確かに，17世紀末から1764年まで穀物価格は低下し続けている。こうした事態が輸出奨励金と同時に起こったために，奨励金は国外市場を開くことで，また奨励金がない場合よりも高い価格を保証することで穀物生産を刺激し，こうした二重の奨励は結果的には国内市場での穀物価格を低下させ

20）『国富論』が公刊された1776年には，スミスは穀物の「自然的自由」のただ一人の有力な唱道者であった。ホント『貿易の嫉妬』前掲，303ページ。

21）近藤和彦『民のモラル』山川出版社，1993年，第2章。こうした食料一揆は単なる暴動ではなくて，買い占め業者の取締りに対して怠慢な当局者に代わって「歴史的なモラル」を強制し，懲罰するという「法の代執行」としての意味をもったと理解される。

たという主張が生まれている。すでに紹介したように，ヤングも同じ主張をしていた。

しかしながら，輸出奨励金は豊年には輸出を人為的に増加させ，凶年には豊年の剰余在庫による不足の緩和を困難にするから，奨励金が穀物価格を低下させる効果をもつはずがない。反対に，「国内市場での穀物価格を，それがない場合よりも幾分か高くする傾向がある」。にもかかわらず，この間，穀物価格の低下が生じたのは，奨励金の結果ではなくて，奨励金による価格引き上げ効果を相殺する以上の銀価値の上昇があったからである（*WN* pp.506-08. 訳Ⅱ 205-07 ページ）。つまり，穀物輸出奨励金制度以降の穀物価格低下は，奨励金制度の価格引き上げ効果にもかかわらず，銀価値上昇によってもたらされた，というわけである。

Ⅱ　穀物輸出奨励金は，国内市場を犠牲にして国外市場を拡大する効果をもち，この点で国民に二重の税を課す。第一に，奨励金を与えるために国民が負担する税，第二に，奨励金による穀物価格引上げのために，国民全体が穀物消費に対して余分に支払わねばならない金額がそれである。輸出奨励金のために年 30 万ポンド以上も国庫から支出されたこともあるが，Ch. スミスが言うところでは国内消費量は輸出量の 31 倍であるから，第二の税の方が圧倒的に有害である。こうした穀物価格の上昇は，貨幣賃金がそれに応じて増加しない場合には，労働者の生活水準を引き下げ，人口増加を抑制する。貨幣賃金を増加させる場合には，雇用労働者数を減少させ勤労全体を抑制する。いずれの場合も「国の人口と勤労を抑制することによって，結局は，国内市場の漸次的拡張を妨害抑制し，こうして長期的には，穀物に対する市場総体と消費量を増大するどころかむしろ減少させる傾向がある」。輸出奨励金が穀物生産を奨励することはありえない（*WN* pp.508-09,523. 訳Ⅱ 207-09,231 ページ）。

Ⅲ　だが奨励金による穀物価格の引き上げは農業者・地主に利益をもたらし，この結果穀物生産を奨励する効果を持たないのか？「もし奨励金が穀物の真の価格（real price）を騰貴させるのなら，つまり，奨励金〔による穀物価格上昇〕の結果，農業者が〔価格総額としては増大した〕同一量の穀物でもって……〔従来〕より多くの数の労働者を維持できるのならば，その通りかもしれない。だが奨励金は……こうした効果をけっしてもちえない。奨励金によって，かなりの程度の影響を受けるものがあるとすれば，それは穀物の真の価格ではなくて，名目上の価格である」。

奨励金の効果は，「穀物の真の価値（real value）」を引き上げるよりも，銀の価値を低下させることにある。なぜなら，まず「穀物の貨幣価格は労働の貨幣価格を規定する」。貨幣賃金は，社会の状態が進歩的か，停滞的か，衰退的かによって水準は異なるが，「つねに，労働者が自分とその家族を維持するに足りるだけの穀物を購入できるものでなければならない」からである。さらに次いで，穀物の貨幣価格は「土地から生ずる〔工業品の原料を含む〕他のすべての原生産物の貨幣価格を規定する」。第1編11章でみたように，土地改良のあらゆる時期を通して——改良の段階に応じてその比率は異なるにせよ——，後者は穀物価格と一定の比率を保つからである。こうして穀物価格は，労働と原材料との両方の価格を規定することで「完成工業品」の価格をも規定する。以上からして，穀物価格の上昇はその国の物価水準を上昇させる，つまり銀価値を低下させるのである（*WN* pp.509-10. 訳Ⅱ 209-10ページ）。

Ⅳ　こうしてみると，奨励金による穀物価格の上昇は農業者にも地主にも利益を与えない。穀物価格上昇により一定量の穀物の価格総額は増加するが，穀物価格上昇に応じて貨幣賃金は上昇するから，一定量の穀物が「維持しまた雇用しうる労働量」は増加しない。したがって耕作が進展するわけではない。一定量の穀物は「それと交換される銀の量を増加するだけ」のことであるから，地主の生活が大きく改善するわけでもない。国外では，イギリスの輸出奨励金による穀物価格引き下げを通じてその国の物価水準は低下する。したがって，イギリスが輸入する外国品価格の低下は利益にはなるが，農業者や地主の消費のほとんどすべては国産品に費やされるから，一定量の穀物の価格総額の増加によって，彼らの所得が実質的に増加するわけではない（*WN* pp.510,514-15. 訳Ⅱ 211,216,219ページ）。

Ⅴ「自然が，穀物とその他のほとんどすべての種類の財貨との間に設けた，大きな，しかも本質的な差異（the great and essential difference which nature has established between corn and almost every other sort of goods)」というものを，われわれは理解しなければならない。「そもそも事物の本性上，穀物には，その貨幣価格を変えただけでは変更しえない真の価値というもの（a real value）が刻印されている。どんな輸出奨励金も，またどんな国内市場の独占も，この真の価値を高めることはできない。また最大限の自由な競争〔＝穀物自由貿易〕も，この価値を低めることはできない。世界を通じて一般に，穀物の真の価値は，この穀物が維持しうる労働の量に等しい。……毛織物や亜麻布は，他のすべての商品の真の価値を究極的に測定し決定する規制的商品（regulating commodity）ではないが，穀物はその規制的商品なのである。他のあらゆる商品の真の価値はその平均貨幣価格が穀物の平均貨幣価格に対して持つ比率によって，究極的に測定され決定される。穀物の真の価値は，時として世紀から世紀にかけても起こる穀物の平均貨幣価格の変動とともに変化するものではない。この〔穀物の平均貨幣価格の〕変動とともに変化するのは銀の真の価値なのである」（*WN* pp.515-16. 訳Ⅱ 218-20ページ）。

以上の穀物輸出奨励金に関するスミスの議論に関して，以下の四点を指摘しておきたい。

第一に，穀物は，その価格変動によっては変えられない，自然が刻印した「真の価値」を有するとされており，その究極の根拠は，一定量の穀物が一定量の労働を維持する＝支配する点に求められている。もちろん社会状態のちがいによって国の賃金水準は異なる。だが国の状況によるちがいはあるにせよ，「世界を通じて一般に」，一定量の穀物は必ず一定量の労働を維持する＝支配する。人間は食料なしには生きていけないという根源的な事実を前提にして，穀物こそが人間＝労働力の再生産のうえで最もエネルギー効率の高い食料であることを基点とした第1編11章地代論の議論が，穀物輸出奨励金批判のなかで再確認され具体化されて，穀物は自然が刻印した「真の価値」を有する，と表現されている[22]。

22） G. ヒュッケルは，穀物には「真の価値」が刻印されているというスミスの主張は，1764年までの18世紀の平均穀物価格が17世紀の最後の64年間のそれよりも実際に低かったというデータを前提にして，穀物輸出奨励金による穀物価格引き上げ→穀物生産拡大→穀物価格低下という同時代人からの批判に応えるために，自身の他の主張との齟齬にもかかわ

ただしここで留意すべきは，一定量の穀物はつねに一定量の労働を維持する＝支配すると言われる場合には，長期の関係について言われていることである。短期的にはそれは当てはまらない。すなわち，同一量の労働を投じても天候などの影響もあり生産される穀物量は年によって大きく異なるから，穀物価格の年々の変動は大きい。また貨幣賃金は労働需要の変化によっても変動するし，豊作による穀物価格の低下は労働者の自営化の動きを高め，労働供給を減らすことで，貨幣賃金がかえって上昇することもありうる。「労働の価格は穀物が安価な年にしばしば上昇する」（*WN* p.101. 訳I 141 ページ）。不作の年には逆のことが起きることもある。特にイギリスでは穀物価格と賃金の変動の不一致が起きる条件が多い。文明社会になり実質賃金が高くなって労働者の生活のなかでの穀物の地位が低下すればするほど，こうした不一致は起こりやすい。以上の事情を考えれば，短期的には穀物価格の変動と賃金変動が一致しない。

しかし，「だからといってわれわれは，食料品価格が労働の価格になんの影響も与えないと想像してはならない。労働の貨幣価格は，労働に対する需要と，生活の必需品と便益品の価格という二つの事情によって，必然的に規制される」。豊年には穀物価格は低下するが，労働需要は増加する。凶年には穀物価格は上昇するが，労働需要は減少する。これら二つの事情は相殺し合う。「これは，至る所で，なぜ労働賃金が食料品価格に比してこんなにも安定的で永続的であるのかということのひとつの理由であろう」（*WN* pp.103-04. 訳 I　145-47 ページ）。

以上から明らかなように，短期的には不一致が生じるものの，長期的には，一定量の穀物は一定量の労働を支配——一定量の労働力を再生産——する。穀物に対する人間の根源的需要に基づく穀物による労働の支配は，事の性質上長期に妥当する。そして穀物によって支配された労働は一定の価値を生むので，穀物はその価格に関わらない，「真の価値」

らず挿入されたものであったと結論する。Glenn Hueckel, ‘In the Heart of Writing’: Polemics and the ‘Error of Adam Smith’ in the Matter of the Corn Bounty, J.T. Young ed., *Elgar Companion to Adam Smith*, Edward Elgar, 2009, e.g.p.254. しかしながら，既述のところから了解されるように，この主張は穀物輸出奨励金批判をも含んだ，『国富論』における穀物の意義を理解していない。

をもつのである。

第二に，穀作地が牧草地，他の食料生産地，そして衣・住に関わる材料生産地の地代を規定することを明らかにした地代論での議論を基礎にして，穀物価格が他の原生産物の価格と労働の価格との両者を規定することを通じて，その国の物価水準を規定するとされている。この意味で穀物は一国の物価水準を規定する「規制的商品」と位置づけられる。そしてこれを論拠にして，穀物輸出奨励金創設以降1764年までの穀物価格の低下傾向の原因を奨励金制度に求める見解が批判されている。第1編11章のなかの「銀の価値の変動に関する余論」は，1689年以降の時期について，奨励金制度のないフランスをも含めた「ヨーロッパの市場全般に起こった」銀の価値の上昇による，ヨーロッパ規模での穀物価格の低下を証明しようとするものであった。

だが同時に留意すべきは，他方でスミスが，1765年以降の穀物価格の上昇の原因を銀の価値の低下ではなくて天候不順に求めていることである。特に1767・68年の平均小麦価格は1クォータ50シリング台後半を記録し，それ以前の半世紀間の20-40シリング台を大きく上回った。そしてこの年以降穀物輸出は停滞し，輸入の増加が顕在化していた。こうした現実に対してスミスはこう答える。すなわち「最近の10-12年間における穀物の高価格は，確かに銀の真の価値がヨーロッパ市場で低落し続けているのではないかという疑いを引き起こしたが，……〔穀物の高価格は，「異常な天候不順」という〕永続的ではなく一時的な特別の出来事とみなされるべきである」（*WN* p.217. 訳Ⅰ 326ページ。また p.258. 訳Ⅰ 389ページ），と[23]。

フランスでの食料一揆が象徴する穀物価格の高騰を天候による一時的例外事とみなすスミスにあっては，その関心の焦点は，あくまでも穀物

23）スミスは，穀物価格上昇の原因として，天候不順に加えてもうひとつ，ヨーロッパへの穀物供給国「ポーランドの無秩序状態」をあげているが，1772年の第一次ポーランド分割がもたらした「無秩序状態」をめぐるスミスのスタンスについて，竹本はこう鋭く指摘した。「ポーランドを封建制の存続するヨーロッパの最貧国と規定するスミスの進歩主義的な啓蒙の視線は，その「遅れた」国民への共感へと焦点を結ばせずに，市場の拡大というナショナルな利益の含みをもった経済合理性の議論へ収束している」。竹本『『国富論』を読む』前掲，70ページ。第3章でふれるように，リカードウの時代におけるイギリスへの穀物輸出地域である，ポーランドの遅れた農業状態は，その小麦輸出能力の限界という形で問題とされることになる。

価格の長期的な変動，そしてそれを基礎づける論理に向けられていた。

第三に，すでに見たように，穀物の自由貿易を行っても，輸送コストが大きいこともあり，イギリス農業に影響するほどの穀物輸入はありえない，としたうえで，イギリスでは現在国内需要を上回る穀物を生産していること，また国内農業投資の余地はなお十分に存在することを前提にして，『国富論』は穀物自由貿易を主張していた。そして上で見たように，近年の穀物価格上昇（と輸入の増加）も天候不順という一時的原因によるものと理解された。

だが，穀物の自由貿易によって輸入される穀物量は小さいから，農業者への打撃は取るに足りないとしても，自由貿易がもたらす穀物価格の低下は農業者に不利な影響をもたらさないのか？　輸出奨励金による穀物価格上昇は穀物の「真の価値」を引き上げないから農業者に利益を与えないというスミスの論理からすれば，自由貿易による穀物価格低下は穀物の「真の価値」を引き下げないから農業者に不利益をもたらさない，という帰結になる。

スミスはこう述べる。穀物の自由輸入は「穀物の平均貨幣価格をいくらか引き下げる傾向をもつが，その真の価値を，すなわち穀物が維持できる労働の量を減らす傾向はない」。すなわち，農業者と地主の貨幣収入は減少するが，彼らの実質収入は変わらない。「彼らが現在作っているだけの穀物を作れなくなったり，作る気を挫かれてしまったりすることはないであろう」。しかも穀物に対する国内市場は穀物と交換される財を生産し所有する人々の数，また彼らの雇用する「勤労全体」に比例するから，穀物価格低下がもたらす銀の真の価値の上昇は，この国内市場を拡大し，「穀物生産を阻害するどころか奨励する」（*WN* pp.535-36. 訳Ⅱ 251-52 ページ），と。

だが，穀物の「真の価値」は長期に関わる事柄であるが，これからステュアートについて見るように，穀物価格の低下また上昇は短期に農業者に影響を与える。また同じことは労働者についても言えるはずである。穀物価格上昇によって穀物の「真の価値」は変わらないにしても，賃金が直ちに上昇しなければ，労働者の生活水準は低下する。この点は，特に穀物価格の上昇が顕著になった 1756 年以降にその数を増した食料一揆という形で現れた。穀物価格上昇を一時的現象とみたスミスにあっては，他のすべての財と区別して穀物に与えられたその「真の価値」は，穀物価格の短期的変動が与える経済への影響から目を逸らせる役割を果たすことになったのである。

第四に，ステュアートは，「穀物を法外な価格にまで騰貴させるのは欠乏の恐れであって，実際の欠乏ではない」ことを強調した。例えば穀物不足が平年の 1/6 であっても，穀物価格は 2 倍，場合によっては 3 倍にも上昇すること，そして穀物価格の異常な変動は，「自然的な原因，すなわち不作の程度」によって起こるのではなくて，「貪欲と邪な意図」に基づく穀物の買い占めに起因することを彼は指摘し，穀物価格の上昇をその年の作柄に比例した程度にするためには，「政府の介入」＝「商人たちの詐欺行為の防止」が必要であると主張していた。

ステュアートは，Ch. スミスの言う，1697 年以降のイングランドの平均的な輸入量が年消費の 1/571，平均的な輸出量が年消費の 1/33 という数値も平均値であり，実際に輸入を余儀なくされる年には，最下層の住民の消費は価格騰貴の前に最低限に減らされており，そこで彼らの食料がほんのわずかでも減少すれば「このうえもない苦境」が生じるし，実際に大きな輸出がなされる年には，豊作のために価格が低下し，人間や家畜に十分な食料が与えられたのちに輸出がなされるのであり，奨励金がなくて輸出ができなければ「価格を過度に引き下げて農業者を破滅させる」ことを指摘していた[24)]。

スミスは，穀物価格の暴騰・暴落というステュアートの短期的な懸念――そしてその短期的な暴騰・暴落が労働者，また農業者の行動に影響を与える結果――に対して，自然が刻印した穀物の「真の価値」の長期的な安定によって答えたのである。ただし，スミスは穀物価格の暴騰がもたらす社会的影響を意識して，イギリスやフランスのような大穀物生産国の場合には「穀物輸出の無制限な自由」に制約を設けることは不要だが，「スイスの一州やイタリアの一部の小国家」では穀物輸出を制限する必要が時には生じることを認めている。スミスは，「農業者が自分の商品を常時最良の市場に送るのを妨げることは，明らかに，公益という観念のために，つまり一種の国家理性のために，正義の常法を犠牲に

24）*The Works of Sir James Steuart*, *op.cit.*, Vol.I, p.151. 前掲訳 105 ページ。Steuart, *Principles of Political Economy*, Vol.I, *op.cit.*, pp.293-94. 前掲訳 267-68 ページ。

するものである。かかる立法権の発動は，国家危急の必要ある場合にだけ行われるべきであり，その場合にのみ容認されうるものなのである」（*WN* p.539. 訳Ⅱ 258 ページ）と記した。人間存在，労働力の再生産にとっての穀物の根源的意義を認識したスミスにあっては，当然のことながら，人間が短期間に飢える存在である以上，短期的な価格変動に左右されない穀物の「真の価値」の長期的な安定という論理のみによっては答え切れない事態があることは，想定されてはいた。

しかしスミスの主張の力点は，そうした「国家危急」の事態が生じないようにするための条件整備に向けられている。それが，穀物の国内取引の自由と自由貿易であった。

4　穀物国内取引の自由と穀物自由貿易
――『国富論』における穀物　3

スミスの穀物法批判は続いて，国内穀物取引に対する規制に向けられる。当時の状況下では，それは，穀物取引の自由がもたらす穀物商人の買い占め行為への非難に対して反論することを意味した。

I　スミスは，国内穀物取引の自由を進めた 1675 年の法律の意義を評価する。同法は，3 か月以内の再販売の目的で穀物を買い占める行為以外の穀物の国内取引を自由にした。この法律は「不備は多々あるとはいえ，国内市場への潤沢な供給と耕作の推進との両方に……大きく寄与した。国内穀物取引は，すべての自由と保護をこの法律によって獲得し，それを今日まで享受している」，とスミスは記している。したがって国内穀物取引の規制に対するスミスの批判の力点は，近年増加している食料一揆として現れた穀物取引商人の買い占め行為への糾弾に対抗して，穀物取引商人の果たす価格安定化機能を擁護し，国内穀物取引の自由の拡大を主張する形をとる。

スミスは，穀物商人への批判を「凶作の年には，下層の人々は彼らの難儀を穀物商の貪欲のせいにするので，穀物商は彼らの憎悪憤怒の的になり」，「人々の暴力行為によって穀倉を略奪破壊される危険にあう」

と述べたうえで，穀物商人に対する「世間の懸念は，魔法（witchcraft）についての世俗の恐怖や疑惑にも比べることができる」と表現した[25)]（*WN* pp.527,534. 訳Ⅱ 238,249-50ページ）。

Ⅱ　スミスによれば，「すべての文明国では，穀物は年々の消費額が最も大きく」，また最大の労働が投入されている財であり，またその生産・流通に関わる人々は各地に散在しているから，元来，少数者による買い占めは困難である。「法律が取引を自由に任せているところでは，穀物は，すべての商品のなかで，少数の大資本の力で買い占めないし独占される恐れが最も少ないものである」。穀物取引商人の役割は，供給に応じて時々の価格を引き上げて消費を抑え，価格を引き下げて消費を拡張し，こうして「国民の日々の，毎週の，そして月々の消費が，その年の供給とできるだけ釣りあうようにする」ことにある。そしてそれを通じて自らは最大の利潤を得る。「彼らは国民の利益を考えなくとも，自分自身の利益に対する考慮に必然的に導かれて」国民の利益を推進する。国内穀物取引商人と国民全体の利害は一致する。

この2世紀の間にヨーロッパで生じた飢饉の原因は，穀物取引商人の買い占めにはない。そのほとんどは天候不順による「真の欠乏」によるものである。「真の欠乏に伴う不便は救済できるものではなくて，緩和しうるにすぎない」。そしてその不便を最も良く防止し緩和するものが，「穀物取引の無制限で無拘束の自由」に基づく，作柄に応じた日々の消費である。しかもイギリスのような「広大な穀物生産国」では，天候不順による欠乏があっても，国内取引の自由がもたらす「倹約と節約」によって，平年作の時より消費量は減るにしても，平年と同じ数の国民が維持され，飢饉が生じることはありえない（*WN* pp.524-27. 訳Ⅱ 233,235-38ページ）。

Ⅲ　スミスが唯一，国民の利害と相反する可能性があり，事実相反したことを認めたのが，穀物輸出商人の利害である。しかしそれは，穀

25）水田洋は『国富論』の翻訳で，「魔法」という言葉に注をつけて，魔法は「キリスト教の支配体制内の異端と通じるものとして，迫害の対象となった」と述べ，魔女狩りは法律的には1736年に廃止されたが私刑としては存続していたと記している。水田洋監訳・杉山忠平訳『国富論 3』岩波文庫，2001年，65ページ。「民のモラル」に対するスミスの立場を象徴する言葉でもある。

物輸出奨励金があったからである。輸出奨励金によって，小麦1クォータが48シリングの高値の時でも奨励金が与えられたので，穀物輸出商人は国内の欠乏を尻目に穀物を輸出した。「国内市場は相当ひどい凶作の時にさえ，国産穀物の全量を享受できなかった」。だが，イギリスを含めた「諸国民すべてが，自由な輸出と自由な輸入とからなる自由な制度（the liberal system of free exportation and free importation）をとるようになれば，一大大陸を分割している諸国は，一大帝国の諸州に似たものになるであろう」。そうなれば，穀物の輸出入が国内取引と同じになり，「輸出入貿易の自由は，一大大陸を分割している諸国の間でも欠乏の最上の緩和策となり，飢饉の最も有効な予防策となるであろう」。

穀物輸出の完全な自由は，小国の場合には飢餓輸出になる危険があるが，イギリスやフランスのような「穀物生産がはるかに大きいために，輸出を見込まれる穀物の数量がどれだけであっても，供給が大きな影響を受けることがめったにない国々では，穀物輸出の無制限な自由に伴う危険ははるかに少ないであろう」（*WN* pp.538-39. 訳Ⅱ 256-58 ページ）。

以上から明らかなように，スミスは穀物商人の買い占めに対する非難に反論するなかで，国内穀物取引の自由と穀物自由貿易とを一体のものとして打ち立てることを提唱している。上で言われる「一大大陸」とはヨーロッパを意味している。そしてここで留意すべきなのは，ヨーロッパ規模での穀物の自由貿易が各国の「欠乏の緩和策，飢饉の予防策」とされるのは，穀物の国内取引の自由＝穀物の国内移動の自由が各国内の地域（また州・県）間での穀物配分を調整して，天候不順により一時的に生じた地域的な欠乏・飢饉を緩和・防止するという論理を，直接に各国間に拡張した結果であることである。ヨーロッパ規模での穀物自由貿易は，各国での一時的理由による穀物不足を緩和・防止するものではあっても，オランダを除けば，ヨーロッパの大国を恒常的な輸入国にすると想定するものではなかった。上の段落の最後の引用文は，イギリスのような穀物生産が多い国では，自国からの穀物輸出の無制限な自由に伴う危険は極めて小さいことを指摘するものであり，穀物自由貿易による穀物輸入の危険はもともと問題にされていないのである。

5　価格メカニズムと農業

以上みたように，『国富論』は穀物の持つ特別の地位を，人間存在の根底に関わる認識と資本主義社会における需要供給原理に基づく価格メカニズム（そして資源配分）という手法とを通じて説明しようとした。地代論について見たように，穀物，そしてそれ以外の食料の，また衣・住に関わる材料の各生産地での地代成立とその均等化の過程は，文明社会（＝資本主義社会）に至る歴史過程の論理的再構成の産物であった。そして，人間＝労働力の再生産上のエネルギー効率についての認識を根底において穀物に与えられた地位と，穀物も他の諸財もすべて交換価値で評価される商品生産が満面開花した文明社会での価格メカニズムという手法とを矛盾なく両立させる要諦が，穀物はその価格には依存しない「真の価値」をもち，また穀物は他の財すべての価格を規定する「規制的商品」であるという，初期の社会段階から文明社会を通じて一貫して穀物に与えられたその地位であった。

すでにふれたように，『国富論』という経済学体系には，分析対象の社会をその社会成立の歴史の眼を通して理解するという特質が存在した。それが一面では，分析対象の社会の運動法則の理解を困難にした例が『国富論』の地代論であった。同じく，そのもう一つの例が『国富論』第2編5章「資本のさまざまな用途について」である。同章は理論編である第1・2編の――そして資本主義発展の動因である資本蓄積を論ずる第2編の――最後におかれて，歴史編をなす第3編の第1章「富裕になる自然の進路について」と一体になって，理論編と歴史編をいわば両方から連結する役割を果たしている。両章の議論は合わせて，資本投下の自然的順序論と呼ぶことがふさわしい。

第2編5章の内容は，以下に紹介するように，文明社会における資本の投下部面を農業・製造業・商業に分けて，それぞれの投下部面における一定額の資本が雇用する労働者の数にしたがって，その投資効率上の観点から農→工→商という順序づけを行っている。また第3編1章は，文明社会における大規模な分業は農村と都市の間のそれであり，生活資料（＝食料）は「事物の本質からして」――地代論での主張のように，人間の根源的で不変の欲望順位に基づいて――便益品や奢侈品に先立って必要だから，生活資料を生産する農村の発展は便益品・奢侈品を生産する都市のそれに先行するのが当然であると述べて，一国が富裕になる自然の順序として同じく農→工→商という順序づけを行っている。

そしてスミスは第3編で，イギリスも含めたヨーロッパの近代国家すべてにおいて，ローマ帝国の没落以降，富裕になる自然の順序とは逆行した順で資本投下が行われてきている現実を批判的に描くとともに，特にイングランドにおいては15世紀末の農民の借地権の保証（＝ヨーマンリの成立）を基点に，資本投下の自然的順序が部分的に実現し拡大している歴史的事実をも指摘している。こうして農→工→商という順序は，ローマ帝国没落後の――封建制，絶対王政，そして市民革命を経たスミスの時代に至る――ヨーロッパの歴史に対する批判的視点の基準であると同時に，これから第2編5章についてふれるように，現代文明社会における投資効率の基準でもあった。

スミスは，一定金額の資本を投下してもその投下部面によって資本を構成する労働・資本比率が異なることを指摘し，農業が最も労働の比率が高く，製造業は農業生産物を原料として使用することから労働の比率は農業より低く，商業は農産物，製造品を仕入れる必要から労働の割合は最も低いと主張した。しかもここでスミスは，農業での労働者に家畜までも入れ込み，さらに農業における自然の役割を指摘したうえで，農業投資の優位性を以下のように記した。

「農業では，労働する使用人ばかりか労働する家畜も生産的労働者である。そのうえ農業では，自然も人間と並んで労働する。そして自然の労働にはなんの費用もかからないけれど，その生産物は，最も経費のかかる職人の生産物と同様に，価値をもつのである。……したがって，農業に使用される労働者と役畜とは……彼らを雇用する資本に等しい価値を，その資本の所有者たちの利潤とともに再生産するだけでなく，はるかに大きな価値を再生産する。すなわち，彼らは農業者の資本とその全利潤とを越えて，規則的に（regularly）地主の地代をも再生産する。……こうして，農業に使用される資本は，製造業に使用されるどんな等額の資本よりも，多量の生産的労働を活動させるばかりか，それが雇用する生産的労働の量に対する割合の点でも，その国の土地と労働の年々の生産物に……はるかに多くの価値を付加する。資本が使用されるすべての方法のうちで，農業に使用される資本は，社会にとってこのうえなく有利なのである」（*WN* pp.363-64. 訳Ⅰ 568-69 ページ）。

以上の議論において，農業の労働・資本比率が製造業よりも高いとする主張は，農業用具・機械の採用が拡大する場合には必ずしも妥当しない。また役畜は労働者ではなくて，正しくは固定資本として分類されるべきである。さらに自然の労働の生産物がなぜ価値をもつのかも示されていない。こうして，ここでの農業投資の効率性優位論は十分な現実的・理論的根拠をもつものではない，と言わねばならない。

にもかかわらずスミスは，以上の投資効率論を前提として，文明社会における資本投下があくまで資本家の個別利潤を指標にして行われることを以下のように明言している。すなわち，「自分自身の私的利潤（his own private profit）に対する配慮こそ，資本の所有者がその資本を，農業に使用するか製造業〔また商業〕に使用するか……を決定する唯一の動機である。その資本がこうしたさまざまな方法のどれに使用されるかに応じて，資本が活動させる生産的労働量は異なり，また資本が社会の土地と労働の年々の生産物に付加する価値も異なるが，このことは彼の考慮にはまったく入ってこない」（強調は引用者。*WN* p.374. 訳Ⅰ 585 ページ）。そうであれば，スミスは明確な説明をしていないが，一定金額の資本の労働・資本比率がそのまま――もしくはそれに比例して――利潤に反映すると考えるほかはないであろう[26]。

26）S. ホランダーは，農業投資優位論を社会の要素賦存の状態に応じて成立するものとして徹底して理解している。「土地がなお安価であるあいだは農業における利潤率が工業のそれを上回り，その結果投資家達が農業を選好するであろうということを保証するのは，土地の相対価格に反映されるところの市場過程である」。土地価格が上昇すると農業利潤率は低下し始め，製造業投資が始まる，と（前掲訳 408,434 ページ）。だが第2編5章での各投資部面の比較が，こうした要素賦存条件を付けずにいわば一般論として議論されているのは，文脈上明らかである。ホランダーは，市場過程が成立する以前の状態を市場過程の論理で説明しきろうとするために，スミスがあえて――理論上の難点を内包する――農業投資優位論を『国富論』の理論編の最後に置いた意味を把握していない。

こうしてスミスは，雇用労働者数と付加価値量を基準として農→工→商という順序が措定されるのであるから，一国の資本が不十分で「自然が定めたと思われる富裕の水準に達していない」場合には，まずは付加価値が最大である農業に資本を投下すれば，そこからの貯蓄（可能性）も最大になり，「資本は最も急速に増加する見込みがある」（*WN* p.366. 訳Ⅰ 572-73 ページ）と論ずることができた。

スミスは第2編5章を以下の言葉で締めくくる。すなわち，「しかしながら，ヨーロッパのすべての大国では，多くの良好な土地が今なお耕作されないままであり，耕作された土地でもその大部分は可能な限りの改良状態からは程遠い。したがってほとんどどこでも農業は，これまで使用されてきたよりもはるかに大量の資本を吸収することが可能である。ヨーロッパの政策におけるどのような事情が，農業で営まれる事業に比べて都市でのそれに極めて大きな利益を与え，こうして私人たちに，自分の資本をその近隣の最も肥沃な土地の耕作と改良に使用するよりも，アジアやアメリカの最も遠距離の中継貿易に使用する方が自分の利益になるとしばしば思い込ませるに至ったのか，私はこの点を以下の二つの編で詳細に説明するように努めたい」（*WN* pp.374-75. 訳Ⅰ 586 ページ）。

以下の二つの編とは，ローマ帝国没落後のヨーロッパでの逆行的な資本投下の歴史を批判する第3編と，イギリスを中心とする重商主義政策が農業に比して相対的に付加価値の少ない製造業と商業を優遇している現実を批判する第4編である。こうして農業投資優位論は，歴史批判と政策批判の理論的基準（のひとつ）の意味を与えられている。むしろ正確には，歴史批判と政策批判の基準を据えるために，スミスは，理論的根拠としては多くの問題を含む農業投資優位論を理論編の最後に据えたのである。

ローマ帝国没落後の歴史は，当然に資本主義成立以前の段階であり，そこでの各種産業発展の過程は，自らの私的利潤を投資の唯一の指針とする文明社会での資本投下のあり方とは異なった要因に基づいて行われたものである。スミスは地代論において文明社会に至る過程に価格メカニズムを適用したのと同じく，ここでも文明社会に至る歴史過程（富裕になる自然の進路）を説明するための基準として，文明社会を前提にした資本投下の理論（農業投資優位論）を置いたのである。

小林昇はこの点をこう的確に表現した。すなわち，「自然的順序の理論はその適用されるべき場として資本主義的に編成された国民経済を前提しているのに，スミスが……把握しかつ叙述した西欧社会の発達史は，こういう国民経済の前史であり成立史にとどまるものだった……。スミスは周知のように用語の上でつねに capital と stock とを混同し，また資本家の利潤にも未開ないし前近代の時代の大土地所有者の収奪物にもひとしく profit の語を用いているが，こういう混同と，資本主義における投資効率論を資本主義以前の歴史に対する分析と批判との武器とすることとは，『国富論』の本質的な理論的欠陥に根ざすものであり，同時にこの欠陥を顕著に表示するものなのである」[27]，と。

小林の言う「理論的欠陥」とは，スミスが資本主義成立における原始蓄積（＝資本と労働の歴史的分離過程）の意義を認識せず，資本主義を単に商品生産の量的拡大の極北と理解していることを指している。資本主義を商品生産の拡大としてのみ捉えるならば，商品生産・交換に表れる価格現象は資本主義以前のはるか古くから存在したから，資本主義を分析する場で示された農業投資の優位論を資本主義以前の場に，理論と歴史とに関わる自らの体系性を損なわずに，適用することは表面的には可能ではあった。

われわれは，スミスのこうした欠陥が，地代論と農業投資優位論という，いずれも農業に関わる論点で生まれていることに留意したい。スミスは農業，そして穀物のもつ本源的意義の認識を市場過程での価格メカニズムという資本主義分析の手法と両立させるために，穀物は「事物の本性上」，他のすべての財とは区別される「真の価値」を持ち，また諸財の価格を「規制する商品」であると主張し，さらに農業投資の優位性を――しかも役畜や自然まで動員して――論証しようとしたのであった。この場合特に留意すべきは，こうしたスミスの主張が，単に価格メカニズムとの折り合いをつけるための便法ではなく，人間存在の根底における穀物の意義に関する認識に基づいて行われえたという事実である。

27）　小林昇「『国富論』の歴史像と原始蓄積」『小林昇経済学史著作集 Ⅱ』1976年，236ページ，傍点は小林。

この点を逆に表現すれば，少なくとも『国富論』においては，市場過程における価格メカニズムによる分析だけでは，穀物の，また農業の本源的意義を自らの体系に十全には包摂できなかったことを，より正確には，包摂するためには穀物の「真の価値」論と農業投資の優位論とを必要としたことを意味している。

第2章

経済発展における地代

——トマス・ロバート・マルサス——

『国富論』によって穀物に与えられた特別の地位は，19世紀にはいって，穀物法による輸出奨励金と輸入制限を支持する立場からも，そしてそれを批判して穀物法の廃止を唱える立場からも，批判されることになる。前者の代表格がトマス・ロバート・マルサス（Thomas Robert Malthus）であり，後者の立場を首尾一貫した経済学として表明したのがデイヴィッド・リカードウ（David Ricardo）であった。羽鳥卓也は，スミスが穀物に与えた特別の地位を，穀物＝価値尺度商品と穀物＝全商品価格の規制者との二つの論理から構成されていると整理した。そして穀物輸出奨励金による「名目価格」の上昇は「実質価格」の上昇を意味しないから，輸出奨励金は穀物生産を奨励しないという，スミスの「奇妙な論断」をマルサスとリカードウは「ほぼ一致して」否認したと指摘している[1)]。本書第1章は，なぜスミスが「奇妙な論断」をしたのかを示したつもりである。

サミュエル・ホランダーは『デイヴィッド・リカードウの経済学』（1979年）で，スミス以降リカードウまでのほとんどの経済学者が，スミスが主張した穀物価格と賃金と物価の間の関係について，大なり小なり正の関係の存在を認めていたことを指摘した[2)]。ここにはマルサスや

1） 羽鳥卓也『古典派経済学の基本問題』未来社，1972年，348ページ。

2） Samuel Hollander, *The Economics of David Ricardo*, University of Toronto Press, 1979, chap.1 (Value and distribution analysis, 1776-1816）. 菱山泉・山下博監訳『リカードの経済学』上下，日本経済評論社，1998年，第1章。ホランダーの言葉を引用しておく。「注目すべき主要点は，〔穀物輸出奨励金についてのスミスの主張を支持した，またそれに反対した〕いずれの部類〔の論者〕においても，その大多数が穀物価格の上昇は一般物価水準の上昇となっ

初期のリカードウ自身も，また穀物輸出奨励金に対するスミスの批判を受け入れなかった人々も含まれる。穀物価格の変化が貨幣賃金に与える影響を短期で見るのか，それとも長期で見るのかによって，また賃金バスケットのなかでの穀物の割合は高いにせよ一部分であることも事実であるから，リカードウのように投下労働価値説を確立するのでなければ，穀物価格変化が貨幣賃金に与える影響をどのように評価するのか（例えば，穀物価格変化率＞貨幣賃金変化率，と考えるのか）によって，さらに構成価値説をとろうが需給価値説をとろうが，貨幣賃金の変化が穀物以外の諸財の価格に与える影響は種々の媒介項を介在させて論じられたから，この影響をどのレベルで評価するのかによって，穀物価格―貨幣賃金―物価水準の間に正の関係を認めるにせよ，穀物価格の変化が物価水準の変化に行きつくまでの過程の解釈には多様なバリエーションがありえた。これが，スミスの穀物の「真の価値」の議論に基づく穀物輸出奨励金批判に対する支持・反対のいずれの立場からも，穀物価格―貨幣賃金―物価水準の間になんらかの正の関係が容認された理由である。

スミスの穀物の「真の価値」論は，議会の穀物法審議でも取り上げられた。1813年下院に設置された「連合王国穀物取引調査委員会」委員長ヘンリー・パーネル（Henry Parnell）は同報告書の説明において，「権威者スミスは，事物の本質は穀物に特別の価値（a peculiar value）を刻印したと述べ，したがって穀物取引は他のすべての取引の例外をなし，他の取引と同じルールによって支配されるべきではないと述べている」，と演説した。さらにパーネルは『国富論』第2編5章の農業投資優位論の文章を読み上げて，農業投資は他の産業への投資に比べて「社会にとって断然最も有利」であり，輸入を排して穀物自給を行うべきことを力説した[3]。

本章では，穀物―賃金―物価の理論的関係に焦点を合わせるホランダーの分析視角をさらに広げて，フランスとの戦争中に顕在化したイギ

て現れるだろうという，スミスの基本的な主張を受け入れていたということである」（p.44. 訳57ページ）。

3）*Parliamentary Debates*, Vol.26, cols.649-50, 15 June 1813. 毛利健三「1815年穀物法の成立過程」『商学論集』（福島大学）34巻1号，1965年，23-24ページ。Hollander, *Economics of Ricardo, op.cit.*, p.120. 訳160ページ。

リスの穀物輸入国化という現実のなかで，経済学者たちが，スミスが穀物に与えた特別の地位をいかに理解したのかという点を中心において分析したい。分析の対象とする人物は二人である。まず，穀物のもつ特別の地位に関するスミスの主張の全面的支持とそれへの依拠に基づいて，さらにマルサス人口論を取り入れて，穀物輸出奨励金を直截に批判したジェームズ・ミル（James Mill)。続いて，スミスの穀物の「真の価値」論に対する批判に基づいて，さらにはスミス地代論の部分的支持とその拡充とに基づいて，輸出奨励金・輸入制限を擁護したマルサスをとりあげる。マルサスは，スミスが穀物に与えた特別の地位を穀物生産地の地代という所得の動向に鋳直し，経済発展における地代の地位という形で論じようとした。リカードウについては章を改めて議論する。

1　人口論と穀物の地位 ――ジェイムズ・ミル

ミルの議論を分析する前に，マルサスが匿名で出版した『人口論』(*An Essay on the Principle of Population*, 1st ed., London, 1798）についてふれておく必要がある。マルサス人口論の根本思想は，①食料は人間の生存に必要不可欠であり，②男女間の性欲は不滅であるという基本定理に基づいて，人口抑制要因が働かなければ人口増加率は食料増加率を上回り，過剰人口は積極的制限として既存食料に合わせて調整（＝減少）されざるを得ず，こうした事態を避けるためには各人の慎慮による予防的制限（＝結婚の延期）や救貧制度の縮小による人口増加の抑制が必要になる，と整理できる。

第1章でみたように，スミスは，穀物はそれ自身が需要創出力をもち，一定量の穀物は長期的には一定の労働を支配でき，一定の労働力を再生産できることを前提に，穀物は不変の「真の価値」をもつと主張し，さらに穀物はその価格が他の諸財の価格を規制する「規制的商品」であると論じていた。また穀物自由貿易の主張においても，穀物生産国での穀物剰余は国内での需要創出力を伴うので，穀物の国内市場は最大で最重要である（したがって，穀物輸出は相対的に小さい）と想定していた。だが『国富論』以降，人口増加の加速と度重なる天候不順と，そして産業革命の進展に伴う（ステュアートの言う）フリー・ハンズの増大とは，イギリスを穀物輸入国に変えていた[4]。88万クォータと18世紀中の最大の小麦輸入量と，また78シリングと最高価格を記録した1796年には，ケープ，地中海，アフリカからの輸入にクォータ当たり20シリングの輸入奨励金が付与されて，国内生産の不足を補う事態になった。また政令による穀物輸出の禁止も繰り返された[5]。

1771年から10年平均での小麦の年純輸入量は，1771-80年/28,700クォータ（q），1781-90年/64,500q，1791-1800年/426,700q，1801-10年/599,700q，1811-20年/609,100q，1821-30年/941,300q，1831-40年/1,509,600qと急速に増加する[6]。『国富論』出版から本章が主な対象とする1820年代までの40年間（1781-1821年）にグレート・ブリテンの人口は890万人から1,421万人に，1800年に合併したアイルランドを含めれば連合王国全体で2,101万人に増加したことがその背景にある[7]。しかも1793年に始まったフランス革命政府との戦争は，短期間の休戦を挟んで1815年のナポレオンの失脚まで続き，当然にヨーロッパでの貿易に保険料・運賃上昇を通じて影響を与え，穀物価格の高騰を生んでいた。小麦価格は，大陸封鎖の時期を含む1805-11年の年平均で1クォータ70-100シリング台となった。それは，1770年代の30-50シリング台の2倍の水準であり，1812年には126シリングと最高値を記録する。

こうした穀物輸出国から輸入国への変化を背景にして，スミスの場合には，人口増加は穀物増加を吸収すること（＝穀物への需要創出力）に

4）1801年の労働力人口に占める農業（agriculture, forestry, fishing）労働者の割合は35.9％と推計されている。Phyllis Deane and W.A. Cole, *British Economic Growth 1688-1959*, 2nd ed., Cambridge University Press, 1967, p.142. 1841年センサス（グレート・ブリテン）ではじめて職業別男性雇用人口が示されたが，総雇用人口509万人中農業人口は143万人であった。また総国民所得に占める農業の割合の推計値は，1801年の32.5%から1901年の6.4%へと，この1世紀の間に大きく低下している。なお1841年でみれば22.1%である。B.R. Mitchell and P. Dean, *Abstract of British Historical Statistics*, Cambridge University Press, 1962, pp.60, 366.

5）D.G. Barnes, *A History of the English Corn Laws 1660-1846*, Routledge, 1930, reprinted in 1965, p.74.

6）Barnes, *ibid.*, Appendix Cより作成。

7）マルサスは後に検討する『穀物法の影響』（1814年）で，1740年以降のグレート・ブリテンの人口増加を450万人，アイルランドでの増加分を加えれば800万人と推計し，これは「ヨーロッパのどの国よりも大きな増加率」(pp.41-42）であると記した。

力点が置かれていたのに対し，マルサスの場合には，スミスの場合の力点に加えて，人口増加が穀物増加を上回る具体的状況，また輸入穀物の安定供給に対する危険への対応にも，力点が置かれることになる。

そして，スミスが与えた経済における穀物の基底的地位をそのまま受け継ぎながら，マルサス人口論を取り入れて，穀物輸出奨励金を批判したのがジェイムズ・ミル『穀物輸出奨励金不得策論』[8]（1804 年）であった。ミルは，この 40 年間イギリスは穀物輸入国化しているという事実認識を示したうえで――ただしすぐに明らかになるように，ミルはイギリス農業が後退したとはまったく考えない――以下のように論じた。

スミスが言うように，「穀物は特別の（peculiar）商品」であり，「穀物が有する関係は人間ならびに動物が属する外部世界の巨大な連鎖のなかで最重要なものであり，社会の構成諸要素は〔穀物という〕この第一義的なものの生産を規制する諸法則と織り合わされている」。この点で，「農業者の仕事の性質は他のすべての産業とは全面的に異なっており，最も著しく区別されるものである」。マルサス人口論が示したように，穀物は，その供給よりも大きな需要がつねに生み出される，特別の性質を有する財である。したがって，生産された穀物に対する「十分な市場はつねに国内で提供される」から，異常な豊年の剰余を取り除く以外の目的では外国市場は不要である。つまり，あらゆる国の穀物輸出能力はあったとしても異常な豊年の一時的なものにすぎない。

ただし，こうした一般原則への例外をなすケースが二つある。第一はアメリカであり，そこでは広大で肥沃な処女地にわずかの文明人口が存

8）James Mill, *An Essay of the Impolicy of a Bounty on the Exportation of Grain*, London, 1804. 引用箇所は本文中に示す。以前からの輸出奨励金を定めた穀物法にもかかわらず，1770 年以降実際には穀物輸出は時々の政令によって停止されていた。ミルはこの著作出版の年に通過した輸出奨励金規程を含む 1804 年穀物法も批判しているが，この意味で，批判の内容は原理的なものである。

1804 年穀物法は，小麦輸出に関しては 1 クォータ 54 シリング以上の時には禁止，54-48 シリングの時には奨励金なし，48 シリング以下の時には 5 シリングの奨励金，また輸入に関しては 63 シリング以下の時には高関税，63-66 シリングの時には低関税，66 シリング以上の時にはいっそうの低関税を定めたが，実際の価格は輸出奨励金を与えるほどには低下せず，また高率輸入関税を課す水準よりも高かったし，価格高騰時には法律の一時停止が繰り返されたから，同法は 1814 年の穀物価格急落までは実際上の効果はなかった。C.R. Fay, *The Corn Laws and Social England*, Cambridge University Press, 1932, pp.30,35; Barnes, *History of the English Corn Laws, op.cit.*, pp.40,89.

在するのみで，穀物は人口よりもいっそう急速に増加することが可能である。第二は，悪政のために人口の多数をなす農民が虐げられた状態にあり，彼らの食料は人手をほとんど要さない土地生産物や荒蕪地での動物から成り，「わずかに生産された穀物の大部分が大地主の虚栄を充たすために輸出されねばならない」国である――これは，小麦が農民の食用としてではなく輸出財として生産されていた，当時のヨーロッパにおける主要な穀物輸出地域であるバルト海沿岸地域，特にユンカー経営下のプロイセン，ポーランド，そして賦役経営下のロシアを指している――。したがって良好な治政が実施された国では（つまり第二のケースが除外される），そしてアメリカのような特異なケースを除けば，「豊作時の異常な量の生産物以外には，どのような自発的な（*voluntary*）穀物輸出も存在しないであろう。というのは，生産がどれほど急速に増加しようとも，通常の（*regular*）生産物を国内で消費する人口がつねに生み出されるだろうからである」。したがって奨励金を付けて穀物を輸出する必要などない（pp.23-26. 強調は原文）。

さらにミルは，スミスと同じ論理を使って，「したがって，穀物価格が他のすべてのものの貨幣価格を普遍的に規制することは明らかである」（p.36）と結論し，穀物価格の変化が農業者に実質的影響を与えない次第を縷々述べるのである。そこでの論理を繰り返す必要はないであろう。ミルの主張を余すところなく示した次の文章を引用しておく。「政府の悪政による人口原理に対する抑制が存在しないという，通常の状況にあるすべての国においては，なんらかの強制的規制〔=輸出奨励策〕による結果以外には，平年作の穀物のいかなる部分も輸出されることはないであろう。……自由な輸出によって国外に出ることができるのは異常な年の余剰にすぎない。そして豊年時にどれだけの量の穀物が輸出されたとしても，凶年時にはそれと同量が輸入されねばならないことは，まったくもって明白である」（p.54）。

したがって，穀物輸入の自由がイギリス農業に与える影響はきわめて小さい。自由な穀物輸入に反対する人々は，北アメリカ，ポーランド，バルト海沿岸諸国では，イギリスよりもつねに安価に穀物を生産しうるので，もし輸入が自由になれば，イギリス農業者は売り負かされ破産させられる，と主張する。だが穀物の国際市場とは貧国だけで構成されるのではない。すべての富国もそこでの売買に参入している。富国はわれわれが購入する際の競争相手である。したがって，国際市場での「標準価格」以下で穀物がイギリスに輸入されることはありえない。しかも，イギリスに輸入される穀物にはこの標準価格に加えて運賃と保険料が追加される。穀物はその価値に比して非常に嵩張る財であるから，原価に対する運賃の割合はつねに高い。「したがって，外国穀物がイギリスに非常に安い価格で入ってくることはありえない」。イギリスの通常の穀物価格がヨーロッパの他の国々のそれを極めて大きく上回っていなければ，特別の欠乏時以外には輸入はありえない。それ故，「たとえ〔輸出〕奨励金の原則が存在して，〔豊年時の剰余の在庫が少ない〕としても，自由輸入によって農業が阻害されることはありえない」(pp.59-61)。

以上によって，ミルが『国富論』で穀物に与えられた基底的地位の認識を受け継ぎつつ，スミスの穀物の「真の価値」論に基づき，さらには穀物の輸送コストの高さを理由に，しかも同時にマルサス人口論を援用して穀物輸出奨励金と輸入関税との無用を説き，穀物貿易の自由を提唱したことは理解されるであろう。

だがスミスにおいては，1765 年以降の穀物価格の高騰と輸入増加が「異常な天候不順」によるものとして理解されていたことが示すように，スミスにおいてはまだ顕在化していなかったイギリスの穀物輸入国化という事態を，ミルはどのように認識したのだろうか。ミルは，1770 年以降，事実上穀物輸出奨励金が機能していない状況のもとで穀物輸入国化した理由として，商工業の発展が農業のそれを上回ったために，「農業はもはや製造業や他の部門で雇用される人々すべてを養う余裕がなくなり，不足が輸入によって供給されることになった」，と述べた。この間の「健康により良い人間用食料と馬用の穀物との消費が極めて大きく増加」した現実を考慮すれば，穀物の――もちろん一部の――輸入は不可避であった。

だがミルが強調するのは，だからといって，イギリス農業が衰退状態にあるわけではないという事実であった。しかも輸入国化の現実は輸出奨励金の停止とはまったく無関係なのであった。「農業は奨励金が停止されて以降，衰退しているどころか前進しており，しかも奨励金の停止以前よりもいっそう急速に前進している」(pp.15-21)。つまり，国内農業の発展にもかかわらず穀物輸入国化したという現実は，ミルにとっては，農業発展を上回る商工業発展に伴う人口増加を表現するにすぎないのである。

さて『穀物輸出奨励金不得策論』の4年後にミルが出版した『商業擁護論』（1808年）には，国際分業の利益を謳う以下の文章がある。長文であるが，イギリスでの穀物生産に関するこの時点でのミルの認識を裏面から示すものとして引用したい。

> 「わが国を富裕にするのは，これらの輸入品を，それよりも価値の小さい一定量のイギリス商品で外国から購入することである。/……イギリスで1トンの鉄を生産するのに，鉱石や石炭の準備や，金属の溶解および精錬のために雇用された労働者たちが，10クォータの穀物を消費すると仮定しよう。だから，イギリスで精錬された鉄は，1トンにつき10クォータの穀物を必要とする。〔外国から輸入される鉄1トンと交換される〕一定量のイギリス製造品を生産するのに9クォータの穀物が消費されると仮定しよう。そしてこの商品は，バルト海地方で1トンの鉄を購入し，さらにその鉄をイギリスに輸入するのに必要な費用も償うことができると仮定しよう。この1トンの鉄の獲得に際しては，穀物1クォータ分の明白な節約がないであろうか。わが国はその輸入によって，穀物1クォータだけ富裕にならないであろうか。同じ鉄1,000トンを輸入する場合には，わが国は1,000クォータだけ富裕にならないであろうか。/……/……仮に国内で就業している一定数の製造業者たちが，100クォータの穀物を消費する間に一定量の商品を製造することができるとし，またこれら商品で，国内で生産すれば150クォータの消費を要する，その社会の若干の奢侈的欲望を充たす財を外国から買うとしよう。この場合にもこの国は，その輸入によって50クォータだけ富裕になるのである。この国は，その奢侈品を自給する場合よりも，50クォータだけ少ない穀物で同量の奢侈品を手に入れるのである。
>
> 一国と他国との商業は実際，人類に対して非常に多くの恩恵を与える，あの分業の拡張にすぎない。……〔国内分業の利益と〕同様

> の一連の美しい結果は，〔国際分業という形で〕世界全体についても観察することができる。世界というこの大帝国を構成するさまざまな王国や種族は，その各地方と見なすことができるであろう。……人類の労働はこのようにしてはるかに生産的になり，そしてあらゆる種類の便宜品がはるかに豊富にもたらされるのである」[9]。

この文章は，国際分業の利益を明快に説いたものと評価されうる。だがその特質は，一定量の穀物を消費する労働者が生産する財と外国の鉄もしくは奢侈品との交換によって，国内で節約される穀物を基準にして国際分業の利益を測る点に求められる。ミルの『穀物輸出奨励金不得策論』では，例外的穀物輸出地域として――北アメリカと並んで――事実上バルト海沿岸地方があげられていたことに，しかも『商業擁護論』ではこのバルト海地方の主要輸出品である鉄と穀物のうち鉄の輸入を例にあげ，イギリスにある穀物の節約という形で国際分業の利益が示されていることに留意したい。

ミルがこうした議論をした直接の理由は，本書で批判の対象とされた，イギリスの重農主義者スペンス（William Spence）がその『商業に依存しないイギリス』（1807年）で，製造業者はその生産過程において付加価値に等しい穀物量を消費するから製造業は富を生産しないと主張したのを論駁するために，いわばスペンスの思考の枠組みに合わせて国際分業の利益を証明しようとしたことに求められる。だが『商業擁護論』はその最終章において，スペンス批判とは離れた一般的命題として商業の価値を以下のように記した。

すなわち，「商業は，国の土地と労働との双方をより生産的に使用・配分することによって，その年々の生産物を増加させる傾向がある。例えば，われわれは，わが国の土地で亜麻や大麻を栽培する代わりに穀物を栽培する。そしてその穀物でわれわれは多数の金物製造業者を養い，この金物でより多くの亜麻を，つまりわれわれの穀物を栽培し，そしてわれわれの金物を製造した土地が生産したであろう分量以上の多くの亜

9）James Mill, *Commerce Defended*, London, 1808, pp.35-39. 岡茂男訳『商業擁護論』未来社，1965年，44-48ページ。

麻を購入するのである」[10]，と。自国の穀物が一定数の金物製造業者を養い，その金物製造業者の生産する製品で，国内で生産し得た以上の亜麻を輸入するのである。ミルにあっては，たとえ穀物輸入国化したにせよ，イギリス農業（穀物）生産の平年作並みの維持は当然のこととして，その議論の前提に置かれていた。

以下でみるように，1846年の穀物法の廃止まではイギリスへの主たる穀物輸出地域はダンツィヒ（現在のグダニスク）を輸出港とするバルト海沿岸地方を中心とするヨーロッパ大陸であった。また，1870年代以降にイギリス農業の絶対的衰退をもたらしたのが北米産穀物の大量輸入であった。この意味でミルが『穀物輸出奨励金不得策論』で例外とした二つの地域は，19世紀におけるイギリスの穀物輸入源として重要な意味をもつことになる。

2　穀物価格下落が意味すること

意外に思われるかもしれないが，穀物に特別の地位を与えた『国富論』に対する批判の意図を明白に示した人物が，1815年の穀物法改訂に当たってそれを擁護したマルサスであった。

マルサスは，1814年に『穀物法ならびに穀物価格騰落の国の農業と全般的富とに与える影響の考察』（以下『穀物法の影響』と略記する），翌15年2月には『地代の性質と増進，ならびに地代を規制する原理に関する研究』（以下『地代論』）と題するパンフレットを公刊した。両パンフレットの題名は，マルサスの主張する論点を率直に示している。マルサスは『穀物法の影響』では穀物価格の騰落の農業への影響を検討し，スミスの穀物の「真の価値」論を根底的に批判した。また『地代論』では地代の性質と起源を検討し，スミス地代論の批判の意図を示した。だが，その内容はスミスの主張の一部を批判しつつ実質的にはスミスの論旨の補充というべきものであった。さらにマルサスは同じく1815年2月に『外国穀物輸入制限政策に関する見解の根拠』（以下『穀物輸入制限

10）　Mill, *ibid.*, p.105. 同上訳 122-23 ページ。

策』）を公刊し，15年穀物法による輸入制限を支持している[11)]。

マルサスは『穀物法の影響』で，1814年穀物法改訂審議を控えて，穀物価格の騰落が農業と国全体の富とに与える影響がこれまで十全に解明されてこなかった原因を，スミスが穀物輸出奨励金に関して穀物に与えた「真の価格」という極めて「特殊な所論」の誤りにあるとして，スミスの穀物の「真の価値」論に対する批判を本書の中心課題に据えている。すなわち，スミスの所論によれば，穀物の真の価値はその（貨幣）価格の上昇によっては高めることができないから，輸出奨励金による価格増大は穀物生産推進という効果をもたない，という結論になる。同様に，穀物自由輸入による穀物価格の低下は穀物生産に不利な影響を与えない，ということになる。だがマルサスによれば，「スミス博士のこの特殊な所論は根本的に誤っており，それを支持することは需要供給の偉大な原理を踏みにじり，また『国富論』を貫く推論の一般的精神と視野とを否認することになる」（*Effects*, pp.2-3）。

マルサスのスミス批判の論点は，第一に，穀物価格は労働ならびに他のすべての商品の価格を直ちにまた一般的に規制しないこと（ただし部分的に影響を与えることは認められる），そして第二に，輸出奨励金や輸入制限による穀物価格上昇の農業への影響は，凶作，人口増加，商業的富の急増，自然的原因による価格上昇の場合と同じく，「実質的（real）」である，という点に集約される。この場合の「実質的」とは，『人口論』5版（1817年）の言葉を使えば，「イギリスの耕作者に対する〔輸出〕奨励金は，現状において，イギリスの穀物に対する需要を実際に増加させ，したがって奨励金がない場合よりも多くの種を播くように促し，その結果，より多くの穀物を用いて，より多くの労働者を維持できるようにする」という意味である[12)]。

11）　T.R. Malthus, ① *Observations on the Effects of the Corn Laws, and of a Rise or Fall in the Price of Corn on the Agriculture and General Wealth of the Country*, London, 1814; ② *An Inquiry into the Nature and Progress of Rent, and the Principles by Which it is regulated*, London, 1815; ③ *The Grounds of an Opinion on the Policy of Restricting the Importation of Foreign Corn*, London, 1815. 以下引用箇所は①は *Effects*，②は *Rent*，③は *Grounds* と略して本文中に示す。これらの翻訳については，鈴木鴻一郎訳（改造社出版，1939年）と楠井隆三・東嘉生訳（岩波書店，1940年）があるが，いずれも古いものなので，翻訳ページは省略する。

12）　Malthus, *An Essay on the Principle of Population*, 5th ed., Vol.2, London, 1817, pp.460-61. 大淵寛他訳『人口の原理』［第6版］中央大学出版部，1985年，476ページ。この箇所は，

対仏戦争中のこの20年間の，製造業・外国貿易の繁栄が生んだ人口増加に伴う穀物需要増加と戦争による運賃・保険料増加とがもたらした穀物価格の上昇は，農業投資を増大させた。それと同じく，輸出奨励金や輸入制限による穀物価格の上昇も同様の効果をもつはずである。だがスミスの所論によると，「農業は，利潤の変動に応じて一国の資本を異なる産業に配分するという原理を超越したところにあり，いかなる時代またいかなる国においても，価格増大は穀物生産を実質的に促進しないし，農業へのより多量の資本の投下をもたらさない」ことになる。

これは対仏戦争中の経験とは，また「農業者と地主の双方の考えと行動」とも矛盾する。そして反対に，18世紀中葉以降に生じた穀物価格の下落が――実際には貨幣賃金の低下ではなくてその上昇を伴ったが――，土地への資本投下を相対的に妨げるとともに人口増加を刺激し，その反動として，現在のようにイギリスを穀物「輸出国から輸入国に転換」させる契機になったという事実とも矛盾するのである[13]。

農業においても製造業と同じく，価格の騰落に基づく利潤の変動に応じて資本が移動する。「この点で，穀物は他の諸商品と同じ法則に服する」。こうしてマルサスは，「穀物の性質に関する〔スミスの〕特殊な所論」を放棄して，穀物輸入制限による穀物価格上昇が耕作を奨励しうることを前提に，穀物法による輸入制限がイギリスにとって「得策か不得策かという問題」を論じることになる（*Effects*, pp.10-11,14-15）。得策か不得策かという問題の意味は本章4節で論ぜられるであろう。

『穀物法の影響』でのスミス批判の内容は以上であった。『地代論』でのマルサスの表現を使えば，スミスは富の増進が家畜・衣・住などの原料の価格を穀物に比していかにして上昇させる傾向をもつのかを――

5版と6版で変更はない。なお以下『人口論』5版ならびに6版からの引用は，本文中に上記訳のページとともに記す。

13）マルサスは『経済学原理』（1820年）で，穀物は嵩の大きい商品であるので大量の輸入は困難であり，穀物の自由貿易を行っても農業者の利害にはほとんど影響しないとスミスが述べたことについてもこう批判を加えている。すなわち，「アダム・スミスの叙述は疑いもなくあまりに強すぎる。厳密にいえば，それと逆のことが真実である」，と。Malthus, *Principles of Political Economy considered with a View to their Practical Application*, 1st ed., 1820, London, p.218. 小林時三郎訳『マルサス　経済学原理』岩波文庫，1968年，上322-23ページ。『国富論』以降のイギリスの穀物輸入国化という現実は，スミスのこの主張を明らかに否定している。

『国富論』第1編11章の地代論で――きわめて明瞭に説明したにもかかわらず,「彼は穀物価格を決定する傾向を有する自然的諸原因を説明していない」のであった（*Rent,* pp.39-40)。

以上のマルサスの主張の力点は，スミスが穀物に与えた特別の地位を批判して，穀物も他のすべての財と同じく「需要供給の偉大な原理」にしたがって価格が騰落し，またそれに応じて，その生産への資本の流入・流出が行われることを示すことにあった。

3　地代の本質と経済における地位

穀物の価格が需要供給の原理に服し，それに応じて経済に実質的な影響を与えることを明らかにしたマルサスは，今度は需要供給の原理にしたがって，穀物を生産する土地の地代が経済に占める独自の意義を確定しようとする。

『地代論』でマルサスはスミス批判の意図を以下のように表現している[14]。スミスは地代を利潤・賃金と並ぶ「富の三大源泉の一つ」と正しく規定し，また地代を，生産に要するすべての支出を含む投下農業資本の通常の利潤率を越えて地主に支払われる超過分であると，やはり正しく規定している。すなわち,「地代の直接の原因は，明らかに，原生産物[15]が市場で販売される価格のなかの，生産費を越える超過部分である」。したがってまず明らかにすべきは，穀物の，生産費を越える高い価格の原因はなにか，ということになる。

だがスミスは高価格の原因を独占に求めてしまい，地代を,「その性質において，またそれを支配する法則について，独占の特徴である生産費を越える価格の超過とほとんどまったく類似するもの」と見なしている。この点でスミスの見解に同意できない。スミスは『国富論』第1

14)　マルサスの批判対象には，スミス以外にもフランス重農主義者，J.B. セイ，シスモンディ，D. ブキャナンらも含まれるが，ここではスミス批判に焦点を絞る。

15)　マルサスは『地代論』では，穀物と言わないで,「原生産物 (raw produce)」,「生活必需品」という一般的な表現をしているが，ほとんどの場合，穀物と表現しても理解にちがいが生じることはない。したがって以下の本文では，引用文以外は,「原生産物」また「生活必需品」を穀物と表現する。

編第11章では他の誰よりも地代を正しく把握しているところもあるが,「原生産物の高価格の最も本質的な原因」を説明せずに,「独占という用語」をしばしば地代に適用したために，生活必需品である穀物と独占商品との間に存在する,「高価格の原因の真の相違」について十分な理解を得ることに失敗している（*Rent*, pp.2-3）。

マルサスは，穀物の高価格の原因を以下の三点に求めている。①土地の耕作に従事する人々の生存維持のために必要な分量以上の穀物を産出するという,「大地の性質」,②人口増加を通じて自らに対する需要を創造するという，穀物に「特有の性質」,③「最も肥沃な土地の比較的希少」である[16)]。

上記の①は，剰余生産物を生むという,「人間への自然の賜物」というべき土地の有する性質である。②は，その剰余の「増加量に比例して需要の増加を創出する」ことで剰余に価格を与えるという，穀物特有の――『経済学原理』（初版，1820年）でのマルサスの表現では，穀物の交換価値をその使用価値につねに近似させる――性質である[17)]。さらに言葉を費やせば，穀物という必需品と一般の財との間には，地代を与える前提である「高価格の原因の真の相違」が存在する。すなわち，一般の財の場合には「需要は生産それ自身の外部にあり，それから独立している」。だが穀物の場合には「需要，すなわち需要者の存在とその増加とは，こうした生活必需品それ自身の存在とその増加とに依存しなければならない」。つまり，需要は生産された穀物の供給の，いわば内部にある，と言うのである。ここにはマルサス自身の人口論が前提されていることは言うまでもない[18)]。したがって，穀物を生産する土地は,「他の

16）羽鳥『古典派経済学の基本問題』前掲，第2章は，地代の性質に関するマルサスの主張を最も明瞭に説明している。

17）マルサスは,『経済学原理』（初版1820年）第3章地代論では以下のように記している。「生活必需品の生産においてのみ，自然の法則は，その使用価値にしたがってその交換価値を規制するように，たえず働いている」。すなわち,「労働を支配する上での一定分量の必需品の交換価値は，それが維持し得る労働量の価値に，言いかえると，その使用価値につねに近似する傾向をもつ」。Malthus, *Political Economy, op.cit.*, p.148. 訳，上206-07ページ。

18）羽鳥も指摘したように，マルサスは『経済学原理』初版では，生活必需品は自らの需要を創造するという『地代論』での主張に「生活必需品が適切に分配されれば」という条件を追加した（*Ibid.*, p.139. 訳，上195ページ）。この「生活必需品が適切に分配されれば」という文章は，生活必需品の生産的労働者と不生産的労働者との間の分割を意味していた。そしてこの両者への分割という問題は,「マルサスが……需要と供給の均衡が維持されている

あらゆる種類の機械とは根本的に異なる」。また同じ土地生産物であっても，特別のワイン生産に適した葡萄園とも異なる。葡萄園の場合にも，特別のワイン需要は葡萄生産量一般とは独立しているからである（*Rent*, pp.7-9,11-14）。

上記①②はともに，スミス自身が穀物について強調した点をいっそう明確に説明したものと解釈できるから，マルサスが新たに提示したと言えるのは，③の優良地の希少という――別言すれば，収穫逓減に関する――各土地の地代額の差に関わる論点であった。これは，①②で示されたように剰余生産物が超過価格となることに加えて，それが地代という所得形態をとる根拠を示すものであった。すなわち，剰余生産物が地代という所得形態をとる場合，「社会の初期の時期」においても存在した土地の肥沃度の差異にしたがって，各土地に投下された資本が生む剰余の量（＝額）には差が生じるが，この差に応じて地代が支払われる。つまり「最も肥沃な土地の比較的希少」とは，各土地での地代の差異を生みだす物理的条件をなしている。穀物の場合には，「需要者はこの生産物によってのみ存在するのであるから，生産物の数量が減少するのに，需要者の数が増大するということは，物理的にありえない」。

この点をマルサスは以下のように問い，そしてこう回答した。すなわち，「なに故に消費〔＝需要〕と供給〔の関係〕が，〔穀物の〕価格をこれほど大きく生産費を超過させ〔地代を与えることにな〕るのか？」。「その主原因は，明らかに，生活必需品を生産する大地の肥沃度である」（強調は原文）。土地の肥沃度が減少すれば，この超過は減少し，需要も減少する。肥沃度がさらに減れば超過はなくなり，需要もなくなる。したがって，論理的には最劣等地では地代は生じないことになるが，マルサスがここで土地の肥沃度を地代の大きさの差にかかわらせて強調したのは，優良地での地代が，一般の独占とはちがってその希少性にではなくて，その豊富に支えられていることを明らかにするためであった。すなわち，「生活必需品の生産費を越える高価格の原因は，〔一般の独占のように〕その希少ではなくてその豊富のなかに見出されるべきである」（*Rent,* pp.12-13），というのがマルサスの結論であった。

経済発展の長期的趨勢」のなかでの地代の地位を解明しようとしたことを示している。羽鳥，上掲書，125-27 ページ。

とすれば，地代は一般の独占の結果ではないし，独占による高価格が意味する，消費者から地主への富の単なる移転でもない。「地代は，神が人間に賦与した，土壌の――その耕作に必要な人々よりも多くの人々を扶養しうるという――最も貴重な性質の明白な表現」（*Rent,* p.16）なのである。したがって最劣等地もしくは優等地の限界投資を除くすべての農業投資には，平均利潤を含む生産費以外に地代が生まれることになる。こうして『穀物輸入制限策』が言うように，「スミスが〔『国富論』第2編5章で農業投資の優位性について〕正しく述べたように，『製造業において雇用される等量の生産的労働は農業におけるほど大きな再生産をもたらしえない』」（*Grounds*, p.35），ことになる。

そして，この場合の「土壌の最も貴重な性質の明白な表現」とは，上に見てきたように，穀物の高価格の原因としての①②③の分析を果たしたうえでの言葉であるから，単なる物的剰余でもなく，またその物的剰余に価格が付与されただけのものでもなく，その剰余分の価格が各土地に地代として与えられる大きさをも説明可能な，そうした「土壌の貴重な性質」を「表現」するものであった。

したがってマルサスにあっては，地代は「国民の財産の全価値のなかで，最も実質的で本質的な部分であり，その土地の所有者が地主か，国王か，また実際の耕作者かのいずれであろうが，自然の法則によって土地に対して置かれているものである」（*Rent*, p.20）。しかもマルサスは，優良地と劣等地の地代の差額を論点に含めることによって，以下に見るように，一国の経済発展に伴う土地耕作の進展のなかで地代の地位を論ずることができるようになったのである。

『地代論』においてマルサスが，地代の性質に関するスミスの主張を批判し拡充した内容は以上であった。ここで理解すべきは，こうしたマルサスの地代論が，穀物の「真の価値」論に基づくものではなくて，需要供給の原理を媒介にして穀物価格（＝「生産費を越える高価格」）を確定し，そのうえで土地の肥沃度の差に基づいて確立されていることである。マルサスは『地代論』で，ここまでの分析で「地代の性質と起源」を明らかにしたので，その後半部分の課題を「地代を支配し，その増減を規制する原理」の解明に当てると述べた（*Rent*, p.21）。そこでは地代の増減を規制する原理を明らかにすることを通じて，経済発展における地代の地位が確定される。

地代の増減を規制する原理についてのマルサスの主張は，以下のように要約できる。地代は，その土地で生産された穀物価格総額から通常の利潤を含んだ耕作費用を引いた差額であるから，地代を増加させるためには，耕作費用を引き下げるか，穀物価格総額を増大させるか，もしくは両者が同じ方向に変化してもその変化の大きさにちがいが生じるか，がその条件となる。具体的には，①資本利潤を低下させる資本の蓄積，②賃金率を低下させる人口の増加，③雇用労働量を減らすような農業上の改良，④需要増加による「農産物価格」の増大，が地代増加の原因としてあげられる（*Rent,* p.22）。一見して明らかなように，これらすべては一国の経済発展の指標でもある。①～③は耕作費用減少要因であり，④の需要増加をもたらす原因は，商工業の急速な発展など多様なケースが想定しうる。

さて上記の諸要因が作用したとしても，借地期間が満了して地代に吸収されるまでは，穀物価格総額と耕作費用との差額の増分は農業資本の利潤を高めるから，この期間に既耕地への資本投下の増加か，もしくは劣等地耕作の進行かのいずれかが起こりうる。こうして「新地の耕作と旧地の改良との両者に基づく，耕作を〔外延的また内包的に〕拡張し生産を増加させる力は，〔それらが起こる以前の〕実際の耕作状態において地代の増大を許容するような，生産費用に比したこうした〔差額を増加させる〕価格の存在に全面的に依存するのである」（*Rent,* p.29）。

だが実際に地代増加が生じるまでの間に，穀物価格総額と生産費の差額は超過利潤として蓄積されて，外延的・内包的耕作拡張をかなりの程度に進行させるはずであるから，地代全体の増加分は耕作拡張による穀物生産増加分に比べれば，その割合は小さい。すなわち，「一国が高度な耕作状態へ進歩する過程において，土地に使用される資本の量とそれによって生みだされる生産物の量とは，〔投下資本量を劇的に減少させるような〕異例な耕作方式の改良によって相殺されないかぎり，地代総額に対してはつねに増加する割合を保持する」。逆に言うと，穀物総額に占める地代の割合は減少する。投下資本量が少なくまた穀物総額が多くなかった過去においては，穀物総額に占める地代総額の割合は，2/5-1/3 と高かったが，現在では 1/5 以下である。しかしながら，こうした地代の割合の低下は投下資本量・穀物総額の増加を伴うのだから，「地主は全生産物のうちより少ない分け前を得るが，生産物は非常に大きく増加しているので，このより少ない分け前はより大きな量をもたらす。すなわち地主は，穀物と労働をより多く支配できるのである」(*Rent*, pp.30-31. 強調は原文)。つまり，穀物総額に占める地代の割合は減少するが，絶対額としては地代は増加する。

したがって「地代の累進的増加は，繁栄と富の増加の最も確実な指標である，上記四つの要因の作用の自然で必然的な結果」であり，逆に，「地代の下落は，貧困と衰退の確実な指標である，資本の減少，人口の減少，劣悪な耕作様式，そして原生産物の低価格という諸要因の自然で必然的な結果」ということになる[19] (*Rent*, p.32)。

広大な土地を有する国は，穀物生産のための効率の異なるさまざまな等級の機械を有していると，また優良地でもその追加投資に関してはそのなかに劣等な機械を含んでいると，考えられるべきである。そしてこの場合，（さまざまな等級の機械という）土地が耕作される過程における穀物の価格は，それぞれの時点での地代を生まない最劣等地での通常利潤のみを含む生産費に，また既耕地での追加投資中の，通常利潤のみを含む生産費に等しい。そして穀物価格が上昇し続けるにつれて，これらの劣等な機械は相次いで運転され，反対に穀物価格が下落し続けるにつれて，これらの劣等な機械は相次いで停止される (*Rent*, pp.35-36,38-39)。したがって高い穀物価格とその継続的上昇とは，その国が「すでに富んでおり，さらにその繁栄と人口が前進しつつある」ことの，そしてその結果「より劣等な土地に――その運転により大きな費用が必要な機械に――継続的に依存する必要がある」ことの証拠なのである。

穀物の高価格は，それ自体を取り出せば，消費者に利益であるとは言えないが，それは「優越しかつ増大しつつある富に必然的に随伴するもの」である。富裕で進歩しつつある国では，穀物の最終追加量を生産

19）土地の改良を含む経済の発展は地代を増加させるという主張は，『国富論』が地代章の結論で明確に記したところである。すなわち「社会状態の改善はすべて，直接また間接に，土地の実質地代を引き上げ，地主の実質的富を増加させる傾向がある」。こうして地主の「利害は……社会の全般的利害と密接不可分に結びついている」。A. Smith, *Wealth of Nations,* Clarendon Press, 1976, pp. 264,265. 大河内一男監訳 I 400-01, 403 ページ。

するのに必要な資本と労働は増大するので，穀物価格は最も高い。他方，日々目にするように工業品の価格は不断に低下しつつある。こうして「他の条件を同じとすれば」，富国では高い穀物価格とそれがもたらす高い賃金率とにもかかわらず[20]，工業品価格は最も低い（*Rent*, pp.40-41,45,47）。

以上によってマルサスは，穀物価格を最劣等地の通常利潤を含む生産費と規定することで，穀物価格総額と生産費との差額である地代の増加が一国の経済発展の結果であり，経済発展と不離不可分の関係にあることを立証し，しかも経済発展における地代の地位の趨勢（＝割合の減少と総額の増加）をも確認した。経済発展と地代増加との関係については，マルサスはスミスと同じ立場であるが，スミスが，その「真の価値」論に依拠して穀物に与えた特別の地位は，穀物の真の価値を否定したマルサスにあっては，自らの人口原理に基づいて，穀物に対する需要は穀物供給のいわば内部にあるという論理を介して，穀物を生産する土地の地代として鋳直された。こうして地代増加は，需要供給の原理と生産費という自らの経済学体系のなかに位置づけられて論証された。D. ウィンチの次の言葉は適切である。「マルサスにとっては地代水準が進歩のバロメーターであった。地代の上昇は，資本蓄積，人口増加，耕作拡張，粗生産物価格の騰貴などが刻み込まれているコインの裏面にすぎなかった」[21]。

ただし一点確認しておくべきことは，このような経済発展における地代の地位にもかかわらず，経済発展をもたらす原動力は利潤であるということである。穀物価格総額と耕作費用との差額の増加分が地代に転化するまでの間に，耕作を拡張するのは，その高い利潤に導かれた資本投下であった――この点は，第3章でリカードウの主張と対比して改めて検討する――。マルサスはこう確認する。すなわち，「利潤が主要な蓄積源泉であることは何の疑問もないから，利潤は最重要な富の源泉で

20）すでに見たように，マルサスは，穀物価格が労働の貨幣価格を「即座にまた全面的に規制する」ことを否定したが，穀物価格と賃金の間には何の関係もないという主張の誤りも，彼にはまた明白であった。「穀物と賃金が全面的に並行して進むことは稀であるが，しかし両者にはそれ以上は分離されえない明白な限界というものが存在する」(*Rent*, p.48)。

21）D. ウィンチ『マルサス』久保芳和・橋本比登志訳，日本経済評論社，1992年，109ページ。

ある」（*Rent*, p.55），と。

さて，以上の議論のなかには穀物輸入は挿入されていない。だが，イギリスの高い穀物価格は，穀物生産者への高い租税という原因を除けば，「わが国の自然的な土壌〔の性質〕と領土の範囲とに比して，その富と人口が大きく優っていることの必然的結果」であるから，もし高い穀物価格を緩和しようとするならば，「外国穀物の習慣的な輸入と国内耕作の減少」しかその手段はないことになる（*Rent*, p.54）。

こうしてマルサスは，自由貿易による穀物輸入が，また反対に，穀物法による輸入制限が，イギリスにとって「得策か不得策か」という問題を論じることになる。

4　穀物法による農工並立国の維持

対フランス革命政府との戦争中（1793-1815年。1802-03年の和約を挟む）の穀物輸入と国内穀物生産の進展とについてのマルサスの理解を，主に『穀物輸入制限策』にしたがって，以下のようにまとめることができる[22)]。① 戦争開始から1805年末までの時期は「イギリスの最大の穀物輸入時代」（*Grounds*, p.27）であり，同時に穀物価格の変動が最も大きかった時代である[23)]。② この「最大の穀物輸入時代」を含む対仏戦争の20年間は，特にナポレオンの大陸封鎖令以降の戦争後期の1807-14年の期間は，高い運賃と保険料とがもたらした穀物価格の高騰に刺激されて，土地耕作と改良が大きく進展し，「人口の大増加にもかかわらず，

22）マルサス『経済学原理』から次の文章を引用しておく。「1798年から1814年にかけての穀物の高価格は，戦争と天候不順とによってもたらされたものであって――穀物法によるものではないということ，また港を開放している国は戦争と平和に際して非常に大きな価格の変動を被るであろうことを，思い出すのはきわめて重要である」。Malthus, *Political Economy, op.cit*, p.222. 訳，上328ページ。

23）対仏戦争開始時ならびに大量の輸入量と高価格を記録した以下の各年度における小麦輸入量とクォータ当たりの年平均価格は，下記のようであった。1793年＝49万クォータ・49シリング3ペンス，1800年＝126万クォータ・113シリング10ペンス，1801年＝142万クォータ・119シリング6ペンス，1805年＝92万クォータ・89シリング9ペンス。Barnes, *History of the English Corn Laws*, *op.cit.*, pp.298,300.

食料の外国供給への依存を大きく減らした」時期である[24)]。

③ ところが，ナポレオンとの戦争終結の見通しがついた1813年末から14-15年にかけて小麦価格は急落する。1813年には小麦1クォータ109シリングであったが，14年には74シリング，15年には65シリングに下落した。1812年の最高値126シリングからみれば半値である。下落の直接の原因は1813年の豊作だが，戦争終結見通しが安価な小麦輸入という思惑を生み，小麦の売却を急がせて価格下落に拍車をかけた。④ この結果，戦争後半期の耕作の拡張と農業改良の進展とは，この近年の価格低落によって引き戻された。しかも1814年の不作と15年の穀物価格の急落との結合による農業経営の損失と破産は，過去の商業恐慌による損失の比ではない。「おそらく，農業利害にとってこれほどまでに損害が大きかった年はない」(*Grounds*, p.7)。

こうした状況下でマルサスは，国内小麦価格が1クォータ80シリングまでは輸入禁止，80シリングを越えれば3か月間は無関税で輸入を許可する――合わせて，保税倉庫への常時輸入許可――という内容の，議会で提案されている1815年穀物法の改定を支持する（なお輸出奨励金は1814年に廃止されていた）[25)]。それは，イギリス経済の将来の発展方向に関する以下の認識に依拠していた。主に『人口論』5版にしたがって彼の主張をみておこう。

マルサスは，工業をもたない農業国と農業をもたない工業国とに内在する経済的問題点を指摘するとともに，さらに穀物輸入制限によって，現在のイギリスは農業と工業をともにもつ農工並立国になりうる――正確に言うと，対仏戦争のなかで耕作が進展し，工業に匹敵する農業投資

24）この点は，1801-14年の間のグレート・ブリテンの増加人口は約200万人，連合王国全体では約300万人であり，1800，01年の小麦輸入量は126万クォータ，142万クォータと大きかったが，戦争後半の1806-15年の平均輸入量は50万クォータ以下にとどまっていることから了解される。Mitchell and Dean, *Abstract of British Historical Statistics, op.cit.*, p.8; Barnes, *History of the English Corn Laws, op.cit.*, p.300.

25）1世紀後にA.マーシャルは，小麦1クォータ80シリングという価格は，「普通の労働者とその家族の賃金」すべてをパンに当ててやっと飢えをしのぐことができるほどの高い水準であった，と書いた。Alfred Marshall, *Industry and Trade*, 4thed., 1923, London, p.750. 1815年法直後の2-3年を除いて，それ以降は平均価格が80シリングを越えることはなかったが，逆にこのことは平均価格が80シリングを越えた対仏戦争中（1800-01，1805-06，1808-13年）に，いかに多くの国民の生活が厳しかったかを物語る。

が実施されてきたイギリスは，事実上農工並立国に接近した状態にあり，その状態を維持しうる――のであり，工業をもたない農業国と農業をもたない工業国の問題点を回避できると主張した。

まず工業をもたない農業国の問題点は，① 輸出農産物と輸入工業品との交易条件が一般に農業国に不利であること，② アメリカを除く多くの農業国（特にポーランドを典型として）では，封建的な土地制度と農民の隷属状態とのために，資本の蓄積という経済発展のためのそもそもの前提が欠けていること，以上の二点に集約される。

他方，農業をもたない工業国の問題点は，① 工業技術の優位は他国に移転しやすいこと，② イギリス綿工業の例が示すように，国内での競争が工業製品価格を暴落させること，③ そしてこの点が重要であるが，工業国ではその食料と原料を農業国の農産物剰余に依存するが，農業国が工業化すれば工業国存立の条件自体がなくなること――そもそも「一国を他国の工業者なり運送業者にするのは，偶然的で一時的な分業であって，自然的で永久的な分業ではない」（*Population*, 5thed., Vol.2, p.411. 訳453ページ）――，つまり，純然たる工業国はその経済発展が他国に依存していること，しかもステュアートの言うフリー・ハンズの存立基盤が農業剰余にあることは明白だから，事物の性質からして，「商工業は農業にとって必要であるが，農業は商工業にとっていっそう必要である」，そして「優先順位を厳密にいえば，やはり〔農業〕剰余生産物が先である」（*Population*, 5thed., Vol.2, pp.396,398. 訳447，448ページ）こと，以上に集約される。とすれば農工並立国は，工業をもたない農業国，農業をもたない工業国それぞれの問題点をクリアできる。すなわち，純然たる工業国のもつ，その経済発展の他国への依存という問題点は，国内農業と工業との相互の需要が自律的な国内市場を形成することを通じて経済発展の自立性を獲得することで，解決される。

以上は，工業をもたない農業国，農業をもたない工業国をそれぞれ一般論として取り上げてその問題点を指摘し，さらにそれに基づいて農工並立国の利点を，やはり一般論として指摘したものである。だがマルサスにとって問題視すべきことは，対仏戦争中の穀物輸入の困難と穀物価格騰貴とによって，国内での農業投資が大きく進み，現実のイギリス経済が農工並立国状態に近づいているなかで，戦争終結直前の価格急落によって現に農業経営の破産と損失が生じ，そして穀物の自由貿易が行われれば穀物価格はさらに低下して農業のいっそうの後退が予想され，こうした結果，農工並立状態が崩壊する危険であった。

マルサスはこうした事態を『穀物法の影響』ではこう表現していた。すなわち，イギリスにとっての問題は，「単なる農業国よりも工業国を選ぶべきか否かということではなくて，歴史上かつてないほどに最も工業化してはいるが，しかしなお，これとほとんど歩調をともにしている農業を有する国が，〔穀物自由貿易による〕工業人口の相対的大増加と農業人口の相対的抑制とによって，その幸福が改善されるかどうかということである」(*Effects*, p.30)，と。また『人口論』5版では，「自然には生ずることのない社会の農業階級と商〔工〕業階級との均衡を，ある事情のもとでは人為的に維持すべきかどうかという問題は，経済学の全領域において最重要な実践的課題である」(*Population*, 5thed., Vol.2, p.477. 訳485ページ）と述べて，穀物自由貿易のもとでは生じない農工並立国の実現を，戦争という特殊な環境のなかでそれに接近したイギリスにとっての重要な選択課題として提起したのである。

だが農工並立国実現のためには外国穀物の輸入制限が必要であるが，対仏戦争中の穀物生産の増大が劣等地耕作の進展による耕作費用の増大を伴ったことから明らかなように，それには当然に経済的コストがかかる。マルサスは『穀物法の影響』で，穀物自由貿易の利益を以下のように表現していた。すなわち，「広大な土地を有する国でも，工業人口に富み，またその優良地すべてを耕作しているならば，その穀物のかなりの部分を，供給が需要に比していっそう豊富な他の国から購入したほうがより安価であることを見出すであろう」[26] (*Effects*, p.16)，と。また穀物輸入制限策を支持した『穀物輸入制限策』でも，『穀物法の影響』でのそうした主張が再確認されている。すなわち，穀物輸入制限によって自給を目指せば，国内価格はヨーロッパ諸国より高くなり輸出は困難に

26）マルサスは，ポーランドでは小麦1クォータを32シリングで輸出港ダンツィヒまで供給できるという，オッデイの著作 (J. Jepson Oddy, *European Commerce, shewing new and secure Channels of Trade with the Continent of Europe*, London, 1805）を紹介している。さらに続けてマルサスは，イギリス市場が「永続的に公開されれば」バルト海沿岸地方の穀物生産は今後いっそう増加するし，また同じことはアメリカについても言えると，穀物自由貿易による穀物供給増大の見通しを語っている (*Effects*, pp.17-18)。

なるから，豊作時には価格は暴落する，こうして「穀物自由貿易こそ，通常のあらゆる場合において，より安価であるだけでなくさらにより安定的な穀物供給を確保する」(*Grounds*, p.10. 強調は原文)，と。

マルサスは，「経済学の一般原理が教えるところではすべての商品は最も安価に入手できるところで購入すべきである。そしておそらくは，経済学の全領域において，これほどまでに，正当な例外を見出すことができそうもない一般原則はない」(*Effects*, p.22)，と述べた。さらに『人口論』5版でも，穀物自由貿易によって，より大きな，また急速に増加する人口を扶養できるならば，わざわざそれを輸入制限によって妨げ，人口増加を阻止することは「正当化できない」という批判に対して，「これは疑いもなく有力な議論であって，その前提をすべて容認すれば(ただし，その幾つかについては疑問の余地があるが)，経済学の原理だけに基づいて，これに反論することはできない」(*Population*, 5thed., Vol.2, pp.495-96. 訳493ページ。強調は引用者)，と述べた。しかもマルサスは『人口論』6版（1826年）では，「(ただし，その幾つかについては疑問の余地があるが)」という限定箇所を削除したのである[27)]。

さらに，『人口論』5版から加えられた第12章「穀物法について。輸入制限」の最後の文章は以下のように結ばれていた。すなわち，「したがって完全な自由貿易は，けっして実現するとは思えない一つのヴィジョンである。しかしなおできる限りこれに接近することがわれわれの目的であるべきである。それはつねに一般的大原則（great general rule）と考えられるべきである。そしてこの原則から乖離した提案がなされる場合には，提案者はその例外理由を明確にする義務がある」(*Population*, 5thed., Vol.2, p.507. 訳501ページ)，と。

27） Patricia James ed., Malthus, *An Essay on the Principle of Population*, Vol.2, Cambridge University Press, 1989, p.70. 吉田秀夫訳『各版対照　人口論』第3巻，春秋社，1949年，305ページ。ジェイムズの『各版対照人口論』公刊の40年前になされた吉田の仕事の意義は，高く評価されるべきである。

ジェイムズは，「マルサスは確信的（convinced）自由貿易論者であったが，国民の主要食料を保障するために輸入コントロールが必要かも知れないと信じた。同時代人とはちがってマルサスは，自由経済が自己調整的であるとは想定しなかった」と述べた。確信的自由貿易論者という評価には疑問が残るが，第6節でも見るように，マルサスが自由貿易の利益を十分に理解していたことは確かである。P. James, *Population Malthus, His Life and Times*, Routledge & Kegan Paul, 1979, p.313.

こうして「経済学の一般原理」・「一般的大原則」にしたがえば，穀物法という輸入制限によって不利益が生ずることは否定できない。だがしかし，輸入制限によって農工並立国を実現（維持）するという課題は，「経済学の一般原理」を越えた基準で判断されることになる。すなわちイギリスにとってそれが「得策か不得策か」という基準である。「外国穀物の輸入制限によって，農業階級と商業階級の間の均衡を維持することは明らかに可能である。問題は，提起された方策〔= 輸入制限〕が効率的か不効率か（efficiency or inefficiency）ではなく，得策か不得策か（policy or impolicy）の問題である」（*Population*, 5thed., Vol.2, p.477. 訳 485 ページ）。

この場合の「不得策」とは，輸入制限によって農工並立状態の維持という目的達成が可能であるとしても，それが「あまりに高価につく」ならば，その目的自体が「得策」ではなくなる，ということである。また逆にいえば，自由貿易によって安価な穀物という目的が達成される（=「効率」）としても，それが穀物供給の不確実性の増大，賃金の大きな変動，工業人口比率の過度の増大による社会的不健康と不道徳の増大，さらには安価な穀物のために国内穀物生産を犠牲にした国が被る，穀物輸出国の将来の工業化による穀物供給の先細り，といった重大な弊害が伴うならば，安価な穀物という目的自体が「不得策」だということである（*Population*, 5thed., Vol.2, pp.495-96. 訳 493 ページ）。ここにあげられた，穀物供給の不確実性から穀物供給の先細りまでの弊害はそのいずれをとっても，「経済学の一般原理」では明確に確定できるものではないのであった。

マルサスは『人口論』2 版（1803 年）で以下の言葉を記し，第 4 版（1807 年）まで，それを残した。すなわち，「わが国自身に関していえば，イギリスが〔穀物〕輸入国になったのはこのほんの 20-30 年のことにすぎない。こんなに短期間では，〔穀物輸入〕制度の弊害が認知できるとはほとんど期待できないであろう。だがしかし，われわれは既にその不都合を幾つかを経験している。そしてわれわれがこの〔穀物輸入〕制度を維持するならば，それによる悪い結果は遠い将来の推論に関わる事柄ではなくなるであろう」，と。またこの文章に関連してマルサスは，歴史上大国がその国民のうち 400-500 万人を外国食料に依存した例はない，自分は穀物輸入国に転じたイギリスの「今後20-30年先のことを言っているのではなく，200-300年先のことを言っている」[28]，と述べている。当時最大の工業国であり，かつこの20-30年前までは穀物自給国であったイギリスの今後の長期の食料政策に関わる問題を，「経済学の一般原理」で論じ切れるものではないという判断は，マルサスにとっては当然であった。

マルサスは『人口論』5版で，輸入制限による農工並立状態の維持という目的達成のコストがあまりに高価で，農工並立状態の維持という目的達成自体が「不得策」な場合として，領土が狭くて穀物供給能力が乏しく，さらにその土壌，気候上の理由で，国内生産高が突発的に変動する国，また領土は多少広くとも，土地がまったく不毛な国を例として挙げている。だが，① 自給が物理的に可能な領土（広さ，地質，天候も含めて）を有し，② 年々の穀物収穫量が安定しており，③ 穀物供給国の工業化による穀物輸出の先細りの可能性に曝されており，④ 過大な工業人口に伴う社会的弊害が予想される国においては，穀物輸入制限という手段による農工並立状態の維持という目的達成は，けっして「不得策」ではない（*Population*, 5th ed., Vol.2, pp.478-81. 訳485-86ページ）。そしてマルサスの判断では，イギリスはこれらの条件すべてに当てはまったのである。

長文であるが以下のマルサスの言葉は，イギリスが穀物輸入制限によって農工並立国を維持することが「得策」であるという彼の考えを最も良く表している。すなわち，

「各国の土壌と気候から生まれた特産物は，いかなる状況のもとでも必ず外国貿易の対象である。しかし，食料は特産物ではない。食料を最も多量に生産する国も，人口の増進を支配する法則によって，他国に分け与えるべき食料はないかもしれない。各国の収穫の変化から生まれる以上の大規模な穀物貿易は，むしろ，一時的で偶然的な貿易である。こうした貿易は，本質的には永続的な貿易ではなく，……主として各国が到達したさまざまの発展段階とその他の

28） Malthus, *Population*, 2nd ed., pp.468-69. 吉田訳第3巻，277ページ。James, *op.cit.*, Vol.1, p.430.

偶然的諸事情に依存している。荒っぽい考え方であるが，ヨーロッパはその穀物をアメリカで生産し，自らは商工業に専念するのが地球上での最善の分業であると（もちろん真面目にというよりは冗談として）言われることがある。しかし事物の自然の成り行きからしばらくの間そうした分業が行われ，これによってヨーロッパが自分の土地で扶養しうるよりも大きな人口を育てることができたという法外な想定に立っても，その帰結はまさしく恐るべきものであるにちがいない。工業品の購入相手国〔＝ヨーロッパ〕が資本と熟練以外に特別な利点をなにももっていないのであれば，広大な領土をもつすべての〔農業〕国が，その富の自然的進歩のなかで自ら製造業を行うことが理に適うのは疑いのない真理である。しかし，この原則に立ってアメリカがヨーロッパから穀物〔供給〕を引き揚げ始め，またヨーロッパの農業上の努力がその穀物の不足分を補うのに不十分であるときには，増大した富と人口という一時的利益が（実際にそれが得られたと仮定して），長期間にわたる衰退運動と窮乏というきわめて高い代償を支払って購入されたものであることにきっと気付くであろう」（*Population*, 5thed., Vol.2, pp.481-83. 訳 486-87 ページ）。

さらにマルサスは『経済学原理』では，上の「特産物」に関して綿製品を取り上げて，以下の注を付けている。すなわち，「綿製品は絹製品と同様にわが国の特産物ではない。そしてもし国民のうちのかなりの数の食料を購入するために綿貿易の繁栄が必要となるならば，われわれがかつて経験したよりも大きな災いが見舞うであろうことを，私は恐れる！」[29)]，と。

29）　Malthus, *Political Economy, op.cit*, p.236. 訳，上 350 ページ。ただし第 2 版（1836 年）では削除。原綿をアメリカで船積みし，それをイギリスで綿製品にし，再びアメリカに輸出するという事態が――その利益を活用することは否定しないが――永続するはずがない，というのがマルサスの判断であった。Malthus, *Population*, 5thed., Vol.2, p. 428. 訳 462 ページ。

5　穀物自由貿易の前提

マルサスは『穀物輸入制限策』で，1814年のフランスでの穀物輸出に関する法律は自由貿易の前提を掘り崩す，と主張した。フランスのこの法律とは，小麦価格が1クォータ49シリングまでは輸出は自由だが，49シリングを越えると輸出は全面禁止される，というものであった。マルサスの理解では，フランスは平時にはイギリスの価格の半分で小麦を生産でき，また大量の輸出が可能な国であった。そして自由貿易が実施されれば，イギリスの穀物輸入の主要部分はバルト海沿岸諸国よりもむしろフランスから来る，とマルサスは判断していた[30]。ところがこの法律は，平年作で価格がそれほど高くない年でも，たとえ自由貿易を行ってもフランスからの穀物供給が期待できないことを意味した。「こうした類の穀物商業は，自由貿易の一般原理の基礎を動揺させ，〔自由貿易の前提となる〕与件を完全に変更させるものである」(*Grounds*, p.15. 強調は原文)，とマルサスには理解された。

マルサスは，『穀物法の影響』で自らが記した「穀物自由貿易こそ，通常のあらゆる場合において，より安価であるだけでなくさらにより安定的な穀物供給を確保する」という文章にふれて，『穀物輸入制限策』でも，「真の意味での自由な（*really free*）貿易」の利益に関するこうした主張を「私は厳格に固執する」(*Grounds*, pp.10-11. 強調は原文)，と述べている。だが，フランスの上の法律は，「通常の場合」を外れる事態を生み，「真の意味での自由な貿易」を阻むものであった[31]。

30）フランスについてのこうしたマルサスの判断は，（匿名のためおそらく）ブキャナン（David Buchanan）によって以下のように批判された。すなわち，フランスは農業国であるとともに商工業国であり，商工業の発展とともに穀物剰余は減少する。「フランスが〔穀物の〕大輸出国になるということはまったくありそうもない」。マルサスが指摘したフランスの穀物輸出の禁止法も，「むしろ余剰生産物の不足を懸念して」のことである。イギリスへの穀物輸出国は，やはりポーランドとアメリカである。「ポーランドはあらゆる点からみて農業国である」。*Edinburgh Review*, Vol.24, No.48, 1815, pp.497-98.

31）「通常の場合」を外れるものとしてマルサスがあげるもう一つの事態は，対仏戦争中の減価した通貨の，現金支払再開に伴う価値の騰貴による物価下落の可能性であった。こうした事態が予想されるなかでの，穀物自由貿易は「通常の場合」とは異なる意味をもつ，そしてマルサスは，自由貿易と国際分業について以下のように記した。すなわち，「経済学にほとんど通じていない人でも，個人についてと同じく国民についても適用される分業から生じる利益は，労働の生産物を〔生産の〕後に交換する力に全面的に依存することを知らない者はいない」。フランスの上の法律はこの「交換する力」を禁止するものである。こうして，「穀物の国内取引の自由と〔穀物の〕外国貿易の自由との間には大きなちがいがある」。穀物の国内取引の自由は政府の判断で実施可能である。しかし「穀物の外国貿易の自由は一国の力だけでは確保できない。それを達成するためには，多くの諸国民の同意が必要である。ところが，生活手段〔＝食料〕に関する恐怖と嫉妬がきわめて一般的に支配しているために，この合意はほとんどつねに得られないでいる」(*Grounds*, pp.16-18)，と。

マルサスは『穀物輸入制限策』の最後で，対仏戦争終了時のヨーロッパの現状，ならびにイギリスの状況のもとでは，「わが国自身の平均的穀物供給の自足こそが最も賢明な政策〔＝得策〕(policy) である」と述べ，さらに穀物自給を船舶と海員の増加を意図した航海条例の目標と並べて，「穀物自給は航海条例と同じ性質をもつ明白な目標であり，また望ましい目標であろう」(*Grounds*, p.47)，と記した[32]。

『国富論』が，航海条例は完全な自由貿易を阻害するから，外国貿易にとっても，また富裕の増進にとっても好ましくないと言いつつも，「しかしながら国防は富裕よりもはるかに重要であるから，航海条例は

というのである (*Grounds*, p.9)。

32) マルサスは，穀物法と航海条例の目標の類似性について『人口論』5版でもふれている。*Population*, 5thed., Vol.2, pp.462-63. 訳 477 ページ。『穀物法の影響』ではマルサスは，「安全は富よりもいっそう重要」という観点に基づいて，食料を外国に依存する大国は他国の嫉妬をかいやすいから，最も必要な時に食料供給を得られない「危険」が存在するという主張に対して，通商の途絶は穀物輸出国にも不利益だから，穀物に高価格を支払いうる富国にとっては「こうした危険はそれほど大きくはない」と――後に見る，リカードウと同じ見解を――記した。しかしながら続いてマルサスは，ナポレオンの大陸封鎖を念頭に置いて，近年「利益よりも感情」に基づく政府の行動を経験した以上，もしイギリスが 200 万人分の食料依存の状態でこうした事態が起これば，その害はきわめて大きい，と主張した (*Effects*, pp.26-27)。

マルサスは，穀物自給策をとらない場合の平年時の外国小麦依存量を 200 万クォータと想定している。Cf. *Effects*, p.24 ; *Population*, 2nd ed., 1803, p.464. 吉田訳第 3 巻，272 ページ；James ed., *op.cit.*, Vol.1, p.426; *Population*, 5thed., Vol.2, p.451. 訳 472 ページ。

イングランドの全商業法規のなかで，最も賢明なものであろう」[33]，と述べたことはよく知られている。マルサスにおいては，穀物自給は国防と類比されて，「経済学の一般原理」が論じうる富裕の範囲を越えて，「得策」か「不得策」かという基準で論じられるべき課題であった。D. ウィンチらが指摘したように，「マルサスによれば，穀物法の問題は経済学の原理だけでは解決されなかった。政治と倫理の科学からする高次の考慮と合わせて，考えられなければならない」ものであった[34]。

マルサスにとって経済学とは，数学の命題のように「つねに同じ種類の証明が可能で，同一の確実な結論」に導くものではなかった。「経済学は数学よりも道徳科学や政治学により類似した」性質を有する学問であった。しかしこのことは，経済学の結論の「確実性を減ずるが，その重要性を減じはしない」。「経済学の諸原理が十分に広範な経験のうえに慎重に基礎づけられ」，そして「正しく適用されるならば」，その実際的重要性は十分に確保されうるのであった[35]。

マルサスの言う「得策」とはこういう意味を担っていた。

6　農業保護主義からの離脱

マルサスは『人口論』6版（1826年）で穀物輸入制限に対する支持を修正する意図を示した。この時点での穀物法は1822年に改訂されたものであった[36]。マルサスは，穀物輸入制限に対する反対論で最も有力な

33）Smith, *Wealth of Nations, op.cit.*, pp.464-65. 訳Ⅱ 135-36ページ。

34）S. コリーニ，D. ウィンチ，J. バロウ『かの高貴なる政治の科学』永井義雄，坂本達也，井上義朗訳，ミネルヴァ書房，2005年，63ページ。

35）Malthus, *Political Economy, op.cit.*, pp.1-2,518. 訳，上19ページ，下384-85ページ。

36）1822年穀物法は，第3章でふれるロンドンデリ（Londonderry）卿提案に基づいて1815年穀物法を改訂したもので，小麦については国内価格が1クォータ70シリングまでは輸入禁止，70-80シリングの間は12シリングの関税，80-85シリングの間は5シリングの関税，85シリング以上の時には1シリングの関税で輸入を許可するという内容であった。だが，80シリングまでは輸入禁止という1815年法の規定の廃止をしなかったために，そしてその後国内価格は80シリングにはならなかったので，植民地産小麦――それは，1815年法の67シリングに代わって，1822年法では59シリングから輸入が許可されることになった――の輸入を除いては，1822年法は効果がなかった。Barnes, *History of the English Corn Laws, op.cit.*, p.174.

ものとして，「その反社会的（unsocial）傾向と，それが商業界全般に与えるにちがいない周知の損害」をあげた。そして以下の文章が追記された。

> 「わが国の大臣たちが通商政策のいっそう自由な制度の模範〔＝第5章2節で論ずる1825年のウィリアム・ハスキソンの関税改革〕をきわめて見事に示しつつある時期に，諸外国がわが国の現行穀物法のように非難すべき顕著な例外をもたずに済むことがおおいに望ましいであろう。あまり高すぎない輸入関税とリカードウ氏によって勧告された程度の奨励金（bounty）とは，おそらくわが国の現在の状態にとって最も適当であり，最も良く価格の安定を保証するであろう。外国穀物に関する関税は，諸外国が課税対象としてわが国の製造品に課した関税と類似したものであり，それと同様に自由貿易の原則を害するものではないであろう」[37]（*Population*, 6thed., Vol.2, p.209. 訳500ページ。強調は引用者）。

第3章6節で詳しく検討するように，リカードウは『農業保護論』（1822年）で，国内小麦価格が①1クォータ70シリングに達した時点で輸入を恒久化し，②最初は20シリングの関税を課し，10年でそれを漸減させて10シリングを恒久関税とする，また③輸出に関しては7シリングの戻し税（drawback）を与える，という提案を行い，これこそが真の穀物自由貿易を体現すると主張した。上のマルサスの文章は，③については，リカードウが「戻し税」と表現しているのを「奨励金」と表現しており，それぞれの言葉に込められた意味のちがいがあると考えられるが，輸出に際して7シリングを与えるという点では同じである。②については「あまり高すぎない輸入関税」がリカードウの言う20シリングから始まって最終的には10シリングに固定される関税と同じかどうかが問題となるであろう。だが，リカードウ自身が20シリン

37）この引用文の最後の文章である「外国穀物に関する関税は，諸外国が課税対象としてわが国の製造品に課した関税と類似したものであり，それと同様に自由貿易の原則を害するものではないであろう」という部分は意味が取りづらい。「自由貿易の原則」を害さないということからすれば，「課税対象」という言葉で歳入関税を示唆しているのかもしれない。

グの関税ではほぼ輸入の全面的排除になると言っている[38]ことからして，また1822年法では国内価格が70-80シリングの間は12シリングの関税賦課が規定されており，マルサスはそれを非難されるべき「顕著な例外」と言っていることからして，マルサスの言う「あまり高すぎない輸入関税」がリカードウの言う10シリングの恒久関税と大きく離れているとは考えにくい。

むしろ十分に検討されるべき点は①である。リカードウにおいては，一旦国内価格が70シリングに達して輸入が行われれば，その後国内価格がいかに低下しても輸入は禁止されない。マルサスがこの点をどう考えていたのかを示す確定的証拠はない。しかし上記引用文の「価格の安定を最も良く保証する」という部分は，輸入禁止を排除していると考えられる。というのは，1822年の穀物法改訂に当たって強調されたひとつの重要な論点は，15年穀物法による80シリングまでの輸入禁止にもかかわらず，国内の過剰生産によって穀物価格が大きく下落していること，また国内が不作で価格が上昇しても80シリングになると無関税での輸入が認められるから，大量の輸入が殺到し価格の暴落をもたらすこと，それらが長引く農業不況をもたらしていること，にあったからである[39]。

第4節で示したように，マルサスは，穀物法という輸入制限が不利益をもたらすことを「経済学の一般原理」にしたがって認めていた。逆に真の意味での穀物の自由貿易が実現されるならば，穀物価格の低下と安定とがもたらされることも認めていた。『人口論』5版でも輸入制限

38）*The Works and Correspondence of David Ricardo*, Cambridge University Press, Vol. V, 1962, p.173.

39）S. ホランダーも，『人口論』6版の「この追記の本質的なメッセージは，『自由貿易原則を侵害』しないことを意図した提案によって，1815年法という禁止制度の撤回提案にある」（強調は原文）と，理解している。S. Hollander, *The Economics of Thomas Robert Malthus*, University of Toronto Press, 1997, p.853. 羽鳥は，こうしたリカードウとマルサスの政策提言上の接近にもかかわらず，両者の意図と理論的根拠とのちがいを強調して，1826年になってもマルサスは「農業立国論」の立場を離れなかった，と結論する。羽鳥「後期マルサスの穀物法論」『経済系』146集，1986年。

筆者は以下に述べるように，マルサスの15年穀物法による輸入制限への支持が「得策」という基準に基づいて行われていた以上，政策提言の変化が理論的根拠の変更なしに可能であったことを重視したい。筆者はこの点で，マルサスの理論的変化と政策的変化の一致を強調するホランダーの解釈とも異なる。

制度に対する反対論として，それが「本質的に反社会的」であることが指摘され，さらに「ヨーロッパ全体の利益」からすれば，穀物自由貿易が最も利益であることが述べられていた（*Population*, 5thed., Vol.2, p.506. 訳499ページ）。だがしかし，イギリスにとっての「得策」という観点に立って，マルサスは15年穀物法による輸入制限を支持したのである。

S. ホランダーは『トマス・ロバート・マルサスの経済学』（1997年）で，『人口論』6版で上記の文章が追記された1820年代中盤以降，マルサスは農業保護主義を放棄するに至り，従来の農工並立論から外国貿易による工業発展に重きを置くリカードウ的立場に転換したと主張した。ホランダーによれば，『人口論』6版での「追記は，コスモポリタン的な視点からは穀物の自由貿易が望ましいということを単に再確認するだけではなくて，むしろそれは，〔ロビンソン蔵相の自由貿易予算やハスキソンの関税改革など〕イギリスの新政策を前提にすれば，生産物全体を包摂するグローバルな自由貿易がもはや夢想ではないという――**実際，穀物輸入の自由化はグローバル自由貿易達成のための有力な武器を提供する**という，評価を含意している」（強調は原文）ものであった[40)]。

確かにホランダーがあげたように，マルサスの穀物輸入制限策の放棄を示唆する資料は以下のように確認しうる。① 1824年の『クォータリ・レビュー』論文での次の文章。すなわち，スミス，マルサス，リカードウ派の「三つの学派すべてにおいて，自由貿易原則が十分に理解されており，またその原則からの乖離は，特別な論拠がある場合にのみ擁護されうるという，満足すべき状況にある」[41)]。② 1829年3月31日付のシーニア（N. Senior）宛ての手紙の文章。すなわち，食料獲得の便宜は，労働者の側での人口増加に対する慎慮ある習慣の形成には必ずしも結びついていないが，しかし「こうした原理から，以前には1本の稲穂が生産されていた所で2本のそれを生産するために，またわが国の商業法規の制限を自由化して改善するために，最大の努力をすべきではないと

40）　Hollander, *Economics of Malthus, op.cit.*, p.857. また「マルサスは，事実，リカードウ主義者たちと運命をともにするに至った」(p.863)。ホランダーのマルサス解釈については，渡会勝義「マルサスにおける重農主義・農業主義・農業保護論」『経済学史学会年報』36号，1998年，が参考になる。

41）　[Malthus,] Political Economy, *Quarterly Review*, Vol.30, No. 60, January 1824, p.334.

いうことには決してなりません」。③ 1832年3月6日付のチャーマーズ（Th. Chalmers）宛ての手紙の文章。すなわち，「私は，穀物法廃止のもたらすモラルのうえでの利益に関してあなたとまったく同意見です」。④ 1833年1月22日付のマーセット（J. Marcet）宛ての手紙の文章。すなわち，あなたは穀物法廃止の利益をあまりに艶やかに描きすぎています，「その結果を恐れないわけではありませんが，それでも私は制限の除去を支持します」（強調は原文）[42]。

しかし上記の引用文自体はかなり慎重な表現や限定が付けられていることも事実であるし，筆者としては私信に立場の変化の決定的根拠を求めることは慎みたいと思う。ホランダーは，こうした穀物輸入制限への支持からの離脱という政策的立場の変化の原因として，経済発展における地主＝地代の有効需要の意義を重視する立場から外国貿易による工業的発展がもたらす労働者階級の有効需要の意義をも重視する立場への変化という，マルサスの理論的立場の変化を見ようとしている。しかしこの点のホランダーの論証は成功しているとは言えない。なによりも，本章4節で引用した『人口論』5版（1817年）の農工並立国擁護の文章が，そのまま6版（1826年）に採録されていることが，政策的立場の変化を直接に理論的立場の変化に対応させることの困難を示していると言わねばならない。

既述のように，マルサスは「経済学の一般原理」に基づく穀物自由貿易の利益を十分に承認していたが，そうした自由貿易の利益が実現されないような事情のなかでの「得策」として，1815年穀物法を擁護していた。確かに「経済学の一般原理」と「得策」とを明瞭に区別することが困難な領域も存在することは否定できない。だがしかし，1820年代の穀物輸入制限のもとでの厳しい農業不況と，リベラル・トーリーと評されるリヴァプール（Lord Liverpool）内閣下でのハスキソンらの自由貿易改革の実施という新たな状況のなかで，理論的立場の変化なしに「得策」の内容の変化は可能であった，というべきである[43]。

42）Cited in Hollander, *Economics of Malthus, op.cit.*, pp.854-55.

43）プレンは，上記のホランダーの主張が論文で発表された段階で以下のような批判を加えていた。マルサスは，穀物輸入制限を支持した1815年の段階で「原理と実際的適用との間を……区別」しており，「マルサスの穀物法支持は保護一般の原理に基づいていたのではな

第3章

穀物の価値と経済発展

——デイヴィッド・リカードウ——

スミスの穀物特殊性論を批判し，さらにマルサスの地代の性質ならびに経済発展における地代の地位についての主張を批判し，そのうえに投下労働価値説に基づく経済学を打ち立てたのが，D. リカードウ『経済学および課税の原理』（初版 1817 年，3 版 1821 年。以下『原理』と記す）[1] であった。

彼は，「人間の勤労によって増加できない〔稀少性によってその価値が決まる〕ものを除けば，これ〔＝労働〕が実際にすべてのものの交換価値の基底であるということは，経済学における最重要な学説である」（I, p.13），と明言した。そしてリカードウは経済発展を規定する基底の位置に穀物の価値を置いた。彼は，穀物の生産性が経済発展を規定する

かったし，まして特殊農業保護の原理に基づいていたのでもなかった。反対に，彼は農業保護を自由貿易という原理に対する例外とみなしていた。彼は原理を強く支持しており，例外の必要を深刻に遺憾としていた。彼の著作からして，もし例外を必要とする特定の状況が（彼からみて）取り除かれれば，穀物法に対する支持を撤回する用意が，しかも喜んでそうする用意があったということは，きわめて明白である」（強調は原文），と。J.M. Pullen, Malthus on Agricultural Protection: An Alternative View, *History of Political Economy*, Vol.27, No.3, 1995, pp.525,528. 筆者はプレンのホランダーへの批判に同感である。またウィンチもプレンの批判に同意している。Cf. Donald Winch, *Riches and Poverty: An Intellectual History of Political Economy in Britain, 1750-1834*, Cambridge University Press, 1996, pp.332-35.

1）『経済学および課税の原理』はじめリカードウの諸著作・手紙などからの引用は，『リカードウ全集』（Piero Sraffa ed., with the collaboration of M.H. Dobb, *The Works and Correspondence of David Ricardo*, 11 Vols., Cambridge University Press, 1951-1973）から行う。すべての巻が雄松堂書店から翻訳されているが，原文箇所から翻訳の参照は容易であるので，引用の際には『全集』の巻数と当該の原文ページのみを本文中に示す。訳文はすべて服部が修正している。

と主張し，穀物の自由貿易を提唱したのである。この意味でリカードウは，穀物の価値を左右する穀物の生産性の動向を通してイギリス経済の将来を占ったと言える。したがってこの点に注目すれば，穀物のもつ高いエネルギー効率の理解を基盤にして穀物の「真の価値」論を主張し，地代論を通じて文明社会に至る歴史過程のなかでの穀物の基底的地位を認識したスミス，さらには需要供給の原理を基礎に据えた「経済学の一般原理」に基づいて，穀物生産地の地代を通して経済発展における穀物の意義を論じたマルサス，この両者と並んで，またその理論的体系性からして両者以上に，リカードウは穀物を基軸に置いた経済学を打ち立てたと言える。

ただしリカードウは，経済発展を規定する基底の位置に穀物の価値を置きはしたが，穀物が他の財と区別される特別の財であるという議論は自らの経済学からは排除した。リカードウにおいては，穀物もその他すべての財も，その生産に要する労働の相対量にのみ応じて，それらの価値は順序づけられる。「効用（utility）は交換価値の尺度ではない」（I, p.11）のである。リカードウの議会演説[2]での言葉を引用すれば，「穀物の生命を維持する力とその価値とは別のことであった」（1822年6月12日。V, p.212）。

また同時に強調しなければならないのは，リカードウは経済発展の趨勢に影響を与える具体的政策提言にあたっては，現状に十分な配慮をしたうえでそれを行ったということである。彼の穀物法改定論にその例を見ることができる。本章では彼が現状を，具体的にはイギリスに対するヨーロッパの穀物輸出環境をいかに把握していたのかに，さらにまたその把握に内在する問題点にも光を当てたい。

2） リカードウは1819年から亡くなる1823年まで，少数の選挙人が議員を決める，いわゆるポケット選挙区（アイルランド，ポータリントン。選挙人12人）の選出の下院議員であった。また，当時の議会発言の報道は速記に基づくものではなく，新聞社の，場合によっては記者の記憶に基づく報道であり，『全集』に収められた文章がリカードウの発言そのままではないこともありうる点をあらかじめ断っておきたい。

1　地代の性質と地代増減の法則

リカードウは『原理』序文の冒頭で，経済学の主要問題を，「大地（the earth）の生産物，すなわち地表から得られるすべての物」の地主，農業資本家（=「土地の耕作に必要な資本の所有者」），農業労働者（=「その勤労によって土地が耕作される労働者」）という三つの階級への「分配を規制する法則」を決定することに置いた。『原理』は農産物の分配法則の確定を課題とすることを明言したのである。一国の全生産物の分配ではなくて農産物の分配こそをリカードウが自らの課題と表現したのは，農産物以外の財を対象から外したわけではなく，自由な競争が行われる条件のもとでは，農産物の分配が全生産物の分配法則をいわば代表することになる，とリカードウは考えるからである。この場合，分配される農産物（穀物と言い換えてもよい）はその価値で表現され，その価値の大きさは生産に要した労働量で測られる。そして彼は，農産物の分配法則を解明するうえでは「地代の原理」の正しい理解が不可欠であり，「真の地代学説」はマルサスの『地代論』（1815 年）によって公表された，と記している（I, pp.5-6）。ここでの正しい地代論とは差額地代論を指している[3)]。

なに故に，差額地代論が農産物の分配法則の解明において重要であるのか。それは，最劣等地での資本投下もしくは優等地でもその限界的資本投下には地代は生じない，というのがリカードウの分配論の中心論点であるからである。限界投資が新たに生み出す価値は賃金と利潤とにのみ分配される。この点は，自由な資本移動の条件のもとでは，農業における限界投資と製造業におけるそれとは平均利潤率が同じであり，そして製造業では地代が発生しないから農業での限界投資にも地代は生じな

3）リカードウは，マルサス以外にもう一人，エドワード・ウェスト『土地への資本投下論』（A Fellow of University College, Oxford〔Edward West〕, *Essay on the Application of Capital to Land, with Observations shewing the Impolicy of any great Restriction of the Importation of Corn, and that the Bounty of 1688 did not lower the Price of it*, London, 1815. 橋本比登志訳『穀物価格論』未来社，1963 年，所収）も正しい地代論を表明した著作としてあげている。本書は匿名での出版である。

い，とリカードウは論理を展開していると理解される。さらに敷衍して説明を加えよう。

リカードウは地代の性質をこう定義する。すなわち，「地代は，大地の生産物のうち，土壌の本源的で不滅な力の使用（use of the original and indestructible powers）に対して地主に支払われる部分である」（I, p.67），と。

この文章には二つの論点が含まれている。第一は，一般には，農業者が地主に年々支払う約定金額が「地代」（借地料）と呼ばれるが，そこには農地の改良や農場建物などへの地主や農業者の投資に対する利潤や利子なども含まれている，という点である。すなわち，「土壌の本源的で不滅な力」に加えて，土地改良投資によって肥沃度を増す「力」が追加的に土壌に付与されているのが，実際の土地の姿である。そして一般には，農場の借地に対して支払われる金額全体が地代と呼ばれているが，「土壌の本源的で不滅な力」の使用に対して支払われるもののみが地代を構成するのであり，改良投資による「力」に対して支払われるものは利潤または利子である[4)]。

第二に，この文章のなかの「土壌の本源的で不滅な力の使用」とは，土地の需要供給関係によっては，その「使用」に対しては地代が支払わ

4)　椎名重明の指摘にしたがって以下のように整理できる。農業における改良投資は，資本が投下される対象によって，土地改良と改良農業とに分けられる。土地改良は排水工事のように，資本が土地に合体されることによって自然力としての地力（＝土地の肥沃度）を増大させるものである。改良農業はグアノなどの施肥のように，農業経営への資本投下の増加，土地に対する継起的資本投下を意味する。しかし排水工事が農作業を容易にするという点では，改良農業のための投資という意味をもつし，施肥が借地期間中に償却されずに増大した地力として残る場合には土地改良投資という意味を持つ。したがって実際には，土地改良と改良農業とは区別が不能なほど結びついている。椎名重明『近代的土地所有』東京大学出版会，1973年，99ページ。

リカードウは，『原理』第18章「救貧税について」の注で，地主もしくは農業者が土地改良投資を行うと，その一部は土地の本源的で不滅の力と「不可分離に融合されて」，その投資に対する支払いは「厳密に地代の性質を帯び，すべての地代法則に支配される」，と述べている。この意味で，リカードウは第2章地代論での規定を修正しているが，合わせて，改良投資の一部はその効力が「ある限られた期間」だけ存続するにすぎないと述べ，修正の範囲を限定している（I, pp.261-62）。なお，『利潤論』（*An Essay on the Influence of a low Price of Corn on the Profits of Stocks ; shewing the Inexpediency of Restrictions of Importation*, 1815）では，地代は「土地の本源的で固有の力（the original and inherent power）の使用」（IV, p.18）に対する報償と表現されていた。

れない場合があることを含意している，という点である。すなわち，肥沃地が大量に存在し，その時点での人口維持のためには肥沃地のうちの一部の耕作で足りるような国に最初に定住する際には，地代は存在しない。未占有の肥沃地が万人に開放されているならば，その土地が「本源的で不滅の力」を有するとしても，「需要供給の通常の原理」からして，土地の使用に対して地代は支払われない。土地供給が大量であるのに対して土地耕作の需要は小さいのである。「空気や水の使用に対して，またそのほか無限の分量で存在する自然の贈物の使用に対して，なにも与えられない」理由が「需要供給の原理」によって説明可能なように，上記の状況にある土地についても同様のことが言えるのである（I, p.69）。

リカードウは，こうした自然の無償の働き，すなわち需要に比した無制限の供給という論点に基づいて，土地には地代となりうる剰余生産物を産出する能力が備わっていることを根拠にした，土地は他の資源にはない特別の長所を有するという主張を批判する。本書第1，2章でみたように，マルサスもそれへの支持を表明した，『国富論』第2編5章の「農業においては自然も人間とともに労働する。そして自然の労働はなんの費用もかからないけれど，その生産物は，最も経費のかかる職人の生産物と同様に，価値をもつ」という，農業投資の優位性を述べた文章が，リカードウが批判の対象とした主張を代表する。

ここでリカードウが批判するのは，「その〔自然の〕生産物は……価値をもつ」という部分である。製造業での蒸気の働き，金属を溶解する熱の働き，染色・発酵における空気の分解効果など，自然は農業に劣らず製造業でも多大な働きをなし，無償で「自然の贈物」を与えてくれる。だが自然がどこでも均一の働きをすることがなくなり，以前よりも劣った働きしかしない場合が生じてその働きに格差が生まれると，「自然の贈物」は無償ではなくなる。「自然の労働は，それが多くをなすからではなく，わずかしかなさないから支払いを受ける。自然は，その贈物の点で吝嗇になるのに比例して，その仕事に対してより大きな価格を強要する」。こうして，地代とは，自然が与えた「土壌の本源的で不滅な力」に格差が生まれることによって，「その仕事に対してより大きな価格を強要」された結果なのである。したがって，「土地は最も豊富，最も生産的，そして最も肥沃な場合には地代を生まない。そして土地の力が衰え，労働の代償として産出されるものが減少する場合にのみ，より肥沃な土地部分のもともとの生産物の一部が地代として分離される」(I, pp.75-76)。地代は，既存の生産物の一部の地主への移転なのである。

そうであれば，「土壌の本源的で不滅な力の使用」に対して地代が支払われるのは，「土地がその量において無限ではなく，その質において均一ではない」からであり，増加人口の維持のために「劣質なあるいはその位置が不便な土地」が耕作されるからである。支払われる地代は，外延的――より劣質な土地への――耕作拡張の場合も，内包的――既耕地での追加投資による――耕作拡大の場合も，「二つの等量の資本と労働の投下によって得られる生産物の差額」に応じてその大きさが決まる(I, pp.70-71)。そしてこの文章の，「二つの等量の資本と労働の投下」という言葉には，各資本投下における技術水準は均一ということが，すなわち，投入量と産出量の差額の相異は，すべてその土地の「土壌の本源的で不滅な力」のちがいを反映するような想定がなされていることが，含意されている。

では，地代が等量の資本と労働の投下に対して生産された穀物量の差額と規定されるとして，この現物で示される穀物量の差額に関して，確認すべき論点がいくつか存在する。

第一は，増加人口維持のために外延的耕作拡張が行われ，そして耕作拡張は最も肥沃度が高い土地から順次より低い土地に――下降序列で――行われるとして，リカードウにおいては，一定時点での人口数に応じて耕作される土地のうちの最も肥沃度の低い土地（＝最劣等地）が決まることになるが，ではこの一定時点での人口数を規定するものはなんであるのか，という論点である。マルサスの人口論に基づけば，その時点での穀物の量ということになるが，その時点での穀物の量は最劣等地での生産量も含んでいるから，それでは同義反復になる。人口1人当たりが消費する穀物量を一定とすれば，長期的には，穀物の量が人口を規定すると言うのは間違いではないが，現実には，人口が，すなわち一定量の穀物の消費を通じて再生産された労働力が，必要な穀物量を――そして最劣等地を――規定するのであって，人口数を規定する要因は穀物量以外に求められなければならない。

リカードウにおいては，人口数を規定するのは資本の蓄積に伴う経済の動向である。この点を彼はこう明言している。すなわち，「人口はそれを雇用すべきファンドによって調節される，それ故につねに資本の増減とともに増減する。したがって，資本が減少するごとに，必然的に，穀物に対する有効需要の減少，価格の下落，そして耕作の減退を伴う」[5)]（I, p.78），と。人口を規定するのは，穀物ではなくて資本である。この点は，次節で検討する賃金論と関連する。

第二は，現物で表示される差額としての穀物量の価値を決めるものはなにかという論点である。リカードウにおいては，穀物1単位の価値は，「最も不利な事情のもとでその生産を継続する，〔特別の便宜をもたない〕人々によって，その生産に投下される必然的により多量の労働によって」規定される。この「最も不利な事情」とは，社会が求める「生産物の必要量に応ずるためには，そのもとでも生産を続けることが必要とされる，そうした最も不利な事情」を意味している。そして，「最も不利な事情」のもとでの生産の継続が保証されるためには，生産者が自らの「資本に対する通常の一般的利潤率を引き出すという条件」が充たされなければならない。そしてリカードウは，この条件が充たされるのは，「彼の商品がその生産に投下された労働量に比例する価格で売られる場合にのみ起こりうる」（I, p.73），と主張する。

最劣等地という，生産に「最も不利な事情」のもとで，穀物1単位を生産するのに必要な投下労働量が穀物価値を規定し，しかも最劣等地での投下労働量にしたがって穀物が販売される場合においてのみ，最劣等地で平均利潤率が保証される，と言うのである。最劣等地で平均利潤率が保証されるのは，そこでの利潤率が平均以上であれば他部門から資本が流入し，それ以下であれば資本が流出するという「需要供給の原理」に基づく資源配分メカニズムを想定しているからである。

ただし第三に，最劣等地で生産される価値は賃金と平均利潤のみで，なぜ地代は含まれないのか，という論点は残る。これまで検討してきたリカードウの主張では，自然の働きが均一でなくなり，等量の資本と

5）　水田健が簡明に指摘するように，「人口が経済の内生変数となっており，資本蓄積が必要とする労働需要によって市場賃金が自然賃金から乖離すると，これに応じて労働供給が増減される」。「リカードウにおける資本蓄積」『マルサス学会年報』24号，2015年，138ページ。

労働の投下に対する産出量に格差が生まれると，最劣等地での投下労働量で穀物価値が決まる結果，優等地の穀物生産にも，「自然が〔そこでの個別価値以上の〕より大きな価格を強要」し，最劣等地での穀物生産額と優等地のそれとの差額が地代として支払われる，というものであった。これは，最劣等地以上の優等地に地代が差額として発生することを説明するものではあっても，最劣等地で生産される価値には地代は含まれない，ということを証明してはいない[6)]。

農業における限界投資と製造業におけるそれとは，資本の移動が自由な条件のもとでは利潤率が同じであり，そして製造業では地代が生じないから，それと同じく農業での限界投資にも地代は発生しない，正確には，平均利潤を超える価値は生じない，とリカードウは論理を展開していると理解される[7)]。スミスは農業では地代が発生するから製造業よりも投資効率が高いと主張したが，リカードウは，農業での限界投資と製造業での投資は利潤率が（実際にその差をもたらす種々の斟酌を行ったうえで）同一であり，製造業では地代が生じないことを前提にして，一時的需要増加のためにもし農業の限界投資に賃金と利潤を超える新たな価値が発生しても，資本の流入の結果，穀物価格が下がるかもしくは限界自体が変化し，農業の新たな限界投資には製造業でと同じく賃金と利潤を超える地代は発生しない，と結論する。『原理』第4章「自然価格と市場価格」の表現を使えば，この時に両部門での財は「自然価格」の状態にある。

したがって優良地で発生する地代は新たな「価値の創出ではあっても富の創出ではない。しかしこの価値〔の創出〕は……名目的なものである」（I, p.399）ことになる。リカードウはこうマルサスを批判する。「マルサスは〔『地代論』で〕言う，『等量の生産的労働が製造業で使用され

6）佐藤滋正が言うように，「リカードウは『地代額』と『地代差』を同一視しているのではないだろうか」。佐藤『リカードウ価格論の展開』日本評論社，2012年，158ページ。

7）リカードウのマルサス『経済学原理』（1820年）への評注から，以下の文章を引用しておきたい。「自由に使用可能などんな労働についても，農業において最も多くの価値を生産すると言うのは正しくない。なぜならその労働〔の一部〕は，地代が支払われない土地で使用され，したがって使用された労働の価値と投下された資本の利潤とに等しい価値しか生み出さないだろうからであり，そしてこれは，他のどんな資本がどのように使用されようと，生みだすところのものに他ならないからである」（Ⅱ，p.18）。羽鳥卓也『リカードウの理論圏』世界書院，1995年，第3章「地代論形成史の一局面」も参照。

ても，農業におけるほど大きな再生産を引き起こすことはできない，とアダム・スミスは正しく考察した』，と。もしアダム・スミスが価値について言っているのなら，彼は正しい。しかしこれが重要な点であるが，もし彼が富について言っているのなら，彼は誤っている」（I, p.429），と――これらの言葉は，『原理』第32章「マルサス氏の地代論」からの引用である[8)]。リカードウにあっては，生産の困難をもたらすものは価値を増加させるが富を減少させ，生産の容易をもたらすものは富を増加させるが価値を減少させるのである。

リカードウは，以上の議論の展開に基づいてこう結論する。すなわち，「原生産物の相対価値が騰貴する理由は，最後に取得される部分の生産により多くの労働が使用されるからであって，地主に地代が支払われるからではない。穀物の価値は……〔地代を支払わない最劣等地において〕……その生産に投下される労働量によって規定される。穀物は地代が支払われるから高いのではなくて，穀物が高いから地代が支払われるのである」（I, p.74），と。

地代が支払われるから穀物が高いのではなくて，穀物が高いから地代が支払われる，というかぎりでは，第1章でみたスミス，第2章でみたマルサスの主張と同じである。マルサスの場合には，穀物が高いのは，土地のもたらす剰余生産物が人口を増加させ，その人口が穀物を需要するからであった。だがリカードウがマルサスとちがうのは，穀物が高い理由を，資本の蓄積が人口を増加させ，その人口を維持するためにより多くの労働投下が余儀なくされる劣等地耕作が必要となる点に求めたことにある。つまりリカードウは，高い穀物の実体を最劣等地の多くの投下労働に求めたうえで，優良地の少ない投下労働の産物にも最劣等地の多くの投下労働が適用される結果膨らんだ穀物価値分を差額としての地代と定義し，それを「名目的な」「価値の創出」として捉えたことになる。

以上の地代の性質についての議論から，地代の増減の法則は次のよう

8)　マルサス『経済学原理』への評注には次の言葉がある。「将来地代となるものの一部分が現在は資本の利潤を形成している。……地代は資本の利潤から形成されるのであって，利潤であった時には地代ではなかった」（II, p.123）。同じく，「利潤はすべての地代が引き出されるファンドである。ある時点で利潤を構成しなかった地代はない」（II, p.157）。

に容易に導き出される。すなわち，「地代の上昇は，つねに，その国の富の増大と，その増加した人口に対して食料を供給する困難との結果である。それは富の徴候ではあるが，原因ではけっしてない。……地代は，利用可能な土地の生産力が減退するにつれて，最も急速に増加する」（I, p.77）。逆に地代が増加せず，富の増大が最も急速なのは，肥沃地が豊富で，しかも劣等地耕作の進行を抑える農業の改良が十分に行われ，さらに加えて穀物の輸入制限が最小である場合である。

なお農業の改良について，リカードウはそれを二つの種類に分けて考察している。第一は，すべての既耕地の肥沃度を平等に引き上げる種類のもので，それによって一国の総穀物生産量が増加し，その時点での人口が必要とする穀物量を上回り，最劣等地の耕作自体を不要にするものである。この結果，新たに最劣等地となった土地では地代はなくなり，またそこでの穀物1単位の価値は旧最劣等地のそれよりも小さいから，総地代額は減少する。そして旧最劣等地に使用されていた資本と労働は，別の用途に使用されて穀物以外の財を生産できるから，一国の富は増大する。

第二は，すべての既耕地の肥沃度は高めないが，それぞれの土地が生産する穀物量は以前と同じ水準を維持しつつも，それぞれに投入される労働量を平等に減少させるような，農業改良である。この場合には，最劣等地での穀物1単位の価値は低下するので，総地代額は減少する。そして各土地で使用される労働量は減少しているから，この減らされた労働は，やはり他の用途で使用され，新たな富を生み出す。

第4章で見るように，フランスとの戦争後の1820・30年代におけるイギリスでは，農業への資本投下の増大と農業改良とに基づく国内穀物生産の増加が穀物価格低下と厳しい農業不況を生んでいた。

2　賃金と利潤と「蓄積の終焉」

以上見たように，増加人口に穀物を供給するために劣等地の耕作が必要になると地代は増加する。そしてリカードウにおいては，人口増加をもたらすものは資本の増加であった。したがって地代増加のメカニズムは，すでに引用した「人口はそれを雇用すべきファンドによって調節される，それ故につねに資本の増減とともに増減する。したがって，資本が減少するごとに，必然的に，穀物に対する有効需要の減少，価格の下落，そして耕作の減退を伴う」という文章からすれば，資本の増加→人口増加→「穀物に対する有効需要」増加→穀物価格上昇→劣等地耕作進行（＝穀物生産量増加＝増加人口への穀物供給増加）→地代増加ということになる。リカードウは『原理』第5章賃金論で，資本の増加→人口増加という事情をこう明言している。「もし，資本の増加が漸進的で恒常的であれば，労働に対する需要は，人口増加に対して継続的な刺激を与えうるであろう」(I, 95)，と。

ではこの資本の増加→人口増加は，どのような仕組みで成立するのか。賃金の動向が当然に問題となる。リカードウによれば，労働の価格（賃金）にも，他の商品と同じくその自然価格と市場価格が存在する。自然価格とは，「その生産に必要な労働量」に基づいて商品が販売される場合に成立する価格であり，すべての商品がその自然価格にある場合には，「その結果として全部門の資本利潤が正確に同率にある」か，種々の斟酌の結果「実質上あるいは想像上の利点に相当するだけしか相違しない」状態にある (I, p.90)。

労働の市場価格とは，労働市場の日々の需要供給関係のなかで決まるものである。他方，「労働の自然価格は，労働者たちが，平均して，生存しかつ彼らの種族を増減なく永続するのを可能にするために必要な価格である」(I, p.93)。したがって，労働の自然価格は，労働者数が長期的に一定に維持されるための生活・出産・養育に必要な，すなわち労働力の再生産に必要な一定量の「食料，必需品，便益品」を購入できる価格でなければならない。労働の自然価格が労働者を「増減なく永続する」ものであるならば，資本の増加→人口増加が保障されるためには，人口増加までの間に労働の市場価格がその自然価格を上回る時期がなければならない。なぜならば，「労働者の境遇が良好で幸福であり，彼がより大きな割合の生活必需品と享楽品を支配する力をもち，したがってまた健康で多数の家族を養う力をもつのは，労働の市場価格が自然価格を超える場合である」からである。したがって，資本が順調に増加する「進歩しつつある社会」では，資本増加→人口増加がおこると同時に別の資本増加が生じ,「賃金の市場率はある不確定期間つねにその自然率を超えうるであろう」(I, pp.94-96)。

資本増加→人口増加のプロセスを明瞭に述べた文章は,『原理』第9章「原生産物に対する租税」のなかに見出される。すなわち,「資本の蓄積は当然に労働雇用者間の競争を増加させ,その結果として労働の〔市場〕価格の騰貴をもたらす。増加した賃金はかならずしも直ちに食料に支出されるのではなくて,まずは労働者の他の享楽品に向けられる。だが労働者の境遇の改善は,彼を結婚する気にさせ,またそれを可能にする。ついで彼の家族を養うために食料に対する需要が,彼の賃金が一時的に支出されていた他の享楽品に対する需要に,自ずと取って代わる」(I, p.163)。

以上のように,資本増加→労働の市場価格＞労働の自然価格→人口増加という論理を確定することで,リカードウはマルサス人口論をこう批判できた。すなわち,「マルサス氏は,人口はそれに先立つ食料の支給を俟ってはじめて増加する――『食料はそれ自身の需要を創出する』――という考えに,すなわち,結婚が奨励されるのはまずは食料を提供することによってである,という考えにあまりにも傾きすぎていて,人口の一般的増進が,資本の増加,そしてその結果である労働に対する需要の増加および賃金の上昇によって影響されるということを,そして食料の生産は労働需要の結果にすぎないということを考慮していないように,私には思われる」(I, p.406),と。

食料が人口を規定するのではなくて,資本に規定された人口の需要が食料を規定する[9]。しかも労働の自然価格は,「食料と必需品で評価しても,絶対的に固定不変なもの」ではない。それは国と時代とともに変化する性格のものである(I, p.96)。したがって,一定量の穀物から厳密に

9)『原理』の次の文章を引用しておく。「もしパンの自然価格が,農学上のある大発見のために50%下落するとしても,需要が大きく増加することはないであろう,なぜならば誰も自分の必要を充たす以上には欲求しないであろうからである。そして需要が増加しないから,供給も増加しないであろう。というのは,商品が供給されるのは,たんにそれが生産できるからではなく,それに対する需要があるからである」(I, p.385)。

賃金基金説的なリカードウ理解に対する批判は,S. Hollander, *The Economics of David Ricardo*, University of Toronto Press, 1979, chap.7 (Capital, employment, and growth). 菱山泉・山下博監訳『リカードの経済学』上下,日本経済評論社,1998年,第7章,が優れている。

一定数の人口を導き出すことはできないのである。

ここで生活水準を一定として，労働者数を一定に維持するための一定量の「食料，必需品，便益品」を，食料とそれ以外の財の一定量Xに分け，食料を穀物で代表させ，序章で述べたように1人年間小麦1クォータ消費説を採用すれば，労働の自然価格の内容は（小麦1クォータ＋X）と書ける。とすると，リカードウの言うように，「社会の進歩〔＝資本の増加〕とともに，労働の自然価格はつねに上昇する傾向がある。なぜならば，その自然価格を規定する主要商品のひとつ〔である穀物〕がその生産の困難が増すために，高価になる傾向があるからである」(I, p.93)。労働者の生活水準は（小麦1クォータ＋X）で変わらないが，穀物価格が騰貴するために，Xの価格が低下しない限り，労働の自然価格は上昇する。

とすれば，第1節でみたように，限界投資が生み出す価値は賃金と利潤とのみであるから，限界投資が生み出す価値のなかでの賃金の割合は――直接的には穀物価値の増加の結果――上昇する。また優良地においても，賃金と利潤部分を超える価値はすべて地代になり，同じく賃金と利潤のなかでの賃金の割合は上昇する。最劣等地と優良地で利潤率はともに低下し，均等化する。こうしてリカードウが『原理』序文で述べた，土地生産物の地主，農業資本家，農業労働者の三つの階級への分配法則は，以下のように確定される。

資本の増加とともに労働需要が増加し，労働の市場価格が労働の自然価格を上回ることで人口が増加し，穀物需要が増大する。そして穀物需要増加が劣等地耕作を進展させ，穀物価格は上昇する――この場合詳しくは，穀物需要増加→穀物の市場価格上昇→劣等地耕作進展→上昇していた市場価格に穀物の自然価格が一致，というプロセスが想定される[10)]――。この劣等地耕作の進展は，一方で地代を上昇させるとともに，賃金の自然価格を，すなわち労働力の再生産コストを上昇させ，利潤は低

10)　リカードウの次の言葉をみよ。「穀物の市場価格の騰貴だけがその生産を奨励する。というのは，一商品の生産の増加に対する唯一の大きな奨励は，その市場価値がその自然価値……を超過することである，ということが不変の真の原理として主張できるからである」(I, pp.414-15)。佐藤『リカードウ価格論の展開』前掲，173ページ以下をみよ。佐藤の言うように，「穀物の『市場価格』が穀物供給を規定する」。

下する。最劣等地では，地代は発生せず新たに生み出された価値は賃金と利潤とに分かれるのだから，賃金上昇が直接に利潤低下をもたらす。そして，地代増加分が劣等地耕作進展による穀物価格上昇分によってもたらされる以上，農業資本家は地代の増加分を負担することはない。それは価格上昇という形で，穀物消費者全体が負担することになる。「地代はつねに消費者の負担となり，けっして農業者の負担とはならない」(I, p.114)。

以上の分配法則において基底の位置を占めるのが，労働力の再生産に不可欠な穀物の価値である。労働の自然価格の上昇の直接原因が穀物価値の上昇にあるわけだから，穀物価値が賃金を媒介にして利潤を規定していることになる。すなわち，「農業者が穀物の高価格に最も実質的な関心をもつのは，それが賃金に影響を及ぼすからである」(I, p.115)。したがってリカードウが言うように，「利潤の自然の傾向は低下することにある。というのは，社会の進歩と富の増進とともに，必要とされる穀物の追加量は，ますます多くの労働の犠牲によって獲得されるからである」。彼は「この利潤の〔低下〕傾向」を「引力」と表現した。

そしてこの「引力」の行きつく先は「〔資本〕蓄積の終焉」である。穀物価値の上昇が賃金の自然価格を上昇させて，最劣等地で生み出される価値を賃金がすべて飲み込んでしまえば，「いかなる資本もなんらの利潤を生むことができず，そしていかなる追加労働も需要されるはずがなく，その結果として人口はその最頂点に達している」。資本が人口を規定するからである。実際には，こうした「蓄積の終焉」よりはるか以前から「著しく低い利潤率がすべての蓄積を阻止しているであろう」。「蓄積の動機がなくなり」，「動機がなければ，蓄積はありえない」(I, pp.120-22)。資本の海外流出も起こるであろう。そして社会の，賃金を超えるすべての剰余は，地代として分配されるであろう。

こうして，穀物価格を媒介にして，地主と社会の利益は相反する。すなわち，「〔農業改良が大きな人口の維持を可能にし，それが将来において地主の利益になる場合を除いて（この点は第4節で検討を加える)〕地主の利益は，つねに消費者や製造業者の利益に相反している」。「地主を除くすべての階級は，穀物価格の上昇によって損害を受ける。地主と公衆（the public）の関係は……，損失はすべて一方の側に，そして利得はすべて他方の側に集中するような関係である」(I, pp.335,336)。

とすると，こうした分配の法則が示す社会の未来は極めて暗い，と言わざるをえない。リカードウの認識では，社会の進歩は利潤の再投資により資本の蓄積を通じて行われるから，資本蓄積とともに利潤が低下することは，社会の進歩は自らをもたらす基盤を掘り崩すことになろう。そして暗い将来像のなかで，一人利益を享受するのが地代取得者である地主ということになる。

第1・2章で見たように，スミスは土地の改良を含む経済の発展は地代を増加させると主張し，こうして，労働者とともに地主の「利害は……社会の全般的利害と密接不可分に結びついている」と結論した。マルサスも経済発展と地代増加が不離不可分の関係にあることを論証しようとした。マルサスはスミスの穀物の「真の価値」論を批判したが，穀物生産の増大とともに穀物を生産する土地の地代が増加すると論じることを通じて，スミスが穀物に与えた特別の地位を守ったのである。こうして彼らにおいては――スミスは穀物の「真の価値」は不変と論じ，マルサスは穀物価格の上昇傾向を前提にしたが，両者ともに国民所得に占める地代の割合は低下するものの地代総額としては増加すると理解され――社会発展と地代増加は一体視されていた。

社会発展＝資本蓄積とともに（ただし閉鎖経済下で）地代は増加すると論ずる点では，リカードウもスミス，マルサスと同じである。ただし，スミスとマルサスにおいては，地代増加は農業者の利潤低下を伴わない（伴う必然性がない）し，地代増加が他の階級の犠牲の上に生ずると論じないのに対して，リカードウにあっては，地代増加は穀物価格上昇→賃金上昇を通じて農業者の利潤低下を伴う――すなわち，地代増加が直接に利潤を低下させるのではなくて，あくまで穀物―賃金＝労働力の再生産という媒介項を通じて（したがって，地代増加は直接に農業者の負担ではなく，穀物価格上昇という形で労働者を含む消費者の負担となる）――点が，決定的に異なる。

3　穀物価格と農業資本家

以上の，資本蓄積に伴う分配の法則においては，一見すると背離のように思われる事態が生じている。すなわち，穀物を生産する農業資本家は自らが販売する穀物価格の上昇を当然に利益と考えるであろうが[11)]，リカードウによれば，穀物価格上昇は穀物を生産する農業資本家に利潤低下という不利益をもたらす。農業資本家は，穀物価格の上昇が自らの利潤を低下させる点にこそ「最も実質的な関心をもつ」ことになる。

『原理』第6章利潤論では，一時的穀物需要増加が穀物の市場価格を引き上げ，農業利潤率を一時的に平均水準以上に高める（つまり，高い穀物価格が農業資本家の利益になる）場合，その後農業利潤率を引き下げるプロセスが以下の二つのケースで示されている。リカードウはそれを，「賃金の上昇と，増加人口に必需品を供給することの困難の増大との結果として，一般的利潤率は低下しつつあり，次第により低い水準に落ち着きつつあるのに，農業者の利潤が，ある短期間にわたって（an interval of some little duration），以前の水準以上にあることもありうる」例として，こう表現している。

すなわち，第一は，肥沃な土地がなお存在し，資本投下増大が穀物の自然価格を直ちには上昇させないケースで，農業資本投下増大→穀物供給増加→穀物市場価格の以前の水準への低下→農業利潤の平均利潤率への低下（＝一時的超過利潤の消滅），というプロセスが想定される。

第二は，肥沃な土地が豊富に存在せず，穀物供給増加のためには劣等地耕作への依存を余儀なくされるケースで，農業資本投下増大→穀物供給増加→（一時的穀物需要増加によって引き上げられた穀物の市場価格よりは低いかもしれないが，それ以前よりは高い水準に）穀物の自然価格上昇→労働の自然価格上昇→農業利潤の平均利潤率への低下（ただし，賃金の自然価格の上昇により平均利潤率自体は以前より低下している），という

11）　スミスが述べたように，地主の地代とともに「農業者の利潤は，食料〔の高い〕価格に極めて大きく依存する」と考えるのが自然であろう。A. Smith, *Wealth of Nations*, Clarendon Press, 1976, p.101. 大河内一男監訳 I，142ページ。

プロセスが想定される。リカードウにあっては上の第二のケースが基本であり，第一のケースはそれまでの間の「一時的結果にすぎない」(I, pp.119-20) ことになる。この意味で，二つのケースは二つの段階と理解されるべきである。

いずれのケースも一時的穀物需要増加が前提であり，それに応じるための農業へ新たに投下される資本（＝投下資本増大）は製造業からの流入が想定されている[12]。農業での一時的超過利潤が蓄積されて農業への新たな資本投下がなされるという設定は，リカードウの文章からは直接には読みとれない――後に見るように，一時的超過利潤の蓄積による新たな農業投資を想定し，さらにそこに農業改良を導入して，穀物の高価格の社会への利益を強調したのがマルサスである――。したがって，「一時的結果」が終わってしまえば，農工両部門での利潤率は均等化している。高い穀物価格という農業資本家にとっての利益は，製造業部門からの資本流入による農業資本投下増大という資本家間の競争に媒介されて，一時的穀物需要の増加が穀物供給の増加によって応じられてしまうと，結局は穀物の自然価格の上昇→労働の自然価格の上昇によって吸収されてしまう。後に残るのは，低下した平均利潤率である。競争の結果が一見背理にみえる事態を経済法則として強制している。こうして農業資本家は，穀物の市場価格の上昇には利益を有するが，穀物の自然価格の上昇には不利益を被る，ということになる。ただしどの農業資本家も，利益を求めて行った自らの資本投下が限界投資であるとは知らない。あくまで事後的に確定されるだけである。

さらにこの一時的穀物需要の増加が，なんらかの制度的要因によって恒常化される場合には，資源配分の歪みという別の問題を引き起こす。それが穀物輸出奨励金であった。『原理』22 章「輸出奨励金と輸入禁止」は，この問題を論じている[13]。

---

12) 第一のケースでは，資本配分は，製造業から農業への資本移動分だけ農業に多くなっているが，穀物の自然価格は変化していないから，農業利潤率は以前のままである。製造業資本の減少が工業品価格の上昇をもたらすと考えることも可能であるが，リカードウはこの先の論理を示していない。むしろ，一時的穀物需要増加は一時的製造品需要減少を伴っていると考えれば，需要の変化に応じた資本の配分が実現されたことになる

13) 佐藤滋正『リカードウ価格論の研究』八千代出版，2006 年，第 3 編 1 章「輸出奨励金論」が詳しく分析している。

第1章で見たように，スミスの穀物輸出奨励金批判の内容は，① 穀物輸出奨励金は穀物輸出を奨励して，国内向け穀物供給を減らし，穀物価格を引き上げる，② 奨励金のための税負担に加えて，穀物価格引上げは国内消費者に不利益をもたらす，③ 穀物価格が引き上げられても穀物の「真の価値」は不変だから，穀物生産を奨励しない，すなわち，穀物は他のすべての財の価格を規定するから，穀物価格引上げは物価水準を引き上げ，結局は国内市場を縮小させる，とまとめうる。そして第2章でみたように，マルサスのスミス批判は，主に，③の穀物の「真の価値」論に向けられ，穀物価格引上げは穀物生産を奨励する，と主張されていた。

リカードウの『原理』22章でのスミス批判は，上に見た第6章利潤論での農業利潤率引き下げの二つのプロセスにしたがって，二段階で整理できる[14)]。なお以下の議論の前提として，イギリスでの穀物の自然価格が1クォータ4ポンド，輸出奨励金が1クォータにつき1ポンドとしておく。

第一段階＝穀物生産が増加しても穀物の自然価格が変化しない（＝肥沃地がなお存在する）段階。この場合には，イギリス産穀物が外国では3ポンドで販売可能なので，外国産穀物価格が3ポンド以上ならば，外国市場でイギリス産穀物需要増加→イギリス市場で穀物市場価格上昇→農業利潤率引き上げ，が生ずる。こうして，「奨励金は農業に対する刺激として作用し，そこで資本は製造業から引き揚げられて土地に投下され，外国市場のために膨張した需要が供給される。そしてこの時には，穀物価格は国内市場で再びその自然的な必要価格にまで下落し，利潤は再びその通常かつ従来の水準に戻るであろう」（I, pp.301-02. 強調は引用者）。

この第一段階で確認すべき点は以下である。すなわち，① 輸出奨励金は，イギリス産穀物の市場価格を引き上げて穀物生産を奨励する，ま

14）『原理』22章は誤解を招く表現が散見され論旨が取りにくい章である。例えば22章冒頭の，「穀物の輸出奨励金は，外国消費者に対してはその価格を引き下げる傾向があるが，国内市場ではその価格に永続的影響をまったく及ぼさない」（I, p.301）という文章は，本文で言う第一段階に限ってのことである。第二段階では，穀物輸出奨励金は，国内市場でその価格を永続的に引き上げる。

た外国での穀物価格を引き下げる。外国での穀物価格の引き下げ幅は，奨励金付与以前の外国穀物価格の水準に依存し，4ポンドなら奨励金分の1ポンド下落，3ポンド10シリングなら10シリング下落する。② ただしイギリス産穀物の自然価格は（肥沃地がなお存在するために）変化しない（＝「穀物価格は国内市場で再びその自然的な必要価格にまで下落し……」)。③ 穀物生産増大は一時的高利潤に引き寄せられた，製造業からの資本移動によって行われる。④ 資本移動が行われ，穀物の市場価格が自然価格水準に下落した場合の平均利潤率は，資本移動以前と同じ水準である。以上の諸点である。

続いて第二段階。第一段階では，穀物の自然価格は変化しなかった。「だが，穀物の自然価格は，〔他の〕諸商品の自然価格ほど固定していない」。なぜならば，「穀物に対する追加的大需要があれば」，それに応える穀物増産のために肥沃地がなくなり，劣等地耕作が進行し穀物の自然価格が騰貴するからである。「それ故に，穀物輸出奨励金の継続によって，穀物価格の永続的騰貴への傾向が生み出されるであろう」。この結果は，第6章利潤論での第二のプロセスと同じく，製造業からの流入による農業資本投下増大→穀物供給増加→穀物の自然価格上昇→労働の自然価格上昇→農業利潤の以前より低い平均利潤率への低下である。そして，もう一方で起こるのが地代の増大である。したがって地主は，「穀物の輸入禁止ならびに輸出奨励金に，一時的のみならず永続的利益をもつ」(I, p.312)。

これは製造品の輸出奨励金の場合とは明らかに異なる事態である，製造品の場合には，一時的高価格が資本流入を誘致し追加供給が得られると超過利潤は消滅し，また製造品の自然価格は――穀物のように収穫逓減は生じないので――以前の水準に戻るからである。こうして，輸出奨励金ならびに輸入禁止に関しては，「製造業者の利益は一時的にすぎないのに，農村地主の利益は永続的である」というちがいが理解されなければならない。

リカードウはさらにこう続ける。長文ではあるが，穀物輸出奨励金に関するリカードウの立場を明瞭に示す文章であるので引用したい。

「スミス博士は，自然が穀物と他の財との間に大きな本質的差異を

> 設けた，と述べている。だがこの事情から導き出される妥当な結論は，彼がそれから引き出したのとは正反対である。というのは，地代が創造され，農村地主が穀物の自然価格の騰貴に利益をもつのは，この差異のためだからである。スミス博士は，製造業者の利益を，農村地主の利益と比較するのではなくて，地主の利益とは極めて異なる農業者の利益と比較すべきであった。製造業者は彼らの商品の自然価格の騰貴になんの利益ももたない，農業者もまた穀物や他の原生産物の自然価格の騰貴になんの利益ももたない。とはいえ，これら両階級はともに，彼らの生産物の市場価格がその自然価格を上回っている間は利益を受ける。これに反して，地主は穀物の自然価格の騰貴に最も明確な利益を有する」（I, p.313）

スミスの言う穀物と他の財との間の「差異」は，穀物の価格が変化しても，その「真の価値」は不変であるが，他の財は価格変化に応じてその（真の）価値も変化する，ということであった。したがってスミスにおいては，製造品の輸出奨励金は製造業投資を奨励するが，穀物輸出奨励金は穀物生産を奨励しない。だがリカードウの言う「差異」とは，穀物においては収穫逓減が作用するのに対し，他の財はそれから逃れているということであった。リカードウにおいては，製造品の輸出奨励金も穀物輸出奨励金もともに，製造品ならびに穀物の価格を引き上げ，それぞれの生産を奨励するが，製造品の場合は収穫逓減からは逃れているので，製造品生産増加が起これば価格は以前の自然価格水準に低下し，一時的超過利潤は消滅するが，穀物の場合は収穫逓減が生じ，穀物生産増加は穀物の自然価格の騰貴を伴い，労働の自然価格上昇を通じて，今度は全部門を通じて平均利潤率を低下させるのであった。

そしてリカードウがこの第二段階において強調したのは，穀物輸出奨励金は社会の資源配分の歪曲をもたらすという事実であった。穀物，製造品を問わず，その輸出奨励金と輸入禁止の「唯一の効果は，資本の一部分を，それが自然には求めようとはしない用途に転用することである。それは社会の全ファンドの有害な配分を引き起こす」。

しかも，上の第一段階の議論の①で確認したように，イギリスが1クォータの穀物に与えた1ポンドの輸出奨励金が外国でもたらす価格引き下げ幅は，外国の穀物価格が3ポンド10シリングならば，10シリングにすぎない。「それは最悪の種類の課税である。なぜなら，それは自国から取り去るものすべてを外国に与えるのではないからであり，その損失額が全資本のより不利な配分によって作り出されるのだからである」（I, p.314）。リカードウは，リネン，モスリン，綿布といった製造品の輸入に対する高率関税が現に存在することを理由に，穀物に対しても輸入関税を課すことを正当化する議論に対してこう反論した。現に存在する「世界の労働の一般的配分」の歪みを，穀物輸入制限による穀物「供給における一般的労働の生産力の減少によって」これ以上強めるのではなく，「直ちに普遍的自由貿易の健全な原理への漸進的な復帰を開始すべき」（I, pp.317-18）だ，と。

4　超過利潤と地代との改良投資 ――マルサスとの対比

第2節で見たように，資本増加に伴う増加人口への穀物供給のために劣等地耕作が進展すると，穀物の自然価格上昇→労働の自然価格上昇→平均利潤率低下，そして同時に地代の増加が生じる。資本蓄積とともに利潤が低下することは，蓄積自体が自らの基盤を掘り崩すことを意味し，暗い将来像が描かれることになる。ここでのキイポイントは，蓄積ファンドとしての利潤の減少である。

リカードウは，優良地で発生する地代を，優良地の少ない投下労働の穀物にも最劣等地の多くの投下労働が適用される結果膨らんだ穀物価値分としての差額として定義し，それを「名目的な」「価値の創出」として捉えていた。したがって（新たに）地代（となる穀物部分）は，以前は農業資本家の利潤（――その価値は小さかったが――であった穀物部分）を構成していたものである。この意味で，『マルサス評注』で言うように「利潤はすべての地代が引き出されるファンドである」。また『利潤論』の言葉を使えば，「地代はけっして新たな収入の創造ではなく，つねにすでに作りだされた収入の一部分である」（IV, p.18）。したがって，地代は，新たに作り出された富（＝最劣等地での穀物）の価値の（限界生産性低下による）増加に伴う，既存の富（優等地の穀物）の価値の増加分である。地代は富の創造ではない[15)]。

ここでひとつの疑問が生まれる。増加した地代は新たな富の創造ではなく，以前は利潤を構成していたものであるにせよ，上の，蓄積ファンドとしての利潤の減少を補えないのであろうか。『農業保護論』（1822年）の一文が言うように，「あらゆる貯蓄は利潤からなされる」（IV, p.234）というのがリカードウの基本の考えであるが，利潤の減少とともに増加する地代が蓄積されて資本として投下されないのであろうか[16)]。

論理的には，地代が蓄積されて資本として投下されれば，その報酬は利潤であるから，劣等地耕作の進展によって，その利潤も当然に低下する。しかし他方で地代も増加するから，地代の資本としての投下は，なお不確定期間は想定可能である。最終的には，「著しく低い利潤率」が「蓄積の動機」を消失させ，地代の資本としての投下も含めたすべての資本投下を終えさせるであろう。しかし，この「蓄積の終焉」に至るプロセスにおいて，利潤のみを蓄積ファンドとする場合に比して，地代も蓄積ファンドであると想定する場合には，資本投下量は多くなるはずである――ただし，その分「蓄積の終焉」に至る期間は短くなるであろうが。

リカードウは超過利潤が地代に転化せず利潤のまま留まるケースについてこう述べている。すなわち，「たとえ地主が彼らの地代を全部放棄するとしても，穀物の価格にはなんらの低下も起こらないであろう，と

15）　この点の簡潔な表現は，『マルサス評注』の次の文章に見出せる。すなわち，「以前に土地から得られた生産物は，穀物生産のなんらか新しい困難の結果，より大きな価値をもつようになりうるであろうが，この価値の上昇の結果，生産物の異なった分配が行われ，より大きい部分が地代に，より小さい部分が利潤になるであろう。しかし，この価値は，その国の偉大さや力を増加させるものではないであろう」（II, p.18）。

16）　リカードウは『原理』14章「家屋税」のなかで，「地代はしばしば，多年の労苦の後に彼らの利得（gains）を実現し，その財産を土地または家屋の購入に支出した人々に帰属するものである。それに不平等な課税をするのは，確かに，財産の安全という，つねに神聖に保たれねばならない原理の侵害であろう」（I, p.204），という基本の立場を維持しながらも，利潤と地代という所得の貯蓄性向について以下の区別をしている。すなわち，穀物の低い価格は「利潤という名で生産階級に多くを，地代という名で不生産階級により少なく割り当てるから，現実の生産物の分割はおそらくは，労働維持のためのファンドを増加させる」（I, p.270），と。以上の指摘については，S. Hollander, *The Economics of David Ricardo*, pp.324,591-92. 訳437-38, 813ページを参照。

いうことが〔マルサスの『地代論』で〕正しく述べられてきた。このような方策は，ただ若干の農業者をジェントルマンのように生活させるだけであって……」(I, pp.74-75)，と。この文章の含意は引用部分の前半にある——すなわち，地主が地代を全部放棄しても穀物価格は下落しない，その意味で地代は価格の構成要素ではない——が，地代取得者（それが本来の地主であれ，この場合の農業資本家であれ）の経済行動を，「ジェントルマンのような生活」という表現でリカードウがどのように捉えていたかが窺えて興味深い一文である[17]。

だが超過利潤が地代に転化して，しかもリカードウのように地代の資本としての蓄積を想定しないとしても，実際には，借地期間が終了し，その契約更新時に地代引き上げが確定されるまでは，劣等地耕作進行に伴う穀物価値の上昇によって，優等地の農業資本家は超過利潤を得るはずである。だがリカードウは，第3節で見たように，穀物の一時的高価格が穀物生産増加を誘引する場合には，追加資本は基本的に製造業からの資本の流入によって供給されると考えており，農業での一時的超過利潤が蓄積されて農業への新たな資本投下がなされるという想定をしていない。これと対照的にマルサスは，農業での一時的超過利潤が農業への新たな資本として投下される事態を，国富増大要因として重要視している。

マルサスは『経済学原理』で，「すべての地代を借地人に移転することの結果は，たんに彼らをジェントルマンに転じ」，農場管理を「不注意で〔良好な管理に〕関心をもたない土地管理人（bailiffs）の監督のもとに」置くだけであると，一旦はリカードウと同様の地代取得者の経済行動理解を示しながらも，農業資本家の超過利潤の蓄積と再投資について，以下のように，それを覆すような積極的評価を，上の文に続いて与

17）マルサスは，劣等地耕作が進展し，地代として分離されるべき剰余部分が増加した優等地で，地代が分離されないケースについてこう記している。「しかしより豊かな土地の耕作者は，〔劣等地耕作によって〕利潤と〔他方で〕賃金とが下落した後には，もし彼らが地代を支払わなければ，たんなる農業者，すなわち農業資本の利潤で生活する者ではなくなるであろう。彼らは明らかに地主と農業者の性格を併せ持つであろう——これはけっして稀な結合ではない……」，と。Malthus, *Principles of Political Economy considered with a View to their Practical Application*, 2nd ed., 1836, London, p.152. 小林時三郎訳『マルサス　経済学原理』岩波文庫，上217ページ，1968年。なお小林訳のこの箇所には誤訳がある。

えている。

> 「しかし借地人の間に〔勤勉と倹約という〕この称賛すべき精神が普及するならば，〔彼らに〕蓄積の意志とともにその能力があるということが，富の増進と地代の永続的増大とにとって至高の重要性をもつことになる。そして，地代が比例的に騰貴するまでの〔穀物の〕価格騰貴の中間期は，この種の最も有力な源である。価格騰貴のこうした中間期は，〔価格下落という〕退歩的動向がそれにつづくことがなければ，国富の増進に対して最も効果のある貢献をする。そして私は，勤勉と倹約の性質が〔借地人に〕ひとたび定着すれば，一時的な高利潤は，他のいかなる原因よりもいっそう頻繁で有力な蓄積源泉である，と言いたい。それは，この前の戦争中にわが国に生じたにちがいなく，また長期にわたる〔戦争による〕年々の資本の莫大な破壊にもかかわらず，わが国の資本を大きく増加させることになった，あの各個人に生じた巨大な〔資本の〕蓄積〔の理由〕を説明しうる，唯一の原因である」(強調は引用者)[18]。

マルサスはこのように，対仏戦争中の穀物価格の高騰のなかで，超過利潤を得た農業資本家が農業改良投資を行ったことを指摘している。第2章で見たように，マルサスはすでに『地代論』で，地代を増加させる四つの要因のうちの需要増加による「農産物価格の増大」について説明を加えるなかで，この事実を以下のように指摘していた。

> 「過去20年間，イギリスで土地に投下された資本の大きな追加量のうちの，圧倒的大部分は土壌から生じたものであって，商業や製造業からもたらされたものではないと思われる。そしてこれほど急速で利益をもたらす〔資本〕蓄積のための手段を提供したものは，〔地代を増加させる要因としての〕農業様式における改良と〔農産物〕価格の不断の上昇——しかも資本を構成する種々の部分〔であ

18)　Malthus, *Principles of Political Economy considered with a View to their Practical Application*, 1st ed., 1820, London, pp.191-92. 小林時三郎訳『マルサス　経済学原理』岩波文庫，上297-99ページ。

る生産費〕が〔農産物価格上昇に〕比例して上昇することはきわめて緩慢にすぎなかった――とがもたらした，農業資本の高利潤であった。」

ここでマルサスが強調したのは，こうした場合には，「農産物価格の増大は，地代という形ではあまり表れず，農業利潤が増大することによって耕作に大きな刺激をしばしば与えるであろう」，という事実であった。そしてここでも特に力説されたのが，超過利潤を生みだす「生産物の価格と生産費との差額が増大する，やや長い期間がほとんどかならず生ずる」（*Rent*, pp.25-27. 以上の強調はともに引用者）ということであった[19]。

さらにマルサスは『経済学原理』では，穀物価格の高騰がもたらした地代の増加が対仏戦争中に地主の土地改良投資を促した事実についても，以下のように指摘している。すなわち，

「1813年に耕作に引き入れられた最後の土地が，1790年に改良された最後の土地ほどには耕作に多くの労働を必要としなかったということは，利子率と利潤率が前の時期よりも後の時期の方が高かったという周知の事実によって議論の余地なく証明されているところである。しかしなお，利潤はそれほどは高くなかったが，この中間期は地代の騰貴にとって最も極端に好都合な時期ということはなかった。〔それでも〕問題の中間期の地代上昇は，ひろく注目の的になった。〔戦争終結に伴う農産物価格の低下と農業の不況という〕不幸な事情が重なって，その後は深刻で苦難に満ちた〔地代上昇の〕休止が起っているが，農業に対するこのように有力な奨励の結果行われた大規模な灌漑と永続的な改良は，新しい土地の創出と同じように作用したし，また一定量の穀物を産出する労働と困難とを増大することなしに，国の実質的富と人口とを増加させているので

19）　マルサス『経済学原理』での同様の文章を引用しておく。「生産物価格と生産費との差額が農業に大きな刺激を与える，やや長い期間がほとんどかならず生ずる」（強調は引用者）。*Ibid.*, p.172. 訳，上252ページ。

ある」（強調は引用者）[20]。

以上のマルサスの認識の特徴は次の三点にまとめられる。すなわち，① 戦争中に生まれた，穀物の高価格の結果としての価格と生産費との差額の増大による，中間期における一時的超過利潤は蓄積されて農業への投資に向けられた。② 中間期の超過利潤はもちろん地代に転化することもあり得たが，転化した地代は土地改良投資と改良農業投資とに投下された。③ この結果，新たな肥沃地の創出と同じ効果がもたらされ，穀物生産性は上昇した。

こうした特徴をもつマルサスの認識と，リカードウが示した，穀物の一時的高価格がもたらす第一段階と第二段階とへの展開プロセスとを比較すると，両者の理解の違いの対照性が浮き彫りになるであろう。すなわち，① リカードウにあっては，一時的な穀物高価格に応じる穀物生産増加は，第一段階としては，製造業からの資本流入によって応えられるのに対し，マルサスにあっては農業での超過利潤の再投資によって応えられる。② リカードウにあっては，第二段階になると限界投資の生産性は低下して穀物価格は上昇するのに対し，マルサスにあっては，特に地代に転化した超過利潤が土地改良投資と改良農業投資とをもたらし，穀物の生産性はむしろ上昇する，ということである。この点でマルサスは，リカードウのいう第一段階において，一時的超過利潤消滅までの期間に農業改良投資を設定することで，事実上第二段階の到来を先に延ばしたのである[21]。

20）*Ibid.*, pp.169-70. 訳，上 247-48 ページ。対仏戦争中に 100 エーカーの耕地の耕作総費用は約 2 倍に増加したこと，また地代額――リカードウの言う意味での地代ではなく，土地改良投資の利潤も含む借地料――も，ほぼ 2 倍化していた事実が指摘されている。J.D. Chambers & G.E. Mingay, *The Agricultural Revolution, 1750-1880*, Batsford, 1966, p.118. また同様の地代額増加の多数の例については，cf. F.M.L. Thompson, *English Landed Society in the Nineteenth Century*, Routledge & Kegan Paul, 1963, pp.217-20.

21）毛利健三の指摘によれば，土地改良投資と積極的経営合理化が本格的に進展するのは，対仏戦争後の 1830 年代までの長期にわたる農業不況のなかで国内農業再編の道筋が見えた 1840 年代半ば，すなわち穀物法廃止（1846 年）以降とされるが，20・30 年代においても特に排水事業を中心とする土地改良投資が，農業資本家ではなくて主に地主によって実施されていた。毛利健三『古典経済学の地平』ミネルヴァ書房，2008 年，337,376 ページ。マルサスは，本格的かどうかは別として，それを対仏戦争中の農業拡張のなかに見るのである。

排水事業はミッドランドを中心とする重粘土質の土地で効率的な穀作経営を行うために不

本章第1節で見たように，リカードウは，農業改良を穀物の自由輸入と並んで，穀物価値を低下させ，労働の自然価格の低下を通じて利潤を増大させ，また地代を減少させる要因としてあげていた。だがリカードウにおいても，農業改良が穀物価格を低下させ，利潤を引き上げ，資本蓄積を増進し，人口増加をもたらした時点では，地代増加を結果しうることは否定されない。リカードウは『原理』第2版（1819年）32章で，農業改良が将来のある時期に地代を増加させうることを明瞭に認める文章を挿入している。すなわち，

「マルサス氏によれば，地代上昇のもう一つの原因は，『一定の結果を生ずるのに必要な労働者数を減少させるような農業改良または努力の増加』である。この章句に対して私は，土地の肥沃度の増加が即時に地代を上昇させる（an immediate rise of rent）原因であると主張する章句に対するのと同じ反対論を抱いている。農業上の改良と優れた肥沃度はともに，将来のある時期により高い地代を生む能力を土地に与えるであろう。なぜならば，食料価格は同じであって多大の〔食料の〕追加量が存在するだろうからである。しかし人口の増加が同じ割合になるまでは，食料の追加量が要求されることはなく，それ故に，地代は上昇しないで低下するであろう」[22)]（I, p.412.

可欠な土地改良投資であったが，この土地改良工事自体が多大な労働投入を必要とした。19世紀中葉の数字であるが，排水工事費用の60%が労働コストであり，しかも対仏戦争中には――高価格による超過利潤はあったにせよ――農業労働者の賃金はいくつかの州では60-70%の上昇を示していたから，土地改良投資の普及には制約があった。対仏戦争中に，収益の上がる農場経営を行うために必要な投資額は2倍になったと言われている。Cf. G. Hueckel, Agriculture during Industrialisation, in R. Floud and D. McCloskey ed., *The Economic History of Britain since 1700*, Vol. 1, 1st ed., Cambridge University Press, 1981, pp.189-91.

またR. アレンは，19世紀前半期の穀物生産量の増加が，作付面積の増加によってよりも面積当たりの収穫量増加によってもたらされたことを指摘し，その要因として，種子の改良，肥料投入の増加，豆類作付の増加による窒素の固定化，種条機の普及とともに，排水工事をあげ，「ナポレオン戦争中の，労働〔コスト〕に比した穀物の高価格が，重粘土地への灌木敷設による排水（install bush drains）を利益が上がるものにした」と記している。Robert Allen, Agriculture during the Industrial Revolution, *ibid*., 2nd ed., 1994, pp.112-13.

22）『原理』第2章地代論では，初版から，以下の言葉がおかれている。すなわち，「農業改良の結果……原生産物の相対価格が下落すれば，それは当然に蓄積を増進させるであろう……。というのは，資本の利潤がおおいに増加するだろうからである。この蓄積は，労働需要の増加，賃金の上昇，人口の増加，原生産物に対する需要増大，および耕作の拡張

強調は引用者)。

この引用文の波線部分では，農業改良が生じた即時の時点での穀物価格低下〔→農業からの資本引き揚げ〕→地代減少が想定されている。だが下線部分では，農業改良→穀物価格低下→利潤上昇→資本増加→賃金上昇→人口増加→穀物需要増加→劣等地耕作進行〔＝農業改良のおかげで穀物の自然価格は改良以前と同じ水準〕→穀物生産増加→地代増加というプロセスが想定されうる。

マルサスはこの下線部分のプロセスを――ただし〈穀物価格低下〉という環を事実上削除して――強調した。すなわち,「もしこれらの改良が……，新しい土地の耕作ならびに同じ資本をもってする旧来の土地のより良い耕作を促進するならば，より多くの穀物が市場にもたらされるであろう。これはその価格を引き下げるであろうが，しかしその下落は短期間のものであろう。……土地の剰余生産物を他のすべてのものから区別する重要な原因の作用は，すなわち，適当に分配された時にはそれ自らの需要を作り出す生活必需品のもつ力……は，間もなく穀物と労働

へと導くであろう。しかしながら，地代が以前と同じ高さになるのは，人口の増加がみられた後……のことにすぎない。それまでには，地代が絶対的に減少するかなりの期間（a considerable period）が経過しているであろう」(I, pp.79-80. 強調は引用者)。

本文に引用した『原理』32章2版以降の文章では,「将来のある時期」の「より高い地代」の可能性が述べられているのに対して，この初版以降の第2章での文章は「かなりの期間」経過後の「以前と同じ高さの地代」の可能性が述べられており，微妙にニュアンスが異なっているように読める。しかし，農業改良の内容，蓄積増加の程度をどのように想定するかに応じて，リカードウの論理からは，いずれも主張可能である。

また『原理』3版第2章地代論では以下の文章が追加された。すなわち,「私はあらゆる種類の農業改良が地主にとってもつ重要性を軽視している，と理解されないよう希望する。――改良の即自の結果（immediate effect）は地代を引き下げることである。だがそれは人口に大きな刺激を与え，また同時に，より少ない労働で劣等な土地の耕作を可能にするから，結局において（ultimately）地主にとってきわめて有利である。しかしながらその前に，改良が彼にとって実質的に有害な一期間（a period）が経過しなければならない」(I, p.81. 強調は引用者)。

また『マルサス原理』評注でのリカードウの次の言葉も参照せよ。すなわち,「なるほど私は，農業改良は，その即時の結果としては，地主にとって有害であり，消費者にとって有利であるが，しかし結局は，人口が増加した時には，この改良の利益は地主に移転されると述べた。この意見を私は固執しているが，しかしそう言ったからといって地主を批判しているのではない」(II, p.118. 強調は引用者)。また農業改良が究極には地主の利益になるという「明々白々な事柄を一再ならず述べました」という，リカードウの手紙の言葉も見よ（VIII, p.208)。

との価格を引き上げ，また資本の利潤をそれ以前の水準に低減させるであろうが，他方ではその間に，これらの改良によって促進されたより劣等な土地の耕作と，より優良なすべての既耕地への改良の適用とが進むごとに，遍く地代を引き上げるであろう」[23]（強調は引用者）。

これに対しリカードウは，上記下線部分のプロセスが生じる前に必ず波線部分のプロセスが起こることを強調したのであった。すなわち，「その時点の事情のもとで（under the then existing circumstances）消費されうる分量は，より少数の人手をもってか，あるいはより少量の土地をもって供給可能であるから，原生産物の価格は下落し，資本は土地から引き揚げられ」（I, p.412. 強調は引用者），そして地代は低下する，というのが即時の効果についてのリカードウの基本のスタンスであった[24]。

農業改良と地代の低下（また上昇）という論点について，後にロバート・トレンズは，改良の効果に対する人口増加，すなわち穀物需要がどのように対応すると想定するのかによって，結論は異なると正しく整理している。すなわち，「他の事情が同一ならば，農業改良の結果は地代を減少させるという抽象的命題を論ずる際には，リカードウは完全に正しい。だが，他の諸事情がこの結果を打ち消すような社会の状況にまで

23） Malthus, *Principles of Political Economy*, p.164. 訳，上 239-40 ページ。さらに次のマルサスの言葉もみよ。「農業の改良は，それが最終的にどんなに著しいものであるか分かるにせよ，つねに部分的であり漸次的であることが見出される。……私は，ヨーロッパや世界のどんな地方の歴史においても，農業の改良が実際に地代を引き下げることが見出されるようなたったひとつの事例でも，つくられうるかどうかを疑うものである。……農業上の改良は地代をけっして引き下げなかったというだけでなく，われわれの知っているほとんどすべての国において，これまで地代の増大の主な源であったし，また将来もそうであると期待できよう」。*Ibid*., pp.206-07. 訳，上 304-05 ページ，強調は原文。

24） リカードウはマルサス宛の手紙（1820 年 5 月 4 日付）で，自身とマルサスとの想定のちがいを以下のように表現している。すなわち，「われわれの意見のちがいはある点では，あなたが私の意図しているところ以上に私の著書を実際的なものだと考えている点に帰することができると思います。私の目的は，原理を明らかにすることでした。そのために，私は顕著な場合（strong cases）を想定してこれらの原理の作用を示そうとしたのです。私は例えば，土地に実際に加えられるいかなる改良でもその生産物を一挙に 2 倍にするなどと考えたことはありません。けれども改良の効果が他の作用因によって乱されない時どういうものになるかを明らかにするために，この程度に及ぶ改良が採用されたと想像してみたのであり，私はこういう前提からは正確に推理したと思っています。農業の改良が地主に対してもつ重要性を，当然そうすべきであったほど強く述べていないということもありうることですが，私はそれをけっして過小評価していないと信じます。あなたはそれを過大評価しているように思われます」（VIII, p.184）。

この原理を拡張する際にはリカードウは誤っている。〔他方〕農業改良の結果は，改良が人口増加と同時に生じる場合には，地代を増加させると論ずる際には，同じくマルサスは正しい。だが，こうした改良が単独で生じる場合には地代を減少させるという抽象的原理を論駁する際には，同じく彼は誤っている」。そして「人口増加が農業改良と歩調を合わせるならば，こうした改良は地代増加をもたらすにちがいない」という点について，「リカードウは後になって，事実このことを述べている」，とトレンズは追記している[25)]。

以上のように，穀物価格を引き下げる農業改良が地代に与える効果について，「将来のある時期」に地代を増加させる結果を論理的に展開することが可能であるならば，穀物価格を引き下げる穀物の自由貿易についても――ただし，輸入穀物量と輸入価格とが国内穀作農業に決定的打撃を与えるものでなければ，という条件がつくが――将来的に地代引き上げを展望することも，論理的には可能なはずである。この点は第4章で見るように，穀物輸入量の限界を前提にしたうえで，穀物法を廃止し穀物自由貿易を行っても，地代は増加しうるという論理をとる形で，マカロックとJ.S. ミルの主張のなかに表れることになる。

5　比較生産費説の論理と現実

『原理』第7章「外国貿易論」での，いわゆる比較生産費説についての通説的理解は，以下のように整理できる。すなわち，2国2財（A国・

25） Robert Torrens, *The Budget on Commercial and Colonial Policy*, London, 1844, pp.xiv-xv. 強調は原文。なおリチャード・ジョーンズは，農業改良の即時の効果としての地代減少というリカードウの想定の非現実性をこう批判する。すなわち，「リカードウ氏は改良の突然の普及を想定しているのであって，これによって一国の土地の2/3が，あたかも魔法の杖の一振りによってそうなるかのように，その直前まで土地全体が生産していたものを生産するとするのである。そして他方で人口は同一のままであるので，1/3の土地の耕作は不要になり，国全体において地代は低下する，と想定する。/ リカードウ氏のこの想定が実際いかにはなはだしい幻想であるのかを理解するためには，農業の諸改良が実際に発見され，完成され，また普及される際の緩慢な進行の仕方を想起するだけで事足りる」。Richard Jones, *An Essay on the Distribution of Wealth, and the Sources of Taxation, pt. I-Rent*, London, 1831, p.211. 鈴木鴻一郎・遊部久蔵訳，日本評論社，1941年，202ページ。

B国，a財・b財）をモデルにして，さらに生産要素を労働のみにし，また両国でのa財b財の生産性が一定として想定すれば，たとえA国がa財b財両方においてB国よりも生産性が絶対的に高い（＝投入労働量が少ない）としても，A国はB国に対して生産性格差の大きいほうの財（a財としよう）の生産に特化して，国内でのa財とb財の（投入労働量比に基づく）交換比率よりも有利な交易条件でb財を輸入すれば利益が得られる，ということになる。だが，こうした比較生産費説についての一般の理解は，リカードウの真意を正しく表現するものではない。この点はS. Senga at el ed., *Ricardo and International Trade*, Routledge, 2017の序論で明示されている。確かにリカードウは，比較生産費説の原理を説明する前に，上記の通説的理解を一見支持するかに見える以下の文章を記している。すなわち，

> 「完全な自由貿易体制のもとでは，各国は自然にその資本と労働を自国にとって最も有利な用途に向ける。この個別利益の追求は全体の普遍的利益と見事に結合される。勤勉を刺激し，創意に報い，また自然が賦与した特別の諸能力を最も有効に活用することによって，個別利益の追求は労働を最も効果的で最も経済的に配分する。一方，個別利益の追求は諸生産物の総量を増加させることによって，全般的利益を普及させ，そして利益と交通という一つの共通の絆によって，文明世界を通じて諸国民の普遍的社会を結び合わせる。ワインはフランスとポルトガルで醸造されるべきであり，穀物はアメリカとポーランドで栽培されるべきであり，そして金属製品およびその他の財貨はイギリスで製造されるべきである，といったことを決定するのはこの原理である」（I, pp.133-34）。

自由貿易の利益を，しかも各国の「個別利益の追求」が貿易という「共通の絆」によって「文明世界の諸国民の普遍的社会」の成立をもたらすという主張を，これほど見事に表現した文章は数少ない。しかしながらこの引用文の最後の，穀物はアメリカとポーランドで，金属製品とその他の財貨はイギリスで生産されるべきであるという部分は，イギリスでは穀物を生産しないと読むべきではない。通説的理解に基づいて

も，A 国 B 国が完全特化するための条件は限られているし，リカードウはそのための条件を第 7 章で追求することはなかった。

リカードウの資本蓄積の進行に伴う利潤の低下傾向に基づく穀物自由貿易の主張と，いくつかの前提を置いた比較生産費説の論理と，さらにはリカードウの時代から半世紀以上後に生じた 19 世紀末イギリスの穀物自給率の決定的低下という事実とを合成して，彼はイギリスでの穀物生産の放逐を主張したと理解するのは，以下に紹介するリカードウのさまざまな言説から判断するかぎり，正しくない。S. ホランダーが言うように，リカードウの主張から出てくるイギリス農業の将来像は，「長期的成長過程のなかでの農業部門の相対的衰退であって，絶対的衰退ではなかった」[26]（強調は原文）。事実としても，イギリスの小麦生産量は，1846 年の穀物法廃止以降も 60 年代までは維持された[27]。

リカードウは比較生産費説の論理を示した箇所の注で，「機械と熟練において著しく優越し，したがって隣国よりもはるかに少ない労働で諸商品を製造しうる国が，たとえその国の土地が穀物輸入先の国よりもいっそう肥沃であり，より少ない労働で穀物が生産可能であるとしても，これら商品と交換に，自国の消費に必要な穀物の一部分（a portion of the corn required for its consumption）を輸入することがある」（I, p.136. 強調は引用者）と述べている。この文章はイギリスを念頭に置いて書かれていると思われるが，「一部分」の輸入という表現によって完全特化は否定されている。これは，農業における収穫逓減を想定した場合，穀物輸出国での劣等地耕作進行による穀物生産性低下と，穀物輸入国での劣等耕作引き揚げによる穀物生産性上昇とが生じることになり，輸出国輸入国両国における他部門との相対的生産性に変化が生じ，完全特化の

26） S. Hollander, *The Economics of David Ricardo*, p.637. 訳 875 ページ。また服部正治『穀物法論争』昭和堂，1991 年，5 ページ以下；服部『自由と保護――イギリス通商政策論史（増補改訂版）』ナカニシヤ出版，2002 年，117 ページ以下を参照。

27） 椎名の研究によると，小麦生産量は 1864 年までは増加傾向を示した。60 年代末までは国産小麦が輸入小麦をかなり上回っており，「むしろ国内小麦が不作の時にその分の補充という形で輸入増大が行われている。いいかえれば，主食たる小麦の供給をいまだ主として国内産に依存していたし，国内生産高が輸入量を規定する形になっていた」（強調は原文）。椎名重明『近代的土地所有』前掲，149 ページ。ただしフェイリーは穀物法廃止後の国内小麦生産増大に関しては否定している。S. Fairlie, The Corn Laws and British Wheat Production, 1829-76, *Economic History Review*, Vol. 22, No.1, 1969, pp.114-15.

条件が失われるからである[28]。

この点は，1822年5月9日のリカードウの議会演説からも明瞭に確認することができる。彼は以下のように述べている。すなわち，

> 「国民も個人と同じく年をとる。そして国民は年をとり，人口が稠密になり，富裕になるにつれて，製造業者になるにちがいない。もし自然の成り行きに任せられるなら，わが国は一大製造業国になるだろう。だがわが国は，一大農業国（a great agricultural country）のまま留まりもするであろう。実際イングランドが農業国でなくなることはあり得ない」（V, p.180）。

筆者が「穀物法批判の前提」（1983年）[29]以来繰り返し指摘してきたように，リカードウは穀物の自由貿易のもとでの輸入量を「わずか数週間分（even a few weeks）」という表現で，全体として大きくはならないと認識していた。

リカードウは，出版されたばかりのマルサスの『地代論』と『穀物輸入制限策』とを論評の対象とし，特に後者を批判する形で，1815年穀物法改訂論議に合わせて公刊された『利潤論』[30]で以下のように記した。すなわち，穀物価格の上昇が賃金を上昇させて利潤を引き下げ，しかも穀物の輸入が穀物価格を引き下げて利潤を引き上げる効果をもつ以上，「食料の一部の外国依存の危険」が「ほとんど論駁の余地なく」論証されなければ，穀物輸入制限を正当化することはできない。マルサスは『穀物輸入制限策』で，その危険を① 戦争時の安定輸入の困難，② 輸出国が不作の場合の輸入の困難に求め，「食料のかなりの量の外国依存」を危険視し輸入制限策を支持した。

28）この点の理論的説明は，水田健「経済政策と経済的自由主義」『研究年報　経済学（東北大学）』65巻3号，2004年，が優れている。

29）服部「穀物法批判の前提（上）（下）」『立教経済学研究』36巻3，4号，1983,84年。服部『穀物法論争』前掲，に加筆修正のうえ収載。なお以下については，Masaharu Hattori, Ricardo and the Committee on Agricultural Distress of 1821, in *Ricardo and International Trade, op., cit.*, も参照。

30）マルサスの二つの著作とリカードウの『利潤論』は，すべて1815年2月中に出版されている。Cf. IV, p.5.

しかし①については，イギリスが穀物法を廃止して規則的な輸入国になれば，相対的には大きなイギリス市場を目指す輸出国の穀作拡大によって穀物供給は安定する。そして戦争中の経験から明らかなように，「われわれがイギリスでのわずか数週間に消費される穀物の価値を考えてみても，〔ヨーロッパ〕大陸がわが国にかなりの量（considerable quantity）の穀物を供給している場合には，〔ナポレオンの大陸封鎖のような〕輸出貿易に対する妨害はきわめて広範な商業上の破滅的不況を〔穀物輸出国に対して〕かならず生まざるを得ないであろう」から，穀物輸出制限は永続きせず，戦時においても穀物の安定供給は可能である[31)]。この引用文から判断する限り，リカードウの理解では，「数週間分の」消費量と「かなりの量」とは同じ事実を指している。イギリスの「数週間分の」消費量自体が輸出国にとっては「かなりの量」である。

そして②についても，穀物に関しては，一国内でも特定地域・土壌に不作をもたらす天候不順は，別の地域・土壌の豊作によって補われることが認められている。したがって，穀物をほぼ全面的に外国に依存しているオランダが安定した穀物価格を享受していることからわかるように，穀物供給地が世界に広がれば「一国の欠乏は他国の豊富によって補填される」から，特定輸出国の不作がもたらす安定供給への危険はきわめて小さい。

そしてリカードウは，マルサスが懸念した①②の危険のリアリティが低いことを主張して，こう結論づけた。すなわち，「高い価格は〔穀物の〕供給を獲得できる力をもつということをわれわれが〔戦争中に〕経験した以上，わが国の消費のうちの数週間分に必要な程度の穀物を輸入に頼ることの結果，わが国がなにか特定の危険に曝されるであろうと懸念すべき正当な理由をもちうるであろうか」（IV, pp.26-27,31. 以上の強調は引用者），と。

さて，リカードウの言う「数週間分の消費量」とはなにを意味するのであろうか。『利潤論』では，対仏戦争中の経験として，「わが国の通常の供給量に対して，総消費量のおそらく1/8にものぼる大減少は，〔国内消費者にとって〕大きな災いとなることが認められなければなら

31）　リカードウは1820年5月30日の議会演説では，「穀物輸出国すべてと同時に交戦状態になる」ことはない，という点も指摘している（V, p.55）。

ない。だがわれわれは，〔穀物自由貿易が行われておらず〕諸外国の穀物生産がわが国市場の安定的な需要によって調整されていなかった時〔＝対仏戦争中〕にさえ，これと等しい供給量を獲得した」（IV, p.29）と述べられている。対仏戦争中の最大小麦輸入量は 1810 年の約 140 万クォータであり，この時のグレート・ブリテンの人口数は約 1200 万人であったから，1 人年 1 クォータ小麦消費説に立てば，140 万クォータは総消費の約 1/8 ということになる。リカードウは，この数字を穀物自由貿易のもとでイギリスが輸入する小麦量の基準として想定していると考えられる。

リカードウは，1821 年 10 月 4 日付トラワ（H. Trower）宛ての手紙のなかでも，自由貿易下での穀物輸入量を「数週間分」と想定している。リカードウは 1821 年農業不況委員会でのトマス・トゥック（Thomas Tooke）の証言を批判して――ただし，トゥックの証言で唯一賛成できない部分として――，こう書いている。すなわち，イギリスの製造業の優越，卓越した富，稠密な人口を前提にすれば，「われわれの輸入する穀物量はわずか数週間分の消費量にすぎないであろうとはいえ，わが国はつねに変わらぬ輸入国になると，私は考えます」（IX, p.86. 強調は引用者），と。トゥックが，「穀物の完全な自由貿易」の下でもイギリスの穀物生産者は外国生産者と競争可能であり，平均すれば，穀物輸入と輸出は同じ公算で生ずると証言したことを，リカードウは批判するのである[32]。ただし同時にリカードウは，自由貿易の下ではイギリスの穀物消費の「ほとんどすべて」が輸入されると証言した大地主たちを「杞憂家（alarmists）」と呼んで，自由貿易の下での穀物輸入は大地主たちによって誇張されているほど大きくはならないことを，強調してもい

32）リカードウは農業不況委員会の委員であり，トゥックは彼が呼んだ証人の一人である。トゥックは委員会で，イギリスは平年には穀物をほぼ自給しており，また「ヨーロッパ大陸での穀物の安価については一時的事情に基づく過大評価」がなされている，と証言していた。さらにトゥックは，穀物法廃止は，大陸での穀物価格を現在より「非常にはっきりと高く」引き上げ，イギリスでのそれを「幾分低く」し，ほどなく両者の価格水準を一致させると述べ，自由貿易下でも「現在の耕地面積を維持しつつ外国生産者と変わらずに競争を維持することができ，またその場合でも〔農業〕労働者の雇用喪失は生じない，と考えたく思います」と証言していた。British Parliamentary Papers, *Report from the Select Committee, to whom the several Petitions complaining the Depressed State of the Agriculture of the United Kingdom, were referred*, 1821, reprinted by Frank Cass, 1968, pp.230,232,287,290.

る。

以上みたように，本節で述べた通説的な比較生産費説の理解に基づく論理の帰結と，リカードウの実際の認識とは一致していない。穀物自由貿易下のイギリス穀作農業に関するリカードウの認識は，『農業保護論』(1822年）においていっそう詳しく示される。

6 『農業保護論』

1815年の新穀物法制定によって，小麦については1クォータ80シリング以下の時には輸入禁止，80シリングになれば3か月間の無関税輸入許可，そして常時保税倉庫への輸入が行われた。保税倉庫から市場への移出は80シリングになってから認められる――この意味で，保税倉庫は国内備蓄の役目を果たすとともに，国内価格上昇への対抗圧力ともなった――。こうして国内小麦生産者は，1クォータ80シリングまでは国内市場の独占を与えられた。ところが，1815年からの小麦価格は全体として低下の傾向を示した。とりわけ1820年代初頭には，小麦輸入量は少ないのに，対仏戦争中からみれば価格は半減し，厳しい農業不況に陥った[33]。マルサスは，対仏戦争中の高穀物価格に基づく農業の高い利潤と，また地代上昇とは農業改良を進行させたと評価したが，他面で高価格を前提とした劣等地耕作が進行していたことも事実であった。

80シリングまでの国内市場の独占は80シリングの価格を保証しなかった。国内生産者は，外国小麦の輸入圧力によってよりも主に自らの間の競争によって価格引き下げを余儀なくされた。リカードウも委員であった，1821年の農業不況委員会はそうしたなかで設置された。

対仏戦争中の最大輸入量を示した1810年から1825年までのグレート・ブリテンの純小麦輸入量（＝輸入量〈アイルランドからの輸入分を含む〉－再輸出量）と平均小麦価格と人口数，そして1人年1クォータ小

33）毛利健三の表現を使えば，穀物法廃止を挟んで戦後半世紀のイギリス穀作農業は，対仏戦争中の小麦価格1クォータ80-100シリングの水準から，55シリングを中心として40-70シリングの間を変動する価格水準への適応を要請され続けた。毛利『古典経済学の地平』前掲，351ページ。

麦消費説に基づく推定自給率は以下のようである。また1821-23年の輸入の多くはアイルランドからである。ちなみに，序章でふれたピーターセンによると，小麦パン消費としては1人年約0.8クォータと推定されるので，それに基づく数字も（　）で示しておく[34]。

年	純輸入量（万q.）	平均価格（s.d.）	人口（万人）	推定自給率（%）
1810	149.1	106　5	959.1	87.6（84.5）
1811	23.8	95　3	971.7	98.0（97.5）
1812	24.5	126　6	986.5	98.0（97.5）
1813	55.9	109　9	1002.2	95.5（94.4）
1814	74.2	74　4	1018.0	94.2（92.7）
1815	15.6	65　7	1035.0	98.8（98.5）
1816	21.0	78　6	1052.4	98.4（98.0）
1817	77.2	96　11	1069.1	94.2（92.8）
1818	163.5	86　3	1085.5	88.0（85.0）
1819	58.1	74　6	1101.2	95.8（94.7）
1820	90.1	67　10	1117.9	93.6（91.9）
1821	50.7	56　1	1136.5	96.4（95.5）
1822	35.1	44　7	1155.7	97.6（97.0）
1823	27.8	53　4	1174.5	98.1（97.6）
1824	38.0	63　11	1192.0	97.4（96.8）
1825	74.9	68　6	1208.6	95.0（93.8）

リカードウが『農業保護論』や1822年度議会会期で，農業不況の原因として強調したのは，1819年の旧平価での兌換再開決定（ピール条例）による貨幣価値の高騰ではなく，また重税でもなく，1815年穀物法がもたらした劣等地耕作進行に伴う穀物の供給過剰であった。15年穀物法は，1クォータ80シリングまで輸入を禁止することによって，国産小麦の自然価格をヨーロッパ大陸産のそれ——平年には40シリングと見積もられた——を上回る水準に維持することを目指したが，そのため豊作時の輸出は困難となり，また穀物需要の価格弾力性は小さいので少量の余剰は価格を大きく引き下げた。リカードウも言うように，「分量のわずかな超過が，価格に対してきわめて強力に作用するということほど，見事に確立された原理はない」(IV, p.220)。しかも同法の下では，国内の不作によって価格が80シリングに達すると3か月間は外国穀物が無関税で一挙に流入することになり，農業者が不作で高い価格を必要

34）B.R. Mitchell and P. Dean, *Abstract of British Historical Statistics*, Cambridge University Press, 1962, pp.8,97,488.

としているときに価格は暴落した。

リカードウの理解では，ピール条例による貨幣価値の騰貴は，19年当時の地金価格が鋳造価格を上回っていた5%分と，イングランド銀行の誤った地金購入政策による金価格上昇の5%分と合わせて10%と見られるのであり[35)]，それを越えた穀物価格の低下は過剰供給が原因であった。『農業保護論』でリカードウは，通貨価値の変動に起因する10%分を越えた穀物価格下落の要因として，「豊作の連続，アイルランドからの輸入増加，そして戦時中の高価格と輸入への障害とがもたらした耕作の拡張」（IV, pp.259-60）をあげた。アイルランドからの小麦・小麦粉輸入量（小麦換算）は，1817年は5.5万クォータであったが，19年15.0万，20年39.7万，そして21年の1月からの3か月で24.4万クォータと急増していた。こうして，「現在の農産物低価格の原因は，一部は通貨価値の変動にあるが，主要なものは需要以上の供給過剰にある」（IV, p.262），というのがリカードウの結論であった。

農業不況を是正する方策としてリカードウが提案した穀物法改訂案は，当面は穀物輸入圧力を緩和したうえで，徐々に関税額を引き下げつつ輸入を恒常化し，最終的には一定関税率での恒常的輸入体制を実現するものであった。それは以下の内容であった。① 国内小麦価格が1クォータ70シリングに達した時点で小麦輸入は恒久化されるが，② 最初は1クォータ当たり20シリングの関税を課し，最終的には10年かけて毎年1シリングずつ引き下げ，10シリングを恒久関税とする。また ③ 輸出に関しては7シリングの戻し税（drawback）を与える。

この提案において上記①②③の項目についていくつか指摘しておく必要がある。まず，① 1822年の農業不況委員会委員長ロンドンデリ（Londonderry）卿の保護主義的な「報告書」を受けてリカードウは3月末から4月にかけて『農業保護論』を執筆した（出版は4月18日）。トゥック『物価史』の付録（クォータ当たり月別平均価格表）によれば，この時の小麦価格は44シリング7ペンスであった。その後も小麦価格は低迷を続け，リカードウ提案が始動する70シリングまで騰貴したの

35） 兌換再開に関するリカードウの政策論に関しては，佐藤有史『現金支払再開の政治学：リカードウの地金支払案および国立銀行設立案の再考』一橋大学社会科学古典資料センター Study Series 41,1999 が優れている。

は――リカードウの死から5年後の――ようやく1828年11月のことであった[36)]。

② リカードウは，20シリングの関税水準では「外国穀物の全面的排除」(V, p.173) になると考えていた。また10シリングの恒久関税は内外穀物生産者の課税水準の格差ではなくて，国内穀物生産者と国内の穀物以外の生産者との課税水準の格差を相殺するものであった。すなわち，「国内の他の諸生産者に課されたものをはるかに超えて穀物生産者に課されている〔十分の一税や救貧税の一部，またその他一, 二の〕特定の諸税を相殺する関税 (countervailing duty)」(IV, p.264) が10シリングなのであった。国内穀物生産者だけに影響する税は，「事実上，外国からの同じ商品の輸入に対するその額に相当する奨励金となる」から，その額の関税賦課によって国内での「競争を公正な水準に回復する」ことになる，というわけである。そしてこの相殺関税こそが，リカードウにとっては「実質的に穀物の自由貿易と呼びうる制度」を意味した (IV, pp.217,266)。

③ 公正な競争の維持のためには，国産小麦の外国市場における競争に関してもその原則が貫かれる必要があり，それを保証するものが「戻し税」であった。戻し税が10シリングではなく7シリングとされたのは，10シリングの相殺関税自体が「高すぎる」とリカードウは考えていたが，「寛大な斟酌」をしてあえて10シリングとした以上，戻し税もそうする理由はなかったからである[37)] (IV, 264)。

以上のリカードウ提案のもつ漸進的性格は，1815年法と比較することで明瞭になる[38)]。なおここでは，ヨーロッパ大陸での平年の小麦価格を1クォータ40シリング，イギリスまでの利潤を含んだ輸送費を1

---

36) ただし，同じく『物価史』の表にあるイートン・カレッジ監査帳簿によれば，1824年のミカエル祭の日（9月29日）の価格は76シリング6ペンスと記録されている。Thomas Tooke, *A History of Prices, and the State of the Circulation, from 1793 to 1837*, Vol. II, London, 1838, pp.389,390. 藤塚知義訳『物価史』第2巻，東洋経済新報社，1979年，365,366ページ。

37) 〔1822〕年5月21日付の〔カウエル (J.W. Cowell)〕宛ての手紙の次の言葉も見よ。十分の一税と救貧税の特別の負担の穀物価格への影響は「たぶん1クォータ当たり約7シリングでしょう。したがってこの種の救済はその額を越えることはできないでしょう」(IX, p.200)。

38) 水田「経済政策と経済的自由主義」前掲，52ページでは，1822年法となったロンドンデリ卿の提案との比較も図示されていて有益である。

クォータにつき 16 シリング，したがってイギリスへの輸入価格を 56 シリング（そしてそれに関税額が加わる）と想定している[39]。

1815 年法のもとでは，国内価格が 80 シリングになると，56 シリングの輸入価格の外国小麦との無関税での競争に 3 か月間さらされる。さらに 3 か月間と期限が決められているので，輸入は集中する。これに対してリカードウ提案は，70 シリングまでは国内市場の独占が保証されるが，一旦その価格に達すれば，1 年目は 76（56+20）シリング，2 年目は 75（56+19）シリング，そして 9 年目は 67（56+11）シリング，10 年目は 66（56+10）シリングで国内小麦と競争に入ることになる。

リカードウは自らの提案の漸進性とその意義を以下のように述べている。すなわち，「われわれがこの苦況期において採用すべき政策は，穀物がクォータ当たり 70 シリングになるまで，イギリスの生産者に対し国内市場の独占を与えることである」。またそれ以降の（年々 1 シリングずつ減るが）「固定関税支払制度のもとにあっては，穀物は必要量しか輸入されないだろうし，また誰も港の閉鎖を心配しないだろうから，われわれが実際に必要とするまでは誰も急いで穀物をわが国へ輸入しないであろう」。そして，一挙に 10 シリングの固定関税に引き下げることは，「土地から即時に資本を引き揚げるような方策を確立すること」を意味し，それは「わが国の現状においては，無分別で危険なことである」[40]から，年々 1 シリングずつの関税引き下げが妥当である。しかも 7 シリングの戻し税によって，国内穀物生産者は豊作時には，豊作がすべての国に広がらないかぎり，「極めて穏やかな価格下落の後に，輸出によって救われることができるであろう」（IV, pp.263-64. 強調は引用者）。リカードウは自らの提案が，イギリスからの小麦輸出の可能性を含むことを否定していない。

リカードウは『農業保護論』の最後で，食料の外国依存の危険を強調して，自らの穀物自由貿易提案に反対を唱える論者に対して，以下の

39）この数字は，農業不況委員会での E. ソリィの証言に基づく（cf. V, p.174）。

40）穀物自由貿易に即時に復帰せよというマカロック（J.R. McCulloch）に対して，リカードウはこう反論している。関税引き下げは漸次的に行われるべきであり，「耕作の放棄も極めてゆっくりとしたものであるべきである。さもないと農業者を取り返しのつかない状況に陥れます」（1822 年 5 月 7 日付手紙。IX, p.195）。また，1819 年 10 月 13 日付の J. ブラウン宛ての手紙も参照（VIII, p.103）。

ように二段構えで反論した。まず第一段。「私は，われわれが輸入する分量が莫大であろうと考える人々と意見を異にする」。農業不況委員会の証言によれば，「諸外国における穀物の報償〔＝収支が償う〕価格を大きく騰貴させることなしには，極めて大きな量を外国から獲得できない」。穀物の大きな追加量がポーランドやドイツの奥地から輸入されれば，陸上輸送費が高騰し，またそれら輸出国での劣等地耕作が進むことになり，穀物価格は上昇せざるを得ない。したがって，「需要の最も自由な状態のもとでは，われわれは膨大な量（any very large quantity）の輸入者とはならないだろうという，あらゆる見込みがある」（IV, p.265）。

続いて第二段。しかし仮に「食料のかなりの部分」の外国依存が生ずるとしても，イギリスの外国穀物需要が恒常的で安定的であれば，輸出国にとってのイギリス市場の意義は大きいから，穀物供給の安定は確保される（cf. IV, p.266）。

自由貿易下での輸入穀物量は少ない，また「かなりの量」の外国依存も穀物供給自体を不安定化させない，という『農業保護論』のこうした議論の展開は，『利潤論』でのそれ――マルサスの「不得策」という主張に対する批判――と同じであった。対仏戦争終了時での議論と，15年穀物法制定後の，そして20年代の厳しい農業不況の只中での，穀物自由貿易の下での穀物供給の安定性に関する議論が同様の展開になっていることこそ，経済学者としてのリカードウの思考の特質をよく表している，と考えられる。

以下に，1821年農業不況委員会でリカードウが呼んだ証人の一人であった，バルト海穀物商人のソリィ（Edward Solly）の証言と比べながら，リカードウの主張の特質に検討を加えたい。

7　穀物輸出国の生産事情――1821年農業不況委員会

リカードウは1821年4月25日付のトラワ宛ての手紙で，ソリィについてこう語っている。「ソリィ氏は私が呼んだ証人の他の一人〔＝もう一人はトゥック〕ですが，ポーランドおよびプロイセンの諸港における穀物価格に関して，また穀物を内陸から積み出し港へ，そこからさらにロンドンへ輸送する費用に関して，幾つかの貴重な知識を与えてくれました」（VIII, p.374）。リカードウは幾度かの議会演説でソリィに言及し，以下の事実をソリィから得ていると述べている[41]。① ブルーム（H. Brougham）議員は大陸小麦の報償価格を1クォータ45シリングと低く見積もったが，ドイツでの小麦生産費はイギリスへの輸送費用すべて（内，輸送者の利潤分は6シリング）を加えると，56シリングになる（V, pp.174,181-82），② ロンドンデリ卿が1821年のシリシア（Silicia）での大豊作について述べたのは誤りで，当地の農業者は種子用小麦の購入に迫られていたほどである（V, p.175），③ ベネト（J.Benett）議員が穀物輸出港としてあげたメーメル（Memel）は，大量の穀物積み出し港ではない（年2万クォータ程度）し，そこから得られる小麦は劣等な品質である（V, p.182）。

以上からわかるように，リカードウはソリィからバルト海沿岸地域，特にプロイセン，ポーランドからの穀物輸出能力（価格，量）について知識を得ていた。1821年4月18日の農業不況委員会で，ソリィは概ね以下の証言をしていた。

イギリスで穀物自由貿易が行われた場合の，プロイセン諸港での最良品質の小麦の船積み価格は50シリング，輸送費を含めてイギリスでは60シリングになる。しかし特に強調すべきは，プロイセンの港での船積み価格は，プロイセン国内での生産事情によってではなくてイギリスでの穀物価格に依存するということである。大陸での耕作事情からすれば，家畜飼料用，また燃料用の土地の必要があるために耕地拡大には費用がかかる。プロイセンの人口は1,100万人であるが，住民の食用穀物であるライ麦生産のために耕地のほとんどすべてが使われており，「プロイセンにおいて小麦生産を大きく増大することが可能だとは考えられません」。プロイセン諸港からの最大小麦輸出量は，1800-05年の年平均約60万クォータ弱であった。イギリスの国内価格が80シリングで常時自由輸入が行われれば，バルト海沿岸地方とヨーロッパ北部から年間100万クォータの輸入が可能かもしれないが，60シリングの場合にはせいぜい70万クォータである。輸出量には「つねに限界がある

41) リカードウはソリィからの手紙に言及しているが，この手紙は発見されていない（V, p.181）。ソリィ（1776-1844年）はダンツィヒで長年穀物取引に従事した商人であった。

でしょう」。「（質問者）イギリスの港が開放されて価格が高いという制度の下で，200万クォータといった大量の穀物がバルト海地方から得られるとお考えですか？――200万クォータが輸入されうるとは思いません」。ポーランドとプロイセンでのライ麦生産量は小麦の約6倍であり，ライ麦価格がイギリスで上昇すれば，ライ麦輸出は増加するがそれでも年100万クォータ程度であろう。「小麦耕作に向けられる耕地の量は限られている。土地の多くは貧しく，砂質である。自国で消費されるライ麦栽培用の土地も必要である。また燃料ならびに輸出用の森林も必要である。こうしたことすべてから，小麦耕作用の土地は限られた量しかありません」。

ソリィは委員会宛に提出した書簡（1821年5月3日付）でも，「バルト海沿岸の通常の穀物貿易は主に一定量の小麦の剰余からなっているが，小麦は当地では一般に消費される穀物ではない」こと，また「小麦を輸出する国々がそれを増加する能力は限定されている」ことを改めて強調している。

ソリィが提出した表によると，ダンツィヒでの小麦価格（価格の幅が存在する）と輸出量は，1816年/40-85シリング3ペンス：14.3万クォータ，1817年/100-75シリング3ペンス：22.1万クォータ，1818年/70シリング：28.3万クォータ，1819年/65シリング：12.4万クォータ，1820年/38シリング：22.2万クォータであった[42]。

ソリィが強調したのは，イギリスでの小麦価格が輸出港ダンツィヒでの輸出価格を左右しているという現実であった。この点は，ナポレオン戦争後のロンドンならびにダンツィヒ（・ベルリン）での小麦価格を示した次の図からも確認される[43]。これは，プロイセンやポーランドにおいては，小麦は一般のパン用穀物ではなくて，イギリスの高い価格に応じて輸出用にエルベ川の東のユンカー経営から輸出港に向けて，小麦が

42）BPP, *Report from the Select Committee*, *op.cit*., pp.315-19,363.

43）アーベル（W. Abel, *Agrarkrisen und Agrarkonjunktur*, 2. Aufl., 1966）『農業恐慌と景気循環：中世中期以来の中欧農業及び人口扶養経済の歴史』（寺尾誠訳），未来社，1972年，261ページ。この図で，1805-15年（第2段階）のロンドンとダンツィヒ・ベルリンの価格動向が逆になっているのは，大陸封鎖をはじめとする戦争中の穀物貿易の障害が大陸での小麦価格を低落させるとともにイギリス国内での劣等地耕作拡大をもたらしたからであり，大陸での小麦が輸出作物であったことを物語っている。

かき集められているという事実から導き出された，一つの重要な経験則であった。しかも当地での主要穀物はライ麦であったから，当地の遅れた農業様式は別にしても――ソリィは証言ではこの点に直接にはふれていないが――，当然に小麦生産の増加に対しては耕地利用上の競合関係が存在し，小麦輸出には限界が存在したのである。

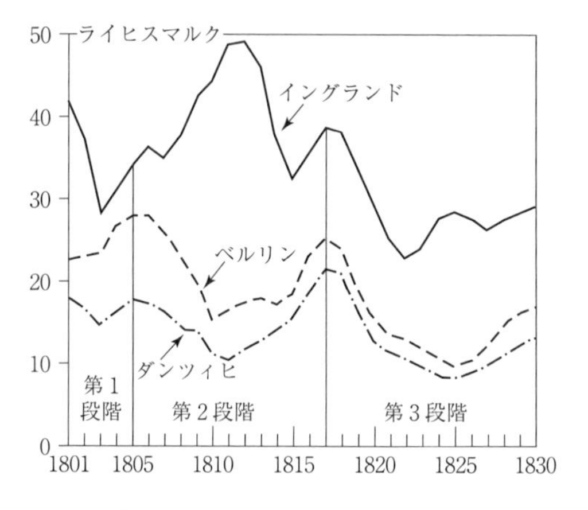

1801-30年のイギリス，ベルリン，ダンツィヒにおける小麦価格
(100kg当りのライヒスマルク，3項移動の年平均値)

こうした現実を，リカードウは，プロイセンやポーランドからのイギリスへの小麦輸出量が増加するにつれて，耕作コストと陸上輸送費の増加という形で劣等地耕作が進み穀物価格が上昇すると解釈し直し，「需要の最も自由な状態のもとでは，われわれは膨大な量の輸入者とならないだろう」，と結論した。「膨大な量の輸入者」とはならないという結論の前には次の文章が置かれていた。すなわち，

「より大きな供給量を生産するためにも，それらの諸国はより劣等な土地に依存することを余儀なくされる。そして，一国の穀物すべての価格を規定するのは，最も重い費用がかかる最劣等地での穀物生産費であるから，外国生産者を報償するのに必要な価格が騰貴しないかぎり，大きな追加量が生産されることはないであろう。そし

て外国で価格が騰貴するのに応じて，国内ではより劣等な土地の耕作が利益を生むようになるであろう」(IV, p.265)。

穀物自由貿易のもとでも，イギリスの輸入する小麦量は「わずか数週間分」にすぎず，大量の穀物輸入国になることはないという結論は，農業資本家・農業労働者・地主からなる農業資本主義の確立した，そして小麦消費が社会全体に普及しつつあった「小麦パンの時代」のイギリスに対しても，他方，農民解放から日が浅く，住民の多くが領主の下でさまざまの封建的諸負担を課された状態の農民からなり，かつ彼らの食料は主にライ麦であり，小麦はむしろ輸出用穀物であったプロイセンや，1772年に始まる分割統治下のポーランドに対しても，穀物輸出＝穀物生産増加→劣等地耕作進行→穀物の自然（報償）価格上昇という単一の論理を適用することを通じて導き出された。前に引用したトラワ宛の手紙でリカードウがソリィの証言で評価したのが，小麦輸出に限界をもたらす当地の生産事情に関わる問題点の指摘ではなくて，輸出港での穀物価格と内陸から輸出港ならびにロンドンまでの輸送費用であったことに留意したい[44]。

さて1821年農業不況委員会には，後に商務省（Board of Trade）に入省し，大陸諸国の穀物生産事情の詳細な調査報告を行うウィリアム・ジェイコブ（William Jacob）も呼ばれて証言をしていた（5月8日，11日）。彼は，プロイセンやポーランドでの生産様式とイギリスでのそれは根本的に異なること，また小麦は住民の食用ではなくて輸出用であり，小麦の輸出能力は劣等地耕作の進行といった論理では測れないことを明瞭に指摘していた。ジェイコブの証言内容は概ね以下のようであった。

すなわち，イギリスでは食料生産者は社会の約半数ですが，「大陸の

44）リカードウはマルサス宛の手紙（1821年10月21日付）で，ポーランドと並んで当時，大量の穀物輸出国としてその可能性が言及されていたアメリカについても，その実情はよく知らないと断りながらも，輸出量には限界を置いていた。すなわち，「アメリカの内陸部から穀物を輸送するには莫大な費用がかかるので，ヨーロッパでの栽培費用よりもはるかに少ない費用では，アメリカは事実上ひじょうにわずかな供給分しかヨーロッパへ向けて生産できないでしょう」(IX, p.98)，と。ここでも，劣等地耕作進行が輸送費用増加という形で議論されている。

ほとんどの国では，食料生産者は全人口の4/5から9/10を占めています」。またイギリスでは「農業資本家という階級の人々」がいますが，「他の国では〔農業資本家に相当する〕土地の占有者（occupiers）はいません。フランスで少しの数がいるだけです」。「（質問者）農場の生産物が地主，農業者，労働者という三つの階級に分配される割合についてご存知ですか――いいえ，まったくわかりません。これからお話ししますように，地主の取り分はその主要部分が彼の借地人，使用人，そして役馬による労働で，一部分が現物で，そしてほんのわずかが貨幣で支払われていますので，それぞれの階級についてその割合を確定することはきわめて困難でしょう」。「ヴィスラ（Vistula）川流域ならびに近接した穀物の大生産国における地代の割合を確定するのは困難です。フランスでなら平均的な地代をほぼ確定できますが，封建制という体制のもとでは，それを確定するのはまず不可能です」。

イギリス農業の生産力に比して大陸のそれが劣っている原因の一つは，イギリスでは飼料作物としてカブ（turnips）が栽培されるのに対して，ヨーロッパ大陸ではそれが栽培できないからです。またノーフォーク州北東部のコーク氏の農場がこの30-40年の間に最も豊かな土地に変わったように，イギリスの劣等地は，「現在世代のうちにきわめて豊かな土地になっています」。これに対して大陸ではどこでも，「彼ら自身の消費量の3日分〔の穀物〕を輸出できる国はないと思われます」。「（質問者）200万クォータ〔の小麦〕が〔イギリスに〕来ると予想しますか――いいえ，現状の耕作状態ではそうは思えません。私は，世界全体をもってしてもわれわれに3週間分の〔小麦〕消費量を供給できるとは思っていません」。「〔イギリスでの〕高価格だけが，極めて遠隔の諸国からヴィスラ川を船で穀物を運ばせることができます。例えば，ガリシア（Gallicia）の穀物は，イギリスの価格が穏当な高さならば，ダンツィヒには来ないでしょう。イギリスの価格がつねにダンツィヒの価格を規制しています」。価格が極めて高くなればハンガリーやボヘミヤからも陸路で小麦がダンツィヒに来るでしょう。「したがって，需要によって描かれる〔輸出可能な〕サークルはイギリスでの価格によって限界を定められるでしょう」。

「一国が他の一国によって永続的に穀物を過剰に供給される

（overstocked）危険はほとんどありません。しかしながら現在のように過剰が一般的な時期には，すなわち最も富裕な国に向けてすべての国々の穀物が流入している時期には，最富裕国では供給過剰になるかもしれません。こうしてもし，1億8,000万人の人口をもつ全ヨーロッパが1,200万人しかいないグレート・ブリテンのような国に，その3日分の消費量を割愛することができれば，それはその国の6-7週間分の消費量となり，その国の市場を充満させ過剰にするかもしれません」。「（質問者）ダンツィヒやケーニヒスベルクの倉庫に小麦がたっぷりあり，外国からの需要がないとしましょう，その場合オーデル川やヴィスラ川沿岸の国内市場に対してどのように影響しますか――小麦の代わりにライ麦を栽培することになる以外には，ほとんどなんの影響もないと考えます。そこでの〔小麦の〕全剰余はこれらの国々の人口数に比べれば極めて少ないので，もしこれらの剰余が〔外国からの需要がなくて〕国内市場に戻されれば，彼らはこれだけの小麦を栽培しないでしょう。なぜならば，小麦は食用としてはほとんど使用されておらず，主に外国貿易用だからです」[45]。

リカードウはトラワ宛の手紙（1821年10月4日付）で，ジェイコブの証言をこう評した。すなわち，「ジェイコブ氏の提出した事実は興味深いものですが，問題の科学的部分について氏はまったく粗雑だと思いました。そして私の態度を無礼と思ったにちがいないほど質問し続けました。私は彼の著作によって，彼がこの問題に関して偏見に満ちたまた未熟な見解をもっていることを知っていました」[46]（IX, p.87），と。

45）BPP, *Report from the Select Committee, op.cit.*, pp.356-60,366-75.

46）リカードウが手紙で言及したジェイコブの著作とは『サムエル・ウィットブレッドへの書簡』（*A Letter to Samuel Whitbread, Esq. M.P. being a Sequel to Consideration on the Protection required by British Agriculture; to which are added Remarks on the Publications of a Fellow of University College, Oxford; of Mr. Ricardo, and Mr. Torrens*, London, 1815）であった。ジェイコブは，本書の副題からわかるように，ウェスト，リカードウ，トレンズを名指しして――ただし，ウェストについては，匿名書のため著者をベアリング（A. Baring）と誤解して――穀物自由貿易の主張を批判していた。ジェイコブが特にリカードウを批判したのは，①自由貿易がもたらす，イギリスの穀作地の4/5を占める劣等地からの資本の引き揚げは，「深耕，皆伐，施肥，石灰散布，排水」といった土地から切り離すことのできない投下資本の喪失を意味する，②大量の耕作放棄地は，現在，全体の半分以上の小麦を生産している，③ヨーロッパの全穀物剰余をもってしても，これだけの国内供給量の減少を埋められない，④穀物の自由貿易を行っても，外国はイギリス産工業品に門戸を開くという保証はない，とい

リカードウは穀物輸出国の生産様式には特別の関心を示さなかった。いや，関心をもったかもしれないが，あえてそれを重視することはなかった。彼のマルサス宛の手紙（1815年1月13日付）は，リカードウの思考の特質を最も象徴的に示すものである。すなわち，「もしわが国への穀物の自由な輸入が認められると，それが外国の資本を外国の土地に向かわせる限り，〔劣等地穀作の進展によって〕外国の利潤を引き下げる傾向をもつでしょう。そしてもし，すべての大地が同じ程度の熟練をもって同じ水準まで耕作されるならば，利潤率はいたるところで同一となるでしょう」（VI, p.171. 強調は原文）。穀物の自由貿易は，穀物輸出国の劣等地耕作を進行させることによって利潤率を低下させ，輸入国の劣等地耕作を反転させることによって利潤率を上昇させ，最終的には両国において「同じ程度の熟練をもって同じ水準まで」耕作が行われて利潤率が同一になる，というわけである。

リカードウは『農業保護論』出版後，そしてロンドンデリ卿提案の1822年の穀物法改訂後，1822年7月から12月まで大陸旅行に出て，ベルギー，オランダ，ドイツ，スイス，イタリア，フランスなどを訪れた。だが，当地の穀物生産事情についての特別の関心は，少なくともその日記からもまた旅行中のリカードウの手紙からも読みとれない。

う点であった（cf.pp.34-35）。

そしてリカードウは『原理』でジェイコブに対してこう反論していた。すなわち，土地から引き揚げられない資本が存在することは，「幾分か真実である」が，牛，羊，干草，穀物積み，荷車などは引き揚げ可能である。そして自由貿易による穀物価格の低下にもかかわらず耕作を継続するか，それとも引き揚げた資本を売却して他の用途に投下するかは「採算の問題」である。「資本の大部分は引き揚げることができるとすれば（事実明らかにそうなのだが），それが引き揚げられるのは，元の土地に残留させておくよりも，そうした方がより多くのものを所有者にもたらす場合だけであろう」。さらに第三版ではこう追加された。すなわち，しかもすべての資本が引き揚げ不能だと仮定しても，それ自身は不利益ではない。「このような資本は生産物を増加させる目的で支出されている――これが目的であることを忘れてはならない。そうだとすれば，その資本の価値が半減しようと，それとも消滅しさえしようと，社会がより多量の年生産物を取得するならば，そのこと〔＝資本の損失〕は社会にとっていかなる重要性をもちうるのであろうか。この場合に，資本の損失を悲しむ人々は，手段のために目的を犠牲にしようとするものである」（I, pp.269,270），と。

8　差額地代論と穀物輸入

以上見た，穀物輸入国イギリスの資本主義的農業を前提にした論理で穀物輸出国の穀物生産を把握するという方法論的態度は，リカードウに限った特徴ではなかった。1815年の時点で，リカードウが差額地代論を主張した人物として名を挙げたE. ウェストも，リカードウと同じ論理でもって，穀物自由貿易がイギリス農業に与える影響を大きくないという結論を示していた。ウェストが匿名で公刊した『土地への資本投下論』（1815年）は，リカードウ以上に直截に，穀物輸出国での収穫逓減による輸出価格の上昇と輸入国での生産減少による自然価格の低下という論理を使っている。

ウェストは農業収穫逓減という事実を，「耕作の改良が進む〔＝耕作の拡大〕につれて原生産物の栽培費用が累進的にかさんでいき，すなわち，土地の総生産物に対する純生産物の割合が継続的に減少する」と表現したうえで，穀物自由貿易が国内農業に与える影響をこう述べている。すなわち，外国小麦の自然価格が1クォータ45シリング，イギリスのそれが90シリングと仮定すれば，穀物自由貿易を行った場合，「軽率に考えるとわが国の農業の全体が，やがて，その地位を失ってしまうように見えるだろう。もしわが国の耕作費用がその生産の減少につれて低下せず，外国の栽培費用がその生産の増大につれて増加しないならば，こうした事態は必ず生じるであろう。……/ だが第一必需品について，ある国が外国人に依存することには限界がある……。……〔なぜならば〕外国人の生産が増大するにつれて彼の栽培単価〔＝クォータ当たりの自然価格〕が増加し，国内生産が減退するにつれて栽培単価もまた減少するだろう〔からである〕……。……つまり私が言いたいことは，前者〔＝国内〕の栽培価格が下落し，後者〔＝外国〕の栽培価格が上昇し，それらは両者の元々の価格の間に位するある価格で落ち合うということだけである」[47]，と。

47）　West, *Application of Capital to Land, op.cit.*, pp.2,45-48. 訳 7,46-48 ページ。

以上の議論の抽象性は明らかである。穀物輸出・輸入両国で資本主義的農業生産が行われているとすれば，自由貿易がもたらす結果として，リカードウにおいてもウェストにおいても，輸出国では利潤率また純生産率の低下が生じるのに対し，穀物輸入国イギリスでは利潤率の上昇という，対照的な事態が生まれることになる。もちろんリカードウの論理では，穀物輸出国での穀物輸出増加→穀物自然価格上昇→賃金上昇→利潤率低下を，穀物以外の財の輸入価格低下→資本家の蓄積ファンドの増加が補うことが想定可能である。しかしながら，資本主義発展の原動力である利潤率の低下は，穀物輸出国にとって利益にはならないであろう。

しかも穀物輸出国では農業が資本主義的に行われず，東エルベのユンカー経営のように領主と封建的な制約からの解放に大きな限界をもつインストロイテという家父長制的な関係のもとで営まれているとすれば，穀物輸出増加と穀物価格上昇は，もともと大きかった領主の収入をさらに増すと考えられる。資本主義的経営においても，穀物輸出増大→劣等地耕作進行→穀物価格上昇は地代増加をもたらしたが，自給的生活を余儀なくされるインストロイテの生活は低水準で固着するであろうから，最劣等地からの収穫量がインストロイテの生活維持に等しくなるまで穀物生産は継続し，利潤と地代の所得が未分離なユンカーの収入は増加し続けるであろう。とすると実際には，穀物輸出国での収穫逓減→穀物価格上昇は，ユンカー層の力の増大と領主－インストロイテ関係の維持と封建的な制約を残存させた体制のもとでの穀物輸出の継続とをもたらし，工業化の進展を歪める可能性も生まれるであろう。

いずれにせよ，こうした非資本主義的な関係の下で行われる穀物輸出国の経済発展という問題は，資本主義農業を前提としたリカードウの資本蓄積論の射程の外にあったと言わねばならない。

第4章
大陸諸国の穀物輸出能力と国内農業改良

イギリス穀物法に関する最も詳しい歴史という評価を現在でも与えられる著作を書いたバーンズは，穀物法廃止がイギリス農業への大きな打撃をもたらさない，したがってイギリスは「一大農業国」に留まるという認識を19世紀前半に多くの人々が抱いていたという現実を，こう表現している。すなわち，「製造業者たちが穀物法の廃止は自分のビジネスに役立つと期待したという事実は，1875年以降にグレート・ブリテンに流入することになった安価な小麦と肉の洪水を彼らが予想したことを意味しない。コブデンを含めて自由貿易論者の誰一人として，人口の極めて大きな部分が外国小麦や外国肉に依存するであろうとは予想しなかった」[1]，と。また第6章でふれる，20世紀初頭の関税改革論争において小麦自給率の決定的低下という事態のなかで，穀物法の歴史を回顧したニコルソンも，「穀物法の廃止に至るまで，すべての国は，事実上，自分自身の食料供給に主に依存しなければならないという考えが普及していた，またこうした理由で〔穀物自由貿易によって〕国の独立が深刻な脅威にさらされるという懸念は存在しなかった」という事実を指摘している[2]。

この意味では，穀物法の廃止はあくまで，イギリスへの小麦大量流入のための必要な条件ではあるが，十分な条件ではなかった。小麦の大量輸入が生じるためには，イギリスへの小麦供給元が大陸ヨーロッパから

1） D.G. Barnes, *A History of the English Corn Laws 1660-1846*, Routledge, 1930, reprinted in 1965, p.268.

2） J.S. Nicholson, *The History of the English Corn Laws*, London, 1904, p.126.

新大陸アメリカに移り，新大陸での南北戦争と大陸横断鉄道の開設，そして西部開拓の拡大を経て，ヨーロッパとは異なる新しい農業様式によって大量の小麦余剰が生まれる必要があった。さらに大西洋の彼方から小麦の大量で安価な輸送を可能にした交通革命が実現することも必要であった。しかも他方で，本章が検討する，輸入国イギリスでの農業改良の進展は，小麦の大量輸入が行われるための十分条件が成熟するまでの期間を先延ばしする要因ともなったし，さらに加えて，イギリスでの人口増加による小麦需要の増大は，小麦の大量輸入が英国農業に大きな打撃を与えることを，やはり，先に延ばしたのである。小麦の自給率低下は，国内小麦生産の減少に直結しないし，国内小麦生産の増大とも両立しうる。リカードウが述べたように，穀物自由貿易が行われても，イギリスは「一大農業国」に留まりえた。

本章では，イギリスは「一大農業国」に留まりもするという19世紀前半に多くの人々が有した認識を，リカードウのように資本主義的農業生産とそれと異なる生産様式のヨーロッパ大陸での農業生産とを同一の論理で一括りにするという手続きに依拠した議論とは異なった手法で支えた，経済学者たちの主張を検討する。そのひとつは，イギリスに対する当時のヨーロッパでの穀物輸出地域であるバルト海沿岸地方のユンカー経営における穀物生産の詳細な実態調査であった。その実態からして大量の小麦輸出は構造的に困難であるという，調査の結論を取りまとめたのは，第3章でも言及したウィリアム・ジェイコブであった。そしてもうひとつは，穀物法廃止（1846年）以前から実施されていたイギリスにおける農業改良の進行を強調する主張であった。農業改良の指摘は第2・3章でも見たようにマルサスによってなされていたが，ここでは農業改良の強調が穀物自由貿易支持と結びつくことを示したい。

以上二つの主張が指摘した現実は，穀物法廃止を越えて穀物価格低下のなかでの地代増大をもたらした。そして，1870年代以降のアメリカ大陸からの大量の安価な穀物輸入によってイギリス農業の絶対的衰退がもたらされるまでは，穀物自給率は低下しつつもイギリスは「一大農業国」に留まりもすることになった。

1　ヨーロッパ大陸の穀物輸出能力 ――ウィリアム・ジェイコブ

サリー州ならびにケント州で10年間の農業者としての経験を経て，1822年に商務省穀物報告監査官（comptroller of corn returns）になったウィリアム・ジェイコブは，1820年代の穀物法をめぐる論争に大きな影響を与えた二つの調査報告を発表した。① *Report on the Trade in Corn , and the Agriculture of the North of Europe*, London, 1826. ② Report presented to the Lords of the Committee of His Majesty's Privy Council for Trade, respecting the Agriculture and the Trade in Corn, in Some of the Continental States of Northern Europe, in *Tracts relating to the Corn Trade and Corn Laws*, London, 1828がそれである。以下では，①を第一報告，②を第二報告と呼び，出所は本文中に記す[3)]。

第一報告は，バルト海に流れるヴィスラ川（その河港がダンツィヒである）沿いの穀物生産ならびに輸送状況の詳細な調査の命を受けて行われたものである。この報告では，プロイセンでのユンカー経営の実態，ならびに当時ヨーロッパ最大の穀倉とみなされたプロイセン領ポーランドでの耕作の実態について，それらがともに低い農業生産力の水準にあることが，以下のように指摘される。すなわち，1807-11年のプロイセンでの農民解放は，奴隷のような状態にあった農民を「フリー・ホウルダー」にしたが，解放後日も浅くまた解放条件などの理由で，プロイセン農業に対する効果はまだ表れていない。農地の大部分はユンカーが所

3)　筆者はジェイコブの主張全体について『穀物法論争』昭和堂，1991年，第2・3・4章で詳細に論じている。ジェイコブは，この二つの報告作成時以外に，1797（8?），1819，1832，1836年にも大陸に渡っている。1846年に穀物法を廃止する首相ロバート・ピールは，同年3月27日の議会演説で，1828年のジェイコブの報告の文章を引きつつ，ジェイコブを「穀物法についての多大な知識と経験をもつ人物」と評した。*The Speech of the Late Right Honourable Sir Robert Peel, Bart.*, Vol. IV, London, 1853, p.648. こうしたジェイコブは，20世紀に至っても，マーシャルによって穀物輸入問題に関する「最高権威者」と評価されていた。Alfred Marshall, *Industry and Trade*, London, 1920, p.755. またドイツの側からの同様の評価については以下を見よ。Lujo Brentano, *Die Getreidezölle als Mittel gegen die Not der Landwirte*, Berlin, 1903, S.14-16; Hermann Levy, *Die Not der englischen Landwirte zur Zeit der hohen Getreidezölle*, Stuttgart, 1902, p.14.

有し，一部が極めて零細な，旧制度のもとでは農民家族の必要の半分しか満たしえないような「新土地所有者階級」に属している。ここにはイギリスの農業「資本家中産階級」にあたる階級はいない。こうした状況下では，農民は解放以前と同じ「熱意のないぞんざいな怠け」仕事しかしていない。「彼らは自分で生産したもののほとんどすべてを自分で消費する」（① *Report*, pp.29-30）。

農民の低い労働能率に加えて，小麦を除く穀類の価格下落・税と賃金の上昇は，ユンカー経営を圧迫している。多くの所領は抵当に入れられ，また破産に直面している。こうした状況では，農業用具と農耕用役畜は圧倒的に不十分である。さらにカブなど飼料作物の不足は家畜肥料の不足を生むので，肥料とその手間の多さから小麦はライ麦に比べて利益が少ない作物となっている。プロイセン全体では，小麦の作付面積はライ麦の 1/10 以下である（*ibid.*, pp.36,37,47）。

またプロイセン領ポーランドでの農民の状態はいっそう劣悪である。そこでは小麦は食用と見なされておらず，国内での購入者はわずかで「ほとんどすべてが外国消費用である」。農民は週のうち定められた日数を領主の所領で働き，かつ一定の現物地代を支払うという条件で，わずかな土地と小屋を与えられている。しかも彼らは領主への借金のために，農奴と変わらぬ状態にある。彼らの日々の食事は，キャベツ，ジャガイモ，豆類，黒パン，そして肉やバターなどは入らないスープである。彼らの唯一の贅沢は安酒であり，手に入れば浴びるほど飲んでしまう。差配人の監視も行き届かず，仕事の能率はきわめて低い（*ibid.*, pp.15,62,64-66）。

さらにポーランドでは，作付様式が三圃制度を取っており，肥料の不足のために地力維持は困難である。にもかかわらず過去 2 世紀にわたってポーランドからの穀物輸出は大きかった。もっともそれでもイギリスの消費量の 2 週間分程度であったが。この結果「ポーランドの耕地は過度の作付による〔地力の〕枯渇状態に近づきつつある」。現にポーランドでの小麦生産量は 1819 年以降急減している。短期的に，ポーランドで生産量が大きく増加する見込みはないし，長期的にも，同地での工業の発展と人口増加は，当然に穀物輸出能力をさらに低めることが確実である（*ibid.*, pp.66-67,97,99）。

次の文章はポーランドの穀物輸出能力が低いという，ジェイコブの認識をよく伝えている。

> 「この『報告』のポーランド王国に直接に関係するところで述べられたことから，耕作者たちが被った損失のために，彼らの資本の不足は極めて広範に生じているので，短期間に耕作の大きな改良を行い，また生産物を極めて大きく増加させるのは彼らにはほとんど不可能であるにちがいないことがわかる。家畜は大いに不足している。これは実際，資本の不足のためであろうが，このために小麦生産の急速な拡張には障害がある。肥料がなければ，小麦生産は利益を生まない。土地の広さにある程度釣り合った数の家畜がいなければ，肥料は得られない。ある程度は，肉ではなくて羊毛から得られる利益のために，地主はいくらかの羊を飼っているが，肉を食べられるような階層の消費者がいないために，家畜の大きな増加は困難である。肉を食べる階層は，大改良がおこったり工業人口が増加したりしなければ生まれそうもない。ポーランドの人口の大部分は非常に貧しくて，肉を食べることなどできはしない。ライ麦パンを食べほとんど変わりばえのしない食事に慣れ切ってしまっている人々には，肉を食べてないということを感じることさえほとんどない。
>
> 労働階級も，最低水準の生活必需品の供与が保証されているので，仕事のやり方を大きく変えたり，これまで慣れてきた以上の力や技能を発揮したりしようとはほとんどしない。/ 労働階級はつねに怠惰で，技能もなく，下品で，大酒のみで，賢明な上層者が導入しようとする改良にはつねに反対してきた，といつも言われているのはたぶん理由がある。/ ……ポーランドでの工場の増加とそれに通常は伴うところの人口〔増大〕とは，国内での穀物消費者を多数生むことになり，この結果外国へ輸出しうる余剰穀物は大きく減るであろう。工業者がほとんど小麦を食べないことは確かだが，ライ麦需要の増加はライ麦栽培を生産者にとっても最も利益のあがる作物にするであろう。したがって生産者は，別の事情の下でなら小麦栽培に向けていたであろう土地のうちのいくらかをライ麦生産に向けることになろう」（*ibid*., pp.113-15）。

以上のジェイコブの記述は，当時のプロイセン，またポーランド農業の耕作様式ではイギリスのような飼料作物を組み込んだ輪作様式が定着せず，飼料の不足が解決できず，そのために家畜の不足→肥料（畜肥）の不足を結果し，そうした事態がプロイセン農業生産力の，また長期的に穀物輸出を規定する諸力の低さを特徴づけている，と評価できるであろう。すなわち，「いかなる国からの穀物輸出も，それが長期間続く場合には，〔地力の〕損耗を埋め合わせるために肥料に転形しうるなんらかの作物が導入されないならば，土壌〔の力〕を枯渇させる傾向があるにちがいない」(*ibid.*, p.99)。ジェイコブは，こうしたプロイセンでの飼料作物の不足を，1842年に至ってもこう指摘している。ドイツでは「カブ類は……家畜飼料として広く用いられていない」[4]，と。

当時最大の小麦輸出国であったプロイセンの，こうした農業生産力の低い水準からして輸出能力に限界があることは明らかであった[5]。こうしてジェイコブによれば，大陸での小麦輸出の増大はイギリスでの小麦価格がかなり高く，プロイセンでの小麦増産に大きな利益が生じなければ不可能なのであった。現に大陸の穀物輸出港でのイギリスに対する現在の輸出可能な小麦の貯量は56万クォータにすぎず——うち半分をダンツィヒが占めるが——，イギリスの10日分の消費量にみたない。

第一報告は，ワルシャワ周辺での小麦1クォータの生産費（ここには利益としてのいわゆるレンテは含まれない）を28シリング，ロンドンまでの輸送費その他総計を20シリングとしたうえで，こう結んでいる。すなわち，「1クォータ当たり10もしくは12シリングの関税がわが国で課せられれば，〔国内での小麦〕価格が60-64シリングと想定する場合には，〔イギリスへの最大の小麦輸出地域である〕ヴィスラ川流域で耕

4）［Jacob], Germany, *Encyclopoedia Britannica*, 7thed., Vol. X, Edinburgh, 1842, p.484.

5）この点に関するドイツ側からの指摘については，以下を見よ。「1828年メーメルからブレーメンまでのドイツ諸港には，僅かに9万170クォータのライ麦と，そのうちせいぜいのところ36万400クォータがイングランド向けに引き当てられていた57万8,700クォータの小麦があっただけである。しかしイングランドの需要は年に1,347万クォータにのぼった。……かの非常にもてはやされたダンツィヒの穀物輸出でさえ，この数字によれば，イギリスの需要を僅かに2日間賄うことができたにすぎない。豊作の年でさえ，全ヴァイクセル地方はイングランドの需要を僅かに9日間満たすことができたにすぎない」。G. フランツ（Günther Franz, *Die Geschichte des deutschen Landwarenhandels*,1960）『ドイツ穀物取引史』（高橋清四郎訳）中央大学出版部，1982年，184ページ。

作拡大に大きな努力を向けさせるほどの利益は生じないであろう」(*ibid.*, pp.122-23)，と。イギリスでの小麦価格が60-64シリングならば，10-12シリングの関税が課されれば，イギリスへの小麦輸出は現状のまま極めて小さいというのが，第一報告の結論であった。なお，このイギリスでの小麦価格が60-64シリングという値は，ジェイコブが調査を命じられた際に与件として与えられた数字であった（*ibid.*, p.9)。

第3章で見たように，リカードウは国内農業者が他の国内生産者に比して加重に課税されている分を相殺するものとして，10シリングの輸入関税賦課こそが，厳密な意味で理論上の実質的な自由貿易だと主張した。だがジェイコブは，60-64シリングという数字を与件として，またプロイセン，ポーランドでの小麦生産費と輸送費を計48シリングとし，また小麦生産者の生産増大を刺激するに足る利益（レンテ）の大きさを12-14シリングとしたうえで（=「12-14シリングの利益の見込みは耕作に対して有力な刺激を与えるであろう」)，10もしくは12シリングの関税を課せば生産増大を刺激しないと結論したのであった。すなわち（60-64）－（10-12）－48（=28+20）シリング＜12-14シリング，ということになる。リカードウとは違う経路で，関税額としては，ジェイコブはリカードウと同じ水準の結論に到達したわけである。

こうして自由貿易論者ホイットモア（W.W. Whitmore）が，報告公刊に際して，報告の結論を「穀物の自由貿易〔を支持する〕見解」と議会で呼んだのは自然なことであった[6]。またその後の研究文献でも，第一報告が穀物自由貿易の主張に力を与えた点がこう評価されている。すなわち，「ジェイコブの1826年の『報告』の公刊は極めて大きな影響を与えた。……イギリスの地主は大陸の農民との競争をほとんど心配する必要はなかった。なぜならば，現在の状況において，大陸の農民たちは彼らにとって最大可能な穀物量をすでに生産していたからである」[7]，と。

そして，もしイギリスでの小麦価格が与件とされた60-64シリングより下がるか，プロイセンでの生産費もしくはイギリスまでの輸送費が上

6）ホイットモアの議会演説，1826年4月18日。*Parliamentary Debates*, House of Commons, New Series, Vol.15, col.334.

7）A. Brady, *William Huskisson and Liberal Reform*, 2nd ed., Frank Cass, 1967, pp.64-65.

がるかすれば，当然に10-12シリングの関税はさらに下げうるはずである。

第二報告では，とりわけメクレンブルク（北東ドイツ）のユンカー経営の農業事情と穀物輸送問題に関する叙述が注目される。それは第一に，当時大陸において，メクレンブルクはホルスタイン（北ドイツ）とならんでイギリスに最も安価に小麦を輸出しうる地域とされていたからである。さらに第二に，メクレンブルクのユンカーであり，『孤立国』（*Der isolierte Staat*）の著者であるフォン・テューネン（H. von Thünen）をジェイコブが訪ね，彼の――後にふれるイギリス式のノーフォク輪作の導入を目指した――テロー農場の見学に基づいて，またジェイコブの質問に対するテューネンの詳細な回答を活用して，同地の農業事情を描いているからである。テューネンはすでに『孤立国』第1部を1826年に公刊しており，市場からの距離に基づいて，集約度の異なる各種農業経営の合理性の可否を決定するという独自の農業立地論を展開していた。

まず指摘されるのが，メクレンブルクなどの生産地から輸出港（ロストック，ビスマル）までの陸路輸送条件の劣悪な事情である。メクレンブルクについてはこう書かれている。その道路は「深い砂地かローム質の粘土であり，顧みないままに放置されている。どちらも馬車を牽くには多大な努力がいる。またともに自然の状態のままに打ち捨てられている」。しかも最良の小麦生産地は積出港までかなり離れているので，「生産者にとってのコストは距離に複比例して，一般に増大する」。実際，4頭立ての馬車に積める小麦量はイングランドでの半分である。ジェイコブは，テューネンが『孤立国』で示した，市場からの距離に比例して純収益が低下し，ついにはそれがゼロになる表を引用し，長い陸上輸送を経なければ水上輸送に移れない大陸奥地からの小麦出荷の困難を，特に東フリースランド，メクレンブルク，シュレスヴィッヒ，ホルスタインの道路事情に照らして指摘している（② Report, pp.5-9）。

テューネンは『孤立国』で，農産物価格と地力を一定とした場合，利益を生む農業経営組織は市場との距離によって決定されることを示していた。ジェイコブはテューネンの手紙の資料に依拠して，メクレンブルク産小麦の生産費を1クォータ31シリング，運賃などを14シリング，計45シリングと算定する。ただしこの生産費には，農業者に対しては家畜と農機具に対する利子を越える「プロフィット」は含まれていないし，地主に対しては建物の価値に対する利子を越える「所得」は含まれていない。また運賃などには，生産者から小麦を買いそれをイギリス商人に販売するロストックの穀物商人の利潤も含まれていない。しかもメクレンブルク産の小麦はイギリス産に比して品質が劣り，市場ではクォータ当たり約8シリングも安く評価される。以上からこう結論される。

すなわち，「メクレンブルク産の平均的小麦がイギリス市場に陸揚げされて販売されるまでに，1クォータにつき45〔= 31 + 14〕シリングのコストがかかるとすると――ただし，このコストには農業者や商人への利潤や地主への地代は含まれない――，またイギリス産小麦が60シリングで販売されているときにはメクレンブルク産は52シリング以上で売れないとすると，〔なんら関税を課さなくとも，メクレンブルクで〕小麦耕作の拡大が生じるのを気遣うべき理由はまったくない」(*ibid.*, pp.46-47)，と。1828年のイギリスでの小麦の平均価格は60シリング5ペンスであった。この水準では，リカードウのように10シリングの関税賦課ではなくて関税ゼロでも，大陸で最も安価な小麦を輸出しうる国とされるメクレンブルクでの生産増大の見込みは小さいのであった。

しかもメクレンブルクで小麦の生産費が安いのは，小麦作付地が肥沃地に限られているからであった。テューネンのテロー農場でさえ，小麦作付地は全耕地中の1/11以下である。次のジェイコブの文章は，単なるコスト計算を越えて，メクレンブルク農業の実情から小麦生産拡大の困難を的確にとらえていると評価できる。すなわち，

> 「〔メクレンブルクの安価な小麦輸出〕能力は，小麦栽培に向けられる土地がきわめて狭い範囲であることから主に生まれている。……最良の耕作がなされている農場のうちでもそのほとんどが，小麦作付地が全耕地中の1/11を越えることはめったにない。資本が少なく，したがって低い水準の農業が営まれている農場では，全小麦作付地は耕地の1/30にもならない。小麦地を拡大しようとすれば〔耕

作〕制度を変更しなければならない。耕作者は耕地のより大きな割合を穀物と休閑とに振り向け，そうして家畜を減らし，この結果厩肥の補給を減らさなければならないか，それとも，厩肥や……休閑なしには種子と労働との費用を越えた産出が不可能な土地に，〔より完全な耕耘のために〕より多くの頭数の馬の力を費やさねばならないかのどちらかである。したがって〔いずれにせよ〕小麦の作付を大きく増加させるためには，小麦の年間全栽培費用は大きく増大しなければならないであろう。/　もし同一分量の肥料が……より広い土地に施されるならば，このより広い土地が生み出す小麦の増加量は，〔小麦増産に必要な〕労働と種子との費用を償わないだろうし，続いて栽培される輪作作物の収穫量の減少がその結果として生ずるであろう。……カナダや喜望峰やオーストラリアのような新開国では，より多くの土地が耕作されより多くの種子が蒔かれれば収穫量もそれだけ増大するであろう。だがヨーロッパのように古くから開けており，人口稠密な国では事情はまったく異なる。またカナダなどの新開国においてさえ，その土壌が元々いかに肥沃であっても，穀物を連作すれば地力がきわめて急速に奪い取られるのであり，人為的で外部的な方法による肥沃度の回復が必要なのである」(*ibid*., pp.133-34)。

この引用文で注意すべきことは，ドイツの近代農法の提唱者であるA. テーヤ（Albrecht Thaer）らが理想としたイギリスのノーフォク式輪作――小麦－カブ－大麦－クローバーといった，冬穀物－根菜類－夏穀物－牧草からなる輪作体系――の導入は，その大きな資本投下の必要性からして，困難視されていることである[8)]。ジェイコブは，ユンカーた

8)　ジェイコブは1819年に大陸に渡った際に，テーアのメークリンの模範農場を見学して，小麦作付面積が少ないこと，また面積当たりの小麦収穫高が高くないことを指摘してこう述べていた。「この大農場での小麦の割合は極めて小さい。小麦はこの国では人々が普通に食べるものではないので，小麦価格は他国の需要とともに，また他国の〔輸入〕禁止法とともに変動する。そして小麦生産量も極めて不安定である」。プロイセンから小麦が輸出されるにしても，「それは，まかれた種が非常に多くの実りを付けるからではなくて，むしろ農民が厳しい苦境状態にあり，ジャガイモと劣悪な穀類以外は自分ではほとんど消費しないからであり，また住民の数に比べて土地が広大だからである」，と。ジェイコブの認識では，プロイセンの国土はグレート・ブリテンより広く，また人口は1/6少ないだけであり，また気候的

ちがその導入を実現できなかった理由として,「農民解放」とナポレオン戦争後の穀物価格下落とに伴う彼らの重い負債の存在をあげている。長期的には小麦増産と地力維持とを可能にするノーフォク式輪作を導入しないで小麦増産を図れば，上の引用文が言うように小麦の生産費用は増し,「総生産は増すであろうが，純生産は減るであろう」(*ibid.*, p.135)。テューネンも確認していたように，ノーフォク式輪作導入のためには高い穀物価格と土地の高い肥沃度が前提である[9]。しかもテューネンの言う，収穫が耕地から 1 年間に取り去った植物栄養分と耕地の全肥力との割合を示す「相対的消耗率」は小麦の方がライ麦より大きいから，ノーフォク式輪作導入に伴う穀作拡張がライ麦ではなくて小麦で行われる場合には,「良好な耕地においてさえ無闇に穀作を広げることは失敗に帰す」のであった[10]。

にも土壌の元来の性質においてもイギリスに劣るものではないにもかかわらず，剰余生産物はイギリスの 1/20 であり，また各種生産物の国内消費量はイギリスの 1/3 を越えなかった。Jacob, *A View of the Agriculture, Manufactures, Statistics, and the State of Society, of Germany, and Parts of Holland and France*, London, 1820, pp.174,238-39,249.

ジェイコブは，メークリン農場での小麦の平均収穫高をエーカー当たり 16 ブッシェル＝2 クォータと指摘している。1815-20 年の平均でイングランド中・南部でのそれは約 32 ブッシェルと推定されており，テーアの農場の 2 倍である。Cf. E.L. Jones, *Agriculture and the Industrial Revolution*, Oxford, 1974, p.189.

9)　ノーフォク輪作に代表されるイギリス農業革命の進展に注意を払っていたスミスは,『国富論』の地代章で，地力維持のための家畜の肥料の重要性を畜牛価格が穀物価格に比して上昇することの意義として以下のように記していた。

すなわち,「畜牛の価格がこの高さに達するまでは，最高度の耕作が可能な土地でさえ，その大部分が完全に耕作されることはほとんどありえないように思われる。……広大な国土の圧倒的大部分では，良好な耕作がなされる土地の広さはその農場の自給肥料の量に比例するにちがいない。また肥料の量はその農場で飼育される畜牛の数に比例するにちがいない。土地に肥料を施すには，その土地で畜牛を放牧するか，または畜舎で畜牛を飼ってその糞をそこから運び出せばよい。しかし，畜牛価格が耕地の地代と利潤の両者を支払うのに足りなければ，農業者はそこで放牧するだけの余裕がないし，畜舎で飼育する余裕などはなおさらありえない。畜舎で畜牛を飼育することができるのは，もっぱら改良された耕地の〔飼料〕作物を用いる場合だけである。……〔畜牛が不足し，肥料が不足する場合には〕これらの畜牛がもたらす肥料では全農地に与えるのには足りないから，その肥料は最も有利に，また最も便利に施しうる土地に……当然とっておかれることになるだろう。それゆえこうした土地だけがつねに良好な状態におかれ，耕作に適するであろう。だが残りの土地の大部分は荒れたままに放置される……」。Adam Smith, *Wealth of Nations*, Clarendon Press, 1976, p.238. 大河内一男監訳，中央公論社，1976 年，Ⅰ 358-59 ページ。小池基之「アダム・スミスにおける農業・土地問題」『三田経済学雑誌』67 巻 6 号，1974 年，も参照。

10)　テューネン『孤立国』(『近藤康男著作集』第 1 巻)，農山漁村文化協会，1974 年,

こうしてみると，ジェイコブの第二報告の特質として，輸送費用などに関わるコスト計算とともに，それとは別個に小麦輸出能力に関わる本質的分析がなされていることこそが重視されるべきであろう。以下の長い文章は，メクレンブルクを越えてヨーロッパ大陸全般に関する小麦輸出能力の低さの根底の原因を示すものである。すなわち，

> 「フランスの大部分，ドイツのさらに圧倒的大部分，プロイセン，オーストリア，ポーランド，ロシアのほとんどすべての耕作制度は，一様にお粗末な様式をなしている。それは三圃制農業と呼ばれていて，第一は1年間の完全な休閑，第二は冬穀物で主にライ麦――ただし用いうる肥料に応じて一部が小麦――，第三は夏穀物で大麦やオート麦からなっている。時折小さな偏差がみられる。ある場合には休閑の代わりにジャガイモが，ある場合には豆類が栽培される。しかし，いずれも一般に確立した制度のほんのわずかな例外でしかない。このような制度のもとでは，収穫高が播種量の4倍を大きく超えないというのも不思議ではない……。/ 穀物のように地力を消耗させるものを連作すれば，考えうるどんな良地でもやがて地力が疲弊するにちがいない。……/ 耕地はほとんどが一般に囲い込まれておらず，変わりやすく厳しい天候の有害な作用にさらされている。古い封建的な土地保有制度がなお続いている。いくつかの地域ではそれは修正され，また事実緩和されているが，上述の国々を全体として考える場合に考慮に入れねばならぬほどのことではない。農民は大部分が農奴（*abstricti gleboe*）である。近年の〔1807年農民解放〕令によって彼らの状態に変化があったところでも，彼らの地位に看取しうる改善が実際に生ずるためにはなお時が足りない。人手や家畜による労働が通常は土地保有の交換条件であり，したがって労働はきわめて怠慢にまた不完全になされている……。/ 地主は自分の直営地以外に借地人の土地でも，収穫から次の播種時までなら家畜を放牧させる権限をもっている。このため地力を肥やす中間作物を栽培しようとしても，地主の権限を侵害する

142-43ページ。

ことなしにはできないのである。/ 土地の耕作者はほとんどもしくはまったく資本を蓄積していない。地主から最下層の農民に至るまで，皆が一様に処分しうるファンドを欠いている。地主は土地をたくさん持っているだけであり，自分の土地が抵当権を設定されたり年金支払い義務を負ったりすることがなければ，それで十分なのである。農民は，自分自身が家畜や農具の所有者であろうが，それとも土地とともにそれらを使用する権利を地主から与えられているだけであろうが，毎年毎年自身の生産物を食べ，自身で羊毛や亜麻を生産し，そしてそれらを衣類にすることで満足して生活している。彼らは，地主に支払うべき貨幣地代の小部分でも得られるだけの剰余生産物を販売できれば，それでまったく満足なのである。/ 住民の圧倒的大部分が，ある場合には全人口の 9/10 が，またある場合には 4/5 が農産物の生産者であるようなところでは，これら農産物を購入する少数の人々から得られる貨幣額は当然に極めてわずかであるから，大きな資本の蓄積などとてもできないのである」(*ibid.*, pp.140-41)。

以上のように，当時最大の穀倉といわれたポーランドをはじめバルト海沿岸からの小麦輸出能力が高くないことを，ジェイコブの二つの報告は明らかにした。ジェイコブ自身が手紙（1826 年 6 月 24 日付，M. ネイピア宛）で，「この〔第一〕『報告』は，大陸諸国の不確かな〔穀物〕剰余〔のイギリスへの流入〕を心配している大地主たちの恐れを和らげるという所期の効果を生んだと，私は信じます」[11]，と書いたように，穀物貿易自由化へ歩を伸ばしてもイギリス農業は大きな打撃を被ることはないという予測を，リカードウの論法とはまったく異なった現地の調査を通じて，この報告は生むことになった。

ジェイコブの報告を「あらゆる点で最も価値ある文書」と評したマカロックの次の言葉は，報告の意義を的確に捉えている。すなわち，「ジェ

11） Cited in Boyd Hilton, *Corn, Cash, Commerce : The Economic Policies of the Tory Governments 1815-1830*, Oxford University Press, 1977, p.299. ただし，ヒルトンはジェイコブの予測の正しさを否定している。この点に関する論争については，服部『穀物法論争』前掲，第 4 章を参照。

イコブ氏は最良の情報源をすべて手にし，それらを熱心に活用した。そしてプロイセンならびに下部ポーランド諸州における土壌の自然的肥沃さ，農業経済，農村人口の現状といった問題についての最も正確で綿密な詳論を提示した。彼が収集し詳述した事実と観察から，ポーランドの北部諸州また北ヨーロッパ全体の穀物増産能力は普通に考えられているよりもはるかに小さいことが分かる。農業技術はほとんどどこでもまったくの最低水準にある。沿岸諸州の土壌は貧しい砂地で不毛である。マゾフシェ，ガリシア，ヴォルィーニといった極めて遠隔のポーランド〔東部・南部〕の各州は相対的に豊かな土地であり，かなりの量の輸出用穀物を容易に供給するようになるかもしれないが，海から非常に遠く離れており，穀物をダンツィヒまで運ぶ費用が平均して1クォータ当たり12-18シリングもかかることが，これらの諸州がおよそ大輸出地方となることへのほとんど打ち勝ち難い障害となっている」。そしてマカロックは，穀物自由貿易がイギリス農業に与える打撃が小さいことを，繰り返し強調するのである[12)]。

ジェイコブの報告が穀物法擁護者を穀物自由貿易支持者へと変化させた最も象徴的な例を，ヘンリー・パーネルに見ることができる。第2章で記したように，パーネルは1815年穀物法制定にあたって重要な役割を果たした人物であったが，1827年3月9日に議会でジェイコブの『報告』に言及しながら，穀物自由貿易支持の立場を以下のように唱えることになった。すなわち，「この問題を調べれば調べるほど，外国との穀物貿易のいっそう自由な制度が危険だというのは誇張であり，また根拠がないという確信を強くする」[13)]，と。

12)　[J.R. McCulloch], Abolition of the Corn Laws, *Edinburgh Review*, Vol.44, Sept. 1826, pp.325-26,334. マカロックは『エンサイクロペディア・ブリタニカ』第4・5・6版への補遺（1824年）で「穀物法と穀物貿易」という項目を執筆している。そこではダンツィヒからの穀物輸出に関する情報は，第2章注25で言及したJ. Oddy, *European Commerce*, 1805から取られていた。だが，第7版（1842年）では，ジェイコブの報告と1821年農業不況委員会でのグレイドの証言とに依拠して，ポーランドの穀物貿易に関する部分は大幅に改訂されている。Cf. *Supplement to the Fourth, Fifth, and Sixth Editions of the Encyclopaedia Britannica*, Vol.3, Edinburgh, 1824, p.365 ; *Extracts from the Seventh Edition of the Encyclopaedia Britannica*, Edinburgh, 1842, pp.362-63.

13)　*Parliamentary Debates*, new series, Vol.16, col.1103, 9 March 1827.

ジェイコブの二つの報告から10年余り後の1841年11月，商務省はジェイムズ・ミーク（James Meek）を北ヨーロッパに派遣して，① 1815年以降の各輸出港での穀物輸出状況，また② イギリスの穀物輸入規制が改訂されて[14]，輸出貿易が利益を生む状況になった場合の各地での輸出可能量，③ 平年の，輸送費を含む輸出価格，またこの20年間の輸出価格の最高値と最低値に関して調査を命じた。その際，ジェイコブの二つの報告の携帯を指示されたミークが行った報告の結論は以下であった。

ダンツィヒに関しては，「〔輸出貿易が利益を生む状況になる〕言及された状況において，穀物生産の，したがって輸出能力の実質的な増大が，妥当な期間のうちに生じるとは思われない」と評価され，イギリスの港が穏当な（moderate）関税で常時開放された場合の，小麦の輸出可能量は32万クォータにすぎないと見積もられた。ただし「プロイセンのポーゼン（Posen）には耕作によって地力が枯渇されていない良好な土地が多く存在し，規則的で安定した需要の影響のもとで，需要増大が生じ，また市場へ生産物を運ぶ良好な道路が作られれば，生産される穀物量が大いに増加するであろう」ことも指摘された。なお北ヨーロッパの諸港全体では総計で約220万クォータと想定され，最大の輸出港はハンブルクの54万クォータと考えられた[15]。

この220万クォータという数字はジェイコブの二つの報告の想定よりも大きいが，現に穀物法による輸入規制のもとでも1838-41年の時期には年平均で輸入されていた量であり，国内の小麦消費量からみれば大きくない――約1/9程度――と判断されたのであった。自らが農業者であり，穀物自由貿易を主張したウェルフォード（R.G. Welford）は，「ミーク氏の『報告』は，同地についてなされた1826年と28年のジェ

14）首相ピールは翌1842年2月に新穀物法を提案する。それは小麦価格が1クォータ51シリング以下の時には20シリングの関税を課し，以降，国内価格が上昇するごとに関税額を引き下げて，国内価格が73-74シリングの時には1シリングの関税という，いわゆるスライディング・スケール税率を適用するものであった。

15）Parliamentary Papers, *Copy of Information concerning the Cost and Supply of various Articles of Agricultural Produce, &c., in Several Parts of Northern Europe, obtained by James Meek, under Instructions from Her Majesty's Government, dated 2nd November 1841*, 1842, pp.2-3,4,62.

イコブ氏の二つの『報告』とぴったり一致している」と評価し，こう結論したのであった。すなわち，「最も完全な穀物の自由貿易のもとにおいて，利益をあげて輸入されうる外国穀物の最大量をとってみても，それはわが国の全消費量と比べれば非常に小さいであろうから，穀物自由貿易がブリテン市場にもたらしうる効果はせいぜいが，穀物価格の突然の変動や不作時の異常な高価格を防ぐというところであろう。だが〔イギリスの〕天候が良好な年には，大陸の劣った農業がグレート・ブリテンの農業と競争しうるかどうかは疑わしい」[16)]，と。

ミークが大陸に派遣されたのと同じ1841年に商務省のローソン（Rawson W. Rawson）は，ロンドン統計協会で「プロイセンとイギリスにおける穀物価格と変動」と題する報告をした。それは，ドイツでの穀物生産と消費，価格の変動に関して，ジェイコブの報告を裏書きするものであった。彼の主張の要点は以下のようにまとめられる。

① プロイセンではライ麦パンが常食であり，小麦消費量はライ麦のそれの1/4にすぎず，小麦は主要な輸出財の一つである。プロイセンでは生産された小麦の1/4以上が輸出されている。プロイセンでの年間小麦消費量は200万クォータを越えない。② 小麦生産地からダンツィヒまでの輸送費用は1クォータ当たり10-12シリングかかる，また1836-40年のダンツィヒからの年平均小麦輸出量は36万クォータ余りであるが，その2/3はポーランドからきている。③ 工業地域は農村より小麦消費は大きいが，プロイセンの工業地域は内陸部（ブランデンブルク，ザクセン，ヴェストファリア）にあり，ここは小麦を他の地域から移入している，したがって「イギリスでの小麦需要は直ちにプロイセンでの価格を大きく引き上げる」。④ 例えば，イギリスは1828-31年の間に計142万クォータ余り（年平均36万クォータ）の小麦をプロイセンから輸入したが，プロイセンでの小麦価格は1825-27年の平均価格20シリン

16) R.G. Welford, *How will Free Trade in Corn affect the Farmer ? being an Examination of the Effects of Corn Laws upon British Agriculture*, London, 1843, pp.125-26, 201.

フェイリーは，1841年のドイツとポーランドからのイギリスへの小麦輸出量177万クォータを「空前の最大値」と表現した。その後この水準に達したのは1860年のことであり，穀物法廃止以後1850年代の同地域からイギリスへの平均小麦輸出量は年100万クォータ程度であった。Susan Fairlie, The Nineteenth-Century Corn Law reconsidered, *Economic History Review*, Vol.18, No. 3, 1965, pp.569-70.

グ10ペンスから1828年には30シリング4ペンスに，31年には41シリング3ペンスに高騰した。輸入量が9万クォータ余りに減少した33年には，プロイセンの小麦価格は24シリング6ペンスに低下した[17)]。

2　イギリスにおける農業改良の進展
――ジェイムズ・ウィルソンとG.R.ポーター

穀物自由貿易のもとでも「一大農業国」に留まるという主張を支えたもう一つの現実が，対仏戦争後の低い穀物価格と度重なる（1815-16年，20年代初頭，33-36年）農業不況のなかで進展した，国内での農業改良であった。ここでは，農業改良の進行によって低い穀物価格が実現し外国穀物との競争に対峙可能という論理を示した代表的人物として，ジェイムズ・ウィルソン（James Wilson）とG.R.ポーター（G.R. Porter）の主張を取り上げる。

農業不況の叫び声が最も高かったのは1820年代初頭（20-24年），1833-36年の時期であったが，この両時期の低い穀物価格は穀物輸入が極めて少ないにもかかわらず生じた現実であった。1824年と1836年のグレート・ブリテンの人口はそれぞれ1490万人と1743万人であり，20-24年の年平均小麦輸入量と平均小麦価格は約48万クォータ：約57シリング，33-36年のそれは約78万クォータ：約47シリングであった。前者の時期の年平均最低価格は1822年の44シリング7ペンス，後者の時期のそれは1835年の39シリング4ペンスであった。1人年間小麦1クォータ消費説にたてば，両時期で小麦自給率はともに97%程度であった[18)]。平均小麦輸入量は，33-36年は20-24年よりも約30万クォータ多いが，しかしこの間に，グレート・ブリテンの人口は250万人以上増加しており，250万クォータ程度の小麦供給の増加が必要とされた

17）Rawson W. Rawson, On the Prices and Fluctuations of Grain in Prussia and England, from 1816 to1841, *Journal of the Statistical Society of London*, Vol. 5, No.1, 1842, pp.32-46. ロンドン統計協会は王立統計協会の前身であり，ローソンは後に同協会会長を務めている。

18）以上の数値は，Barnes, *A History of the English Corn Laws*, *op.cit*., Appendix B/C ; Mitchell and Deane, *Abstract of British Historical Statistics*, Cambridge University Press, 1962, p.8による。

のであり，国産小麦の増産がその必要の9割程度を賄ったと推定される。

リカードウが『農業保護論』で述べたように，「わずかな分量の超過が，価格に対して極めて強力に作用する」という原理は，需要の価格弾力性の小さい穀物について最も確実に妥当し，「豊作の場合の総価値は平年作の場合の総価値よりもつねに著しく小さい」[19]。穀物輸入が少ない以上，イギリス農業史家が言うように，不況の原因が「外国小麦との競争にあるのではなくて，国内のより効率的な穀物生産者との競争にある」[20]ことは明らかであった。したがって農業不況に対する救済策として，農業に対する過重な税負担の軽減を求める主張には一定の根拠が認められるにしても，穀物法という輸入制限に救済策を求めることは困難であったし，また輸入制限の強化を行ってもその効果は限られていた。現に1828年法のスライディング・スケール関税のもとで，保税倉庫から搬出され，輸入される穀物は，圧倒的に関税率が低い時期に集中した[21]。

こうして地主と農業者たちは，穀物法によっても対仏戦争時のような高い穀物価格の維持は不可能であるという現実に自らが適応しなければならなかった。こうした現実を，前節で言及したウェルフォードは直截にこう表現している。すなわち，「国産穀物の豊富によってもたらされる低価格に対しては，穀物法をもってしてもランディド・インタレストを保護することはできない。そして1836年〔の農業不況時〕にこのことが一般に理解されて以降，知識ある農業関係者にとっては穀物法の廃止は時間の問題にすぎなくなった」[22]，と。

いわゆるハイ・ファーミング（High Farming）と称される高度集約農業の時代は穀物法廃止後に現れて1870年代後半の農業不況期まで続き，

19） David Ricardo, *Works*, IV, Cambridge University Press, 1951,p.220.

20） F.M.L. Thompson, *English Landed Society in the Nineteenth Century*, Routledge & Kegan Paul, 1963, pp.232-33.

21） Paul Sharp, '1846 and All That': the Rise and Fall of British Wheat Protection in the Nineteenth Century, *Agricultural History Review*, Vol.58, pt.I, 2010.1828年以降，「事実として，〔輸入された〕小麦のほとんどは1クォータ当たりたった1シリングの関税を，すなわち価格の2% 以下を支払っただけである」(p.83)。

22） Welford, *How will Free Trade in Corn affect the Farmer ? op.cit.*, p.116.

それはイギリス農業の「黄金時代」を表現するものであったが，この黄金時代の基礎は対仏戦争後の農業不況のなかで形作られた。毛利健三が指摘するように，19世紀後半からの機械化を伴う農業高度化は，前半の不況によってそれへの推転を媒介されたのであり，しかも長期的には19世紀を通じる穀物価格の低下傾向のなかでそれは実現された。具体的には，イギリス穀作農業は，対仏戦争中の小麦価格1クォータ80-100シリングという価格帯から19世紀第2・3四半期の平均市場価格である55シリングを中心とする40-70シリングの価格帯への適応が求められたのであった[23)]。そして低穀物価格への適応を可能にしたものが，1820・30年代の農業不況下で行われた農業改良投資とそれが実施できない劣等地経営の没落とであった。

自らが土地所有者であったジョン・ルーク（John Rooke）は，1838年に「英国農業は，平明で啓蒙的な科学の目で見れば，生産的インダストリがより良い形で遂行され，より肥沃な土地の注意深い耕作に資本が豊富に投下されているという活力ある成熟状態に上ろうとしている夜明けの段階にあるに過ぎない」と記し，ハイ・ファーミングの今後の進展を確信した[24)]。その彼は，最小の人手で土壌から最大量の生産物を産出する大農場の普及こそが地代増加の要諦であると主張していた。彼は，蒸気機関の発明・普及がもたらした――自らが多用した言葉である――「世界の工場」イギリスにあっては，自由貿易を通じた工業品輸出拡大によって資本蓄積が加速すると論じ，「世界最大の生産力を有する」イギリスの「真の政策方針は，明らかにすべての国民を自由貿易の普遍的採用に引き入れることにある」と結論した[25)]。

しかも資本の蓄積は労働者階級を含めた国民の農産物需要を増加させ，こうして工業拡大は農業生産拡大の基礎を保証するものと理解され

23）　毛利健三『古典経済学の地平』ミネルヴァ書房，2008年，第4・5章，特に252，351ページ。

24）　John Rooke, *Geology as a Science, applied to the Reclamation of Land*……, London, 1838, p.327. 以下のルークの主張については，服部『穀物法論争』前掲，第5章「ジョン・ルークと〈世界の工場〉イギリス」を見よ。

25）　Rooke, *An Inquiry into the Principles of National Wealth, illustrated by Political Economy of the British Empire,* Edinburgh, 1824, pp.179, 356-57,363.「世界の工場」という用語については，例えば，「世界最良の工場」，「世界の製造工場」，「世界で最も便利な工場」，「全世界のための工場」(pp.130,131,149, 365) など。

た。「一大工業国」であることが「一大農業国」であるための——しかも地主繁栄のための——条件とされたのである。もちろんこの場合の前提は，穀物自由貿易が穀物価格暴落と輸入穀物量の激増とを結果しないということであった。ルークは，前節で見たジェイコブの大陸穀物輸出能力に関する結論を事実上の前提として，こう述べていた。すなわち，穀物自由貿易を行っても，英国市場を充満させるような「大量の穀物が外国から来ることはありえない」，また「実際，経験が示すように，外国穀物の自由輸入によって〔穀作が破壊されて〕イギリスが牧草地になるという恐れは，これまで一国民を怖がらせた幽霊のうちで最も根拠のないものの一つである」[26)]，と。

『エコノミスト』誌の創刊者として知られるジェイムズ・ウィルソンは，抽象に走らず事実をもって語るという方法に基づいて，穀物法を批判し続けた。1843年9月2日に創刊された『エコノミスト』誌が自らを the Political, Commercial, Agricultural, and Free-Trade Journal と名乗っていることこそ，穀物法を批判し自由貿易の実現を目指したウィルソンの立場を示している。『エコノミスト』は，コブデン（R. Cobden）らが主導する反穀物法同盟の機関誌化することなく同盟と微妙な友好関係を維持した。またウィルソンは後に言及するポーターとも親しい交友関係にあった。本節が対象とするウィルソンの著作は，① *Influences of the Corn Laws, as affecting all Classes of the Community, and particularly the Landed Interests*, London, 1839;　② *Fluctuations of Currency, Commerce and Manufactures : referable to Corn Laws*, London, 1840 である[27)]。参照箇所は本文中に記す。

ウィルソンは『穀物法の影響』の序で本書の目的をこう記している。すなわち，例えば「地主を利己的で独占的な法律制定者」と非難したり，「製造業者を高貴な人々の富を奪い取り，貧者の権利を踏みにじる

26）［Rooke］A Cumberland Landowner, *Free Trade in Corn the real Interest of the Landlord, and true Policy of the State,* London, 1828, p.65.

27）以下のウィルソンの主張については，服部『穀物法論争』前掲，第1章；服部「穀物自由貿易の経済思想」，西沢保・服部・栗田啓子編『経済政策思想史』有斐閣，1999年，第2章で分析されている。

まったくの強欲者」と非難したりするような，特定利害を批判したり，また擁護する主張に与するのではなくて，「社会全体は各個別部分の繁栄に比例してのみ繁栄することができ，各個別部分は自らの繁栄を相互の幸福からのみ引き出しうる」ことを明らかにすることである，と。しかもこの場合，ウィルソンによれば，社会の各利害の調和は一方から他方への「妥協」によってもたらされるのではない。穀物法の廃止こそが穀物価格の過大な変動を抑え，また農業の改良を推進させて，地主を含めた社会全体を裨益するのであり，「穀物法の作用についての統計と歴史的事実」に照らしてこのことが証明される（*Influence*, pp.vi-vii,5）。

ウィルソンは，穀物法を批判する側もまたそれを擁護する側もともに，穀物法の実際の影響を過大に評価してきた，と指摘する。穀物法を擁護する地主は，穀物法の廃止が穀物自給率を 50% 以下にするかのように考えている。他方穀物法を批判する製造業者は，穀物法を廃止すれば穀物価格が半減し，また賃金も半減し，その結果，製造品価格は低下して輸出が急増すると想定している。しかし，「〔穀物法の廃止という〕変化に対する一方の側の想像上の危惧と，他方の側が予想する誇張された利益とは，ともになんの根拠もない」（*Ibid.*, pp.2-4,55）。

本来，「小麦のように主要な第一生活必需品の消費とそれへの需要とは，他のいかなる財よりも均一である」。階層の上下を問わずパンの消費量はつねにほぼ同じである。にもかかわらず，1815 年穀物法制定以降の最大の特徴は穀物価格の大きな変動にある。需要が同一なのに価格変動が大きいのは，供給側に理由がある。しかも供給のほとんどすべては国産である。穀物法は，高水準の穀物価格が維持されるという幻想を生むことによって過度な耕作拡大を奨励し，この結果豊作時には穀物価格の大幅な下落をもたらす。このため 1835 年には，かなりの量の小麦が飼料として使用されるという事態に至った。他方，不作で穀物価格が上昇する時には，穀物法のためにそれまで輸入を止められて蓄積されていた外国穀物が一挙に流入する。こうして，低穀価による損失は主に国産穀物にかかるが，穀物価格上昇の利益に国産穀物が与る程度は限られている。そして低穀価は多くの農業者を破産させ，地主も約定地代を得られず損失を被っている。さらに農業不況下での農業労働者の不満は激しく，彼らの暴動も生じている。また当然に，救貧税負担も重くなる。

こうして「農業関係者は現行穀物法からなんの利益も引き出しておらず，むしろ大きな損失を被っている」と言わねばならない（*Ibid*., pp.7-9,16,31,36,39,47,49）。

ウィルソンは，過去7年間の国内価格の動向と「国内の競争と国内資源」の現状とに基づいて，小麦1クォータ52シリング2ペンスを「ランディド・インタレストにとっての報償価格」と想定する[28]。そのうえでウィルソンは，イギリス穀作農業はこの価格水準を十分に実現可能であることを強調する。以下の文章は，農業不況のもとで，低穀価への対応として実施された農業改良の進展が，穀物法を廃止しても外国との競争に対峙可能な段階にイギリス農業が至った現実を明らかにしている。

「安価な生産の要因はなんであるのか？　それは土壌の肥沃さ，気候，技能，そして資本である」。「わが国は，世界の国々のなかでも，最良の気候，最良の耕作された土壌，最大の技能・勤勉・資本を有している」。とりわけ，化学ならびに機械に関する知識，大量の資本装備，土壌と天候の適応性において，イギリス農業は他国を大きく上回っている。確かにイギリスの増加人口に小麦を供給するための圧力は大きい。だが近年，イギリスの小麦生産は上の52シリング2ペンスという生産費を大きく下回る価格を強要されてきたし，「そしてこれは，外国からの供給にほとんど依存しないでわが国自身の生産者の努力で全面的に達成されてきた」。多くの知識ある人々が指摘しているように，「農業の改良と機械導入による労働の節約とによって，〔小麦〕生産費は以前に比べて近年はるかに少なくなっている（……また近年の人口の大増加にもかかわらず，わが国のこの大きく増加した消費に対して，外国からの追加供給にすこしも依存することなく，〔国内の〕土壌の生産性の増大によって以前の時期よりも低い平均価格で，十分な量が供給されている……）。さらにまた，将来の引き続く改良と機械の適用とはわが国の増加する消費のペースを上回り，こうしてコストを圧縮して，わが国内の競争の力

28）ちなみに1840年代の小麦1クォータの平均価格は55シリング11ペンス，1850年代のそれは53シリング4ペンス，1860年代のそれは51シリング8ペンス，1870年代のそれは51シリング4ペンスであった。Cf. Mitchell and Deane, *Abstract of British Historical Statistics*, *op.cit*., pp.488-89.1870年代までは，ウィルソンの言う52シリング2ペンスという報償価格は的を得ていた。ただし，1880年代から小麦価格は急落する。1880年代の平均価格は37シリング，1890年代は28シリング9ペンスであった。

だけですべての商品の価格全般を低下させるであろう。こうした作用によって，そして拡大した消費と全般的なビジネスの拡張とによって，ランディド・インタレストの状態は，とりわけ地主の状態は（生産性上昇のうちの大きな部分が地代となるわけだから）かならず改善するにちがいない。そしてこうした〔生産性上昇が生じる〕場合には，外国との競争はすべてより効果的に排除されるにちがいない」（*Ibid*., pp.53,56-58），と。

ウィルソンは，小麦価格が52シリング2ペンスの水準で，外国との競争が十分に可能であるという根拠の一つとして，ジェイコブの1828年の報告をあげている。ジェイコブの報告をすでに分析したわれわれは，ウィルソンの結論を引用すればよいであろう。すなわち，「大陸における最も豊かで最も安価で最も広い小麦生産国からの小麦輸入の費用は，平年には，最も厳格な〔輸入〕禁止法のもとでのわが国の実際の平均価格よりも，1クォータにつき少なくとも2シリング10ペンス高いであろう」。こうした国内での農業改良の進展と低い穀物価格の実現とを前提にすれば，「グレート・ブリテンは，他のどんな国と比べてみても，製造業が穀物生産を広範にまた著しく上回っているような国ではない」（*Ibid*., pp.73,93）ことは明らかであった。イギリスは穀物自由貿易のもとでも「一大農業国」に留まりうるのである。なおウィルソンの穀物法廃止提案は，小麦について言えば，1クォータにつき10シリングの関税から出発してそれを年1シリングずつ引き下げて5シリングにし，そしてこの5シリングの関税を3年間継続後，無関税にするという，段階的なそれであった（*Ibid*., pp.118-19）。

さて穀物法による輸入制限が穀物価格の大幅な変動をもたらし，そしてその変動が小麦以外の財に対する支出額を変化させることを通じて，さらに穀物価格の変動の背後にある穀物輸入増大に伴う地金の流出がイングランド銀行の金融政策に与える影響を通じて，国民経済全般に対して悪影響をもたらしている事実を論証しようとしたのが，*Fluctuations of Currency, Commerce and Manufactures : referable to Corn Laws* であった。ウィルソンにとっては，イングランド銀行の金融政策は「〔不況という〕悪弊の原因ではなくて，その結果と兆候」（*Fluctuations*, p.9. 強調は原文）であった。こうして，農業改良が「一大農業国」を保証するという主張の背後には，穀物の――金融による媒介をも含めた――経済への影響という論理が存在したのである。

ウィルソンにとっての大前提は，「パンはすべてを支配する必需品であり，その所有のためなら，経済的なものであれ政治的なものであれ，他のあらゆる考慮は道を譲らなければならない」(*Ibid.*, p.33)，という事実である。まずは食の充足がすべてに優先する。そして食の充足に必要なコストが他の欲望の充足に当てられるファンドを左右する。ウィルソンは小麦価格の変動が，また小麦輸入量の変化が経済に与える影響を以下のように論証しようとする。

すなわち，連合王国全体で500万エーカーの土地が小麦の作付に向けられ，各エーカーの平均産出高を3.5クォータとすると，年平均では1,750万クォータが生産されることになる。このうち150万クォータを種子用とすると，小麦の年平均消費量は1,600万クォータとなる。過去7年間の小麦1クォータの平均価格は52シリングだから，1,600万クォータは4,160万ポンドになる。これが年平均小麦消費額である(*Ibid.*, p.10)。そして1817-39年までの連合王国での小麦価格と外国小麦輸入量とから以下の推論が可能である。なお外国小麦価格は国産より1クォータにつき15シリング低いと想定する。

1817年の総小麦消費額――7,500万ポンド（小麦1クォータの平均価格は94シリング)。うち外国小麦に400万ポンド。

1822年の総小麦消費額――3,360万ポンド（小麦1クォータの平均価格は43シリング3ペンス)。外国小麦輸入はなし。

1829年の総小麦消費額――5,300万ポンド（小麦1クォータの平均価格は66シリング3ペンス)。うち外国小麦に350万ポンド。

1835年の総小麦消費額――3,440万ポンド（小麦1クォータの平均価格は39シリング4ペンス)。うち外国小麦に3万ポンド。

1839年の総小麦消費額――5,650万ポンド（小麦1クォータの平均価格は70シリング8ペンス)。うち外国小麦に750万ポンド

(*Ibid.*, p.16)。

ウィルソンは連合王国の年間国民所得を示していないが，1821年で3億5,000万ポンド，31年で4億ポンド，41年で5億2,000万ポンド

前後と推計される[29]。この推計を前提にすると，1817年からの約20年間での年間総小麦消費額の最大値と最小値との差額である約4,000万ポンド（= 7,500万ポンド − 3,360万ポンド）は，年間国民所得のほぼ1割に当たることになる。こうした国民所得の1割に及ぶ小麦消費額の大きな変動は，工業・商業に対する支出の対応した変化をもたらす。

以下の引用文は，こうしたウィルソンの認識を明瞭に表している。すなわち，

> 「小麦は生活の第一必需品であるから，その価格がいくらであっても，他の財に比べれば消費される量のちがいは少ない。したがって，価格の変動は生産量の変動にのみ原因があるのであって，消費〔量〕の実質的な変動はないと見なしてよいであろう。われわれはつねに，小麦はわれわれの所得に対する最初の，そして不可欠の請求権を有しており，他のすべての生産物はそれに従わなければならないと見なしている。したがって，小麦の不足こそがそれ以外のすべての用途から資本を引っ張り出すのであり，小麦の豊富こそが再び資本をそれらに戻すのである」。
> また，「工業品やその他の第二次的意味しかもたない財を購入する社会の資力は，第一必需品を確保した後に残る所得金額に全面的に依存しなければならない」（*Ibid*., pp.25,92. 強調は原文）。

小麦価格の変動が経済に与える影響に関するウィルソンの議論は，以下のようにその要点を示すことができる。すなわち，小麦の不足（過剰）による価格上昇（下落）は小麦への総支出を増加（減少）させて他の財への支出を減少（増加）させるし，小麦の不足（過剰）は輸入を増加（減少）させて貿易収支を悪化（好転）させ，国内の他の財への支出を減らす（増やす）。さらに貿易収支の悪化（好転）は，イングランド銀行の金準備を減少（増加）させて，通貨を制限（拡張）させ，それに応じた利子率の変化を生みだし，製造業・商業活動に刺激を与えたり，それを取り除いたりする。例えば，小麦の異常な低価格の時は，「貨幣と信

29)　P. Deane and W.A. Cole, *British Economic Growth 1688-1959*, 2nd ed., Cambridge University Press, 1969, pp.166-68.

用の不自然な過剰」が生まれ，それが「投機の精神」を刺激し，パニックをもたらすことがありうる。小麦価格の高騰は国内工業品支出を減少させ，それが一方で外国への工業品輸出の急増と外国での価格崩落をもたらし，また他方では国内製造業者の外国財購入能力を低下させて，海外市場を破壊し混乱させる（*Ibid.*, pp.28-29,88-89）。

第2章で見たように，マルサスは，対仏戦争中の高い穀物価格のなかでの農業改良の進展が地代増加と経済発展とに与える意義を強調し，さらに「得策」という根拠に基づいて穀物自給のための輸入制限を主張した。だがウィルソンの場合には，マルサスと同じく経済に占める穀物の意義を重視し，小麦価格が総小麦支出と他財への支出を規定し，ひいては工業部門も含めた経済全体の動向を規定するとしつつも，対仏戦争後の低い穀物価格に対応する農業改良の進展を根拠にして，穀物自由貿易を提唱することが可能となったのである。

1832年に商務省のなかに設置された統計局の長として，また1834年に設立されたロンドン統計協会の重要人物として活躍し，豊富な統計資料に基づいて『国民の進歩』（*The Progress of the Nations, in its Various Social and Economical Relations, from the Nineteenth Century to the Present Time*, London, Vol.1, 1836, Vol.2, 1838, Vol.3, 1843）を公刊したポーター（G.R. Porter）は熱心な自由貿易論者であった。ここでは，主に，農業不況の最中に出版された『国民の進歩』第1巻に基づいて，農業改良の進展がいかに描かれているのかを示したい。ポーターの叙述はウィルソンよりも具体的である。参照箇所は本文中に示す。

ポーターは1839年に出版した『穀物輸入制限の効果』（*The Effect of the Restrictions on the Importation of Corn, considered with Reference to Landowners, Farmers and Labourers*, London, 1839）で，大陸諸国からイギリスへの高い輸送費という「自然が与えた保護は，つねに大量の〔大陸からの穀物〕輸入を防ぐであろう」，と述べた。さらに彼は，穀物の自由貿易が行われ，穀物法下で生じている穀物価格の大きな変動が阻止されれば，「定期的にわれわれに販売される大量の貯量が外国で蓄積されることはないであろう」と，穀物自由貿易がイギリス農業に与える影響は小さいと評価した。そして，こうした評価を支えたものこそ，「引き続く農業改良によって，イギリスの穀物生産者たちはもはや保護を必要としない点に近づいている」(pp.26,29. 強調は原文)，という現状認識であった。

『国民の進歩』でポーターは，「すべての国において，農業の状態は最重要な事柄」であり，「人口を大きくかつ急速に増加させる国はすべて，それに等しい食料生産の増加を実現しなければならない」と述べ，現在のイギリスがまさにそうした状態にあることを豊富な統計によって証明している。この場合，彼が強調する農業改良とは，エンクロージャの進展，土壌の改良，排水の普及，肥料の改善（特に; 骨粉の使用），生け垣の改善，農業用具の改良，輪作方式の改善，化学的知識の応用であった[30)]。そしてこれらの農業改良は，「ある程度まで，〔対仏戦争後の〕低い〔穀物〕価格がもたらした，努力に対する刺激の結果」であり，それはそうした対応ができない経営の破産を伴いつつ，「農業者に対して強制された」ものであった（*Progress*, Vol.1, pp.143-44,149-50）。

改良の顕著な例は，ケンブリッジシャの沼沢地（fens）が排水と施肥によって土壌の生産能力を向上させ，イングランドで最良の小麦が生産されている事実によって示される。しかもここでの排水の方式は，従来の風力から蒸気機関に代替されている。こうした結果，連合王国全体でみても，1801 年には 1 万エーカーの耕地と牧草地とが養うことができた人口は 4,237 人であったが，1827 年には 5,555 人に増加している。そして高い生産性を実現できない小経営を資本と知性を備えた大農場へ併合することを通じて，近年生じた農業改良が——しかもいっそう優れた耕作方式の発見を伴って——さらに進展することは確実であろう（*Ibid.*,

---

30）排水は牧草地・耕作地の両方にとって必要であった。重土質で排水の悪い牧草地では，湿気を好む植物が牧草の生育を妨げ，また過度の湿気が家畜と牧草の生育のリスクになった。また，秋や春の霜の影響も大きくなった。他方穀作地でも，水はけの悪い重土質の土地では軽度質の土地に比べて耕作費用がかさみ，天候不良の影響も大きかった。さらに冷重土質の土地では，根菜類やクローバーなどの生育に適さず休閑の必要が増し，こうして肥料・飼料の利点を生かせなかった。1820・30 年代の農業不況期に最も厳しい状況におかれたのが粘土質地の農業者であった。そして排水は粘土質地の農業者の活動期間を延ばし，農作業を容易にし，さらに肥料の効果を高め，平均生産高を増加し作業コストを低めた。この意味で，「排水は収穫をあげる肥料のための必要な準備であった」。排水の悪い土地では，農業化学の生んだ新たな肥料を十分活用できなかった。「肥料と排水は相互に作用し反作用しあった」。Cf. R.E. Prothero, *English Farming Past and Present*, 2nd ed., 1917, reissued 1972, Benjamin Blom, pp.362-67. また毛利健三『古典経済学の地平』前掲，376-78 ページを参照。

pp.163,166,178,179)。

こうした農業改良の結果として，輸入小麦が少量であるにもかかわらず急速な人口増加が実現している。すなわち，1801-10年の連合王国の平均（中間）人口は1,744万人で年平均輸入小麦は60万クォータ，1811-20年のそれらは1,987万人と46万クォータ，1821-30年のそれらは2,243万人[31]と53万クォータ，そして1831-35年のそれらは2,522万人と40万クォータであった（*Ibid.*, 146-47)。人口増にもかかわらず，輸入小麦は増えていない。

『国民の進歩』の第2版は，穀物法廃止の翌年の1847年に，統計的事実を大幅に増強して，従来の3巻本を1冊に統合する形で出版された。その序文で，ポーターは穀物法廃止の実現を讃えるとともに，1801-41年の間の連合王国の65%にも達する人口増加を支えたものが，「土地への資本投下の引き続く増大」による国内穀物生産の「引き続く増加」にあることを改めて強調する。ここでポーターは，小麦生産を「小麦製造（*manufacture* of wheat)」とあえて呼んで，綿製品や金物類の対外競争力向上と同様に，資本投下の増大によってイギリス農業が外国との競争に十分に対峙可能な基盤を確立した現状を誇っている（*Progress*, 2nd ed., pp.xviii-xix. 強調は原文)。

第2版では，農業改良に関して，肥料の改善の具体例として，1840年以降グアノ肥料の太平洋諸島ならびにアフリカ沿岸からの大規模な輸入，またリービッヒ（J. Liebig）の最近の研究成果の応用による化学肥料の開発が指摘される[32]（*Ibid.*, pp.142-43)。そして以下の表が，19世紀

31）ポーターは，1821-30年の平均人口の数値を示していないので，Mitchell and Deane, *Abstract of British Historical Statistics*, *op.cit.*, p.8の数字を入れている。

32）イギリスでの農業改良の進行，とりわけ大量のグアノ肥料の輸入とリービッヒの農業化学の応用（＝暗渠排水，底土犂耕）とに着目したのが，ドイツの国民経済学者フリードリッヒ・リスト（Friedrich List）であった。リストは『関税同盟新聞』(*Das Zollvereinsblatt*) 1844年24号の論説「英国の農業改革と北ドイツの農耕」で，この10年間の農業改良が「過去50年間の工業発展に追いつこうというほど」進行し，多くの地域で収穫量が大幅に増加した事実を指摘し，農業が「経験」から「科学」になったというパーマストン（H.J.T. Palmerston）の言葉を紹介している。またリストは，別の論説（「リービッヒの農業科学システム，その進歩と影響」『関税同盟新聞』1843年14号）では，こうした農業改良に基づく小麦生産の増加によって，イギリスは外国からの穀物輸入に依存しない貿易政策が可能になる，と記している。諸田實『晩年のフリードリッヒ・リスト』有斐閣，2007年，170ページ；同『リストの関税同盟新聞』私家版，2012年，207-08ページ；同『「新聞」で読む黒船前夜の世

初めから中葉までのイギリス農業改良の成果の総括表として示される。

表

時　期	(1) グレート・ブリテンの各時期の平均人口	(2) 1人 年8ブッシェルを消費するとして，外国産小麦で養われる人口	(3) 1人 年6ブッシェルを消費するとして，外国産小麦で養われる人口	(4) =(1)−(2) 1人 年8ブッシェルを消費するとして，国産小麦で養われる人口	(5) =(1)−(3) 1人 年6ブッシェルを消費するとして，国産小麦で養われる人口	(6) 1人 年8ブッシェルを消費するとして，国産小麦で養われる追加人口	(7) 1人 年6ブッシェルを消費するとして，国産小麦で養われる追加人口	(8) 小麦自給率 1人 年8ブッシェルを消費する場合（年6ブッシェを消費する場合）	(9) 小麦1クオータの平均価格
1801-10年	11,769,725	600,946	801,261	11,168,779	10,968,464			95% (93%)	81s. 6d
1811-20年	13,494,217	458,578	611,437	13,035,639	12,882,780	1,866,860	1,914,316	97% (95%)	84s. 11d
1821-30年	15,465,474	534,992	713,323	14,930,482	14,752,151	1,894,843	1,869,371	97% (95%)	58s. 3d
1831-40年	17,535,826	907,638	1,210,184	16,628,188	16,325,642	1,697,706	1,573,491	95% (93%)	57s. 0d
1841-44年	18,978,964	1,901,495	2,535,327	17,077,469	16,443,637	449,281	117,995	90% (87%)	59s. 8d
1841-49年	19,592,824	2,588,706	3,451,608	17,004,118	16,141,216	375,930	(-)184,426	87% (82%)	56s. 5d

上記の表で，(1) - (7) は『国民の進歩』第2版p.145で示されたものであり，(8) は (4) (5) に基づいて筆者が作成したものである。(9) は別の資料[33]から筆者が作成し追加したものである。また1841-49年の列 (1) - (7) の数字は，『国民の進歩』新版（1851年）p.143でポーターが追加したものである。この列の (8) (9) の作成については上と同じである。

この表からわかるように，1811-40年までの国産小麦によって養われる追加人口は，年1人8ブッシェル＝1クォータ消費説をとろうと6ブッシェル＝0.75クォータ消費説をとろうと，10年単位で150万人以上を数える。また価格水準も1820・30年代にはそれ以前と比べると20シリング以上低下している。こうしてポーターの言うように，農業改良による国内小麦生産力の増大は大きかった。だが他方で，1840年代になると1841-49年の列の (7) がマイナスの数値を示すことが象徴するように，小麦価格は50シリング台後半と20・30年代と同水準を維持

界』日本経済評論社，2015年，154-55ページ。

33) Mitchell and Deane, *op. cit.*, pp.488-89.

しながらも，国産小麦によって養われる追加人口は小さくなっている。これは，(2)(3)が示すように，小麦輸入量が1830年代から2倍・3倍化した結果である。穀物法は1846年に廃止されるが，廃止以前の1841-44年の列の(2)からわかるように190万クォータ，廃止後も含めた1841-49年では259万クォータ，という数字からも小麦輸入量の増大は確認できる。

前節でみたように，ミークは大陸諸国からの小麦輸入可能量を220万クォータと推定し，この数字はウェルフォードの評価のようにイギリスの人口増に比べれば大きくないと考えられたが[34)]，(8)からもわかるように1840年代には小麦自給率自体は90%を割り，穀物法の廃止後はさらに低下することになる。W. アシュレイが作成した小麦自給率の5年ごとの推定値とミッチェルとディーンによる小麦の平均価格表から作成した数値とから，1841-1900年までの自給率と平均価格は以下のように推移したことが分かる。

1841-45年	89.55%	1846-50年	78.45%	1841-50年の平均価格52s.10d.
1851-55年	74.4%	1856-60年	71.9%	1851-60年の平均価格54s.8d.
1861-65年	59.4%	1866-70年	58.4%	1861-70年の平均価格51s.1d.
1871-75年	48.0%	1876-80年	37.2%	1871-80年の平均価格51s.1d.
1881-85年	26.4%	1886-90年	29.0%	1881-90年の平均価格35s.9d.
1891-95年	15.2%	1896-1900年	19.1%	1891-1900年の平均価格28s.3d.[35)]。

3　農業改良と地代の増加 ――J.R. マカロック

地代は，一定面積と一定の設備をもった農場の借地料として支払われる。それはもちろん，リカードウの言う，利潤や利子とは区別される「土壌の本源的で不滅な力の使用」に対する報酬という意味での地代とは異なるものである。そして農場ごとに，土壌，位置，面積，施設，耕

34)　穀物法廃止後の小麦輸入量について200万クォータと，ミークと同様の推定をし，またその量自体は全体の消費量からすれば大きくないという，ウェルフォードと同様の評価をした例として，J.W. Childers, *Remarks on the Corn Laws*, London, 1840, p.12をみよ。

35)　W.J. Ashley ed., J.S. Mill, *Principles of Political Economy*, London, 1909, Appendix BB; Mitchell and Deane, *Abstract of British Historical Statistics*, *op.cit.*, pp.488-89.

作方法，作付様式は多様であるから，また穀物法廃止前後から穀作重視から畜産への転換も進み始めていたから，平均地代額の算定自体の意味は大きくない。例えば，『自由な借地契約のもとでのハイ・ファーミングは保護に代わる最良策』（1849年）と題する著作をあらわし，穀物法廃止後のイギリス農業の未来をハイ・ファーミングに託したケアード（James Caird）は，穀作と牧畜の混合農業が行われるミッドランド・西部諸州と主に穀作農業が行われる東部・南部沿岸諸州とでのエーカー当たりの地代額を，前者では31s.5d.，後者では23s.8d.と記録している。しかも彼は，この地代のちがいは両地域の主要作物の価値のちがいによって説明可能であり，土壌の肥沃度の差からは生じていないと明言している[36)]。

だがいくつかの研究によれば[37)]，全体としてみた面積当たりの農業地代額は1830年代後半から増加傾向を示している。地代額は対仏戦争中に大きく増加した後，1820年代以降の小麦価格の急落のなかで30年代半ばまで低下する。だが，1830年代後半から40年代に入ると小麦価格の長期的低下傾向にもかかわらず，地代額は上昇に転じ，穀物法廃止を挟んで1870年代まで上昇する。第2節でウィルソンが記した，「地主の状態は（生産性上昇のうちの大きな部分が地代となるわけだから）かならず改善する」（強調は引用者）という主張は――それが理論的に十分な説明に基づいているかどうかは別にして――，穀物法廃止以後もアメリカからの安価な小麦輸入が急増する1880年代までは妥当したのである。そして80年代以降小麦価格と地代額との急落が生じ，イギリス農業の衰退がはじまる。第2節最後に示した10年ごとの平均小麦価格の推移をみてほしい。

『国富論注釈』4版（1863年，初版1828年）で，マカロックは1820年代以降の農業改良の進展とその後の地代の上昇について以下のように記している。すなわち，

---

36)　James Caird, *English Agriculture in 1850-51*, London, 1852, pp.479-81.

37)　例えば，R.J. Thompson, An Inquiry into the Rent of Agricultural Land in England and Wales during the Nineteenth Century, *Journal of the Royal Statistical Society*, Vol.70, December 1907. またJ.D. Chambers and G.E. Mingay, *The Agricultural Revolution 1650-1880*, Batsford, 1966, p.167を参照

> 「1845年までの12年間の穀物価格は，輸入制限にもかかわらず，相対的に妥当な水準であった。これは1820年もしくは1825年以降の，土地のより良好な排水，骨粉肥料とグアノの使用，そしてカブ耕作の拡大などによる農業改良の結果であった。それ故に，人口増加にもかかわらず，わが国の穀物価格は大陸のそれに徐々に接近しつつあり，穀物法の廃止はかつて予想されていたよりもはるかに小さい害しか与えないであろうという確信が地歩を占め始めた」。「この方策〔=1846年の穀物法廃止〕はあらゆる点で成功だった。……また農業は急速に前進している。1846年以前には，農業者の努力はあまりに多く穀作に向けられすぎた。だがその時以降，食肉や羊毛に対する需要の増加がもたらした畜産物の非常に大きな増加は，排水や青刈飼料作の拡張と結び付いて，農業に並外れた刺激を与えた。カブ農法に適さない強度の重粘土質の土地を除いて，地代はどこでも大きく増加した。まことに，穀物法の廃止以降この間の農業の進歩は以前のどの等しい期間におけるそれよりも大きい」[38]（強調は引用者）。

なおここでマカロックの言う，従来の穀作への過度の集中からの脱却とは，穀作の放棄をけっして意味しない。それは，混合農業の進展，そしてそのなかでの畜産の比重を徐々に増加させることであった。すなわち，「主として穀作に依存する農業者はつねに不安定な状態にある。しかし彼らは一般に，穀物生産と畜牛・羊の飼育業とを結合できよう。そうすれば彼らの立場はずっと安定したものになるだろう」[39]。

さて，穀物価格の低下のなかでそれへの対応策としての農業改良が，地代上昇をもたらす根拠をいかに理解すべきなのか。マカロックは，農

38）J.R. McCulloch, *An Inquiry into the Nature and Causes of Wealth of Nations by Adam Smith, with a Life of the Author, an Introductory Discourse, Notes, and Supplemental Dissertations*, Edinburgh and London, 1863 (1sted., 1828), p.524. もっとも1840年代からの土地改良諸法による地主の改良投資に対する利子は，土地に賦課され借地料化されたから，実際に借地農が支払えるかどうかは別にして，改良投資が借地料を引き上げる仕組みになっていた。椎名重明『近代的土地所有』東京大学出版会，1973年，第3章を参照。

39）McCulloch, *The Principles of Political Economy, with some Inquiries respecting their Application*, 5thed., Edinburgh, 1864（1sted., 1825），p.434.

業改良による穀物価格低下は実際にはほとんど生じることがないという論法で，この点を説明しようとした。この場合マカロックが想定するのは，新たな劣等地耕作への依存を通じて穀物生産量が増大するにもかかわらず，農業改良によって新たな最劣等地の生産性が以前の最劣等地の生産性にまで上昇し，穀物価格は以前の水準に留まるという状況である。マカロックは二段階の論理で自らの主張を展開する。

『経済学原理』初版（1825年）でマカロックは，第一段階として，リカードウの差額地代論に従って，農業改良は地代を減少させると述べている。すなわち，農業改良によって穀物価格が低下し，また場合によっては最劣等地耕作が廃止されるからである。「広く一般に考えられているのとはちがって，農業の改良や土壌の肥沃度の増進によって，地代の増加がもたらされることはない。地代の増加は，人口増加につれて肥沃度の低下する土壌に依存する必要からのみ生ずる」，と。ところが続いて第二段階として，農業改良による穀物価格の低下は，製造業の場合の改良とは異なって「一時的にすぎない（*only temporary*）」（強調は原文）ことが主張される。そして農業改良→穀物価格低下→利潤率上昇→資本蓄積進行→労働需要増加→賃金上昇→人口増加→穀物需要増大→耕作拡大＝穀物生産量増加という展開が強調される。

こうして「農業改良は劣等な土壌に依存する必要と地代の上昇とをしばらくの間（for a while）は抑える。だがこの抑止は一時的にすぎない。農業改良〔による穀物価格低下〕が同時に人口に対して与える刺激と，生存手段を越えて増加しようとする人類の自然の傾向とは，必ずや結局は，〔一旦は低下した穀物〕価格を〔再び〕上昇させ，そして貧しい土地への依存を強いることによって地代を増加させる」[40]，と。こうしたマカロックの議論の展開が，第3章4節で検討した，農業改良の効果についてのリカードウとマルサスの論争をそのまま反映し，最終的にはマルサスの主張の強調点に与していることが理解されるであろう。マカロックは上に引用した文章に続いて，マルサス『地代論』の長い文章を肯定的に引用している。

マカロックは『経済学原理』の後続の版でも同様の主張を繰り返す。

40）McCulloch, *The Principles of Political Economy : with a Sketch of the Rise and Progress of the Science*, 1sted., Edinburgh and London, 1825, pp.268-69, 278-79.

最終版（第5版，1864年）では，多額の農業改良投資という現実を踏まえて，リカードウの言う「土壌の自然力に対して地主に支払われる地代は，〔農業〕改良に基づいて彼らに支払われるものに比べればとるに足りない」という事実がまず指摘される。そしてそのうえで，農業改良が地代上昇を抑える期間が「きわめて限られた期間（very limited duration）」と表現され，さらにはこの限られた期間でさえ実際には生じないと論じられる。

すなわち，農業改良が地代を減少させるという説明は「単に原理を示すため」のものにすぎず，「実際にはそれはけっして起こらない」。実際には，農業機械，輪作，家畜の品種改良，排水，肥料の改善といった改良は，穀物価格上昇に先行することはめったになく，ほとんどの場合――例えば，穀物需要増加とか穀物不足による――価格上昇に続くことが一般的である。しかも改良の進行は非常に緩慢であり，ある地域で新しい農業技術が導入されても，他の地域ではまったく普及していないことは現在でも見受けられる。したがって，「農業改良は実際に価格を引き下げるというよりはむしろ，価格が不当な高さにまで上昇するのを防ぐ傾向がある」と言うべきである。こうしてこう結論される。「実際問題として，農業改良は，価格下落をもたらすことによって極めて短期間でも地主にとって有害となるような恐れがあると考えるほど，馬鹿げたことはない」[41]，と。

マカロックが，一方では農業改良の意義を重視しつつも，他方ではその進行はきわめて緩慢であり，穀物価格下落を実際にもたらすことは，そして地代を引き下げることはないと主張した理由は，イギリスにおける借地制度が「通常の耕作を行う農場に対して最も適切な19年か

41）　McCulloch, *The Principles of Political Economy*, 5thed., pp.423,429-31. なおマカロックと同じ議論を展開したのがJ.S. ミルである。ミルは『経済学原理』で，原理的には「地主の利害は農業改良の急激で全般的な実施に対して決定的に敵対的である」と述べながらも，実際には農業改良の実施は緩慢で，穀物価格の低下があっても資本と人口の増加がそれを追い抜いてしまうから，改良は実際には穀物価格が高価になるのを防ぐという効果をもつのであり，「農業改良の進行によって地代が現実に下落したことはいまだない」，と主張した。J.S. Mill, *Principles of Political Economy with Some of their Applications to Social Philosophy, Collected Works of J.S. Mill*, Vol.3, University of Toronto Press,1965, pp.726,727. 末永茂喜訳『経済学原理』(4)，岩波文庫，1961年，51,52ページ。ミルの主張については，服部『穀物法論争』前掲，53-58ページをみよ。

ら21年の期間」である定期借地を十分に保証しておらず，そのために農業経営者の改良投資への十分な刺激が欠如し，先進的な改良の普及が遅れていると理解したからであった[42]。マカロックは『エディンバラ・レビュー』に発表した「農業の進歩と現状」（1836年）と題する論説で，この点を以下のように論じていた。

農業改良を進展させるうえでは，「妥当な期間の，そして〔農場〕経営に関する適切な約定を含む借地契約」の意義は何物にもまして大きい。長期の「借地契約が借地人に与える保証は彼に改良を促し，そして農場の状態を改善させ，借地期間の終了時には，そうでない場合よりもはるかに大きな地代を地主に確保するであろう」。にもかかわらず，現在ではイングランドの農業者の1/3しかこうした借地契約を結んでいない。自らの改良の成果を刈り取るという「保証がなければ勤勉も蓄積もない」し，地域のルーティン・ワークがなされるだけである。しかもイングランドでは，近年こうした借地契約の実施は減退している[43]，と。

しかしながら改良による穀物価格の下落が穀物需要の増加を生み出すにしても，実際には穀物価格は低下傾向にあったのであり，しかもそのなかで地代は増加傾向を示したのである。理論的に説くべき問題は，やはり，穀物価格が低下しても，地代が増加する条件はなにかということであろう。この点に対する回答としては，マルクス（K. Marx）『資本論』第3巻第6篇「超過利潤の地代への転化」の，以下の二つの表が明らかにしている。[44]

42）McCulloch, *The Principles of Political Economy*, 5thed., pp.434ff.

43）[McCulloch], Tenancy and Culture of Land in England, *Edinburgh Review*, Vol.59, July 1834, pp.388,389,392,394,397. ただし，こうした定期借地の減退と1年限りの借地の拡大は――いわゆる「テナント・ライト」補償慣行の拡大を伴いながら――，対仏戦争後の穀物価格の低下のなかで，借地農の方から望まれたものであったことを，マカロックは指摘しない。この点については椎名重明『近代的土地所有』前掲，60-61ページを参照。

44）マルクス『資本論』大月書店版，第5分冊，904-07ページ。

表Ⅰ

土地種類	エーカー	資本 (p)	利潤 (p)	生産費 (p)	生産物 (q)	販売価格 (p)	収益 (p)	地 (q)	代 (p)	地代率 (%)
A	1	2 1/2	1/2	3	1	3	3	0	0	0
B	1	2 1/2	1/2	3	2	3	6	1	3	120
C	1	2 1/2	1/2	3	3	3	9	2	6	240
D	1	2 1/2	1/2	3	4	3	12	3	9	360
合計	4	10	2	12	10		30	6	18	

表Ⅱ

土地種類	エーカー	資本 (p)	利潤 (p)	生産費 (p)	生産物 (q)	販売価格 (p)	収益 (p)	地 (q)	代 (p)	地代率 (%)
A	1	2 1/2+2 1/2	1	6	1+1 1/5	2 8/11	6	0	0	0
B	1	2 1/2+2 1/2	1	6	2+2 2/5	2 8/11	12	2 1/5	6	120
C	1	2 1/2+2 1/2	1	6	3+3 3/5	2 8/11	18	4 2/5	12	240
D	1	2 1/2+2 1/2	1	6	4+4 4/5	2 8/11	24	6 3/5	18	360
合計	4	20	4	24	22		60	13 1/5	36	

注）(p)はポンド，(q)はクォータ

表Ⅱは表Ⅰの肥沃度が異なる土地ABCD（Aが最劣等地）において，資本投下が2倍（2 1/2→5ポンド）になり，かつ2度目の投下資本の生産性が上昇し（Aについては1→1 1/5クォータ，Bについては2→2 2/5クォータ，Cについては3→3 3/5クォータ，Dについては4→4 4/5クォータ），そしてAが最劣等地であり続ける（耕地面積が減少しない）ために，しかも最劣等地Aでの生産性増加のために販売価格が低下している（3→2 8/11ポンド）ことが示されている。なお利潤率は表Ⅰ・Ⅱともに20%と前提している。ここで地代総額は2倍（18ポンド→36ポンド）になっているが，それは，耕地面積が減少せず（4エーカーのまま），投下資本額が2倍になり，また優良地での生産性上昇が最劣等地でのそれよりも大きいために，穀物価格の低下を穀物地代の増加が埋め合わせているからである。つまり，表Ⅱは農業改良が行われ穀物価格が低下しても投下資本量が増加すれば，地代総額も面積当たりの地代額も増加しうることを示している。そして，表Ⅱで，各土地での地代率（＝地代／投下資本）が変わらないにもかかわらず，地代総額と面積当たりの地代額とが増加した理由は，単に，投下資本量が2倍になり，穀物生産量が10→22クォータに増加したこと，そして最劣等地Aの耕作が放棄されなかったからに他ならない。

エンゲルス（F. Engels）は，こうした事情を「要するに，土地に投ぜられる資本が多ければ多いほど，……それだけ1エーカー当たりの地代も地代の総額もますます大きくなる」，と述べ，その理由を以下のように説明している。

> 「第一に〔穀物法廃止〕以来借地農業者たちは，年間1エーカー当たり8ポンドではなく12ポンドを投下するべきことを契約によって要求されたのであり，第二に……大地主たちは，自分たちの地所の排水やその他の永久的改良のための巨額の国庫補助金を承認してもらったのである。最劣等地の完全な駆除が行われたのではなく，せいぜい，他の目的のための，しかも大抵はただ一時的な，転用が行われただけであったから，地代は投資の増大に比例して増大した」[45]。

こうしたことが言えるための前提は，投下資本増加→生産量増加にもかかわらず，増加した生産量に相応した穀物需要の増加が生じ，最劣等地の耕作が放棄されなかったことに求められる。マルクスは，地代増加に関する別の例の説明で，総生産量が17→23クォータに増加するケースについて，「総生産物の増大に総需要が歩調を合わせていく」という想定を「まったく合理的」であると考えた。その理由として，マルクスは，① 投下資本の増大が一挙に行われる必要がないこと，② 穀物価格下落による穀物需要の増加，③ 穀物の一部のアルコールとしての消費，④ 人口増加もしくは他国からの穀物需要増加，⑤ 安価な小麦が代替材の使用を抑え小麦需要を増すこと，すなわち，「ライ麦や大麦に代わって小麦が国民大衆の主要食料となる」こと，をあげた[46]。

ところが，19世紀末に生じたアメリカからの安価な小麦の大量輸入は，たとえそれが小麦需要を増大させたとしても，小麦価格の暴落と，劣等地耕作の放棄（耕地面積の減少）と，そして地代下落とを生んだ。

45）同上，932-33ページ。

46）同上，846-48ページ。マルクスのあげた数字（17クォータ→23クォータ）は，単に理論上の例示にすぎない。だが第2節で見たように，ウィルソンは1840年に連合王国の平均小麦生産量を1,750万クォータと想定していたこと，また例えば1860年の連合王国の人口2,878万人が年0.8クォータを消費したとすれば総小麦消費量は2,300万クォーター――1870年では2,500万クォータ――になることを考えれば，それなりの現実的根拠を見出すことも可能である。

エンゲルスは先の引用文と同じ箇所で，投下資本増大→地代増大という法則は，一面では，「大土地所有者階級の生命の驚くべき粘り強さを証明する」とともに，他面ではそれが「だんだん尽きて行く」ことをも証明する，と記した。

大陸ヨーロッパに代わってアメリカ大陸がイギリスへの主要な小麦輸出地域として登場したという事実は，第2章で見たように，19世紀初頭にジェイムズ・ミルが行った――大量の穀物輸出の可能性をもつ国としてポーランドと並んでアメリカをあげ，ポーランドの大量輸出国化の現実性を事実上否定したうえで，しかも一旦はアメリカを考慮の枠の外に置いて，穀物の大量輸入の可能性を否定するという――手続きの有効性が，また本章で見たように，1820年代にジェイコブが行った――主に北ヨーロッパとポーランドに関心を集中させてそこでの穀物輸出能力の低さを強調するという――手続きの有効性が，ともに現実によって乗り越えられてしまったことを物語っている。穀物の自由貿易によってもイギリスは「一大農業国」に留まるという，リカードウを含めた多くの人々の想定を支える基盤は崩壊することになる。

だがその前に，穀物供給の安定を保証するものとして，依拠すべき別のルートがあった。それが帝国である。

第5章
食料安全保障と帝国

アメリカ独立の影響のために，また『国富論』による重商主義の植民地政策批判のために，1820年代までは多くの経済学者は植民地の経済的また軍事的意義については懐疑的な立場を示していた。この点は，D. ウィンチの『古典派経済学と植民地』（1965年）が1830・40年代の植民改革運動の高揚のなかで生じた経済学者たちの立場の変化を明らかにした際の出発点であった[1]。ジェイムズ・ミルが『エンサイクロペディア・ブリタニカ』への補遺論説「植民地」（1820年）で示したように，帝国内穀物自給政策の経済的非効率性に加えて，植民地への移民のコスト（＝資本の減少）を考慮すれば，さらに植民地貿易の独占によって母国は一時的に利益を得るにしても植民地には不利益が生じ，帝国全体では恒久的な利益は生まれないこと，また「植民地は戦争の，そして追加的な戦費の大きな原因」であったし，また現にあることを考慮すれば，植民地領有の意義は小さいと判断された[2]。

1）ドナルド・ウィンチ『古典派政治経済学と植民地』杉原四郎・本山美彦訳，未来社，1975年，第1章。

2）James Mill, Colony, *Supplement to the Encycopaedia Britannica*, 1818. 引用は1825年（？）にリプリントされた *Essays on I. Government,……,V. Colonies,……*, reprinted from the *Encycopaedia Britannica*, London, p.33. ミルの以下の言葉もみよ。「人間社会の経験法則」から導かれる「一般原則」としては，「植民地が恒久的貢納によって母国の利益になることは，絶対的に不可能ではないとしても，少なくともモラルの上では不可能である」（p.18）。ウィンチ，同上，86-87ページ参照。また安川隆司「ミル父子と植民地」（西沢・服部・栗田編『経済政策思想史』有斐閣，1999年，所収）も参照。議会の急進派の指導者J. ヒュームは，1819年には植民地への不必要な支出を糾弾し，1823年2月25日にはすべての植民地に独立が付与されるべきであると演説した。そして植民地が独立しても，「イギリスにとっての商業上の利益は変わらないであろう，なぜならわれわれは〔植民地への〕主要な供給者であり続

しかしながら対仏戦争時の穀物の欠乏と価格の暴騰[3]，そしてナポレオンの大陸封鎖にみられる食料を武器とする戦時政策の実施という経験が背景となって——たとえリカードウの言うように，戦争中でも高い価格さえ支払えば穀物輸入は可能であり，また恒常的な輸入国になれば穀物輸出国での輸出利害の定着が食料禁輸政策を実施不能にするという主張が成り立つとしても——，1815年穀物法による穀物輸入制限政策は穀物の対外依存を極力回避する目的で実施された。しかも同法には，植民地特恵関税によって外国よりも植民地産穀物の輸入を優先する政策が挿入された。

商務省総裁として1824-25年の関税改革，1825年の航海条例改正という自由貿易的改革を実施した，ハスキソン（William Huskisson）は，1820年5月30日の議会演説でリカードウの上記の主張を以下のように批判していた[4]。すなわち，リカードウは，穀物輸出国での輸出禁止は同国での収入の減少と農業への圧迫をもたらすと主張するが，もしイギリスが外国穀物依存を高めていて輸入が途絶すれば，「革命と国家の転覆」が招来される（Vol.2, p.46），と。短期間で飢える存在としての人間からなる社会においては，なによりも途切れのない安定的な穀物供給が，国家存立の大前提であった。

そのハスキソンは1814年5月5日の議会演説では，① 外国穀物依存の回避，② 穀物価格の安定を二大目標として掲げていた。目標達成のために彼は，国内小麦価格が1クォータ63シリングの時には外国産小麦輸入に対し24シリング3ペンスの関税を課し，国内価格が1シリング上昇するごとに関税を1シリングずつ引き下げ，こうして86シリングの時には関税をゼロにするというスライディング・スケール関税に基づく輸入制限策を主張したが，同時に植民地産小麦に関しては外国産小

けるだろうからである」と付け加えた。Bernard Semmel, *The Rise of Free Trade Imperialism*, Cambridge UP., 1970, p.102.

3）小麦1クォータの月別平均価格は，1801年3月に154シリング4ペンス，1812年8月に152シリング3ペンスという高価格を記録している。トーマス・トゥック『物価史』第2巻，藤塚知義訳，東洋経済新報社，1979年，366ページ。当然に，全粒パンの奨励，穀物のアルコール・澱粉使用の禁止を含めさまざまの小麦節約策が提案された。

4）ハスキソンの議会演説は，*The Speeches of the Right Honourable William Huskisson, with a Biographical Memoirs*, 3Vols., London, 1831から引用し，本文中に引用箇所を記す。

麦と区別して，上記のスケールの半分の関税で輸入を許可することを提唱した。こうした植民地産穀物への特恵関税によって「われわれ自身の植民地での穀物生産増大が促進されるであろう」，と考えられたからであった（Vol.I, pp.292-95）。

植民地産穀物の優先政策は，1766年の一時的採用を経て，1791年穀物法から1846年穀物法廃止までの穀物法制度の一つの特徴をなしていた。1815年穀物法においても，外国産小麦に対しては，国内小麦価格が1クォータ80シリングまでは輸入禁止，80シリングになれば3か月間無関税輸入許可という規定が適用されたが，植民地産小麦に関しては輸入禁止と無関税輸入許可とを分ける境界の価格は67シリングに設定されていた。また1828年，1842年のスライディング・スケール関税においても，植民地産小麦に対する特恵関税は維持された[5]。

本章では，食料安全保障のなかに帝国産穀物を位置づける主張を典型的な形で展開し，対仏戦争直後の1818年という早い時期に植民地産穀物のイギリス帝国にとっての意義を強調し，植民地穀物の優先策の強化を提唱したH.T. コールブローク，外国穀物依存の回避を掲げて自由貿易的改革とカナダ産小麦の優先政策とを主張したハスキソン，さらには食料自給こそ国家存立の基礎という立場から穀物法擁護と植民地の意義とを唱えたアーチボルド・アリソン，そして穀物法を批判し，資本と労働の組織的植民を通じて，イギリス社会そのものを植民地に移植し，植民地が輸出する穀物と交換に母国工業品を輸出し，もって帝国全体の発展を唱えたウェイクフィールドらの主張を検討する。

食料自給をイギリス一国ではなくて帝国レベルで構想すれば，そして植民地産小麦の輸入量が国内消費量との割合からすればなお限定的であるという状況においては，植民地との自由貿易は国内農業への打撃を意味せず，しかも帝国内穀物自給に基づいて食料安全保障体制の確立を実現することが可能であった。別言すれば，可能な限りの外国穀物依存の回避という目的達成のためには，植民地産小麦の輸入量が一定の限界内であれば，穀物法批判の立場からもまたその擁護の立場からもともに，植民地産小麦の優先策は自己の立論のなかに包摂可能であった。ただし

5） J.S. Nicholson, *The History of the English Corn Laws*, London, 1904, pp.135ff.

ウェイクフィールドにいたると，帝国の範囲は政治的なそれに限定されずに，アメリカをも含んだイギリス社会の拡大した帝国というレベルで食料自給は構想されることになる。

1　植民地穀物と食料安全保障 ――H.T. コールブローク

コールブロークの『植民地穀物輸入論』(1818年)[6]は，外国穀物依存ではなくて植民地産穀物依存は，イギリス帝国全体の利益を高めるという立場から，1815年穀物法の植民地産穀物輸入に関する規程の不備を指摘するものである。そこでは対仏戦争中の穀物供給の不安定がもたらした価格暴騰を回避するために，植民地との自由な通商の意義が強調され，もって帝国内穀物自給の重要性と帝国の強化の必要とが主張される。

1815年穀物法の規程では，小麦に関しては外国産・植民地産を問わず常時保税倉庫への搬入・外国への輸出が認められ，外国産小麦については，先行3か月ごとの平均国内価格が80シリングになって以降3か月の間，国内消費用の搬出・輸入が無関税で認められるのに対して，植民地産小麦については67シリングになって同様の規定が適用される[7]。その意味で，既述のように，1815年穀物法には植民地産小麦の優先策が含まれる[8]。しかしながらこうした優先策にもかかわらず，カナダなど遠隔植民地からの小麦に関しては輸送コストが高く，また輸送期間も長いため，国内価格の上昇が無関税輸入を許可しても，植民地小麦はそうした状況の変化を迅速に活用できずに，小麦がイギリスに着く時にはその許可が失効することがありうる[9]。カナダにとっては，ヨーロッパ

---

6)　H.T. Colebrooke, *On Import of Colonial Corn*, London, 1818. 引用箇所は本文中に記す。

7)　北野大吉『英国自由貿易運動史』日本評論社，1943年，94ページ；毛利健三「1815年穀物法の成立過程」『商学論集』34巻1号，1965年，37-38ページ。

8)　コールブロークによれば，1766年の植民地小麦への優先策以降1815年以前の政策は，「植民地を優遇するという動機からではなく」あくまで国内の欠乏という事情からなされたが，1815年法によって初めて優遇策が意図的に採用された（pp.164-65）。だがそれでも十分でないというのが彼の立場である。

9)　当時，イギリス北東部とバルト海諸港との渡航期間（往復，積み込み，陸揚げを含む）は24-30日を要したが，カナダとのそれは約100日と考えられた。H. Douglas,

大陸諸国に比して無関税輸入の期間が実質的に大きく短縮されている。

輸入許可が失効する場合には保税倉庫に搬入されるわけだが，そこでは利子負担や保管費用がかさみ，また倉庫内での小麦の劣化も生じる。植民地産小麦にとっての輸出先市場の不安定さが，植民地小麦の安定的な生産・輸出の抑止要因となっている。こうして「同一帝国のなかの各地域間の通商が不必要に不安定になっている」現状を正すために，コールブロークは，一旦保税倉庫に搬入された植民地産小麦については，12か月を過ぎれば国内価格にかかわりなく国内消費用への搬出を許可することを提案する（pp.1-3,10,55）。

コールブロークの上記提案の背景には以下のような現状認識があった。すなわち，ライ麦や大麦がなおパン用穀物として多く消費されているヨーロッパ大陸諸国とちがって，イギリスでの増加人口は近年小麦消費に集中している。ところがすべての穀類のなかで，小麦は人間に与える栄養価がその生産に必要な土地の量に比して最も少ない[10]。このため小麦生産に適した土地が不足し，その結果小麦価格が上昇している。農業改良も進んでいるが人口増には及ばない。また小麦に代えて収穫量の多い，劣質の食料を主食とすれば国民を貶める。パンの質を高めるグルテン含有量は，ライ麦，大麦は小麦の半分，また1/3である。こうしてイギリスでは，増加人口扶養のための小麦輸入が避けられない（pp.18-20,30-31,42,129），と。

コールブロークが優先する小麦の輸入先は，当然に植民地，特にカナダである。輸入はカナダ産小麦の豊富な供給に頼るべきである。しかも「同一帝国の二つの分離された地域間の通商は，最も利益が大きいし，相互にとって有益である」。それは「遠隔地の外国貿易ではなく

Considerations on the Value and Importance of the British North American Provinces, London, 1831, p.15.

10）第1章注15で指摘したように，一定量の各種穀物から得られる純エネルギー価値に関するピーターセンの掲げた数値によれば，小麦は他の穀類（ライ麦，大麦，オート麦）よりも高い。しかしこのことと，一定量を生産するのに要する土地面積は小麦が他の穀類よりも大きいということとは，別の事柄である。コールブロークは，一定面積の土地から取れる大麦の量は小麦の2倍，ジャガイモは3-4倍としている（pp.34-35）。ただし一定面積から取れる小麦の2倍の量の大麦は，小麦の2倍の純エネルギー価値を与えない。ピーターセンの掲げた純エネルギー価値の数値では小麦100に対して大麦83だから，一定面積から取れる大麦が与えるそれは小麦の1.6倍ということになる。

て，一つの帝国内の遠隔地方の国内通商である」。イギリスが植民地と交換に工業品を輸出して原生産物を輸入する場合には，貿易上の嫉妬も出し惜しみもない。だが輸入先が外国の場合には，「外国国家の，場合によっては気紛れな意思に左右されて，最も深刻な欠乏，また最高度の払底」を被ることがある。外国が不作の場合には，当然に自国用に穀物が優先されて輸出は停止される。しかも輸入先の外国がヨーロッパ大陸の場合，イギリスと同じ気候帯に属するから不作の影響は両国に共通であり，国産量の不足に加えて，輸入量も減る。さらに外国の工業化・人口増に伴って穀物剰余も減る。だがこうした事情は遠隔地の植民地には当てはまらない。「植民地は，同一の主権によって支配され，また相互に嫉妬の精神をもたずに全体の共通利害のみによって作り上げられた規制と法律によって統治される，一つの帝国の一部」である。もちろん母国と植民地との間の不和は生じうるが，それは対処不能な突然事ではないし，母国と植民地全体が同時にそうなるわけでもない（pp.48,50-54,153,172,200）。

コールブロークは，保税倉庫内の植民地産小麦の，12か月後には常時国内消費用への搬出許可という提案によって消費される量は，保管費用・利子・品質劣化などの諸要因を考慮すれば，「いついかなる場合にも大きくはない」と想定している。こうして国内の保税倉庫に備蓄される植民地産小麦の意義は，「払底と飢餓に対する常時の備蓄」であり，価格の安定を保証するとともに，「供給の急激な欠如に対する安全保障」ということになる。「植民地産小麦は，国内生産に取って代わることなく，また生活必需品の外国依存を認めることなく，イギリス国民に対して公正で妥当な価格での絶対不可欠な供給を約束するものである」，というのが，彼が植民地産小麦に与えた位置づけであった。自らの改革案によって，植民地産小麦は常時安定的な量が保税倉庫に蓄えられ，不作時・非常時の小麦供給に対する安全弁となる，というのが彼の主張の眼目である（pp.55-57）。こうした主張がなされる背景には，小麦の国内自給率が高く，輸入は一部の不足分に限られる，という現実があることは言うまでもない。

コールブロークは，小麦の遠距離輸送中の劣化防止策——袋詰めではなくて樽詰，さらには鉄製槽の使用など（pp.61-62）——，輸送コスト引き下げ策――蒸気船の活用，水・燃料の節約，積み荷方法の改善など（chap.IX）――を提示したうえで，植民地小麦優先策のもつ帝国全体にとっての意義をこう強調する。すなわち，それは，植民地への「入植と新たなそして肥沃な土地の耕作とを奨励し」，植民地という「供給領域（the sphere of supply）」を拡大する。しかも母国と植民地間の「自由な通商と交通」を認めることによって，植民地開発の進展ならびに植民地貿易の拡大とともに，英国商船の拡大を通じてイギリスの海軍力も強化される，と。そしてこうした帝国強化策は，小麦に限る必要はないし，カナダに限定する必要もない。インド，オーストラリア，南アフリカをはじめ世界各地に存在する植民地との貿易が「同等の自由という足場」に置かれれば，イギリスは「増加人口のために穀物や他のすべての食料の豊富な供給を常時保証される」。また帝国全体の立場からいえば，最も幸福な状態は自給帝国化することであり，「遠隔の領土を帝国の不可欠の部分と見なすこと」によって，イギリス帝国の自給自足化は実現される（pp.105-06,121-22,166,173,197）。

しかもコールブロークは，植民に伴う母国から植民地への資本の移動によって，国内では十分な利益が得られない資本がより生産的に使用されることになり，「植民地の勤労を奨励し，究極的には，迂回的に母国の勤労を奨励する」ので，資本の移動に反対する理由はないと主張する。ここではウィンチが指摘した，セイ法則に依拠する資本過剰否定論は事実上排除されている。コールブロークにとっては，不在地主が植民地の発展にとって問題なのは，その所得を母国もしくは外国財に支出する点にあるのではない。「消費の場所は重要ではない」。彼らが植民地の改良という有益な役割を十分に果たさない点こそが問題であった（pp.182-85）。

コールブロークはこの著書の最終章で，植民地放棄論を批判し，植民地貿易が帝国の海軍力強化に資することを結論する。すなわち彼は，スミス『国富論』の植民地貿易論が，独占がある場合とない場合とを区別して，前者の場合はつねに有害であるが，後者の「自由で自然な」場合には，母国の余剰財に対して「継続的に交換されるべき新たな等価物を提供する」からつねに有益であると主張していることを重視する。しかもスミスがさらに進んで，「植民地貿易の自然の好影響は，グレート・

ブリテンにとって独占の悪影響を相殺して余りあるほどであるから，独占その他すべてはそのままとして，植民地貿易が現在通りに営まれるとしてさえ，それは単に有利であるばかりでなく，著しく利益のあがるものである」[11)]，と論じていることを忘れるべきではない（pp.189-90）。

これに対して『エンサイクロペディア・ブリタニカ』のジェイムズ・ミルの「植民地」論文は，植民地が母国に利益をもたらすことはほとんどないと主張する。こうした主張はスミスの議論から生み出されたものではない。またスミスは他方で，植民地から得られる収入がその防衛費用よりも小さいことを指摘するが，だからといって，母国が遠隔植民地からなんの収入も引き出さないということにはならない。母国に住む植民地（不在）地主はその収入を母国で支出するし，彼らへの課税収入やタバコをはじめとする植民地財に課せられる関税収入が存在する。また植民地は母国の防衛に直接に貢献しないとしても，植民地貿易の拡大は海軍力強化に貢献している。国家対立が現に存在する以上防衛力強化は必要である（pp.190,192-93,195,197-98）。

植民地貿易の独占は，それがない場合よりも母国・植民地にとって利益を小さくするが，それでもそうした「排他的制度」のもとで多くの資本がこれまで投下されてきたという現実を前提にすれば，その一挙の廃止は困難であるという認識をコールブロークは示した。そのうえで彼は，帝国内の自由な貿易の意義をこう語っている。すなわち，「海外の領土と属領に関するすべての賢明な政策の主要な土台は，彼らを同一帝国の不可欠な部分と見なし処遇することであり，また海洋によって隔てられているが同一の帝国権力によって統治されている諸国の取引を，隣接諸州の沿岸取引を規定するのとまったく同じ原則に基づいて規制することであり，また共通の支配のもとにあるすべての地域の自由な交通を認めることであり，また植民地と外国の通商を母国の外港の対外通商として許可することである」，と。しかもこうした自由な帝国内貿易がもたらす利益は，遠隔植民地の帝国からの離脱を不定期に延期させるであろう。帝国内の自由な貿易は帝国の力を強化し，長期にわたって帝国の存続を可能にさせる，というのが『植民地穀物輸入論』の結論であっ

11） A. Smith, *Wealth of Nations*, Clarendon Press, 1976, pp.608-09. 大河内一男監訳，第2分冊，375ページ。

た。「自由な交通と制限のない通商によって緊密に結ばれた遠隔領土をもつ英帝国は，長期間にわたってその活力を増しつつ繁栄するであろう」という文章で，本書は閉じられる（pp.206-09）。

2 「適切で妥当な保護のもとでの穀物自由貿易」――ウィリアム・ハスキソン

既述のようにW. ハスキソンは植民地産小麦への特恵を一貫して主張した人物であるが，その主張の流れを詳しくみると，1820年代初頭の農業不況のなかで国内農業の小麦自給能力への信頼が低下するとともに，カナダ産小麦輸入の意義が強調されるという構図を見出すことができる。

ハスキソンは，1814年5月28日付の選挙区民への手紙という形式で出版されたパンフレットで，穀物自給への熱意を以下のように述べている。戦争中のパンの高価格の原因は，「作柄の良い年でさえ，われわれが自分自身の消費に足るだけの穀物を生産していないこと」にある。外国からの穀物供給は，戦争・天候・通商関係といった理由で不安定である。「外国からの輸入による〔穀物の〕安価は欠乏の確実な徴候である。他方，安定的な国内供給は安定した穏当な価格の唯一の基礎である」。「したがって，自分自身で外国の供給から自らを習慣的に独立させること以外には，平時・戦時を問わず，近年われわれがたびたび経験した，あの飢饉を生みかねないような〔穀物〕不足がしばしば繰り返されるのを効果的に防ぐ術はない。われわれが食べるパンをわれわれの間で生産されたものにしよう」[12)]，と。

同様の主張は1814年5月16日の議会演説でも繰り返された。すなわち，現在の穀物輸入量は国内消費の1/35にすぎないが，国内での耕作奨励策が取られなければ，それは1/10，1/5にも増加する。そうした状態での穀物輸入の停止・減少の危険は計り知れない。「それは一部の人々が想像するよりも大きな害悪である」（I, pp.296-97）。既述のように

12） W. Huskisson, *A Letter on the Corn Laws, by Rt. Hon. W. Huskisson, to One of his Constituents, in 1814*, London, 1826, pp.7-9.

彼はその危険に，「革命と国家の転覆」という強い言葉を使った。ハスキソンはマルサスと同じく，穀物の外国依存の食料安全保障上の危険を重視するのである。

また彼は，1815年穀物法を支持して1815年2月23日にこう演説している。すなわち，「食料の安価はつねに利益であるという観念ほど誤ったものはない。……労働需要のない〔食料の〕安価は不況の徴候である。……獲得すべき大目的は安定した食料価格と活発な労働需要である」，と。ただしここで留意すべきは，ハスキソンが同法に関して，輸入を禁止する「保護価格」が小麦1クォータ80シリング以下であれば，それは農業者にとって十分ではないが，80シリングを輸入禁止の「保護価格」として固定したからといって，実際の市場価格がそれ以下にならないということはありえない，と発言していることである（I, pp.307-08）[13]。ハスキソンのこの懸念は，1820年代の農業不況のなかで現実のものになる。

1821年農業不況委員会報告書はハスキソンが起草したものであるが，そこでは現時の穀物価格下落の原因が，アイルランドを含む国内での過剰生産に起因すること，また生産者への報償価格の水準が他国よりもかなり高い場合には，豊作時の余剰を輸出できず，しかも穀物需要の価格弾力性は小さいから，僅かの過剰が価格を大きく下落させることが，明瞭に述べられている[14]。そしてハスキソンは，1822年2月15日の議会演説では，ついに1815年穀物法を批判するに至る。すなわち，現在の小麦1クォータ48シリング6ペンスという低価格は国内での過剰生産が原因であるが，それをもたらしたのは，戦争中の紙幣減価も寄与した穀物の高価格が与えた，耕作拡張への投機的な「人為的奨励」である。さらに「1815年穀物法は，いかにそれが善意であっても，確かに現在

13）　ボイド・ヒルトンの研究は，農業者の利潤が高価格よりも生産拡大による大販売から保証されることを長期目標として，ハスキソンが1815年法を支持したことを示している。Boyd Hilton, *Corn, Cash, Commerce: the Economic Policies of the Tory Governments 1815-1830*, Oxford University Press, 1977, pp.17,23.

14）　*Report from the Select Committee, to whom the several Petitions complaining of the distressed State of the United Kingdom, were referred, ordered, by the House of Commons, to be printed, 18 June 1821*, reprinted by Frank Cass, 1968, pp.8-10. 毛利健三訳「農業不況に関するイギリス下院委員会報告書（1821年）(1)」『商学論集』35巻2号，1966年，161，164-65ページ。

の不況を悪化させている」。同法は1クォータ80シリングが「最低価格」という幻想を生み，それが農業者に耕作拡張を促している。このために，イギリスは「その生産が消費を上回るという状態に急速に接近しつつあり」，2-3年の豊作が現在の不況をもたらしている（II, pp.73-75. 強調は原文），と。

ハスキソンのこの演説は，厳しい農業不況という代償を払って初めて穀物自給という目的が達成されつつあるという現実を物語っている。と同時に政治家ハスキソンは，穀物自給という大目的達成のコストをいかにして小さくするのかについて，以下のように発言する。すなわち，現行穀物法が過剰生産と穀物価格下落を生み，さらにそれが耕作縮小と価格上昇・穀物輸入をもたらすという悪循環を生んでいるとすれば，ロンドンデリ卿が提案する，市場が過剰で穀物価格が一定水準以下の場合に，奨励金を付与して国産穀物を保税倉庫へ搬入するという計画——すなわち，奨励金付きの国内備蓄——の検討を容認するべきである。

「こうした目的のための穏当な犠牲は〔国内での備蓄形成によって〕，おそらく，ある時には極度の不況を，また別の時には極度の払底を阻止する傾向をもつであろう。極度の払底の阻止という利点によって，不作時には消費者に埋め合わせをし，また豊作時には生産者に〔極度の不況を阻止するという〕利点が与えられる。この種の奨励金は輸出奨励金という旧制度に比して，社会を構成する諸階級に対してより公正であるし，また国家としてはより費用がかからないものであろう——ただしそれでも可能ならば避けるべき方策であるが。……〔現時点で〕せいぜい言えることは，もしわれわれが不況に苦しみ続けるとすれば，この〔備蓄奨励金という〕方策は最悪の結果の幾つかに対する解毒剤ではないとしても少なくとも緩和剤たりうるであろう，ということである」（II, pp.77-78），と。ハスキソンにとっては，保税倉庫は食料安定供給を保証するうえで不可欠の制度であった[15]。ロンドンデリ卿の提案は結局実施

15） 1821年農業不況委員会報告書でも，外国産穀物の保税倉庫への貯蔵が，「われわれの必要充足を，倉庫に貯蔵される量だけ，諸外国の権限の外に置く」という重要な利点をもつことが指摘されている。*Ibid.*, p.25. 同上訳（3）『商学論集』35巻4号，1967年，150ページ。ヒルトンは，保税倉庫が同じく「為替安定のために，小麦の年々の規則的な量を輸入」するうえで必要であったことも指摘する。Hilton, *Corn, Cash, Commerce*, *op.cit.*, p.287.

されなかったが，農業不況のなかで穀物自給のコストという問題に光が当てられたことは特に重要である。ハスキソンは，後に提案するカナダ産穀物の自由輸入を，穀物自給のコストを低下させるものとして位置づける。

B. ヒルトンの研究は，こうした穀物自給のコストという問題に関して，ハスキソンを含めたトーリ党のリヴァプール（Lord Liverpool）内閣が，農業不況を機に国内自給力に不信を抱き，国内の劣等地耕作の引き揚げを求め始めたことを指摘している[16]。それは，① 最近の収穫量は十分だが，厳しい不況という犠牲を伴っていること，②「連合王国の穀倉」とも称されるアイルランドでの収穫の大きな不安定[17]，③ 国内供給に占める割合の大きい国内劣等地経営の脆弱さ，以上の問題点が明白になったことに起因している。そして，国内自給力への不信が生まれるのと呼応するかのように，ハスキソンのカナダ産小麦の重視が表面化し始める。彼が商務省総裁として，植民地を含む通商政策全般にわたる改革案を示したのが1825年3月21日と3月25日の議会演説である。

ハスキソンは，アメリカ独立，アイルランド併合，さらにはラテンアメリカ諸国の相次ぐ独立というこの間の世界の状況の変化は，「ほとんど全面的な植民地制度の革命」というべき事態を生んでおり，そこから汲み取るべき教訓は，母国による植民地貿易の独占は植民地の利益を害し，また植民地の繁栄は長期的には母国の利益になるということである，と発言した。あわせて彼は，植民地と外国との貿易を当該国船舶の使用という条件で，そして外国財の植民地への輸入には本国でと同じ「穏当な関税」――この後に提案される30%を上限とする，7.5-30%の従価税という全般的関税引き下げ案。ただし，英国財への最恵国待遇確保のための追加関税措置を含む[18]――で認めるとともに，母国と植民地

16） Hilton, *ibid.*, pp.110-13.

17）「収穫変動のリスクは，アイルランド（連合王国のこの地方の天候は最も変化しやすい）の生産物がわが国の供給全体のなかでその範囲を広げるにつれて，ますます高まるにちがいない」。*Report from the Select Committee, 1821*, *op.cit.*, p.11. 前掲訳（1），167ページ。

18） ハスキソンは1825年3月25日の演説で，工業品・原材料全般にわたる大幅な関税引き下げを提案する。その際彼は，工業品について最大30%の関税率で維持できないような産業の保護は賢明ではないと明言した。ただし彼は，バルト海産木材に対するカナダ産木材の特恵を現時点で減らすつもりはないことも宣言した（Ⅱ，pp.342,362）。なお，カナダ産木材への特恵は1809年に与えられた後，1821年に特恵幅が引き下げられたが，維持されて

との全貿易を，また植民地間の全通商を「母国に全面的かつ絶対的に保持されるべき沿岸貿易」として位置づけたうえで自由化し，さらに植民地の幾つかの港に保税倉庫を設置することを提案した。これによって，積荷を船舶所有国の生産物とし，また帝国内貿易のイギリス船舶による独占の保持という航海条例の大原則が維持されるとともに，植民地は自由な貿易の利益を享受することになる，というのが提案の眼目であった（Ⅱ，pp.306-07,313-14,316-18）。

ヒルトンがコブデン（R. Cobden）の政策構想の「世界の工場」・「コスモポリタン」的性格と対比して，ハスキソンのそれを「世界の倉庫(warehouse)」・「ナショナリスト」的性格と位置づけ，ハスキソンの植民地貿易提案を，「帝国内でのより自由な貿易（freer trade）（ただしイギリス船舶での）」と端的に表現したように，ハスキソンの自由貿易は輸入の自由であって，無関税輸入ではなかった[19)]。そして，この場合のハスキソンの基本の立場は，1826年5月12日の演説でも示されたように，「商業の利益〔＝富〕と航行の利益〔＝安全〕」が和解されない時には，後者が優先されるべきであり，帝国内貿易をイギリス船舶に独占させるのは，特定の海運利害のためではなくて公益のためであり，われわれの義務であるというものであった（Ⅲ，pp.4,51）。

そしてハスキソンは，こうした大きな改革の一部としてカナダ産小麦の常時1クォータ5シリングの関税での輸入を提案する。彼はこの提案に際して以下のように述べた。すなわち，「穀物がかの植民地〔＝カナダ〕の主要産品であることを考慮すれば，私は，わが帝国の他の地方と同じ保護を与えられる資格を有するこの地方に対して，その主要産品へのわが国市場の閉鎖を宣言することほど，大きな不正行為を考えることはできない」。しかもカナダ産小麦は，保税倉庫で多大なコストをかけて長期間留置かれたうえに，国内生産者と商人の価格をめぐる投機の末にようやく国内への搬入が認められるわけだが，搬入許可の情報は大

いた。Cf. Hilton, *Corn, Cash, Commerce*, *op.cit.*, pp.190ff.

19）ハスキソンらトーリー党リベラル派にとっては,「政策とは経済理論のドグマティックな適用ではなくて，食料供給，貨幣的・経済的安定といった一貫したプラグマティックな目的のために手段を弾力的に適用することであった」。Hilton, *ibid.*, pp.182; *A Mad, Bad, & Dangerous People?* Oxford University Press, 2006, pp.298-99. また cf. Alexander Brady, *William Huskisson and Liberal Reform*, 2nd ed., Frank Cass, 1967, p.58.

幅に遅れてカナダに届くのである。これに加えて，ケベックからイギリスへの運賃はクォータ当たり 12-15 シリングかかる。ただしカナダからの小麦輸出量は最大でも 5 万クォータを越えないと見積もられる。さらに輸入量が急増して 10 万クォータになったとしても，「この追加分はわが国人口の需要増加と歩調を合わせそうもない」であろう[20]。以上の「方策の原則は，公正公平な人ならばけっして同意を拒否できないものである」（Ⅱ，pp.326-27)，と。

こうしたハスキソンの提案は，コールブロークの主張と同じ意図で，しかもそれ以上にカナダ産小麦の優先を訴えるものであった。カナダ産小麦の低関税での自由輸入は，帝国産を含めた穀物自給のコストを引き下げるものであった。またカナダ産小麦の輸出量が必ずしも大量にはならないとしても，国内生産量の変化が価格の大きな変動をもたらすのを限界的に軽減する役割は果たしうるであろう。カナダ産小麦の位置づけがこのようなものであれば，ヒルトンの言うように経営基盤の脆弱な劣等地耕作の引き揚げをハスキソンらが考え始めたとしても，それは国内生産に一定水準以上の高い自給率を求める――むしろそれを前提にする――こととは矛盾しないであろう。

ハスキソンが農業不況と大陸小麦生産状況と穀物法改訂に関してまとまった認識を示したのが，1825 年 4 月 28 日の演説である。ハスキソンは，近年の農業不況下における小麦の極端な価格変動の事実を指摘

20）結局，2 年間という限定でカナダ産小麦輸入に関するハスキソンの提案は法制化された。「ハスキソンの時代には，カナダは一般的な穀物法による植民地特恵だけでなく，1825 年の法律によって国内価格にかかわらず 2 年間固定関税で〔輸入を〕認める特権をも受けるほど小麦供給源として十分重要になっていた」。C.R. Fay, *Imperial Economy and its Place in the Formation of Economic Doctrine 1600-1932*, Clarendon Press, pp.64-65. なお 1821 年以降，カナダからはスライディング・スケールでの常時輸入許可を求める請願がしばしばなされていた。Cf. Brady, *op.cit.*, pp.116-17. ハスキソンは 1825 年 5 月 2 日には，「いかなる事情のもとでも」カナダからの輸出量は 10 万クォータを越えないとも演説している（Ⅱ，pp.406-07)。『物価史』第 6 巻の付録によれば，穀物法廃止以前のカナダからの小麦輸入は多くても 20 万クォータ台であり，総小麦輸入に占めるカナダ産の割合は最高でも 10%程度であった。ただし特恵関税のために，特に 1830 年代から穀物法廃止までは，合衆国産小麦がカナダ経由で輸入された可能性がある。穀物法廃止以前の両地域からのイギリスへの小麦輸出合計は 1839 年に 50 万クォータを記録した後，1840 年代前半は 30 万クォータ程度であった。なお穀物法廃止に伴うカナダ産小麦への特恵廃止以降は，合衆国産小麦輸入が急増する。例えば 1853 年にはそれは 158 万クォータに達した。Tooke and Newmarch, *A History of Prices*, Vol. Ⅵ，pp.452-53. また Fay, *The Corn Laws and Social England*, Cambridge University Press, 1932, pp.131-32.

し，「こうした価格変動は農業者のビジネスから安定というものすべてを奪い去り，農業を単なるギャンブル仕事に変えている」として，異常な価格変動が1815年穀物法の輸入制限と国内の生産過剰とに起因することを再度強調した。そして，税負担の減少と通貨価値の変化を考慮すれば，小麦1クォータ60シリングという水準が「公正な報償」であり「国内生産者に対する十分な保護」を与えうることを示唆した。だが彼は現時点では，イギリスの輸入制限のために，現在ヨーロッパ大陸では販路のない大量の穀物が貯蔵されていることを理由に穀物法の改訂を否定した。そのうえで，国内収穫の豊凶が定かでない現在においては，保税倉庫にある小麦40万クォータを，価格が70シリングに上昇する場合に8-10シリングの関税で国内に搬出することを一時的方策として提案した。

合わせて彼は，全般的関税引き下げという，製造業から保護を奪う自由貿易的提案をしておきながら，農業保護を低減する提案をしないのは不合理だという批判に対してこう反論した。「自分は農業関係者がわが国において保持している地位を貶めようと望む者ではない」，農業関係者の相対的地位が低下するにしても，「その低下の必然性を軽減するような保護を農業関係者に与える用意がある」，また「わが国に輸入が認められる外国穀物の量にはある限界が存在せねばならぬことは明々白々である」（Ⅱ，pp.388,392-95,397-98），と。国内自給能力への信頼が低下したにせよ，外国からの穀物輸入にも一定の限界が置かれたのである。

さらに注意すべきは，ここでハスキソンが，イギリスの輸入制限がもたらした大陸での穀物余剰という状況がポーランドをはじめ穀物輸出国での輸出用穀物生産の減退という事態を生んでいる，と発言していることである（Ⅱ，pp.386-87,395）。ハスキソンは翌年（1826年4月18日）の演説でも，ウィリアム・ジェイコブの『報告』――この時点ではまだ公表されていない。議会への配布は4月20日である――に言及して，北ヨーロッパでのいくつかの国で，またフランスでも，穀物供給能力が過去6-7年間大きく減退している事実を指摘した[21]。さらにハスキソンは

21） ヒルトンはここから，穀物輸入制限があるためにヨーロッパ大陸での穀物供給能力が低下しているのだから，国内穀物自給能力への不信を抱いたハスキソンは，穀物貿易自由化へ歩を進めることによってこれ以上の大陸での穀物供給能力の減退を阻止し，大陸から

この演説で，現在の小麦の平均価格（59シリング8ペンス）が大きく引き下げられれば，それは「社会の全階級にとって救済になるよりも苦悩になり……全般的苦境を加重し，苦境の終わりを先延ばしするだけであろう」，と述べた。さらにハスキソンは手書きの演説用ノートに，国産穀物に与えられるべき保護について以下のように記している。すなわち，これは農産物・工業製品ともに同じであるが，国家歳入に必要な収入関税は別にして，「イギリス特有の事情のために，わが国製造業者と農業者とに対して，外国の生産者がその負担から逃れている税を課す必要がある場合には，わが国生産者を保護するために外国が享受している利点の大きさに相当する相殺関税を課すことは，公正であるにすぎない」[22]。「大きな困難は，外国穀物輸入に対する十分な保護関税〔の大きさとその適用の仕方〕を決めることである」，と。そしてハスキソンは，ジェイコブの『報告』がそれに対する有力な情報になる，と示唆した[23]

の安定的穀物供給を維持するために，「大陸農業の〔穀物輸出能力の〕不十分さについての固定観念」をもつジェイコブを利用したと主張する。すなわち，リヴァプール内閣は「国内生産を押し上げるためではなくて，今やイギリスへの穀物供給の最後の手段と見なされたヨーロッパの農業者の生産を押し上げるために，穀物法〔の保護〕を低減することを欲した。この点でジェイコブは内閣にとっては単なるボケ役であった」。つまりジェイコブの報告は，大陸での穀物輸出能力の低さを訴えることで，大陸からの一定量の輸入を不可欠の構成部分とする食料安定供給のためには，穀物法の自由化に向けた改訂が不可避であることを，農業利害に納得させるための便法であった，というのがヒルトンの主張である。Hilton, *A Mad, Bad, & Dangerous People?* , *op.cit.*, pp.305-06. 強調は原文。

22） ハスキソンのいう「相殺関税」が，第3章で見たリカードウのそれと異なったものであることは明らかであろう。リカードウの場合には，国内穀物生産者と国内の穀物以外の生産者との課税水準の格差を相殺するものであったのに対し，ハスキソンの場合には，国内穀物生産者と国外の穀物生産者との格差を相殺するものであった。

23） ヒルトンは，ハスキソンの手紙を含む多くの文書を検討して，1826年10-11月の時点で，現状では小麦1クォータ60シリングが「報償価格」であり，この価格水準では保税倉庫から外国穀物が「時には」国内に搬出され，65シリングを越える場合にはかなりの量が搬出されるべきことで，ハスキソンとリヴァプール首相が合意していたことを示している。Hilton, *Corn, Cash, Commerce*, *op.cit.*, p.282. また cf. D.G. Barnes, *A History of the English Corn Laws 1660-1846*, 1930, p.193.

第4章で示したように，この価格水準でジェイコブは穀物貿易自由化へ歩を伸ばしても大量の小麦はイギリスに入ってこないと考えたが，ハスキソンらは65シリングを越える場合にはかなりの量の小麦が大陸から輸入されると考えたわけである。問題は，かなりの量が国内消費量の増加を考慮した場合に，どれだけの割合を占めるのかということになろう。だが結局，ウェリントン（Lord Wellington）内閣でのスライディング・スケール関税からなる1828年穀物法改訂は，ハスキソンらが提案したよりも保護主義的なものであったし，以下の理由から価格安定が困難な仕組みになっていた。すなわち，小麦価格が1クォータ73シリング

（Ⅱ，pp.546-47,549,552-54）。ハスキソンは，外国からの穀物輸入に限界を置き，しかも小麦に関しては1クォータ60シリング程度を報償価格とするような農業経営を求め，そしてそうした報償価格を保証するような「相殺関税」――ただしそれは固定関税ではなくスライディング・スケール関税である――を構想したのである。

ハスキソンは1825年4月28日の演説で，「適切で妥当な保護のもとでの穀物自由貿易（a free trade in Corn, under proper and due protection）」（Ⅱ，pp.387-88）という表現をしていた。既述のように，ハスキソンのいう「自由貿易」が「より自由な貿易」であり，無関税ではなくて「輸入の自由」であったことからすれば，矛盾するかに見えるこの表現は了解可能であろう。ただし「適切で妥当な保護」の中身は，彼自身も述べたように簡明には規定できないものであった。すなわち，その保護には，スライディング・スケール関税とカナダ産穀物への特恵関税とが含まれたし，また保税倉庫内の穀物の国内搬入に関しては，時々の国内収穫・価格状況に応じて一時的施策も実施された。さらに後の1828年穀物法におけるスライディング・スケール自体の議論にみられるように，政治家として一定の妥協を余儀なくされるという事情もあった。また当然に，国内と外国との課税制度のちがいも存在するし，外国での課税制度の変化も，論理的には，相殺関税の水準に影響するはずである。

ハスキソンは，国内生産者と外国生産者との課税格差を相殺する「適切で妥当な保護」に関して，1830年3月16日の演説で以下のような議論を展開している。現在の不況の原因は自由貿易だという主張は誤りであり[24)]，不況は一時的性格のものではなくて現在の所得分配の歪みに原

の時には1シリング，72シリングの時には2シリング8ペンスという低関税であったが，69シリングの時には13シリング8ペンスという高関税であり，関税のこの大きなギャップが投機的な輸入を生んだからである。

24） ハスキソンはこの演説のなかで自由貿易に対する批判についてこう述べた。「自由貿易は，自分自身が言おうとしていることを知りもしないでこの言葉を使う人々によって，不条理にもそう名づけられてきたが，それは私欲が裏切られた人々によって非難されており，また考慮というものがない人々によってわれわれの困難すべての原因であるとされている」（Ⅲ，pp.521-22）。1825年恐慌以降，不況の再発と通貨不安とに関連して，自由貿易を含むリカードウ経済学に代表される古典派経済政策論に対する批判が，議会では一気に強まった。Cf. Barry Gordon, *Economic Doctrine and Tory Liberalism 1824-1830*, Macmillan, 1979, chaps.7, 8.

因がある。すなわち,「国の年所得の分配が……この数年間労働者階級の福利と,彼らの労働を実施させる資本の維持・成長とのために必要な大きさよりも少なかったからである」。具体的には,地代・利潤・賃金の分配において,「租税もその一原因であるが,同時に生じた複雑な諸事情のために」,利潤・賃金の割合が「その公正なシェアよりも少ない」ことが現在の不況の主原因である。

一方で,現在一定量の穀物輸入は必要であり,「平均すれば,われわれは外国からの穀物供給なしにはやっていけない」。こうした状況において「わが国の穀物法は,それがいかに他の〔穀物の払底に伴う飢餓状況といった〕害悪を阻止するうえで得策であっても,国の現在の状態においては,製造業や商業に対する重荷であり制限である」。なぜならば,「食料価格が……わが国において外国よりも著しく高い場合でも,この高価は輸出財〔価格〕に転嫁できない〔からである〕。〔そして〕この高価格は,労働者の賃金・安楽,または彼の雇用者の利潤の引き下げという形で降りかかる」。これが現在,資本と労働の対立の直接の原因である。さらに食料の高価格のもたらす重荷は,外国での工業競争力の向上に伴って大きくなるはずである。

ハスキソンはここで,不況の原因を取り除くために,利潤と賃金を直接に圧迫している「膨大な額の税」負担を除去するために,まずは穀物以外の関税と内国消費税の軽減を主張する。すなわち,「わが国の食料価格を高騰させる事情がそう〔＝穀物法〕であるとしても,その直接の作用によってこの不利益を加重させる傾向のある〔穀物以外の〕他の負担を可能な限り軽減しようと努力すべき強い理由があるのではないか。わが国の内国消費税と関税の大きさをみれば,われわれがこうした考慮を十分に行っていないことが明らかである！」。

つまりハスキソンはここで,食料高価格の原因として穀物法にふれながらも,食料高価の不利益を加重させるそれ以外の原因である,現在の国家歳入の 3/4 を占める内国消費税と関税の引き下げをまずは主張するのである。彼があげた減税対象は,ビール,皮革,ろうそく,ホップ,認可証,モルト,プリント衣料,石鹸,スピリッツ,茶,砂糖,タバコ,ラム,麻,木材であった。さらに加えて,1825 年恐慌の原因となった巨大な投機を生みだした,「インダストリに使用されない資本から生ずる，すべての種類の所得」に税負担を転嫁するために，こうした種類の資本所得に対するなんらかの形の直接税を，彼は提案する。インダストリの使用に直接使用されない資本所得者として彼があげたのは，「地主，公債所有者，抵当権所有者，あらゆる種類の年金生活者」であった（Ⅲ，pp.520-21,537-38,541-43,545-46）。

穀物輸入関税以外の，上にあげた諸税が軽減されればその分他国に比した競争上の「重荷」を減じることになり，穀物に対する保護が存在したとしても，全体としての他国に比した「重荷」は減ることになる。そして，減らされた全体としての「重荷」のなかで穀物に対する保護を減らして「適切で妥当な保護」の水準に落ち着かせることは，ハスキソンの構想においては可能であった。

ハスキソンは，上の演説の直後に（3 月 25 日）「現行の租税のままで，現在の穀物法を維持できないし，国の繁栄を増大できない」という認識を示すとともに，「穀物法はランディド・インタレストに影響を与えることなく廃止されるであろう」（Ⅲ , p.555）と述べた。この二つの引用文の前半はすでに考察を加えたように，減税が行われなければ，現行穀物法の高い保護では全体としての他国に比した「重荷」が大きく，そのため賃金と利潤の水準が低く，国の繁栄は維持されないということである。後半の言わんとするところは，減税が実施されれば全体としての他国に比した「重荷」は減り，穀物法による保護は「適切で妥当な」水準に減らしうるということであろう。ハスキソンは減税が穀物以外の食料消費を増大させて，それが地主の利益になることを指摘している（Ⅲ，p.546）。したがって，ここで言う「穀物法の廃止」は「穀物のより自由な貿易」を意味していると解すれば，そして減税による穀物以外の食料消費増加を前提にすれば，「穀物法の廃止」は，「ランディド・インタレストに影響を与えることなく」実施されるという論理は成り立つであろう。

こうした穀物法改訂に関するハスキソンの主張の推移のなかでも，彼のカナダ重視の立場は変わらない。1827 年 5 月 7 日の演説では，カナダを植民地の地位に長く留めるためには，本国の航行・商業の全利益にカナダを自由に参加させる必要が改めて強調される（Ⅲ，p.110）。また 1828 年 3 月 4 日には，植民に関して，「照応する資本の移植のない」大量移民の問題点を指摘したうえで，現在イギリスに「遊休資本」が存在することを前提に，遊休資本を植民地での新たな用途に利益をあげて使用することが主張される[25)]（Ⅲ，p.230)。さらに同年3月28日には，アッパー・カナダの土地のカナダ会社への売却を支持して，これまで不生産的であった広大な土地の耕作によって，植民地のみならず本国の全体的利益に資することが指摘される（Ⅲ，p.247)。そしてフランス系移民との対立，また立法府と行政府との権限区分といったカナダ統治に関する諸問題に対するハスキソンの立場が示されたのが，1828年5月2日の演説であった[26)]。彼はこの演説のなかでカナダ放棄論を「極めて皮相な精神」と呼び，カナダに対するあらゆる支配の放棄によってイギリスの公益は最も良く保持されるという主張は間違っていると，以下のように厳しく批判した。

> 「イギリスは小さくなれない，イギリスは現在のままであるか，それとも無かである。……われわれがカナダに対する保護を放棄した場合にわれわれが投げ捨てるものは，お金で測られたカナダではない。それはブリテンの勇気の最も誇りある記念碑であり，ブリテンの忠誠という性格であり，ブリテンという名の名誉なのである。われわれがカナダを放棄すれば，われわれはカナダの誠実と立証済みの愛着とに対して不正を働き，国の名誉に対して汚点を残すことになる。/ イギリスは多くの繁栄しつつある植民地の親である……。われわれは地球のあらゆる地域に，自由・文明・キリスト教という種子を播いた。われわれは本国で普及している言語，自由な制度，そして法体系を地球のあらゆる地域に運んだのであり，これら

25）ただしハスキソンは，ホートン（Wilmot Horton）の移民計画に全面的な支持を与えていない。ハスキソンの移民原則は，移民者が「自分の就業に必要な手段と資本」を自ら持っていく場合にのみ，移民制度は賢明であるという立場であった 。「移民をわが国にとって有益にし，また植民者に利益をもたらすようにしうるのは，〔移民〕人口と〔持っていく〕所有物との関係だけである」。こうした原則による移民は植民地を強化し，彼らの生産物増大と母国に対する新市場開放とによって帝国全体に利益をもたらす（1829年6月4日の演説。Ⅲ，p.473)。

26）ただし，植民地統治に関するハスキソンの主張は，関税改革の場合のような明確な確信を欠いていた。10年後にダラム報告が示したような「自治への熱意」はハスキソンにはなかった。Cf. Brady, *William Huskisson and Liberal Reform*, *op.cit.*, p.165.

すべての地域で種は実を結びつつあり，また進化しつつある」（Ⅲ，pp.286-87）。

ハスキソンはウェリントン首相との対立のなかで1828年に戦争・植民相を辞任するが，その後も帝国結合の強化を訴え続けた。同年7月7日の演説では，新領土獲得を目指すアメリカ合衆国のカナダ侵略の意図にふれて，問題は「カナダがわが領土に留まり続けるか，巨大で大きくなりすぎた共和国〔＝合衆国〕の一部分になるか」であり，「いかなるコストを払ってもカナダを保持せよ」と訴えた（Ⅲ，pp.366-67）。こうしたスタンスをとるハスキソンは，1818年の合衆国との互恵通商条約にもかかわらず23年に合衆国がイギリス商品への関税を引き上げたことに対し，また25年のイギリスの関税引き下げにもかかわらず合衆国の関税政策が改善しないことに対して，明確な報復措置をとるべきことを主張した[27]。そして報復措置がもたらす対米貿易の縮小を想定して，合衆国産綿花に代わるものとしてインドでの綿花栽培への奨励と保護を主張するのである（1828年7月18日の演説。Ⅲ，pp.377-79,383）。

既述のように，「商業の利益〔＝富〕と航行の利益〔＝安全〕」が対立する場合には，安全を優先すると述べたハスキソンの本意は，富と安全が対立することのないように，「より自由な貿易」による富の追求が可能な，安全という条件を「いかなるコストを払っても」確保することにあった。ハスキソンは1830年5月20日の演説で，スペインから独立したメキシコの貿易に対するスペイン領キューバから行われた略奪行為に対して，イギリスはメキシコの安定に利害を有する（＝メキシコは「イギリスの価値ある同盟国」になり，「新世界におけるイギリスの最良の利益」になる）という論理で，それへの介入を支持した。この場合のハスキソンの懸念は，メキシコの混乱は同国を合衆国の支配下に置くことになるというものであった。そして彼は，もちろんここで，メキシコからの貴金属流入の意義を忘れていない[28]（Ⅲ，pp.570,586-87）。

27）ゴードンは，この報復措置に関して，ハスキソン，ヒューム（J. Hume），ピール（R. Peel）の対応のちがいを指摘し，ハスキソンが最も強硬であったと記している。Gordon, *Economic Doctrine and Tory Liberalism*, *op.cit.*, 1979, p.108.

28）同じく，「過去30年間のポルトガルの歴史はイギリスの介入の歴史以外の何物でも

1世紀後の1932年の英帝国経済会議（オタワ会議）での，自由貿易政策の放棄と帝国特恵政策の強化とを支持したフェイは，穀物供給体制を帝国規模で考え，またそれを具体化しようとしたハスキソンを高く評価した。そしてフェイは，「確固たる帝国のヴィジョン」をもったハスキソンを「インペリアリストでありデモクラット」であったと評した[29]。

3 食料自給と帝国――アーチボルド・アリソン

前節ではより自由な貿易とカナダ産穀物優先とを通じて，安定的な穀物供給体制の構築を主張したハスキソンの帝国構想をみたが，本節では，穀物の国内自給という強固な保護主義的立場からの穀物法擁護論が帝国産穀物をいかに位置づけたのかを検討する。ハスキソンの場合には，低関税でのカナダ産小麦の輸入量は大きくないという判断と国内自給能力に対する信頼の減退とがあった。だが，ハスキソン以上に国内穀物自給を強く主張し，国内自給こそが国の独立と威信の基本だと主張した，いわゆるトーリー保守派（ハイ・トーリー）の立場からは，植民地産であれ外国産であれ，国外からの穀物輸入には限定が置かれねばならなかった。しかも1831年からは，合衆国産小麦がカナダに無関税で輸入されたから，それがカナダで製粉されてイギリスに輸入される事態が生じていた。こうしてカナダ産小麦・小麦粉への特恵関税付与は，合衆国小麦の「裏口輸入」を促進するという批判が生まれていた。結局，1843年には，アメリカ産小麦のカナダへの輸入に1クォータ3シリングの関税を課し――ただしこれは，あくまでカナダ議会での決定である

ない」，「介入が正当化されるか非難されるかは，介入される〔国の〕国制の性格による」と述べて，ポルトガルへの介入を支持した1830年3月10日のハスキソンの演説も参照（Ⅲ，pp.507,510）。

29） Fay, *Corn Laws and Social England*, *op.cit.*, p.122. フェイのこの著作の出版は1932年であり，その第8章の標題は「ハスキソンと帝国政治家」である。ヒルトンは，帝国政治家としてのハスキソンを強調することに批判的であり，帝国特恵はそれ自体が目的ではなくて「自由貿易への中間点」，というのが彼の理解である。Hilton, *A Mad, Bad, & Dangerous People?*, *op.cit.*, pp.299-300. 筆者はヒルトンの詳細な研究から多くを学んでいるが，この点に関してはフェイらの主張に同意する。

――，カナダからのイギリスへの小麦輸入に1シリングを課すことで妥協がなされた[30)]。

『ブラックウッズ・エディンバラ・マガジン』や『クォータリ・レビュー』を中心とする，トーリー保守派の自由貿易批判論を検討したギャンブルズの研究は，彼らの農業保護の主張が以下の柱から構成されていることを明らかにしている。すなわち，① 成長する工業人口に対する食料政策の策定，② 工業発展を不確実な国外市場ではなくて，農業を基盤とする安定した国内市場に依拠させる，均衡的経済発展の構想，③ 1819年旧平価での金兌換再開，1826年の小額紙券発行禁止，また1844年のピール条例といった諸法律に示されるデフレ的通貨政策に対抗する土地所有の意義の強調，さらに ④ 帝国拡張を戦略的目的とする国家権力哲学の確立，がそれらであった[31)]。そして彼女の研究がトーリー保守派の重要人物の一人としてとりあげたのが，「グレート・ブリテンにおける最も一貫した保守主義者」と評され，またそれを自負したアリソンであった[32)]。

30）簡明な説明は，Bernard Holland, *The Fall of Protection 1840-1850*,1913, reprinted by Porcupine Press, 1980, pp.119-21. フリードリッヒ・リストは，イギリスの外国小麦依存は10-12日分と極めて低いうえに，カナダ経由の合衆国小麦を含めたこうした穀物供給体制の変化を，イギリスはいわば三重の自給組織を樹立しつつあると理解し，「カナダがこのイギリス世界に穀物を供給することになる」と述べた。『小林昇経済学史著作集』VI，未来社，1978年，153，161ページ，『同』VII，1978年，69-70ページ。リストは，『関税同盟新聞』第5号（1843年）の「北ドイツからイギリスへの穀物輸出とイギリス穀物市場での北アメリカ人の競争」と題する論説で，カナダを含む北米の北ドイツに対する小麦輸出能力の優位を以下のように評価した。すなわち，北米からは50シリング以下の価格で年200-300万クォータの小麦をイギリス市場に輸出可能である――しかもさらに年50万クォータの増加が可能――のに対し，北ドイツの輸出は年23万クォータで，しかもイギリス国内での価格が57シリング以上でないと採算は取れない，と。諸田實『晩年のフリードリッヒ・リスト』有斐閣，2007年，168ページ；同『リストの関税同盟新聞』私家版，2012年，201ページ。

31）Anna Gambles, *Protection and Politics, Conservative Economic Discourse 1815-1852*, Boydell, 1999, pp.26,70,149-50.

32）アリソンは『ブラックウッズ・エディンバラ・マガジン』に171の論説を発表した。彼の自由貿易批判と保護主義に関しては，服部「アーチボルド・アリソンの保護主義」『経済学史学会年報』33号，1995年で詳しく論じた。「最も一貫した保守主義者」という評価は，Alison, *Some Account of My Life and Writings*, 2Vols., Edinburgh and London, 1883, Vol.2, p.528. なおアリソンを，18世紀スコットランド啓蒙の遺産を受け継ぐスコットランド・ナショナリズムの色濃い19世紀前半の保護主義，と位置づけるMichael Michie, *An Enlightenment Tory in Victorian Scotland, The Career of Sir Archibald Alison*, McGill-Queen's University Press, 1997, chap.6 も参照。

アリソンは，農業者の農業剰余は彼の家族の維持に必要な量よりつねにはるかに大きく，この剰余は農業の進歩・改良とともにおおいに増加する，とマルサス人口論を批判する。こうした「人口と食料の根本的関係」が農工分離，文明社会の基盤であり，イギリスは現状の農業生産力のままでも今の3-5倍の人口を扶養できる，というのがアリソンの基本認識であった。この認識は農業生産力の物理的理解に基づいているが，しかし，19世紀の40年間に人口が1,100万から2,000万に増加し，肉消費の増加が1人当たり穀物消費量を急増させたにもかかわらず，農業人口比率が低下し，穀物輸入量も少なく，また穀物価格も低下している事実からもその正しさが確証される[33]。

ところが，こうした物理的農業生産力の発展にもかかわらず，19世紀前半のイギリスでは豊富のなかの貧困と称すべき事態が生まれている。「無限の富と全般的で長期の平和の時代に，イギリスの全人口の1/7が困窮状態にあり，法的救済によって惨めな状態で扶養されている」。こうした事態はマルサス人口論では説明できない。アリソンによれば――そしてほとんどのトーリー保守派によれば――，豊富のなかの貧困の原因は，通貨の縮小による貨幣価値の増加とそれがもたらした，土地利害と貨幣利害との力の逆転にある。

すなわち，1819年の旧平価での兌換再開は物価を急落させて農業不況をもたらし，他方で国債をはじめ資本の価値を50%も増加させた。この結果が1825年の法外な投機の発生であり，その崩壊によって投資先のない資本と大量の失業人口が生まれた。「この二つの余剰はお互いに出会うことができず，また助けあえない」まま，「資本の過剰」と大量の移民とが併存している。さらに1844年のピール銀行条例によって，不作によって大量の穀物が輸入されると多額の地金が流出し，それに応じて流通銀行券も縮小される。後に見るようにイギリスが自由貿易を採用しても，他国はそれに追従しないから，イギリス工業品輸出は増加せず，こうして穀物法廃止は穀物輸入を増加させてイギリスの金属準備を減少させ，貨幣流通を収縮させて経済の沈滞を持続させるであろう[34]。

33） Alison, *The Principles of Population, and Their Connection with Human Happiness*, 2Vols., Edinburgh and London, 1840, Vol.1, pp.35,43-53.

34） Alison, *England in 1815 and 1845; and the Monetary Famine of 1847; or, a Sufficient*

アリソンは『自由貿易と束縛された通貨』（1847年）で，穀物法廃止と銀行条例という「ピールの方策が一緒に作用して，信用の確立が最も必要とされる時にそれを破壊するだけでなく，……永久に，一方〔＝自由貿易〕が他方〔＝束縛された通貨〕の原因となる仕組みを打ち立てた」と表現した。これは「一方の法律〔＝穀物法廃止〕が食料の大量輸入と金の輸出とをもたらすや否や，もう一つの法律〔＝銀行条例〕がまさにその時に紙券を収縮させる」という事態を批判するものであった[35)]。

アリソンが自由貿易批判と穀物法擁護を最も鮮明に主張した著作が，『自由貿易と保護』（1844年）であった。この著作は「農業ならびにイギリス産業保護協会（The Society for Protection of Agriculture & British Industry)」が同年に刊行した21編の論文集のなかに収録されて，約1万部が発行された。この論文集は，反穀物法同盟の運動が高揚するなかそれに対抗して，穀物法擁護を中心として製造業保護の必要にまで踏み込んだ論説も含んでいる。アリソンの批判は，自由貿易論者が各国の経済発展段階の相違を無視して，自由貿易を普遍的原理として提唱することに向けられる。そこには，ドイツのリストを含め，後のイギリス自由貿易批判の典型をなす文章が含まれており，長文であるが引用したい。

「〔自由貿易を主張する〕現代のイギリスの経済学者たちは，諸国民の年齢のちがいというものをいつも忘れている。彼らは，異なった性格の社会の，また製造業や商業の発展の点で異なった段階にある社会の，本質的相違を見逃してしまう。こうして彼らは，一つの一般的体系が直ちに，自然的・社会的・政治的状況の点でそれぞれに異なっている一群の諸国家によって採用され，またそれらに適用可能だと想定するという，致命的誤りに陥っている。彼らは自分の眼を自分の国にだけ，いやむしろ自国のなかで自らが属する特定利益にだけ固定し，こうしてあたかも全人類が同一の状況に置かれてい

---

and a Contracted Currency, Edinburgh and London, 4th ed.（1st ed., 1845），1847, pp.7-8,12-14,20,50,53.

35） Alison, *Free Trade and Fettered Currency*, Edinburgh and London, 1847, pp.53-54. アリソンの反地金主義の立場は明らかである。彼は一種の計表本位を主張している。

> るかのように，また自らが利益だと考える方策によって全人類が利益を受けるかのように，理論を立てる。彼らは，すべての国民は同時にまた同じ土壌に作られたのではないことを，さらに諸国民の年齢のちがい，成長の不均等，基本的構造の違いが，神の手によってその種子がまかれた森林の樹木と同じくらい大きいことを忘れている。彼らは，強者と弱者の絶え間ない争いは自然界に劣らず〔人間〕社会でも存在することを，さらにこうした継続的な争いを忘却したところに成立する体系は，あらゆる道徳律のなかで最強のものである——自己保存の本能によって絶えず否定されるにちがいないことを忘れている」[36)]。

こうしてハスキソンの関税改革にもかかわらず，ドイツ関税同盟とアメリカ合衆国では関税引き上げが行われた。こうした事態は，アリソンにとっては，当然のことである。自由貿易が新興国製造業を破壊することは明白であり，「古い工業国が通商の自由を熱心に提唱し，またそれに基づいて行動すればするほど，新興国はそれだけ強く保護を提唱する」。大陸諸国は，イギリス重商主義の禁止的制度と財政上の奨励策とが英国工業力発展の育児室であったことを知っている。他方，自由貿易がイギリスのような旧国の農業を破壊することも確実である（*FT & P*, pp.16,33-34,60-61）。新興国と旧国とが自由貿易を行えば，前者での「文明の成長の停止」と後者での「独立の破壊」という結果が避けられない。新興国ポーランドの農民はその「農奴（serfs）」の状態が永続化する。旧国イギリスでは穀物生産が衰退し，国の存立の基礎が破壊される。しかも穀物法廃止による穀物価格の低下は，アリソンにとっては，イギリス人の生活水準をポーランドやロシアの農民のそれに引き下げることを意味した。したがって穀物法擁護は，イギリスの優越した文明水準を維持する手段でもあった[37)]。

アリソンはイギリスの農業生産力が物理的に高いと述べていた。しか

36） Alison, *Free Trade and Protection*, Edinburgh and London, 1844, pp.6-7. 傍点は原文。以下，本書からの引用箇所は *FT&P* と略記して本文中に示す。

37） Alison, *Free Trade and Fettered Currency*, *op.cit.*, pp.4-5; Gambles, *Protection and Politics, op.cit.*, pp.82,217-18.

し，高い物理的農業生産力も工業生産力のそれに比べれば小さく，そして豊かな旧国では貨幣価値が低いのに対して貧しい新興国ではそれが高いという事情が，イギリス産小麦の競争力を殺いでいる。ポーランドやロシアの物理的生産力はイギリスに比して低いが，高い貨幣価値のために同国産小麦は1クォータ15-20シリングで生産されうる。穀物法が廃止されれば，輸送費を含めて25-30シリングでイギリスに輸入される。小麦輸出量は年500万クォータにも達するであろう[38]。さらに，イギリスが穀物を輸入しても大陸諸国は自国製造業育成という「自己保存本能」のために，イギリス綿製品を輸入しない。しかも「隷農制」[39]の下にあるロシアやポーランドの農民の生活水準は低い。イギリス産製造品はイギリス農業者には必需品であるが，大陸農民にとっては奢侈品である。彼らをイギリス農業者と同程度の製造品消費の水準に引き上げるためには，幾世紀にもわたる自由と繁栄を待たねばならない。

「現在はライ麦パンと水だけで生活し，泥土で建てられ床もない小屋に住み，自国産の粗末な毛織物をまとっているポーランドの農民が，イギリス製造品の消費の点で，ノーフォク，イースト・ロージアン，ゴウリの肥沃地の農業者の〔穀物法廃止による彼らの破産がもたらす消費の〕減少に取って代わり，それを埋め合わせると考えることほど，まったくもって馬鹿げた幻想はない。……イギリスの港に陸揚げされる外国穀物の輸入によって得られる利益は，ポーランドやロシアの地主のものになり，彼らはその利益を自国の製造品に支出するか，あるいはパリやナポリでの享楽に使い果たしてしまう。イギリス産業を奨励するために向けられるものとしてはほんのわずかな部分しか残っていない」。こうした不十分な国外市場に比

38）穀物法廃止後の小麦輸入の増加は大きかった。1851年の論説では，数年前まではほぼ自給状態であったのに，現在では小麦の1/3を外国から輸入している，と述べたアリソンは，1853年の論説では，穀物の海外依存は日々増大しつつあり，「わが国民の食料の半分を他国に，おそらく敵対的な諸国に依存し続けねばならない時期が間もなくやってくる」と述べることになる。Alison, The Dangers of the Country, No.1-Our External Dangers, *Blackwood's Edinburgh Magazine*（以下*BEM*と略記），Vol.69, February 1851, pp.214-15 ; Free Trade and High Prices, *BEM*, Vol.73, June 1853, pp.769-70.

39）Alison, *The Principles of Population, op.cit.,* Vol.1, p.458.

して，イギリス工業品の国内市場は圧倒的に重要なのである（*FT & P*, pp.23,37,46-48,50-51）。

ギャンブルズの研究がいうように，国内市場の均衡的発展を重視するアリソンにとっては，「国民の食料を充足するという最高の必要性がすべての考慮に優先しなければならない」。これは自明の公準であった。にもかかわらず，穀物法の廃止は国の農業を破壊することによって「国の独立―国の存立」を危険にさらしている。しかもイギリスへの小麦輸出国であるポーランド，プロイセン，ウクライナは事実上ロシアの諸州のようなものであり，ニコライ皇帝の意向がイギリスへの食料供給を左右するという危険に曝される。ロシア帝国と英帝国との対立の種は世界の至る所にあり，両帝国衝突の時は近づきつつある。穀物法廃止は，こうした時に「食料を供給する穀倉のカギを恐るべき競争相手の手に委ねることによって，この競争相手の足元に自分の首を投げ出そう」とする自殺行為に等しい（*FT & P*, pp.67-68）。

アリソンが穀物法廃止以降の穀物輸入量の急増に強い危惧を抱いたのは，この事態を，あのローマ帝国没落の再版として捉えたからである。「ローマの没落」という論説（1846年）で，アリソンは以下のように論じた。

すなわち，ローマ帝国は野蛮民族の外部からの侵入によって没落したのではなくて内部の要因から滅びた。ティベリウスの時代から，イタリア中心部の穀物生産は衰退し，小土地所有者は没落し，ヨーロッパの版図のすべては大土地所有の手に落ちた。中心部の穀物生産衰退の原因は，スペイン，シシリー，リビア，エジプトといった遠隔地からの膨大な穀物輸入であった。この結果，中心部では牧畜が穀作に代わり，少数の大地主はローマやコンスタンチノープルに住み，その巨大な富を支出した。また海岸沿いの大都市の穀物輸入商業を含む商業活動は盛んであった。こうして中心部の農村が衰退するなかで大都市の富と繁栄は無傷のままの外観を呈した。国の衰退は，都市の商業の繁栄の只中で，農村の疲弊から始まる。他方でティベリウスの時代から，とりわけ東洋貿易と穀物輸入が原因となって，金銀の流出が生じていた。さらにローマ世界に貴金属を供給した諸鉱山の産出量は低下した。帝国の中心部では流通手段の減少が継続し，貨幣価値は騰貴した。こうした事態のなかで，帝国の軍事力維持のために直接税の強化が行われ，ついには税の実質負担がインダストリを破壊するほど重くなり，人口減少と破滅とが結果した。「帝国の没落は，……〔穀物の大量輸入と流通手段の減少という〕二つの原因が結合し同時に作用したことに求められるべきである」，と[40]。

穀物法廃止と銀行条例によって，ローマ帝国没落に導いたのと同じ道をイギリスは歩みつつある，というのがアリソンの危機感の内実であった。しかもアリソンにとっては，イギリス帝国没落に道を開くさらに誤った政策があった。それは1849年の航海条例の廃止と穀物法廃止に伴う植民地特恵の廃止とであった。これによって帝国，そして植民地支配の弱体化が招来される。航海条例の廃止はイギリス船舶の急速な衰退と外国船舶の増大という傾向を定着させた。さらに自由貿易という「費用節約第一主義」の結果，軍事力は削減され，植民地特恵の廃止とともに植民地への援助も減らされた。この結果，現在，主要な植民地で独立の動きが強まっている。ライバル諸国の軍事力増強のなかで，イギリスは「まったくの未防備国家」となっている[41]。

こうした帝国没落の危機を回避する手段としてアリソンが主張するのが，全般的保護の採用と国家による組織的植民とであった。過去半世紀の誤った政策のために，労働需要と人口の間の均衡が破壊された。均衡回復のためには，労働需要の増大と労働供給の減少がともに必要である。アリソンは労働需要増大策として，農工を問わずあらゆる財に対する関税の賦課を主張する。すなわち「国の産業に対する中位の保護（a moderate degree of Protection to Native Industry）」によって実現される，国内市場に依拠する均衡的経済発展が労働需要を増加させる。しかも保護による関税収入は，現行所得税の廃止を可能にするだけでなく，海軍力増強のための財源をも保証する[42]。

40）　Alison, The Fall of Rome, its Causes at work in the British Empire, *BEM*, Vol.59, June 1846, pp.707-09,712-13.

41）　Alison, The Dangers of the Country, No.1, op.cit, pp.205-07,214,216-17.

42）　アリソンはアメリカ，プロイセンの関税収入の半分は外国が負担していると理解しており，「中位の保護」関税の外国への負担転嫁も考慮している。Alison, The Dangers of the Country, No.1, ibid, pp.221-22.

他方，労働供給の減少策として，上の関税収入を原資とした「公の費用で行われる組織的植民」が提唱される。政府は移民に対して土地，労働手段，種子，宿舎などを供与する。この組織的植民によって年々30-40万人の最貧困者がカナダ，ケープ，オーストラリアなどに移民する。アリソンによれば，イギリスが唯一，互恵システムに基づく貿易が可能な地域が植民地である。しかも，植民地の自然の産物はイギリス産のものとは本質的に異なり，またその工業化も遠い先のことである。そして植民地と本国を結び付ける手段としてアリソンがあげるのは，「国の産業に対する中位の保護」の植民地への全面免除，すなわち植民地特恵の復活であった。逆に言えば，自由貿易によって外国財への関税が廃止されれば植民地特恵はありえないから，特恵復活のためには「中位の保護」が必要であった。こうして「イギリスの強さの真の源泉であり，イギリスの生産物に対する唯一確実な市場」である植民地の強化が期待される[43)]。

アリソンはこうした自らの提案を，「新たな〔自由貿易〕哲学」に対抗する「旧原則」の回復，また「全般的保護と〔特定階級の利益ではない全体のための〕国民的統治とからなる旧制度」の復活と表現した[44)]。こうした「旧原則」「旧制度」が，アダム・スミスが批判した重商主義政策の，自由貿易政策が定置されつつある19世紀中葉における再版であることは明らかである。しかもここで言われる製造業をも対象にする「全般的保護」は，農業の場合とはちがって，製造業の競争力に対する危惧には基づいていない。

「蒸気機関という巨人のような力」による工業生産力の急上昇は，重い税金，高い賃金，高い地代，高い原生産物価格によるコスト上昇圧力を十二分に相殺して，イギリス製造品価格を急落させた，というのが彼の製造業生産力に対する認識であった（*FT & P,* p.18）。そうであれば，たとえ「中位の保護」であれ，競争力に危惧のない製造業にまでそれを

43） Alison, The Dangers of the Country, No.2-Our Internal Dangers, *BEM*, Vol.69, March 1851, pp.279-81; How to disarm the Chartists, *BEM*, Vol.63, June 1848, p.670; *Free Trade and Protection*, *op.cit.*, p.35.

44） Alison, The Year of Revolutions, *BEM*, Vol.65, January 1849, p.14; How to disarm the Chartists, op.cit., p.686.

適用する理由は，公的資金による組織的植民を通じる帝国強化のための関税収入という財源確保にあった。アリソンは『人口論』でイギリスのとるべき三大公準として，① 農業保護，② 植民地の奨励，③ 強力な海軍力の維持，をあげた[45)]。『自由貿易と保護』でも同じ主張が繰り返された（*FT & P*, p.79）。こうして食料自給こそ国の存立の基礎という認識に基づいて，農業保護から始まったアリソンの自由貿易批判と保護主義は，植民論と海軍力強化論を通じて，全般的保護主義へと展開された。

帝国全般にわたる保護が復活すれば，世界の海洋はイギリス帝国の湖となり，しかも，帝国内であらゆる主要産業の原材料を自給できる，というのがアリソンの判断であった。彼はイギリス帝国の自給に関して，羊毛はオーストラリアで，綿花は東西インドで，そして穀物は英国とカナダで生産される，との認識を示した[46)]。ところが，アリソンはアッパー・カナダの土地の肥沃さに言及し，「肥料なしで3年間最上質の小麦を生産できる」としながらも，肥沃地の開墾に必要な森林伐採の必要が指摘され，そのためにイギリスからの移民の必要が説かれるものの，カナダでの小麦生産量やその見通しについて具体的な記述をしていない[47)]。もちろんその背景には，カナダ産小麦の輸出量が現状ではなお小さいという事情もあった。だが，イギリス国内で生産不能な，綿花，砂糖などとは異なり，国内生産と競合する，しかもローマ帝国没落の轍を踏まないために，本国での生産の維持こそが重視されねばならない小麦に関しては，カナダへの植民による小麦増産が国内小麦生産に与える影

---

45)　Alison, *The Principles of Population, op.cit.,* Vol.1, p.459.「19世紀前半のトーリーの経済論説においては，帝国は選択可能な余禄ではなくて，絶対必要なものであった」。Gambles, *Protection and Politics, op.cit.*, p.149. なお，1840年代の歳入に占める小麦関税収入の割合は2% 以下であった――スライディング・スケール関税のもとでは，輸入は低関税が適用される価格帯に集中するので，関税収入は少ない。関税収入全体では歳入の40% 程度であった。G. Federico, The Corn Laws in Continental Perspective, *European Review of Economic History*, No.16, 2012, p.173.――から，アリソンの中位の関税が30-40万という大規模な組織的植民の費用（200-250万ポンド）を生むためには，関税対象が農業・工業全体を対象とするものでなければならなかった。なお1840年代の連合王国からのカナダへの年平均移民数は43,000人程度であり，1847年には9万人を記録したが，アメリカ合衆国へのそれの半分以下であった。W.S. Jevons, *The Coal Question*, 1865, London and Cambridge, p.176.

46)　Alison, Free Trade Finance, op.cit., p.525.

47)　Alison, *The Principles of Population, op.cit.,* Vol.1, p.538.

響について，彼は口を閉ざした[48]。

こうした帝国農業と国内農業との利害の対立は20世紀初頭の関税改革論争において顕在化するが，少なくとも穀物法廃止前後の19世紀中葉においては，カナダ産小麦の輸入増大がもたらす影響を強調することなく，全般的帝国強化策として組織的植民を主張することを，アリソンに可能にさせたのである。

付論　2/3を国産，1/3を植民地産に——匿名論説『穀物植民地』

アリソンと同じ時期に，イギリス国内での穀物生産量が消費量に比して大きく不足していることを前提に，その不足分をカナダ産穀物で埋めることを明瞭に主張したのが，匿名者の論説『穀物植民地』(1841年)であった[49]。

この論説は，連合王国の年間小麦生産量を1,300万クォータ，うち350万クォータが種子やその他醸造用に使用されるとして，自給部分は1,200万人分にすぎず，その他ライ麦・大麦・オート麦を含めて計1,900万人分のパン用穀物が国内で生産されていること，また連合王国の人口は2,700万人であるから，「パン用穀物の国内供給では大きな**不足**が存在する」こと，以上を前提にする。さらに肉類に関しては，自給部分は1,200万人以下しかないことも主張される。そしてイギリスの国土，耕作可能面積，土壌の質と現在の農業制度，さらには穀類の醸造用使用，パンの質の向上や馬の増加という事情などからして，現状の1,900万人分の供給が物理的限度と判断される[50](pp.5-9. 強調は原文)。

---

48)　カナダ植民地領有の意義を唱えつつも，カナダ産穀物の輸入の意義に口を閉ざす立場は，カナダ産木材のバルト海産木材に対する特恵関税維持を主張するH. ダグラスにおいても認められる。そこでは，カナダ産穀物輸出に言及する場合には西インド諸島へのそれしか念頭にない。Douglas, *Considerations on the Value and Importance of the British North American Provinces*, *op.cit.*, p.24.

49)　Anon., *"Corn-Colonies," an Effectual Remedy for the Distress of the Working Classes, and for the Embarrassments of Commerce, Manufactures and Trade*, London, 1841. 本書からの引用箇所は本文中に記す。

50)　1人当たりのパン用穀物年間消費量は，小麦では3/4クォータ，ライ麦では3/4クォータ以上，大麦では1 1/4クォータ，オート麦では1 1/2クォータと想定されている(p.5)。1841年の連合王国の人口2,700万人のうちアイルランド人口は約800万人を占める。また，この時点でのアイルランドでの小麦生産量は180万（もしくは120万）クォータと推計され，しかもアイルランドでの1人当たりの小麦消費量はイングランドよりはるかに少な

ではこの「わが国の食料供給の不足をいかにして『埋める』のか」。著者は，国内で埋めるのは「不可能」であり，外国からの供給で埋めるのは「最も不得策（*most impolitic*）」であるとし，その供給元を「無関税もしくはきわめて少額の関税」で輸入される植民地に求める——とすると，この論説は，1/3 の不足を埋めるために，カナダに対して当時としては過大な 600 万クォータ以上の小麦輸出を求めることになる——。しかもこの場合，「国産食料供給の不足を，グレート・ブリテンとアイルランドに居住する植民地地主の一団を介して，植民地から『埋める』」ことが提唱される。これは不在地主の所得が国内で支出されて国内での雇用増が期待されるからであり，植民地からの小麦輸入代金の多くが不在地主の所得となって国内に留まるから，（アリソンも問題とした）通貨の減少が生じないからである。そして著者は，国内供給の不足分 1/3 だけを植民地小麦で埋めるべく限定されるかぎり，国産小麦・その他穀類や肉への需要は維持されるから，地代は現状より下がらないし耕作放棄も生じないと主張する（pp.2-3, 15-17, 25-28）。

さらにこの著者は，1/3 と限定された植民地産小麦の無関税輸入の政治的意義についてこう言及する。すなわち，こうした植民地産穀物輸入によって，イギリスの商船ならびに最高の重要事である「海軍力の優位」が強化され，イギリスの「国民的独立性」が維持される。これは，アメリカ合衆国が今後数年でその国力を，ヨーロッパのどの国よりも増大させることを考えればきわめて重要である。アメリカの土壌は驚くほど肥沃で，強大な人口を扶養することが可能である。そして合衆国との対抗上カナダの開発は緊急の至上命題である。ただしこの著者は，カナダ移民の数を年数千人の熟達した農業者に限定し，植民地の人口が希薄で母国への依存状態が継続することを望んでいる（pp.35-37,40）。

カナダ移民者数についてはアリソンの主張とは異なるにせよ，植民地の経済的・政治的・さらには帝国にとっての意義に関してはアリソンと

いから，連合王国全体での 800（2,700 − 1,900）万人分のパン用穀物の不足という著者の前提は，穀物の国内自給率を低く見做して，逆に植民地小麦の意義を高く位置づけるための想定でもあった。また肉の自給率 1/2 は低く評価しすぎであったと，補遺で訂正される（pp.49-50）。アイルランドの小麦生産量の推計に関しては，T. Tooke and W. Newmarch, *A History of Prices, and the State of the Circulation*, Vol.5, 1857, London, pp.107f での，生産量の推計の困難に関する記述を参照。

匿名論説との間に構想のちがいはない。大きなちがいは，アリソンが国内小麦生産の限界を定めないのに対して匿名論説は明確に限界を設定したことに，つまり後者では穀物の国内自給率の低下は現実問題として前提されていたことにある。その分，アリソンが小麦供給におけるカナダの意義を抽象的にしか語れなかったのに対して，匿名論説においてはそれを――1/3という限界のなかではあるが――自己の主張の中心論点とすることができたのである。

最後にこの著者は，国内小麦消費の1/3をカナダ産小麦で埋めることができるまでは，「穀物法が廃止されるか，もしくは国民が，彼らの必要分を可能な限り諸外国から供給されることができるように，ともかくも穀物法を修正する」ことを望んでいる。この最後の文章が，図らずも匿名著者の真意を示している。

著者にとっては，2/3しか自給できない小麦を――輸入元はとりあえず問わずに――まずは十全に供給し，労働者階級の苦境を取り除くことが第一の優先事であり，そのうえで1/3の供給源として「わが無限の植民地の無限の資源を自由に活用する」ことが第二のそれであった。第一と第二が同時に達成されることが望ましいが，第一の目標達成のための手段は第二以外にも存在し，「最も不得策」とされる外国小麦の輸入も第二の目標実現までの間においては，否定はされない（pp.45,48）。1841年のカナダからの小麦輸入量は25万クォータであり，1/3の不足を埋めるには，とても足りないという現実が存在したし，またカナダ以外の植民地（オーストラリアなど）からの輸入量はごくわずかであった。匿名著者がカナダに求めた600万クォータもの小麦輸出が可能となったのは，穀物法廃止から半世紀以上後の20世紀初めのことであった。

4　イギリス社会の植民地への移植――E.G. ウェイクフィールド

E.G. ウェイクフィールドが，1830年代以降の組織的植民運動の興隆において重要な役割を果たしたことは，ウィンチの研究を待つまでもなく十分に知られている[51]。また彼の，匿名で出版された『イギリスとアメリカ』(*England and America ; A Comparison of the Social and Political State of both Nation*, London, 1833) が，その題名とはちがって，アメリカのみならずカナダ，オーストラリア，ニュージーランドをはじめイギリス植民地全般を対象としていることも，その内容から明らかである。この書名は出版社が付けたものであった。独立したアメリカも広大な未耕地が存在し，しかも大量の移民を労働力として必要とし，かつ受け入れている状況からすればカナダ以下の植民地と区別はない。

ウェイクフィールドの植民地の定義は，『植民術概観』(*A View of the Art of Colonization*, London, 1849) によれば以下のようであった。すなわち，「植民地とは，遠隔地からの移住者を受け入れている，〔国土の〕全部もしくは一部が未占有の国である。その国は移住者を派遣する国の植民地であり，したがって派遣国は母国と呼ばれる」。こうして独立したアメリカも，ウェイクフィールドの定義からすれば植民地である。「私の見解では，アメリカ合衆国はわが国からの移民によって形成され，今なおわが国からの移民によってわが国民の年々の大きな増加を受け入れつつあり，それは今なおイギリスの植民地である」[52]。

ウェイクフィールドが組織的植民の対象先としたのは，移民者が母国の生活習慣と欲望を保持することでイギリス財への需要が見込まれ，かつ資本の「生産場面 (field of production)」が豊富な新開地であった。「植民の一つの目的は母国の範囲内に資本と労働の充用場面を拡大すること」にあった。こうして植民は，「新しい国土への旧社会の拡長 (the extension of an old society to a new place)」を意味した (pp.574,576. 中野訳第3分冊，146,150ページ。強調は引用者)。ここで留意すべきは，植民はあくまで「母国の範囲内」での生産場面の拡大と理解されていること

---

51) 黒田謙一『植民経済論』(弘文堂，1938年) は，ウェイクフィールド植民論の本質を旧社会の新社会への延長，すなわち，「英国の国民性と文化を有すると同時に同じ社会組織を建設すること」(311ページ) にあったと捉える点で，優れた研究である。また『イギリスとアメリカ』(中野正訳，世界古典文庫，日本評論社，1948年) の訳者解題も有益である。

52) E.G. Wakefield, *A View of the Art of Colonization*, 1849, in M.F.L. Prichard ed., *The Collected Works of Edward Gibbon Wakefield*, Glasgow & London: Collins, 1968, pp.766-67. 本書ならびに『イギリスとアメリカ』からの参照箇所は，本文中に *Collected Works* 版のページを示す。なお『イギリスとアメリカ』については中野訳のページも記す。

である。「母国の範囲内」という言葉が意味するところは，母国の資本と労働が，しかも「母国の生活習慣と欲望を保持して」新開地に移住し，こうして「旧社会の拡張」が実現されることであった。そして新開地では，広大で豊かな土壌という「生産場面」に比して稀少な資本と労働の投入によって，高利潤と高賃金との両立が可能と考えられた。『イギリスとアメリカ』はその内容からすれば，『旧社会と新開地』というべきものであった。

ウェイクフィールドにとっては，「イギリスの植民地は，カナダのように従属しているにしても，アメリカ合衆国のように独立しているにしても」，安価な穀物を生産し，イギリス製品を需要するという条件を備えている点では同じである。「イギリス人のような国民は，安い穀物を買うための最大の市場にするために，植民地を建設し，また拡張するであろう。そこでは，イギリス生まれの者とその子孫が国民を形成し，英語を話し，イギリス人の技術と嗜好を保持し，したがってイギリス製品を安い穀物でもって購入し，また購入する意思を有している」[53]。

これは，当時イギリスへの小麦輸出地域と見なされていたポーランドとは明らかに異なる社会の状況であった。ポーランドでは，市場は専制君主の恣意的判断で閉鎖されるかもしれず，またそこでの「奴隷制度」のために労働生産性はイギリスに比べるとはるかに低く，しかもイギリス製品への需要は輸出小麦に比して小さい。植民の最大の目的が，「安価な穀物を購入する安定した市場を獲得すること，つまりパンに対する〔国内での〕増大する需要に伴って増大する，〔植民地からの〕パンの安定した供給を確保すること」にあった以上，「パンの安定した供給」が保証されるためには，パン供給地からのイギリス製造品への安定した需要が必要なのであった（pp.511,513. 訳第3分冊28-29,32-33ページ）。

広大で肥沃な未開地が存在する植民地は，イギリス国内では「生産場面」の不足のために過剰となった資本と労働の植民によって，大量の穀物が安価に生産可能であり，イギリス産製造品と交換に「パンの安定した供給」を保証することが想定された。広大な肥沃地の存在は，土壌の肥沃度維持のための施肥を実施することよりも，むしろ肥沃度を枯渇さ

53）『植民術概観』では，「主としてイギリス人の血筋で植民されてきたアメリカ合衆国は，これまで母国が持ちえたうちで最良の顧客である」（p.802），と記されている。

せるまで耕作を継続して，その後に新たな肥沃地を獲得することを，植民地の農業者にとって有利にした。ウェイクフィールドは集約農業よりも粗放的なそれが利益を生むアメリカの事情を，G. ワシントンからアーサー・ヤング宛の手紙を引用することで示している。すなわち，「土地が安くて労働が高価な〔払底している〕ところでは，人々はより良く耕作することよりも，より多く耕作することを好むのです。……多くの土地は引掻かれた（scratched）のであって，どれも十分に耕作されたのではないのです」（pp.488.493. 訳第2分冊 146,153 ページ）[54]。

穀物法廃止後に出版された『植民術概観』では，「生産場面」の拡大に関して以下のような直截な議論が展開される。すなわち，植民地が生み出す安価な穀物の獲得は，イギリスにとっての「生産場面の拡大」を意味する。「より多くの製造品の輸出という手段によって輸入される新たな食料は生産場面の拡大であり，わが国の土地面積の増大のようなものである。……これこそが，穀物法廃止を支持するための最良の議論であった」。『ウェイクフィールド著作集』の編者プリチャードが簡明に指摘したように，ウェイクフィールドにおいては，閉鎖経済での生産場面はただその国の土地から構成される。そして生産場面の拡大は，植民地での肥沃な土地の獲得か，もしくは外国での新市場の開放による輸入によってもたらされる。こうして，植民は植民地と母国の両方で生産場面を拡大する。すなわち，植民地では新たな生産場面への資本と労働の移植によって，母国では市場の拡大を通じる食料の輸入によって，生産場面がそれぞれ拡大される[55]。

したがって，穀物法の廃止は生産場面拡大のための重要な手段ということになる。穀物法廃止は，イギリスの生産場面全体を人口増加よりも急速に増大させ，イギリスとすべての新植民地とを「生産と交換という

54）このワシントンの手紙は，*Letters from His Excellency General Washington, to Arthur Young*, London, 1801, pp.30-31 からの自由な引用である。

55）*Collected Works of Wakefield*, *op.cit*., pp.18,21,27. なお『シドニーからの手紙』（*A Letter from Sidney*, London,1829）では，南アフリカもしくはオーストラリアの未開地の一部がイギリスの海岸に接続されて，「イギリスの領土（territory）」が拡大すれば，「イギリスは旧国ではあるが，突然に新国にならないであろうか」と述べられ，「生産場面」と同じ意味で「領土」という言葉が使われている（p.163）。ウェイクフィールドにおいては「生産場面」は土地であった。

目的のための一つの国と見なすこと」を可能にし，この結果「この一大帝国全体においては，最大可能な資本と労働との増加をも上回る生産の増加が生じるであろう」(pp.805-07)。「生産場面」の豊富な新開地への植民がもたらす利益の享受のためには，穀物法の廃止，自由貿易の実施が大前提であった。

すでに『イギリスとアメリカ』で，イギリスにとっての自由貿易の意義を確認し，しかも選挙法改正後の議会が穀物法を廃止することを疑わないウェイクフィールドにおいては，穀物法廃止は大前提であり，むしろ問題は廃止が一挙に行われるべきか，それとも漸次的に行われるかにあった。彼の回答は，一挙の廃止による小麦価格の低下はすべての階級に利益であり，特に地主にとって利益をもたらす，というものであった(pp.412-13. 訳第 2 分冊 6-7 ページ)。上述したところから明らかなように，組織的植民によって植民地で安価に生産された大量の小麦は，イギリス製造品と交換にイギリスに輸入されることが想定されていた。したがって，第 4 章で見たジェイコブが大陸諸国での小麦輸出の限界を想定したのとはちがって，植民地からの輸出には限度は設定されない。その限りでは，穀物法廃止によってイギリスの小麦生産は大きな打撃を被ることが確実である。にもかかわらず，なに故に地主は――また農業資本家は――穀物法廃止によって利益を得るのか？

ウェイクフィールドによれば，地主の地代を構成する要因は，① 土地の自然の肥沃度に加えて，② 排水などの改良投資，③ 肥料獲得の便宜，④ 市場への近接，⑤ ミルク・果物・野菜といった保存困難な商品への需要，⑥ 建築用地への需要といったものがあり，とくに穀物価格の低下が穀物以外の食料需要を高めることが重視される。それはイギリス農業の穀作から畜産・野菜生産への転換をもたらすが，自由貿易による富と人口の増加は穀物以外の食料需要を高め，それは上記の地代構成要因のうちの，①②を前提としたうえで③④⑤⑥を高め，地代増加を生むことは確実である。しかも，労働者の穀物以外の食料需要の増加は穀物価格の低下が大きければ大きいほど大きいから，穀物価格を大きく引き下げるべく，穀物法は漸次的ではなくて即時に廃止されることが不可欠であった。

そもそも，いかに農業改良が行われても，植民地と比較すれば「イギリスの土壌の性質，あるいは気候は穀物の生産に適するよりもむしろ穀物以外の食料生産に適している」（pp.420-22. 訳第 2 分冊 21-23 ページ）というのが彼の基本認識であった。旧社会の「生産場面」には限界が存在した。ウェイクフィールドは，植民地開発の経験から，地価ならびに地代増加の要因として，市場への距離，また交通手段の新設を重視している。さらに農業者も，穀物自由貿易はイギリスの「生産場面」を拡大して資本の利潤を引き上げるから，農業資本家として利益を得るし，穀物以外の食料需要の増加が穀物生産では収益があがらなかった土地に新たな利潤獲得の機会を与えることで，利益を受ける。

こうしてウェイクフィールドは，植民地市場の意義を強調しつつ，組織的植民がもたらす安価な穀物輸入によってイギリス農業の構造を穀作から畜産・野菜生産に転換することこそが，イギリスの――地主，農業資本家を含めた――利益に資すると結論するのである。ここでは単なる自由貿易によってではなくて，「生産場面」の不足から過剰となったイギリスの資本と労働を植民地に移植し，しかも資本と労働の結合を維持したうえで植民地の「生産場面」を開発・拡大することによって，そこからの穀物輸入と植民地が習慣的に保持するイギリス財への需要の充足という拡大された規模での，食料供給の安定と工業品輸出の安定が確保されることになる。旧社会イギリスという母斑をもつ資本と労働を新しい国土の植民地へ拡張することが，組織的植民の真の狙いであった[56]。

だが，安価な穀物輸入とイギリス製造品の輸出という，母国と植民地との間の拡大された生産と交換の実現が目的であるならば，ウェイクフィールドへの批判者たちが言うように，どうして植民地を保持する必要があるのか？　穀物法廃止と自由貿易によって目的は達成可能ではないのか？　ウェイクフィールドが言うように，こうした問題は経済学ク

---

56)　ウェイクフィールドの組織的植民論の中核が，未開墾地の有償売却に基づく基金創設によって将来の人口増殖が可能な夫婦を移民させ（母国の救貧税負担軽減のために被救貧民を植民地へ排出するのではなくて），同時に移民の早期の独立生産者化を阻止して賃金労働者として長く係留するべく，売却時の未開墾地の高めの価格設定にあったことは，よく知られている。マルクスのいう原始蓄積過程を植民地で人工的に行うことがウェイクフィールドの組織的植民論の本質であった。この未開墾地有償売却の在り方をめぐって，ウェイクフィールドが植民協会組織内部での対立を誘発し，また既得権益と衝突し挫折する過程については，Semmel, *The Rise of Free Trade Imperialism*, *op.cit*., chap.5 の詳細な記述を参照。

ラブでも以前に議論されていた[57]。またカナダのニュー・ブランズウィックの国境をめぐって，英米間で対立が先鋭化していた。『植民術概観』では以下のように論じられる。

すなわち，ある論者は，ニュー・ブランズウィック植民地の一部，またそのすべてを失っても，それはイギリスにとって利益であると主張している。なぜなら，ニュー・ブランズウィックは「市場として以外は役に立たないから」，またもしそれが独立しても，現在と同じく良き市場であろうから，「われわれは貿易をするために一国を領有する必要はない」，とも結論されている[58]。また英領植民地としてのその領有に伴う防衛費用や，外国との衝突が害をもたらす危険も指摘されている。しかしながら，植民地の領有はそれに伴う貨幣コスト以上に重要なものをイギリスに与えることを強調しなければならない。すなわち，「植民地領有はイギリスの強大な力という威信によって諸外国を畏怖させ，また人類にその存在を銘記させ，こうして世界平和の維持をわれわれに可能にさせる。……〔植民地領有の〕利益は，イギリスによるこの巨大な帝国の領有こそがイギリスという名に真実のまた強大な力を，すなわち，世界に現存するなかで最大の力を与えるのである」。

さらに以上の議論に加えて，ウェイクフィールドが強調するのは「イギリス〔本国〕への愛情という英植民地における支配的感情」の存在であり，「帝国に対する植民地の忠誠心の強さ」であった。「英植民地においては，ともかくも，イギリスへの愛情と英帝国に所属するという誇りは，感情を越えたものである」というのが，自由貿易による経済的利益を越えて，ウェイクフィールドが植民地領有の意義を訴えた根底の理由であった。そしてこうした帝国に対する植民地の忠誠を維持するため

57）　おそらく，それは1839年3月7日の経済学クラブ会合で，マカロックが提起した「カナダが独立することによって，もしくはアメリカ合衆国に併合されることによって，グレート・ブリテンの富もしくは繁栄がいやしくも損なわれると考えることに，十分な根拠はあるか？」という問題のことであろう。*Political Economy Club*, *Names of Members 1821: Rules of the Club: List of Questions Discussed, 1833-1860*, Vol.I, London, 1860, reprinted by Nihon Keizai Hyoron Sha, 1980, p.50.

58）　これは，アメリカ独立にあたってジョサイア・タッカー（Josiah Tucker）が唱えた，自由貿易帝国主義の立場に立つアメリカ放棄論と同じ主張である。小林昇「重商主義の解体」『経済学史著作集 Ⅳ』未来社，1977年；Semmel, *The Rise of Free Trade Imperialism*, *op.cit.*, chap.2 を参照。

には，母国の資本と労働の移植を通じて「イギリスが植え付けた，英国への国民的同志愛（the national partisanship）という植民地社会の感情」を保持することがなにより重要なのであった（pp.809-11）。

そうであれば，植民地に母国の母斑を保持する最も確実な方法は，①植民地の領有と，② 母国の資本と労働の植民という二つの要件がともに充たされることであった。ウェイクフィールドにおいては，アメリカに関しては①の要件は失われたが，②の要件は今なお充たされ続けており，イギリスの母斑はなお色濃く保持されていると判断されたのであった。こうして，植民地のなかに独立したアメリカをも包摂するという枠組みのなかで，ウェイクフィールドは穀物自由貿易を通じた帝国内穀物自給を構想することが可能であった。

しかしながら，19 世紀後半以降イギリス以外のヨーロッパからの移民が増大するに連れて，母国の母斑を基礎とする彼の構想の枠組みは修正を余儀なくされるであろう。

第6章

穀物輸入の急増と経済学における「限界革命」

1　穀物法廃止後の小麦輸入の急増 ――W. W. ホイットモア, T. トゥック, J. S. ミル

フランスの経済学者シスモンディは『経済学新原理』第2版（*Nouveaux principes d'économie politique*, seconde édition, Paris,1827）に追加した「小麦取引に関する法律」と題する章で，「もしイギリスの諸港がバルト海と黒海の穀物に対して開かれるならば，イギリスの小麦生産は完全に中止せざるをえないであろう。なぜなら，イギリスの農業がどれほど完全で，また土地がどれほど肥沃であろうとも，イギリスの借地農業者にとって小麦はつねに一定額の費用がかかるが，反対に，ポーランドの農民がどれほど無知で，土壌が不毛ですらあろうとも，彼が生産する小麦はそれを売る領主にとっては一文の費用もかかっていないからである」，と記した。

費用がかからない理由として，ポーランド（ロシア領東部ポーランド）や南ロシアの賦役経営（cultivés par corvées）では，小麦を生産する労働は自らの土地保有という形で前もっていっさいの報酬を一度に支払われており，以降は領主直営地での労働が世代から世代へと義務づけられているので，領主にとっての小麦の費用とは農民に「数百回の棍棒をくらわすこと」にすぎない，と彼は説明した。そしてシスモンディは――第5章で見たアリソンの危惧を先取りする形で――，イギリスが穀物法を廃止して「ヨーロッパのなかでも最も野蛮で最も専制的な政府」で

あるロシアに穀物を依存した場合に，ロシア皇帝がバルト海の諸港を閉鎖してイギリスを飢餓に追い込む危険を指摘した[1)]。

ただし穀物法廃止前のイギリスの小麦輸入に占めるロシアの地位は，全体としてプロイセン（ポーランドを含む）に次ぐ補完的地位を占めるに留まった。イギリスが消費する小麦の供給源はまず国内——既述のように，約90%を占める——，次いでプロイセン，そしてロシアという位置づけであった。S. フェイリーの研究は，イギリスへの小麦供給源として，プロイセン，ドイツ，デンマークを中心とする北西ヨーロッパを「旧供給源」，アメリカ合衆国，ロシア（黒海ステップ地帯），モルダヴィア，ワラキアらを「新供給源」と分類している。

1846年6月に穀物法は廃止された。正確には，植民地産小麦に関しては直ちに1クォータ当たり1シリングの登録関税が適用され，外国産小麦は1849年1月までは廃止前より緩和されたスライディング・スケール関税を適用後，2月からは植民地産小麦と同じく1シリングの登録関税が適用されることになった——こうして植民地特恵は1849年になくなった。穀物法廃止後は，フェイリーの分類に基づけば，「旧供給源」からの年間小麦輸出がほぼ100万クォータ台前半で頭打ちになるのと対照的に1850年代以降には「新供給源」がその地位を増す。ただしロシアからの輸入は1860年には130万クォータ，1872年には過去最高の400万クォータに達するがその変動も大きく——特に1854-56年のクリミア戦争でロシアから小麦輸入は途絶した——，「新供給源」のなかでは，1870年代以降はアメリカ合衆国からの輸入が優位を占める。アメリカでの小麦栽培面積は南北戦争終了後の1866年から1892年の間に3倍近くに増加し，小麦の年平均生産量も2倍半以上に急増した。またニューヨークからロンドンへの小麦輸送費も，70年代から90年代にかけて1/4以下に低下していた。そして1880年代初めには，アメリカからのイギリスへの小麦輸出量は800万クォータと19世紀中のほぼ最大値を記録する[2)]。

1）シスモンディ『経済学新原理』（吉田静一訳『神奈川大学商経論叢』12巻2号）87-88，92ページ。訳文は修正。

2）S.Fairlie, *The Anglo-Russian Grain Trade, 1815-1861*（Unpublished Ph.D. thesis, London,1959），pp.64,84-85,418-19;Fairlie,TheNineteenth-Century Corn Law Reconsidered,

F. エンゲルスは1881年の論説で，アメリカの小麦価格がイギリスのそれを規定し，地代の暴落と農業経営者の没落をもたらすに至った現実を以下のように記している。すなわち，開墾も排水もなしに直ちに耕作が可能で，肥沃な大平原をなす西部開拓がもたらした「農耕におけるアメリカの革命は……運輸手段の革命的変化と相まって，小麦を，ヨーロッパの農業者が――少なくとも小作料を支払うことを予定している限り――誰一人として競争できないほどの低価格でヨーロッパにもたらすことを可能にする。……穀物価格は今やアメリカにおける生産費に輸送費を加えたもので決定されている」，と[3]。

穀物法廃止直前（1841-45年）のイギリスの年平均小麦輸入量は約150万クォータであったが，1846-50年のそれは410万クォータ，1851-55年は470万クォータと急増し，小麦自給率も廃止以前の90%程度から70%台に低下していた。そしてアメリカからの輸入が急増する1870年代末にはついに50%を割り込み，以降世紀末にかけて低下傾向は止まらず20%台にまで落ち込んだ。確かに，人口増加による小麦需要増大のために，小麦輸入増加が直ちに国内小麦生産の減少をもたらしたとは言えない。ただしフェイリーの研究は，国内生産量が1860年代までは増加したという主張を批判している。彼女は，生産量・作付面積統計の欠如を，各地の「検査市場（inspected markets）」での国産小麦の販売量記録――国内生産の25%程度が「検査市場」に記録されていると推定される――で代理し，イングランドとウエールズでの小麦生産量が穀物法廃止以降なだらかな減少傾向を示していることを指摘している。同じく「検査市場」記録に依拠したヴァンフルーの研究も，イングランドでの穀物生産の長期的減少傾向は1840年代に始まったと，ただしオート

Economic History Review, Vol.18, No.3, 1965, p.570; B.R. Mitchell and P. Deane, *Abstract of British Historical Statistics*, Cambridge UP, 1962, pp.100-01; 椎名重明『近代的土地所有』東京大学出版会，1973年，第4章；武田元有「イギリス自由貿易政策とモルダヴィア・ワラキア」（小原豊志・三瓶弘喜編『西洋近代における分権的統合』東北大学出版会，2013年，所収）226，228ページ。輸送コスト全体のなかで輸送費以外の港税，保険料の割合がそれなりの意味をもっていたことは事実だが，輸送費の低下の意義はより大きい。K.G. Persson, Mind the Gap! Transport Cost and Price Convergence in the Nineteenth Century Atlantic Economy, *European Review of Economic History*, No.8, 2004.

3）エンゲルス「アメリカの食料と土地問題」（1881年）大内力編訳『マルクス・エンゲルス農業論集』岩波書店，1973年，94-95ページ。

麦と大麦の生産減少に比して，1870年代までは小麦生産の劇的な崩壊は生じなかったと，結論している[4)]。

こうした穀物法廃止後の小麦輸入量の増加と小麦生産量の停滞・減少傾向を，別言すれば穀物の外国依存の増大を，穀物自由貿易を提唱した経済学者たちはどう捉えたのか――ただし当時の人々には，以下に示すように小麦生産量の減少傾向は明瞭には確認されていない。研究史においても，フェイリーの批判以前は，1860年代までの国内小麦生産の増加が一般に指摘されていた――。

穀物法を批判した人たちは，当初は小麦輸入の急増を例外的な事象として了解しようとした。その典型例を，自らが600エーカーを越える地主で農業経営に関与した，そして下院議員として穀物法廃止を提案し続けた自由貿易論者ホイットモア（W.W. Whitmore）に見ることができる。彼は，自由貿易による製造業・商業の発展が国内農業の繁栄をもたらすことを主張した[5)]。彼は1839年にも反穀物法同盟の中心マンチェスター商工会議所への書簡で，「グレート・ブリテンとアイルランド両国

4） Fairlie, The Corn Laws and British Wheat Production, 1829-76, *Economic History Review*, Vol.22, No.1, 1969; W. Vamplew, A Grain of Truth: The Nineteenth-Century Corn Averages, *Agricultural History Review*, Vol.28, Pt.1,1980,pp.10-12; Vamplew,The Protection of English Cereal Producers: The Corn Laws Reassessed, *Economic History Review*, Vol.33, No.3, 1980, p.391; L. Brunt & E. Cannon, The Truth, the Whole Truth, and Nothing but the Truth, *European Review of Economic History*, No.17, 2013.

5） ホイットモアは選挙民への書簡の形をとったパンフレット（Whitmore, *A Letter to the Electors of Bridgnorth, upon the Corn Laws*, Edinburgh and London, 2nded., 1826）で，① 穀物法廃止が国内製造業の繁栄を通じて，小麦以外にも多様な農産物需要を拡大し，農業改良投資を促し農業の発展をもたらすこと，② 農業経営者は安価な穀物によって利益を得ること，③穀物自由貿易の下での小麦価格は55シリング程度，小麦輸入量は60万クォータ程度と想定され，年間小麦消費量1,300万クォータからすればわずかな割合でしかないし，現在の小麦価格55-57シリングのもとでも農業者から苦境の声はでていないこと，を主張した。その際ホイットモアは，第4章でみたジェイコブの『報告』（1826年）を参照しながら，大陸諸国の小麦輸出の増大には輸送費の増加という壁があること，また地力の維持を保てない粗野な耕作方法に基づく貧国での穀物輸出の継続は「その国を不毛にする」ことを，強調していた。富国では国内での穀物需要の増加が穀物剰余を吸収するのに対して，「習慣的に穀物を輸出するシステムが長く継続するのは貧国だけである」，というのが彼の結論であった。またホイットモアは，将来的には，バルト海沿岸よりもロシアの黒海沿岸から多くの小麦が輸出される可能性を認めているが，① 黒海周辺からの輸出に対する多くの周辺国（トルコ，マルタ，ギリシャ，イタリア，スペイン）での穀物需要の存在，② イギリス市場への距離と輸送リスクを理由に，イギリス市場への大量の輸出には懐疑的な立場をとった。Cf. pp.20,44,50,60-61,75.

の農業地域は極めて広大であるから，人口のほとんど大部分を製造業者にするという考えはまったくもって法外なものであり，大量の，おそらくは重きをなす人口が農業に従事し続けるにちがいない」と述べた——同時に，穀物法という「なんらかの制限的法律で，農業人口の割合を規制できると想像することは無駄である」とも述べた——人物であった[6)]。

その彼は，1849年の小麦輸入が約500万クォータに達し，1クォータ41-47シリングで輸入されている事態について，1849年に公刊した二つのパンフレットで[7)]，この輸入量は予想を越えてはるかに大きかったが，これは「今後二度と起こりそうもない特別な事態」であり，「現在の時期は通例ではなくて例外である」と記している。「イギリス農業はその〔現在の〕後退から短期間で回復し，自由貿易採用によって新たな生命と活力を獲得するであろう」，というのがホイットモアの判断であった。

大量輸入が起こった理由として，彼は幾つかの特別な事情が重なったことを指摘する。すなわち，① 過去10年間の相対的高価格による外国での生産増加への刺激，② イギリスの市場開放に関して外国が「法外な予想」を抱いたこと，③ イギリスでの作柄不良の思惑から，大量の買い注文が出されたこと，④ 1848年革命による大陸での不安定が，穀物を含むすべての資産の損失覚悟でのイギリスへの委託を生み，外国での小麦消費が減少したこと，があげられる。こうしてイギリス市場に供給するために世界中の小麦が「漁り回られた」結果，大量輸入という事態が生まれたと理解された（[Pt.I], pp.3,5; Pt.II, pp.3-4）。

ホイットモアは，穀物法廃止後の通例の事態においては，小麦輸入量は150-200万クォータ，国内価格が高いときには300万クォータになり，小麦価格は48-51，もしくは52シリングに落ち着くと予想した[8)]。

6）　Whitmore, *A Second Letter on the Corn Laws, to the Manchester Chamber of Commerce*, London, 1839, p.26.

7）　Whitmore, *A Few Plain Thoughts on Free Trade, as affecting Agriculture*, [Pt.I,] 2nded., Bridgnorth, 1849; *Ibid*., Pt.II, London, 1849. 以下参照箇所は，[Pt.I], Pt.II と明記して，本文中に示す。

8）　ホイットモアは，1822年の時点では自由貿易のもとで国内価格が平常の年には70-100万クォータ，国内が不作で高価格の年には150-200万クォータの小麦が輸入され，価格

そして彼は，自らが通例の輸入量と見なした200万クォータの小麦は，種子分を含んで約2,000万クォータと見積もられる国内消費量からみれば，如何に少ない割合でしかないかを強調した。自らが大規模な地主でもあったホイットモアは，穀物自由貿易下での外国との競争に対抗する唯一の農業基盤として「ハイ・ファーミング」をあげた。

ハイ・ファーミングにおいては家畜飼育による肥料確保と，それによる単位面積当たりの高収穫とが前提となるから，クローバーや根菜類に加えて，馬や家畜用飼料としての利用される外国産の劣質で安価な小麦の輸入は，むしろハイ・ファーミングの普及を促すものであった。さらに小麦価格低下による労働者の食肉消費の増加もハイ・ファーミング普及の追い風であった。1エーカー当たり3-4頭の家畜を夏の間に飼育しその肥料を確保できれば，「小麦を〔面積当たり〕より大量に生産し，外国の競争をものともしない」状況を生み出せる，とホイットモアは豪語した。「ハイ・ファーミングは，国内での消費者が増加するだけでなくて，〔穀物という〕必要な食料以外に食を享受できるという環境においてはじめて存立できる」のであるから，自由貿易による国内製造業・商業の繁栄はハイ・ファーミングの前提というべきであった。

彼は現在進行中のハイ・ファーミングを構成する要因として，排水の普及，グアノ肥料の大量輸入，化学・地学・工学の発展，蒸気機関と鉄道建設の拡大を指摘した。先進国型農業としてのハイ・ファーミングによる低穀物価格の下での高産出こそ，穀物自由貿易という新たな環境の下でのイギリス農業存続の道であった。あわせて彼は，ロシアからの小麦輸入の継続には，その輸送手段の貧弱さの故に距離が長くなるにつれて輸送費用が大きく増すという理由で，懐疑的立場を示し続けた（[Pt.I], pp.6-10; Pt.II, pp.6,10,16-20,21,25）。

さて，穀物法廃止後の小麦の大量輸入という現実を十分に認めたうえで，なお国内小麦生産の減退に懐疑的立場をとり続けた人物として，トマス・トゥック（Thomas Tooke）をあげたい。トゥックが自由貿易論史上に著名な1820年のロンドン商人の自由貿易請願の起草者であっ

は50-54シリングになると予測していた。Cf.[Pt.I], p.6.

たことはよく知られているが，彼がその『物価史』（全 6 巻）[9]において，銀行学派の立場から通貨問題を論じるとともに穀物自由貿易の意義を主張し続けたこともまた周知である。第 3 章 5 節で紹介した 1821 年農業不況委員会での自らの証言からも明らかなように，トゥックによれば，ナポレオン戦争後の 1810 年代末以降の経験から，イギリスは平年作の年には自給可能であったし，この点は 1836 年の農業委員会の証言からも明らかである（第 2 巻 79,192,217 ページ）。

彼は，1 シリングの関税で自由貿易が行われた場合の小麦価格を一連の年数を平均すれば 1 クォータ 45 シリングと予測し，その時の輸入量を 150-200 万クォータと予想した。これは上にみたホイットモアと同じ輸入数量の予想であるが，予想価格は数シリング低い。そしてその価格水準でも，「その土地が穀物よりも有利な作物に向けられる――人口増加とともにそうなると私は信じるが――ようにならない限りは，耕地面積の減少を恐れる正当な事由はまったくないであろう」と述べられた。この文章の前半の限定は微妙な意味を含むが，1834-36 年の 3 年間にわたって価格が平均して 45 シリングを下回っていた時期の経験では，「わが国の耕作が減少したり減退したりする明らかな傾向はなかった」という記述からして，イギリス農業の衰退下での穀作の減少という事象を意味するのではなくて，むしろ人口増とともに畜産などの利益が増すことを想定していると解釈すべきである（第 3 巻 42,47-48 ページ）。そしてなによりも，以下に見る第 4 巻での叙述がそうした解釈の正しさを裏書きする。

穀物価格の変動における天候や戦争などの諸事情の影響を重視したトゥックは，この 45 シリングという価格水準に関して第 4 巻でこう記した。すなわち，1846 年までの価格変動の考察に基づいて，穀物法がなかったならば小麦価格は過去において 1 クォータ 60 シリングを越えることはなかっただろうし，また最低価格を記録した 1835 年末から

9）Thomas Tooke, *A History of Prices, and the State of the Circulation*, Vol.1 and 2, 1838; Vol.3, 1840; Vol.4, 1848; Vol.5 and 6, 1857, London. 第 5-6 巻はニューマーチ（W. Newmarch）との共著である。本書は全巻が――ただし，第 6 巻末の付録 II-XXXIII を除いて――藤塚知義訳『物価史』，東洋経済新報社，1978-92 年として公刊されている。参照箇所は本文中に翻訳ページを示す。原著ページは翻訳からたどることができる。引用の際，訳文は修正している。

36年初めにおいては30シリングにまで低下していたはずだと考えられる，と。こうして45シリングという予想価格は穀物自由貿易下の最高予想価格（60シリング）と最低予想価格（30シリング）の「中位価格あるいは中心価格（pivot price）」であった。そして彼は改めてこの「およそ45シリングという平均価格は，わが連合王国における耕作を維持しまた徐々に拡張すると同時に，増大する人口の要求をわが国内産と合わせて十分に充たすだけの外国産穀物の輸入をも確保することを可能にさせる，高さであると考えてよいであろう」と記した。ちなみに，各収穫年度（8月1日からの1年間）に国内消費のために導入された——保税倉庫から国内市場に搬出された——外国・植民地産小麦の量は，1840-41年/193万，1841-42年/299万，1842-43年/241万，1843-44年/161万，1844-45年/48万，1845-46年/273万，1846-47年/246万クォータであった（第4巻49-50,444ページ）。

ところが上述のように，1849年の小麦輸入は500万クォータに達した。第5巻に示された表によって，上記の輸入量に続ければ以下のようになる。1846-47年/280万[10)], 1847-48年/318万, 1848-49年/530万, 1849-50年/426万，1850-51年/601万，1851-52年/380万，1852-53年/574万，1853-54年/646万，1854-55年/298万[11)]，1855-56年/323万クォータである（第5巻57,131,200ページ）。第3巻（1840年）の予想を大きく上回り，また第4巻（1848年）で眼前にした量をもさらに超える量であった。しかも1848年にはカリフォルニアで，1851年にはオーストラリアで金鉱が発見され，さらに1854-55年にはロシアとの戦争で55年のロシアからの小麦輸入はゼロとなる——1853年には107万クォータと過去最高を記録していた——という，輸入量ならびに価格に影響する新たな変動要因が生じている。こうした状況の変化を見たうえで公刊された第5巻（1857年）で，トゥックは以下のように述べた。

大量輸入をもたらした要因としては，もちろん穀物法廃止をあげなければならないが，① 1847/48年から1853/54年の7年間の国内の作柄が1849年度を除いて押し並べて不良であったこと，さらに② フランスでは豊作で価格も低かったことがあげられる。ベルギー・プロイセンも同

10）第4巻の数字より34万クォータ多いが，そのまま記載する。
11）287万クォータと記されている箇所もある。

様の状態にあった。特にフランスからの小麦輸入は異常に大きく，穀物法廃止の前年の1845年には36,000クォータでしかなかったが50・51年度には115万・119万クォータと激増している。フランスでの小麦価格も1843-47年の平均からみれば1848-52年のそれは3割程度低かった。ではこうした特定の状況下での小麦の大量輸入はイギリス国内での小麦生産を減らすことになったのか。トゥックは，大量の小麦輸入が国内生産に取って代わったという主張と，大量の小麦輸入は従来不十分にしか小麦を食べられなかった人々の小麦パンの消費増大に吸収された――したがって国内生産は減っていない――という二つの対立する両極端な見解[12]にふれて，後者の見解に「きわめて曖昧で不確かな」内容が含まれていることを指摘しつつも，「前者が最も明白に支持し難いものである」と結論づけた。彼は1845-55年の間の小麦作付面積の増加は「おそらくわずかなものであった」と述べたが，その減少には言及していない。

さらにトゥックは，1840年のいわゆるピュージー（Pusey）法として知られる，継承的不動産所有者に対する土地改良のための借入金制度創設，さらには1846・50年の同制度拡充がもたらしたイギリス全土での排水設備普及の効果を高く評価するとともに，排水設備の必要な広大な土地がなお残されていること，さらにアイルランドでもその成果が著しいことを強調している（第5巻61-67,69-70,179,181-87ページ）[13]。そのうえで彼は，穀物法廃止後のイギリス全土での農業改良の進展をこう誇って見せた。

すなわち，「連合王国の土地への大量の資本投下は，このわずか数年の間に永久的な土壌改良のみならず，農耕作業の各部面にわたっても実施されてきた。これまでよりもいっそう完全で強力な機械や器具が導

12）トゥックは後者の見解の代表者として，[A. Russel], Consumption of Food in the United Kingdom, *Edinburgh Review*, Vol.99, No.202, 1854をとりあげ，「自由貿易のもとでイギリスの住民は，以前よりも1/3近くも多くのパンを食べている」というラッセルの主張を批判している（第5巻68-69ページ）。

13）法令の助けを借りて地主の土地改良投資が増大し，さらに土地改良資金の対象が排水以外にも，灌漑，築堤，囲い込み，開拓，農場住居，道路・鉄道建設など次々に拡張された事実については，椎名重明『近代的土地所有』前掲，102ページ以下；D.C. Moore, The Corn Laws and the High Farming, *Economic History Review*, 2ndseries, Vol.38, No.3, 1965を参照。

入され，より良質な肥料が使われるようになった。借地条件の改善について議論がなされ，それが実施される場合も生まれてきた。そして一般的結果として，これらの改良は富裕な実験者に限定されていたのではなくて，多かれ少なかれ普通に行われるようになった」。これはホイットモアと同じく，穀物法廃止後に国家の法令という助けを背景にハイ・ファーミングが普及し進展している事態を記したものである。以下の記述が，1857年においてもトゥックが穀物法廃止以前の自らのスタンスを維持し続けたことを確証している。すなわち，将来の小麦の輸入量については，その金額で表せば，「かなり減少する可能性」がある，なぜならば，この10年間のイギリスでの作柄の不良は異例であり，今後は好天候に恵まれると思われるからであり，さらにいっそう重要な要因として，上記のハイ・ファーミングにつながる農業改良の結果，「わが国の穀類の生産が増加する」からである[14]（第5巻187-88,218ページ），と。

自らの理論的枠組みのなかでは穀物輸入の限界を指摘し続けながらも，穀物輸入の急増という現実を了解するために，イギリス資本による新社会での穀物生産増加という論理的逃げ道を用意した例をJ.S.ミルの『経済学原理』に見ることができる。『原理』は1848年に公刊後，1871年の最終版まで7回版を重ねた。引用は最終版から行うが，この論点に関しては初版からの大きな内容的変化はない。穀物法廃止後の，特に60年代の穀物輸入の増大も，長期的な収穫逓減法則に基づいて外国からの穀物輸入の限界を指摘するという『原理』の主張には影響しなかった。それは，自らの現状理解の枠組みのなかに資本輸出という切り札が

14）　トゥックは，第4巻で示した45シリングという中位の価格水準が，「耕作の継続あるいはおそらくその拡張と両立すると，あらゆる理由からして十分想定されうる価格」であるという1848年での自らの予測の正しさを，57年においてもこう確認している。金の価値の不変と平和状態の継続という二つの前提をおけば，「穀物取引の動向についてのその後の〔1848年後の〕経験のなかには……1847年末に私があえて提起した予測に関する見解の正しさを大きく損なうと思われるものはなにもない」（第5巻191-92ページ），と。そしてトゥックは，45シリングという中位の価格の上限である60シリングを越えた事態をロシアとの戦争と和平交渉の局面とが与えた影響に求めている（第5巻52ページ）。また金鉱発見による金属通貨流通の1/3にものぼる増加は，有効需要の増大を通じて生産手段の改良と拡大，そして商品生産の増加を生んだから，一般物価水準に大きな影響を与えていない，と理解された（第6巻161,174-76ページ。ただしこの箇所はニューマーチが執筆）。

用意されていたからであったと思われる。

『原理』第1編「生産」第12章「土地からの生産増加の法則」は，その第2節で「経済学において最も重要な命題」である農業における収穫逓減法則を説明し，第3節でそれへの対抗要因として農業改良——狭い技術的改良に留まらず，政治・土地所有諸法・教育の改善をも含む，広く「文明の進歩」——をあげている。続く13章では，収穫逓減を表す「土地の不足」への対抗要因としての農業改良も，人口増加の自然的傾向に比べればその効果は一時的であることが結論される。さらにミルは，同章第3節「人口制限の必要は穀物自由貿易によって解消されない」（強調は引用者）で，農業改良の効果の一時的性格を克服する方策として外国穀物輸入をあげるが，自由貿易による穀物輸入に関してもその限界を以下のように指摘する。

すなわち，① 一般に，イギリスが穀物を輸入する外国の土地は海岸もしくは河川に接した人口稠密な地域であり，余剰穀物は多くない。しかも輸出国でも収穫逓減が働く。②「旧国」に属するポーランド・ロシア・ドナウ川流域では，「人口が農奴から，あるいは奴隷のような境遇から抜け出したばかりの農民から構成され」ており，外国からの穀物需要が増加しても，それへの対応はきわめて緩慢なものにすぎない。③「旧国」での資本不足をイギリスからの資本輸出で補おうとしても，「多大な実質的不利益にも相当する幾多の困難」が存在する。言語・風習・社会制度など無数の障害が資本輸出を妨げるし，またイギリス資本で穀物生産が増加しても同地での増加人口が剰余を吸収してしまう。④ アメリカ合衆国やオーストラリアといった新開地では国内での資本増加は順調であるが，人口増加もまた異常な速度で進行しており，間もなく穀物余剰は吸収されるし，またそれらの国でも収穫逓減が生ずる。⑤ こうして，「人口増加が改良の進行よりも急速である時にはいつでも，勤労に対する収穫逓減の法則は，食料を自給自足する国に当てはまるだけではなくて，食料の最も安価な供給が可能などんな地方からでも食料供給を引き出そうとしている国にも，実質的にまったく同様に当てはまる」，と[15]。

15）J.S. Mill, *Principles of Political Economy with Some of their Applications to Social Philosophy*, 7th ed., 1871, in *Collected Works of J.S. Mill*, Vol.2, University of Toronto Press, 1965,

こうして穀物価格低下の二つの原因としてリカードウがあげた農業改良と穀物輸入とは，ミルにおいては，人口増加圧力に対するその効果の限界が指摘された。物理的自然の性質をもつ「生産」論（=「富の生産，すなわち大地の材料からの人間の生活活動・享楽手段の採取は，明らかに恣意的になしうるものではない」。Vol.2, p.21. 訳第1分冊61ページ）では，人為的変更が可能な第2編以降とは区別されて，収穫逓減法則の長期的貫徹が前面に出るのである。

だがここまでの議論では，アメリカや植民地といった新開地でも収穫逓減という重しが存在するにしても，そこでの異常な速度での人口増加に対抗してイギリスからの資本輸出がなされた場合の安価な穀物輸出の可能性に関しては，議論の余地は残されていた。それが論じられるのは第4編「社会進歩が生産と分配に及ぼす影響」である。

ミルは『原理』第4編でも，社会進歩に伴う利潤の低下傾向を阻止する要因として，賃金引き下げを可能にする安価な食料輸入に関して第1編と同様の議論を行った。すなわち，穀物自由貿易によって，イギリスの利潤率の維持はもはや「自国自身の土壌の肥沃度」という限界を脱して，全世界の土壌に依存するようになった。そしてイギリスが現行の人口増加を続け年々増加する穀物輸入を必要とするならば，この穀物供給の増加分は，① 穀物輸出国での大規模な農業改良か，② 輸出国での穀物生産増加のための大きな追加投資なしには実現されない。だが第1編と同じく，ミルは①の農業改良には期待を寄せない。それはきわめて遅々とした進行でしかない。なぜならポーランドやロシアを中心とする「ヨーロッパの食料輸出国の農業階級は無知蒙昧」だからであり，またアメリカ合衆国やイギリス植民地では「これまで実施された改良のうちでそれぞれの土地環境に適する限りのものは，すでに多くを所有しているからである」。

そして②輸出国自身での追加投資についても，ミルは否定的な見方を示した。すなわち，ポーランド・ロシアなどでの資本増加は遅々としているし，アメリカでは資本増加は急速だが人口増加より急速ではないからである。アメリカでの穀物増産のための追加資本として存在するもの

pp.192-93. 末永茂喜訳『経済学原理』第1分冊，岩波文庫，1959年，358-59ページ。引用箇所は本文中に示す。

としては，従来は工業化に向けられていた資本で，イギリス向けの穀物生産に転用可能な部分にすぎない。こうして「このように限られた供給源では，グレート・ブリテンのような急速に増加しつつある人口の増加需要に歩調を合わせることは，農業に大きな改良が行われなければ期待できない」，と。

ところがミルは，ここで切り札として，イギリスからの資本輸出による穀物輸出国での生産増大に期待をかける。上の引用文に続けてミルはこう記した。すなわち，「もしイギリスの人口と資本とが現在の速度で増加するとすれば，その人口に対する食料を安価に供給し続けることを可能にする唯一の方法は，その食料を生産するために他国に資本を送り出すことである」，と。具体的にはそれは，利潤の低下傾向に対する「対抗要因の最後のもの」としての，植民地ならびに外国への資本の輸出による「安価な農産物の大量の輸出者になる植民地建設」か，もしくは「旧社会の農業の拡張，もしくは改良」（Vol.3, pp.745-46, 訳第4分冊，86-88ページ）であった[16)]。このうち，旧社会への資本輸出の効果はすでに否定されているから，結局，新社会であるアメリカや植民地への資本輸出が，イギリスへの穀物輸出の増加可能性として残された。

ミルは，新社会への資本輸出による穀物輸出増加可能性とそこでの収穫逓減法則という重しの先延ばし可能性という論点について具体的に議論を進めることをしなかったが，資本輸出による新社会での穀物輸出増加の可能性は，穀物法廃止後の新しい現実に対する，経済学の「原理」の内部でのミルなりの対応であったと評価できる。

2　穀作から畜産へ ――ジェイムズ・ケアード

経済学の「原理」の内部で新しい事態に対応したミルとは異なって，ホイットモアやトゥックの議論を越えて進行する現実に直面し，具体的対応策として穀作から畜産へのイギリス農業の転換を主張した人物がジェイムズ・ケアード（James Caird）であった。1850年代の年平均小

16)　ミルの資本輸出・植民に関しては，杉原四郎「自由貿易・保護主義・植民」（杉山忠平編『自由貿易と保護主義』法政大学出版局，1985年，所収）の優れた分析を参照。

麦輸入量は450万クォータであったが，60年代には800万クォータに，70年代には1,180万クォータにものぼり，自給率も5割を割り込むという現実が生まれていた。ケアードはハイ・ファーミングの提唱者として知られた農業経済学者で，1848年には『自由な借地契約の下でのハイ・ファーミングは保護に代わる最良の代替物』という著作で，外国との競争に対抗するものとして穀物法廃止後の農業改良の進行に，そして穀作から畜産への重点の徐々の移動に期待を寄せていた。外国穀物の安価な輸入とグアノや骨粉といった輸入肥料の増大とは，地主と農業者の注意を野菜，酪農品，食肉といった新たな分野へと向ける必要を生んでおり，さらに鉄道の発達が全国各地を一挙に市場に結合して「イギリスの農業システム全体の全面的変化」を要請している，というのがケアードの力説するところであった[17)]。

さらにケアードは，1850年には『タイムズ』紙が組織した穀物法廃止後のイングランド各地の農業事情視察の責任者として同紙に連続寄稿を行い，それをもとに『1850-51年のイギリス農業』（1852年）という著書を公刊した。そこで彼は，穀作から畜産・野菜への転換の意義を以下のように結論した。すなわち，

> 「一国が繁栄するにつれて，穀物と家畜との相対価値の格差は徐々に広がるであろう。野菜類と食肉，乳牛用の秣と牧草の生産は，以前は都市近郊に限られていたが，都市の数が増えまたその人口が多くなるにつれて必ず拡大するであろう。交通の発達がこの傾向を強めるにちがいない。領土が限られ，ますます数を増す工業人口を抱える島国イギリスの位置は，住民とその家畜のための毎日の，また毎週の供給に必要な新鮮食物，動物，野菜，そして秣が生産される範囲を年々拡大している。それらは嵩が大きく，また新鮮なうちの消費が必要であるという両方の点からして，遠隔諸国からは輸入できない。新鮮な肉，牛乳，バター，野菜類，そして秣といったものがこの種のものである。それらはイギリスの気候と土壌双方にきわめて適しているので，わが国ほどうまく生産できる国はない。羊毛

17）　James Caird, *High Farming under Liberal Covenants the Best Substitute for Protection*, 2nd ed., Edinburgh and London, 1849, pp.25-26.

も他の農産物と同じくその価値の点で増加している。……さてこれらすべての生産物は，かなり多くの労働の雇用ときわめて入念な世話・熟練・注意とを必要とし，また面積当たりにして穀物生産に要するよりも大きな資本投下を必要とする」。

畜産と野菜類栽培の経営上の優位は，穀作と牧畜の混合農業が行われるミッドランド・西部諸州でのエーカー当たりの地代額が主に穀作農業が行われる東部・南部沿岸諸州でのそれよりも高いという現実に表れている。土壌の肥沃度の差ではなくて，主要作物の価値のちがいがそうした事態を生んでいるというのが彼の理解であった。

しかし同時にこの著作のなかには，穀物生産高の現状維持を見込む文章も置かれていた。すなわち，「こうして徐々に牧草地が増大し，またより広い面積で食肉と野菜が生産されても，年々の穀物生産高は，より良好な耕作のためにより少ない面積の土地でも面積当たりより多くが産出されるので，ほとんどもしくはまったく減少しないと，われわれは予想すべきである」[18]，と。

そのケアードが，1858年のアメリカならびにカナダ農業の視察を経て[19]，さらに1866年にようやく実施された全国農業統計調査結果をもとに公刊したのが，『イギリスの毎日の食物』（1868年）であった。そこでは小麦消費の1/3――穀類全体では1/4――を輸入に依存するに至った現実が以下のように語られる。

① この10年間にスコットランドとアイルランドでは，小麦作付面積が半減しており，生産対象が急激に変化している。② 1862-66年の平均では，連合王国の小麦消費量は年2,080万クォータ，うち輸入分は678万クォータであり，海外依存が1/3を占める。③ 1867年は1853年以来

18）　Caird, *English Agriculture in 1850-51*, London, 1852, pp.479-81,483,486.

19）　シカゴを河口とするミシシッピ川上部の世界最大の穀物地帯の現状を視察した記録が，Caird, *Prairie Farming in America. With Notes by the Way on Canada and the United States*, London, 1859である。ケアードはこの著作で，厳しい競争に曝されているイギリス借地農がその若者をアメリカに移民させ，「彼らが肥沃な土地の所有者となり，また国内の土地では稠密な人口の需要にもはや応じきれなくなった旧国の必要を充たすことが利益をもたらしうる」時が来た，と述べた。ヨーロッパでの一連の不作とロシアとの戦争による黒海からの輸入の途絶とが，アメリカの穀物地帯の小麦価格を一挙に2倍にして小麦生産に莫大な利益をもたらし，シカゴでの穀物取引の急拡大を生んでいた（pp.3,32-34）。

の厳しい不作で，国内生産は970万クォータと，豊作であった1863年の6割程度しかなく，自給率は5割を割り込んだ。④ 1855-66年の期間の小麦輸入源はアメリカ合衆国35%，ドイツ20%，ロシア17%，フランス12%，エジプト6%，その他10%である。とりわけアメリカからの輸入増は著しく，「アメリカの輸出能力がどれほど巨大であるかは予測も付かない」。「われわれは大西洋の対岸にいる二大アングロ・サクソン人を結び付ける利害が大きくかつ相互的なものであることを希望する」。⑤ 輸入依存度は，穀類全体では1/4であるが，牛肉・羊肉では1/9，バター・チーズでは1/5，ジャガイモではゼロである。しかもパンの価格は1850年以降変わらないのに対して，食肉・酪農品・羊毛価格は，輸入増加にもかかわらず50%上昇している。また穀類については，1835年以降小麦価格は12%減少しているのに対し，大麦価格は8%上昇しており，この20年間に大麦作付面積はほぼ2倍になっている。

そしてケアードは，こうした事実は上に引用した『1850-51年のイギリス農業』の文章での予測が正しかったことを確証しているとして，こう結論づけた。すなわち，「自由貿易がイギリス国民の食料に与えた効果は，価格を穏当なものにし，そして食料供給の膨大な増加をもたらしたことであった」[20]，と。国内（連合王国）小麦生産高については，ケアードは，1862年/1370万，1863年/1630万，1864年/1500万，1865年/1340万，1866年/1170万，そして1867年/970万クォータという農業調査報告の数字を記載しているだけであるが，アメリカからの輸入増大を歓迎して，国内生産の減退傾向に関しては許容の姿勢を見せたわけである。

さらにケアードは，『イギリスの毎日の食物』から10年後の1878年に『土地利害と食料供給』と題する著作を発表する。そこでは，小麦輸入の急増――ただし1870年代の小麦平均価格は60年代とほぼ変わらない。小麦価格の急落は1880年代に生ずる――と国内生産の減少，また畜産物の輸入増大とその結果としての国内での畜産停滞という新たな事態が以下のように示された。

① 1868年以降の10年間で，輸入の増加は食肉で2倍以上，バター・

20） Caird, *Our Daily Food, its Price, and Sources of Supply*, 2nd ed., London, 1868, pp.9-10,18,23,25,29,33,38.

チーズはほぼ1/3，小麦は1/3以上，他の穀類は2倍以上に達しており，この結果小麦の自給率はついに50%にまで低下した。また，大麦・オート麦も約80%，肉類は80%，バター・チーズは50%に自給率はそれぞれ低下した。こうしてイギリスの農産物消費総額に占める海外依存は1/4以上に達している。② 農場労働者は「命の糧」である小麦1ブッシェル（= 1/8クォータ）を得るために，1770年には5日分の労働の稼ぎが必要だったが，1840年には4日分のそれで，そして1870年には2.5日分のそれで可能になった。こうして穀物法廃止時には週1回以上動物性食物を消費できたのは人口の1/3しかいなかったが，現在ではほぼすべての人々が毎日それを食べており，それらの総消費量はこの30年間に――人口増も考慮して――おそらく3倍に増加している。ただし，この増加分の一部は国産であるが，主要には外国から輸入している。

③ こうして「イギリスは現在の外国との関係で言えば，人口が群集する首都のようになりつつある」。すなわち，野菜・ミルク・食肉の日々の供給は近隣の供給に頼るが，穀物や長距離輸送が可能な食料を遠隔地に依存している。④ この10年間に小麦の作付面積と生産高は徐々に減少しており，穀作地の牧草地への転換が徐々に進んでいる。またこの過程は労働節約的機械の導入を伴って行われている。国内でのパンの生産は「ほぼその限界に到達したように思われる」。⑤「イギリス農業は，余剰労働に雇用を見つけてやる手段としての考慮によってもはや影響されてはいない。それは現在では，最小のコストで最大の産出を得るという原理に基づいて，つまり力織機が手織機に取って代わったのと同じ原理によって発展しつつある」，と[21]。

以上の叙述では，輸入増大による農業の不況という認識は前面には出ず，自由な借地契約を実現する土地改良諸法の実施を前提に，イギリス農業の構造転換について比較的楽観的な見通しが示されていた。ところが，ケアードは2年後の『土地利害と食料供給』第4版（1880年）では，「農業見通し」と題する章を追加し，現時の「農業大不況」の現実を以下のように記すことになる。

21） Caird, *The Landed Interest and the Supply of Food*, 1st ed., London, Paris & New York, 1878, pp.5-6,14,30,42,47,65,92,143.

① 現在，農業者は穀物法廃止以来最も厳しい不況に喘いでいる。多くの農場では，借地人がなくまた耕作もなされていない。1879年の小麦収穫は量・質ともに極めて悪かった。また青刈り作物・干し草も不作で家畜の飼育状態も悪化した。またこの10年の間に小麦生産高は年間収穫の1/4以上，金額にして3,000万ポンド減少した。② 一方アメリカの小麦輸出は，この10年でそれ以前の10年の3倍に増えた。現在アメリカの小麦作付面積は連合王国の10倍であり，小麦生産高は4倍以上である。西部開拓に伴い，アメリカでの小麦ならびに穀物価格はこの8年間で30-40%下落したが，作付面積はこの16年間で50-60%増加している。またトウモロコシ生産の急増は家畜頭数を含めて，アメリカの農業発展の無尽蔵の拡大能力を示している。畜牛頭数は連合王国の3倍以上である。

③ しかもアメリカに加えて，カナダのマニトバ周辺と北西部の肥沃地帯の開発が進んでおり，鉄道建設と河川・海上輸送の改善が輸送コストを激減させて，イギリス農業者に対する「自然的保護」を半減させている。イギリスの小麦生産は「規則的な施肥と注意深くまた費用のかかる耕作」を必要とする――「ハイ・ファーミングは飼料と肥料のための支出を大きくした」――のに対して，カナダでは「その肥沃な処女地は多年にわたって肥料なしで，また労働もほとんど要さずに穀物の生産を可能にしている」。④ さらに外国（アメリカ，カナダ，南米，オーストラリア）との競争はあらゆる種類の畜産物に及んでいる。この3年間の穀類全体の年平均輸入額は6,000万ポンドを越えたが，羊毛を含んだ畜産物輸入も，冷蔵輸送技術の開発によって同額に達した――ただし，食肉・バター・チーズでは約3,900万ポンド――。

ケアードはイギリス農業の変化の必要を改めてこう表現した。

「われわれはもはや自分自身を騙してはならない。農業の地位に大きな変化が差し迫っている」。「広い地域で牧畜が穀作に取って代わるであろう」。このプロセスは現在進行中であるが，牧畜に適した地域ではその速度を一気に増すであろう。「国民はパンと食肉とに支出する割合を急速に変えつつある。パン屋が減り，肉屋が増えつつある」。「イギリス農業はこうした変化に適応しなければならない」[22)]。

1876-78年から1893-95年にかけて，イギリス（連合王国）の小麦生産高は1,071万クォータから687万クォータへと大幅に減少する。小麦自給率は1893-95年では23%に低下した。これが穀物法廃止から半世紀後の国内での小麦生産の状態であった。ケアードが穀物法に代わる保護として未来を託したハイ・ファーミングもその役割を果たせなかった。一方，肉類生産高は同時期に133万トンから137万トンへと停滞し，また羊毛生産高は13%減少し，牛乳生産高も6%しか増えなかった。こうして，1893-95年では牛肉の自給率は73%，豚肉は51%，羊肉は74%，乳製品は49%，羊毛は26%に留まった[23)]。ケアードが穀作に代わるものとして未来を託した畜産も，穀作の衰退を補って農業全体の繁栄をもたらすことはできなかった。

3　自由貿易による繁栄と限界効用価値説——W.S. ジェヴォンズ

穀物法の廃止は自由貿易時代の到来を象徴した。上述のように，1849年に残された1シリングの登録関税も1869年には蔵相R. ロウによって廃止される。こうしてイギリスでは，1902年に1年間だけ復活した登録関税を除けば，1932年まで穀物輸入にはまったく関税がかからなかった。アダム・スミスは『国富論』で，イギリスで自由貿易が完

22）　Caird, *ibid.*, 4thed., 1880, pp.157-63,168,169,174-75. ケアードは1880年・81年のロンドン統計協会会長講演で，アメリカからの穀物・食肉などの輸入の急増と1870年代の一連の不作が，イギリス農業資本総額の約1/3にあたる1億2,000万ポンドもの損失を生んでいること，また牛・羊頭数も1874年をピークにして減少していることを指摘しながらも，持論であるハイ・ファーミングに基づく混合農業と自由な借地契約を実現する土地関連諸法の実施となお期待をかけ続けた。The Opening Address of James Caird, *Journal of the Statistical Society*, Vol.45, Pt.4, pp.629-32.

23）　1860年代末から20世紀初頭にかけてのイギリス農業の生産高（金額）を穀物・野菜類を含む耕種農業と牧畜農業とに分けて示せば，前者は1億114万ポンドから6,195万ポンドへと大きく減少した。小麦に至っては，3,538万ポンドから772万ポンドへと激減している。1894-1903年の平均では小麦生産額は大麦生産額を下回った。また畜産物生産額は1億2,676万ポンドから1億4,618万ポンドと増加したが，1870-76年の1億5,487万ポンドからは減少している。椎名重明『近代的土地所有』前掲，175-76,179ページ。

全に実施されるのを期待するのは「ユートピア」の建設を期待するのと同じだと記していたし，マルサスも完全な自由貿易の実現は「一つの夢想」だと述べていた。しかしながら，1860 年代にかけてのイギリスは「自由貿易の完成」期であった。

1820 年代のハスキソンの関税改革で，原材料輸入関税の大幅引き下げと完成品関税の最高限度 30% 以下への引き下げが実施されていたが，1840 年代にはピールによって綿花・麻・鉄・鉄鉱石・木材などの基本原料の輸入関税が廃止され，また完成品関税も最高限度が 10% に引き下げられた。また穀物法廃止とともに，畜牛・食肉の輸入関税も廃止された。1849 年には保護主義の主柱の一つであった航海条例も廃止されている。さらに 1853，1860 年にはグラッドストーンによって酪農品・果実などの食料品，半製品・完成品の関税が廃止された。こうして 1842 年には 1052 あった輸入関税品目は 1860 年には 48 に減っていた。このうち関税収入を生んでいたのは，ワイン・茶・煙草・砂糖・コーヒーなどわずか 15 品目にすぎず，しかもこれらは国内で生産されていないか，されていたとしても関税とほぼ同率の内国消費税が課されていた。したがってこれらの関税は歳入確保のためのものであり，国内産業保護という性格はもたなかった。

さらに 1860 年には英仏通商条約が締結されて，フランスはイギリス財に対する輸入禁止の撤廃と関税引き下げを行い，イギリスはフランス製造品への関税を全廃し，ワインなどへの関税を引き下げて植民地特恵を廃止した。しかもこの通商条約には最恵国待遇条項が含まれて，第三国との通商条約締結による関税引き下げが自動的に条約締結国全体に適用されることになった。イギリスは 1865 年までにベルギー，イタリア，ドイツ関税同盟，オーストリア＝ハンガリー帝国と最恵国条項を含む通商条約を結んだから，ヨーロッパ全体に関税引き下げの網の目が広まった。

自由貿易体制の実現による，穀物をはじめとする各種食料輸入の増大は，一面ではイギリス農業に打撃を与えまたその再編を強いたが，他面では国民の食生活を変化・向上させた。また自由貿易の下での経済的繁栄をもたらした。こうした現実を肯定的に把握し，しかもリカードウやミルらの古典派経済学の枠組みを批判して経済学の理論の作り替えを行ったのがW.S. ジェヴォンズであった。

ジェヴォンズが『石炭問題』（1865年）で記した以下の文章ほど，自由貿易がもたらした各種第一次産品輸入という現実を見事に表現するものはない。

「イギリスの経済学者たちが提唱した，またイギリスの石炭資源という物的基礎に依拠した自由な通商は，地球上の諸地域をイギリスに対する自発的な貢納国（our willing tributaries）にした。……北アメリカとロシアの平原はわれわれの穀物畑であり，シカゴとオデッサはわれわれの穀物倉庫である。カナダとバルト海沿岸はわれわれの木材用の森林である。オーストラレイシアにはわれわれの牧羊場があり，南アメリカにはわれわれの牛の群れがいる。ペルーは銀を送り，カリフォルニアとオーストラリアからは金がロンドンに流れ込む。中国人はわれわれのために茶を栽培し，われわれのコーヒー，砂糖，香辛料のプランテーションは東洋のインド地域全体にある。スペインとフランスはわれわれのぶどう園であり，地中海沿岸はわれわれの果樹園である。そして以前は合衆国南部におかれていたわれわれの綿花畑は，今では地球上の温帯地域の至る所に拡大している」[24]。

『石炭問題』は，現在の繁栄の絶頂をもたらした産業革命によるイギリス経済の発展が石炭を動力源とする製造業の成長に依拠してきたことを指摘し，枯渇性資源としての石炭の有限性に警鐘を鳴らした著作である。19世紀初めから1人当たりの石炭消費量は4倍に増加し，このままのペースで石炭消費を長く継続することは「経済的に不可能」である――「わが国の炭鉱の枯渇は〔物理的なそれではなくて〕石炭の産出コスト，すなわちその価値と同じ歩調で示される」。したがって問題は，他国に比した石炭価格である――，とジェヴォンズは主張する。

同時に『石炭問題』は，自由貿易による世界との通商の拡大がイギリ

24）W.S. Jevons, *The Coal Question; An Inquiry concerning the Progress of the Nation, and the Probable Exhaustion of Our Coal-Mines*, London and Cambridge, 1865, reprinted by Palgrave, 2001, pp.305-06.

ス経済発展の基盤であることを，そして穀物法が廃止されてイギリスの穀物供給が国内生産の制約から解かれた現在，石炭が穀物を獲得するための産業発展の最重要因であることを，その有限性の指摘を通じて改めて確認するものでもあった。「われわれの生活の糧はもはやわれわれ自身の穀物生産には依存していない。あの穀物法の廃止によってわれわれは穀物ではなくて石炭に頼ることになった。穀物法廃止は，少なくとも，石炭をイギリスの主要産品として最終的に認識させる画期となった。――穀物法廃止は製造業利害の優位を刻印した。そして製造業の優位は石炭利用の発展の別名にすぎない」という文章が，ジェヴォンズが『石炭問題』に込めたもう一つの意図を明らかにしている[25)]。

石炭の安価な供給とその利用の熟達と世界貿易の拡大とが，「イギリスという島国の有限な農業地域からわれわれを解き放ち，われわれをマルサス〔人口論〕の教義の外にはっきりと置いた」。こうして貿易の拡大と石炭に依拠する製造業の優位とを基盤にして，イギリスは今や「その境界を今なお測ることも感じることもない豊かな新国に足を広げる入植者」の地位におかれることになった。マルサス人口論の限界を突破するものとして想定される「豊かな新国」とは，アフリカ，オーストラリア，そしてアメリカの入植地であった。イギリスの農業人口の子孫は農村を出て国内の都市か外国で雇用を見出さなければならない。そして国内都市の成長は「それに対応するわれわれの海外での農業植民地の成長を必要とする」。こうしてイギリスと植民地は同一の言語と生活習慣と貿易の相互利益とを共有する「統一体」と見なされなければならない。

ジェヴォンズは「アングロ・サクソンの植民精神」の意義を高く評価した。すなわち，「自由で自発的な移民によって，イギリスの国内人口は移民がなければ不可能な程の高い率で人口を増加させ続けることができた。したがってわれわれは増加する人口を有するだけでなく，増加する〔人口のための〕余地をも有している……。われわれの繁栄が活発に継続すればするだけ，〔植民地という〕自由なはけ口がますます必要に

25)　Jevons, *ibid.*, pp.39,57,150-51. ジェヴォンズの社会成長法則はマルサス人口論の変形であるという指摘が，寺尾琢磨『人口理論の展開』東洋経済新報社，1948年，第6章でなされている。食料供給という観点からは，マルサスの人口：食料がジェヴォンズの場合には人口：食料←産業←石炭として整理されうる。Jevons, *ibid.*, pp.153-54,170-72.

なる」。

海外のイギリス人移民からの食料・原料輸入を保証するものがイギリスからのそれに等しい価値の製造品の輸出であり，こうした製造品輸出を保証するものこそ国内での豊富な石炭の存在とその有効な活用であるという現実を示すことによって，石炭の有限性に対するジェヴォンズの警告がその効果を増すことは明らかであろう。しかしジェヴォンズは，イギリスと植民地という「統一体」が孕む不安定さの原因をイギリス国内での石炭の有限性に限定してはいない。不安定さの原因は植民地にもある。それは，植民地での将来の農業収穫逓減が，特にアメリカで豊富に存在する石炭ならびに鉄資源の開発と結び付いて，植民地で「工業システム」を興隆させることである。

> 「われわれの商業上の地位を最もはっきりと脅かすものは〔合衆国での〕工業システムの興隆と結び付いた農業の衰微〔収穫逓減〕である。合衆国では穀物が高くなり，他方でイギリスでは石炭と鉄が高くなる。こうしてイギリスと合衆国との産業の状態が均等に近づき，貿易の利益が減少するであろう。イギリスはアメリカから穀物を買わないし，アメリカに鉄製品を売らないであろう。そして同時にアメリカは，鉄やその他の粗製原材料に関してヨーロッパ市場で，また繊維製品や有用な製造品全般に関して全世界の市場で，イギリスに取って代わる傾向をもつであろう」[26]。

こうした事態の到来までにはなお時間があるが，合衆国でのモレル関税のような誤った保護政策がその時期を早める危険は存在する。またミルの『経済学原理』が途上国での工業保護の意義を認めたことは，まったくの誤りであった。いずれにせよ『石炭問題』が強調したのは，国内での石炭資源の有限性と植民地での収穫逓減と工業化といった，アングロ・サクソンの「統一体」を不安定化させる要因が顕在化するまでになお猶予がある現在において，これらの要因の存在を正しく認識することであった。

26）Jevons, *ibid*., 315,320. ジェヴォンズの植民論については，J.C. Wood, *British Economists and the Empire*, Croom Helm, 1983, pp.100ff. も参照。

『石炭問題』の最後の文章は，ジェヴォンズが，現在が繁栄の絶頂であることを認識したうえで，イギリスの将来についてオープンな立場をとったことを示している。「わが帝国と民族はすでに世界人口の 1/5 に達しており，新興諸国への植民と海域の保護と商業の拡張と公正な法に基づく安定した体制と，とりわけ新たな技術の普及とを通じて，イギリスは人類の進歩を際限のないほどに鼓舞している。もしわれわれがわが国の富の創造と分配を惜しげもなく大胆に推進する場合には，現世代においてわれわれが達成するであろう有益な影響力はどんなに評価してもしすぎることはまずはないほど大きいであろう。しかしながら，こうした〔世界におけるイギリスの〕高い地位を維持することは物理的に不可能である。われわれは短命な偉大さをとるか，長く続く凡庸さをとるかの重大な選択をしなければならない」27)。

『石炭問題』が明らかにしたように，自由貿易体制の確立のなかでイギリスの人口増加は，国内での穀物生産能力から解き放たれて植民地を含む世界の穀物生産能力に，そして穀物輸入を可能にする国内製造業の生産能力に，最終的には製造業の発展を支配する石炭の存在に依存することになった。ジェヴォンズは，自らが「繁栄の絶頂」と表現し，また世界の国々がイギリスへの「自発的貢納国」化した，穀物法廃止後のイギリス経済の繁栄のなかで増加する小麦輸入について，『石炭問題』では以下の事実認識を示していた。すなわち，1841-50 年の年平均小麦輸入量：289 万クォータ，1851-60 年のそれ：503 万クォータ，1861 年の輸入量：867 万クォータ，また 1842-51 年のイングランドとウエールズの検査市場での国産小麦販売量：511 万クォータ，1852-61 年のそれ：485 万クォータ。彼はこうした数字から「国内での小麦生産はその最高値を過ぎ，それは減少を続けるにちがいない」28) と予測した。1865 年でのジェヴォンズの予測は正しかった。こうした現実のなかで，彼は経

27) Jevons, *ibid.*, p.349. 強調は原文。『石炭問題』第 2 版（1866 年）序文でジェヴォンズは，この著作はイギリスの衰退の必然性を説いたという誤解に答えて，この著作の意図は「われわれは現在のような進歩を長く続けることはできない，ということにすぎない」と記した。「繁栄の絶頂期にある今こそ」,「今日はできるが，明日は今日ほどうまくできないということを，われわれは認め始めなければならない」，というのが石炭の有限性に託したジェヴォンズの真意であった。Jevons, *ibid.*, 3rded., 1906, pp.xxx,xlvi.

28) Jevons, *ibid.*, 1sted., pp.185-86.

済学の理論体系を作り替えることになった。それが『経済学の理論』[29)]（1871年）であった。

『経済学の理論』（以下『理論』と略する）はイギリスにおける「限界革命」を代表する著作とされるが，その理論的特質は，従来の古典経済学の生産と分配を中心とする理論体系に対抗して，個人の効用を基礎とする需要と消費を中心とする体系を建設しようとしたことに求められる[30)]。本書第1-3章でみたように，スミス，マルサス，リカードウの古典経済学においては，それが投下労働価値説もしくは支配労働価値説をとろうが，また生産費説をとろうが，商品の生産に人間の労働が関与し，しかも労働を行う人間の生存，すなわち労働力の再生産のためには穀物が不可欠であるから，商品—生産—労働—人間—穀物という関係が前提にされていた。したがって彼らの経済学のなかではなんらかの形で穀物が位置づけられており，また位置づける必要があった。

だがジェヴォンズにあっては，生産過程は経済学の中心問題にはならず——それは，かろうじて『理論』第4章「交換の理論」でふれられるが，いわゆる限界生産力説の定礎は志向されていない——，こうして穀物は彼の理論体系のなかでは特定の地位を占める必要はない。穀物も財一般のなかに置かれて，特定状況におけるその効用が評価される。『理論』第8章「結論」でジェヴォンズは，人口論は経済学の直接の問題で

29）　Jevons, *The Theory of Political Economy*, 1st ed., 1871, London and New York. 参照箇所は初版を中心に本文中に示すが，必要に応じてH.S. ジェヴォンズ（著者の息子）が編集した第4版（1911年）からも引用する。翻訳は小泉信三・寺尾琢磨・永田清訳，寺尾改訳（第4版），日本経済評論社，1981年を用いる。引用の際には訳文は修正している。多面的な業績を残したジェヴォンズの全体像については，井上琢智『ジェヴォンズの思想と経済学』日本評論社，1987年を参照。また長期を問題にした『石炭問題』でのジェヴォンズの古典派的分析に対し，『経済学の理論』での限界効用価値論を対比する見解（上宮智之「W.S. ジェヴォンズの古典派的側面」『マルサス学会年報』22号，2013年）もあるが，ジェヴォンズ経済学の一貫的理解を志向する阿部秀二郎の研究（「ジェヴォンズの価値理論」，「ジェヴォンズの生産理論」『研究年報　経済学（東北大学）』58巻1号，60巻1号，1996，1998年）も参照。

30）　A.W. コーツ「1870年代限界革命の経済的・社会的脈絡」コリソン・ブラック他編著，岡田純一・早坂忠訳『経済学と限界革命』日本経済新聞社，1975年，を参照。またジェヴォンズにあっては「強調点は，生産において発生する費用，したがって生産の環境と諸条件とに根ざす費用から，需要の方へ，そして最終消費へと移った。すなわち，生産ラインから生まれてくる物が消費者の欲望，欲求，必要を満足させるのに貢献する能力の方に，強調を置いたのである」。モーリス・ドッブ『価値と分配の理論』岸本重陳訳，新評論，1976年，197ページ。

はないと明言し，「経済学の大問題は，……さまざまの欲求と生産の諸力とをもち，かつ一定の土地とその他の物的資源を有する一定数の人口が与えられた場合，生産物の効用を極大にするために労働をいかに使用すべきか，ということである」（p.255. 訳 195 ページ。強調は原文）と記した。この文章が端的に表現するように，彼が経済学の中心問題としたのは，「最小の努力でわれわれの欲望を最大限に充足すること――望ましい物の最大量を望ましくない物の最小量の犠牲で取得すること――，別言すれば，安楽と快楽を極大にすること」（p.44. 訳 29 ページ）であり，それは代替的な用途をもつ稀少な一定の財の最適配分という問題でもあった[31]。

ジェヴォンズにおいては，存在する（すでに生産された）財の個人にとっての効用―最終効用度（final degree of utility）がその価値を規定する。そして最終効用度が（すでに生産された）2 財間の交換比率を決定する。彼は第 4 章「交換の理論」でこう述べた。

> 「パンは生命を維持するというほとんど無限の効用を有し，したがって生死の問題が生ずる場合には，少量の食料もその価値において他の一切の物を凌駕する。しかしわれわれが通常の食料の供給を得ている場合には，一片のパンはわずかな価値しか有しない。なぜなら，われわれの食欲は平常の食事によって充たされており，したがって次に追加されるパンの効用は小さいからである」（p.162 . 訳 120 ページ）。

ジェヴォンズにあっては，効用は生産過程から切り離されて，存在する財と人間の欲求との関係で決められる。「効用は物の性質ではあるが，内在的な性質ではない。それは，人間の欲求に対する関係から生ずるその物の状況（*a circumstance of things*）と説く方が良い」（p.43. 訳 34 ページ。強調は原文）。こうして効用は稀少性（scarcity）と関係づけられる。個人の特定状況におかれたその財の効用が価値を決めることになる。そ

31）　マルサス人口論のジェヴォンズ経済学における不在を強調して，『理論』の特質を端的に指摘する上宮正一郎の「マーシャルとジェヴォンズ」（井上琢智・坂口正志編『マーシャルと同時代の経済学』ミネルヴァ書房，1993 年，所収）に至る一連の研究を参照。

してパンの例のように，限界効用はその量とともに逓減する[32)]。

ジェヴォンズは『理論』第2版（1879年）でも，自由貿易採用以降のイギリスの現状を「絶大な繁栄」（2nd ed., p.21．訳15ページ）と評した。また J.S. ミルが『経済学原理』第5編4章6節で輸入関税の負担転嫁の理論上の可能性を認めた——ただしミルはあくまで理論上の想定として認めたにすぎず，相手国の報復を考慮すれば実際には不可能であると結論している——ことに対しても，「経済学者たるものが，輸入関税を貿易操作の手段として，また交換を通じた効用増加の自然的傾向に対する干渉手段として，賛成する時代は過ぎ去った」（p.139．訳108-09ページ）と厳しく批判した[33)]。さらにまた穀物法廃止後の現実について書かれた，「小麦耕作は全滅しなかったが減退を免れなかった。小麦耕作にあまり適さない土地は比較的に有利な牧畜その他の目的に向けられた。同様に，ホップ・鶏卵・その他の食料の輸入は国内生産量を減らすまで

32）　ジェヴォンズは遺稿『経済学原理』（*The Principles of Economics: A Fragment of a Treatise on the Industrial Mechanism of Society and Other Papers*, ed., and with Preface by H. Higgs, London, 1905, reprinted by Palgrave, 2001）で，戦場と日常生活での水，稀少なダイヤモンドと人工的に製造されるようになったダイヤモンドを例にとってまったく同じ議論を展開している（pp.61-62）。ジェヴォンズにとっては，パンも水もダイヤモンドも，また他の財もみな効用に基づく価値という点では区別はない。

33）　ジェヴォンズは，穀物法廃止時に残された1クォータ当たり1シリングの穀物輸入登録関税の廃止（1869年）に際しても蔵相ロウに以下のような進言をしていた。すなわち，① この税は1シリングと少額であり，国産小麦は非課税とはいえ，救貧対象の境界にあって「その食料のほとんどすべてがパンからなる」——大人1人当たり週12ポンド（約5,500グラム）の小麦を食べる——最貧階層の所得の約1%がこの税によって奪われており，最貧層に不公平に重くかかる税である，② この税は「まさに保護関税」であり，かつ徴税コストが高い，③ この税のために穀物貿易の主要倉庫としてのリヴァプールの興隆が阻害されている，と。Jevons, On the Corn Duty, and the Post-Horse License, in *The Principles of Economics*, *op.cit.*, pp.262-63.

ジェヴォンズは『経済学原理』で，最小の労働で一定の欲望を充たす場合，その欲望の中身は固定したものではないことを示すために，全粒パンの意義について以下のように記している。「すべての階層のイギリス人に広まっている真っ白なパンに対する嗜好は，不健康であり，またきわめて浪費的である。白パンからは小麦の麩は除かれるが，そこには燐酸塩，カルシウム，その他とりわけ青年にとって有益な栄養素が含まれている。……ブラウンパン，また全粒パンはイングランドで通用している乾質で，白く固いパンよりも味が良い。最近発足したパン改革同盟（the Bread Reform League）が白パンに対する馬鹿げた偏見の克服に成功することがおおいに期待される」，と。Jevons, *The Principles of Economics, op.cit.*, p.33. もちろん，この議論もあくまで生産された小麦の消費に関わるものである。1880年に設立されたパン改革同盟については，服部『イギリス食料政策論』日本経済評論社，2014年，56ページ以下をみよ。

には至っていないが，しかしいっそう費用のかかる供給増加の方法に頼る必要を阻止している」（p.183. 訳 140 ページ）という文章も，あくまで後に見る最終効用度が価値を規定することの例証とされたにすぎない。

自由貿易の維持とそれによる安価な穀物の輸入は，個人の効用評価に依拠して快楽の極大化を基礎とする経済学の理論化を進めようとする『理論』においては，不可欠の前提であった。そして明日は今日よりうまくはやれないという『石炭問題』での将来に対する警告にもかかわらず，その明日がいつなのか，またうまくやれないとしてもどの程度やれないのかという問題は，「絶大な繁栄」のなかで『理論』の議論の対象にはならなかった。

ジェヴォンズは，経済学の本筋は富の生産ではなくて富の消費であることを明確に意識して，J.S. ミルが経済学の中心は生産と分配の考察におかれ，富の消費は生産と分配に関わるかぎりでのみ考察される，と述べたことを批判している。すなわち，

> 「経済学は効用の諸条件の十分かつ正確な研究の上に建設されなければならない。そして効用の要素を理解するためには，われわれは必然的に人間の欲求と欲望を吟味しなければならない。こうしてわれわれは第一に，富の消費の理論を必要とする」。「われわれは消費するという唯一の目的をもって生産すべく労働する。そうして生産される財の種類と量とは，われわれが消費しようと欲するものと関係づけて決定されなければならない」（p.39. 訳 30-31 ページ）。

富の消費を第一に置く『理論』が，生産，そして労働に関わることになるのが第 4 章「交換の理論」である。ジェヴォンズは，スミスのいう使用価値と交換価値という言葉の内容を，前者は「一貨物の全部効用」であり，後者は「一物に対する欲求または評価の強度」を表す「最終効用度」に基づいて交換される交換比率であると定義しなおした（p.81. 訳 62-63 ページ）。ここでは使用価値と交換価値の質的相違はなくなり，すべてが連続的な効用変化の総体もしくは最終値として把握される。そのうえで，最終効用度を変化させる要因として消費される財の量の増減を問題にすることで，ジェヴォンズは生産（労働）に関わることになる。

この場合ジェヴォンズにおいては，生産とは新たに財＝富を創造するということではなくて，労働によって物質やエネルギーに効用を与えることと理解される。

「労働〔の量の増減〕が供給を動かし，供給が最終効用度を動かし，最終効用度が価値すなわち交換比率を支配するのである。……つまり，生産費は供給を決定する。/　供給は最終効用度を決定する。/ 最終効用度は価値を決定する」。しかし彼の立場は，労働を価値決定の役割として重視するものではないし，生産費説による価値決定を志向するものでもなかった。すなわち，「〔労働の〕価値は生産物の価値によって決定されるべきで，生産物の価値が労働の価値によって決定されるのではない」(pp.165-66. 訳 123 ページ)。ある財が高い交換比率をもつためにはその財の最終効用度が高くなければならず，いかに多くの労働が投下されても，その財に対する人々の高い評価が得られなければ，その財は高い交換比率をもちえない[34]。

しかも第 5 章「労働の理論」では，労働はその遂行者の快楽と苦痛の関係のなかで捉えられる。すなわち，「労働とはより多量の苦痛を避けるために，もしくは差し引きわれわれにとってプラスとなる快楽を獲得するために，われわれが行う苦痛を伴う努力である」と定義される (p.162. 訳 125 ページ)。こうして労働は快楽と苦痛が同じ大きさになる点まで遂行される――その点までしか遂行されない――ということになる。したがって，工場労働者の実質賃金の上昇は彼らの労働時間の短縮をもたらすと理解されるし，事業活動での成功は仕事への熱意を減らすと理解される (p.176. 訳 135 ページ)。「労働の理論」は，最小の苦痛で最大の快楽を得るための労働供給，労働配分の理論に留まったのであり，分配理論としての賃金論ではなかった。

第 5 章「労働の理論」，6 章「地代（強調は引用者）の理論」，7 章「資本の理論」という標題と配列が示すように，そして第 6 章が差額地代の数学的例証に終始し，また第 7 章では「資本および労働の報酬は相互に無関係」(p.241. 訳 187 ページ) と述べられ (限界生産力説的説明を見ることができるものの) たことから明らかなように，これらの章は生産諸要

34)　阿部秀二郎「ジェヴォンズの生産理論」前掲，28-29 ページ，同「ジェヴォンズの価値理論」前掲，109 ページ。

素の報酬に関する議論のように見えるけれども，分配論としての体系性を欠いていた。

「経済学の将来」（1876年）で自らが記したように，「われわれを生産に導く原理と，分配もしくは消費に適用される原理との間にはほとんど関係がない」というのがジェヴォンズの基本の立場であった[35]。

4　食料輸入の増大と大不況 ――スティブン・ボォーン

自由貿易がもたらしたいわゆるヴィクトリア時代の繁栄は，国民の食生活の向上の面から人々の注目を集めた。早くも1852年の一論説は「国民の状態の改善はすでに始まっている」と述べ，労働諸階級の牛肉・羊肉・酪農品への需要増加が国内での畜産拡大と外国穀物輸入増加をもたらすと予測している[36]。また本章第1節でふれたようにトゥックは，大量の小麦輸入は従来不十分にしか小麦を食べられなかった人々（アイルランド農民をはじめ小麦パンを十分に消費できなかった1,400万人の人々）の小麦パンの消費増大に吸収された――「自由貿易のもとでイギリス国民は〔全体として〕，以前よりも1/3近くも多くのパンを食べている」（強調は原文）――という見解を批判したが，これはこの見解を示したラッセルの論説（匿名。1854年）の統計処理に曖昧で不確かな部分があったからである。自由貿易の利益を強調する点ではトゥックとこの論説とは基本的認識が共通している。この論説は自由貿易の実施――品目によって経由は異なるが，関税引き下げ，貿易独占会社の廃止，植民地特恵の廃止など――以降，小麦消費の他に砂糖，コーヒー，茶の1人当たりの消費量がそれぞれ約2倍，1.3倍，約2倍に増加していることを示したうえで，現在の繁栄をこう誇っている。

---

35)　Jevons, The Future of Political Economy, in *The Principles of Economics*, *op.cit.*, pp.197-98. 井上琢智『ジェヴォンズの思想と経済学』前掲，168-69ページ；上宮正一郎「ジェヴォンズと経済学の基礎」『国民経済雑誌』130巻6号，1974年，93ページ。『経済学の理論』は古典派的接近方法からの離反を表していたが，しかし正統的な新古典派経済学と見なされることになったものからも遠かった。コリソン・ブラック「W.S. ジェヴォンズの生涯と著作（上）」水田洋訳『経済セミナー』315号，1981年，101ページ。

36)　Anon., Labour, Wages, and Food, *Quarterly Review*, Vol.15, May 1852, p.336.

「この10年間，とりわけ最近5年の間に，わが国の商業ならびに社会の歴史上のどの時期にもまして繁栄が大きくなってきた」，と。ここで強調されるのが，この繁栄の享受者は国民の大多数であり，しかもとりわけ貧者にまで繁栄という祝福が及んでいるということだった。「彼らはかつてなにももたなかったが今では幾らかをもっている――彼らはかつてほんのわずかしかもたなかったが今では十分な量をもっている」というのが，この論説の主張の眼目である。例えば砂糖は生活必需品ではないが，人々の安楽にとっては不可欠な食料であり，高所得階層では価格の低下に消費量はそれほど反応しないが，人口の3/4は砂糖価格の低下によって消費量が3倍に増加している，と記している[37]。

同じく『物価史』も1848-56年の概括として，「1852年まで広がった安価な食料と一般的低物価水準との直接の結果として，労働諸階級はその賃金で，今世紀のどの時代よりも大量の必需品と安楽品を支配できるようになった」（第5巻335ページ）と記し，さらに，「労働諸階級および社会全体の資力の年々の増加」が安楽品や奢侈品需要を高めたこと，しかも砂糖・コーヒー・茶・その他の食料品の価格低下がこれら安楽品を越えて，さらに他の商品への支出を高めている事実も指摘している（第5巻433-35ページ。執筆はともにニューマーチ）。

さらに1868年の王立農業協会誌に発表された一論説は，外国からの食肉輸入の見通しについてこう記している。「農業者は外国穀物輸入がほとんど無限に拡大可能なことを，だが外国肉の輸入にはより多くの困難がありそうなことをすでに長く経験している。だが現在では，あたかも地球全体が連合王国の羊と牛とに競争すべく，動物性食料をわが国に送ろうと準備しつつあるように思われる」，と。そして，長い輸送に耐える外国肉の保存方法の改善がオーストラリアや南米からの――品質としては劣るが――牛肉・羊肉の安価な輸入を可能にしはじめており，「国内からの〔高い品質の〕動物性食料の供給が，海外からの〔品質は劣るが安価な〕供給によって補完されなければならないことは確実」であり，労働者や貧困層の外国肉の消費拡大が期待されている[38]。

37） [A. Russel], Consumption of Food in the United Kingdom, op.cit., pp.599,601,625.

38） H. Chester, The Food of the People, *Journal of the Royal Agricultural Society of England*, Second Series, Vol.4, No.7, 1868, pp.110-14.

1850年の1人（イングランドとウエールズ）当たりの1日摂取カロリー量は約2,500kカロリーであったが，第1次世界大戦前（1909-13年）には約3,000kカロリーに増加した。しかも摂取カロリーのうち穀類消費から得られる割合は56%から34%に低下し，他方で食肉・酪農品消費から得られる割合は24%から36%に増加している[39]。この数字は平均値ではあるが，国民の食生活の変化と向上を読み取ることができよう。また1881年の調査では，1人1日当たりの食料・飲料支出金額のなかでは食肉1.87ペンス，パン1.41ペンスと肉が穀物を上回っている[40]。

1883年にロンドン統計協会会長就任演説でR.ギッフェンが強調したように，この半世紀間に労働諸階級の生活状態は顕著に改善し，各種食料品消費の増加のなかで小麦の地位は低下した。貨幣賃金は50-100%増加したのに対して労働時間は20%減少し，しかも小麦価格をはじめほとんどの消費財の価格は，輸入の急増に伴って低下した。価格が上昇したのは，半世紀前は労働諸階級がほとんど消費できなかったが現在では消費量が急増した食肉と家賃のみであった。しかも公衆衛生・教育制度をはじめ公共サービスも改善し，労働者の健康状態は改善し平均寿命も伸びている。そしてギッフェンは小麦に関して以下のように記した。すなわち，「50年前には小麦はなにものにもまして特別な重要性を有していた。そして〔現在では〕小麦はもはやそのように特別な重要性を有していない――われわれは，50年前に人々が小麦について考えたようには考えていない――という事実は，それ自体が重要なことである」[41]，

39）　B. Harris, Health and Welfare, *Cambridge Economic History of Modern Britain*, Vol.2, 2014, p.134. なお，19世紀第4四半期のパン・小麦粉消費の減少と肉消費の増加という傾向は一般的には正しいが，1890-1914年の時期の労働者家庭については当てはまらない，という主張がなされている。D.J. Oddy, *From Plain Fare to Fusion Food*, Boydell Press, 2003, p.58. ただし小麦粉消費のなかにはケーキ・ビスケット・プディングなども含まれており，パン消費が増加したとは言えない。また第8章3節も参照。

40）　John Burnett, *Plenty and Want*, Nelson, 1966, p.97. マーシャルは『経済学原理』初版（1890年）で，1世紀前には労働者階級は肉をごく僅かしか食べられなかったが，現在では価格は当時よりも幾らか高いが，英国史上最も多くの肉を消費している，と書くことができた。A. Marshall, *Principles of Economics*, 1st ed., 1890, p.719.

41）　Robert Giffen, The Progress of the Working Classes in the last Half Century: being the Inaugural Address, *Journal of the Statistical Society of London*, Vol.46, No.4, 1883, pp.602-03. マーシャルは『原理』初版で，19世紀初めには労働者階級は所得の半分以上をパンに支出したが，現在では所得の1/4以下しか支出していない，と書くことができた。Marshall, *Principles of*

と。

こうした穀物に留まらず食料全般の輸入急増によって，輸入全体に占める食料の割合が5割にも達した事実を指摘し，しかもこの事実を1870年代以降のいわゆる「大不況」のなかでの貿易赤字問題として位置づけて議論を展開したのがスティブン・ボォーンであった。ボォーンは世界の食料供給の過去・現在・未来について長らく関心を持ち続けた人物であり，ロンドン統計協会の理事を務めた。彼は同協会誌を中心に一連の論説を発表し，それらを収録した『貿易，人口，食料』(1880年)を公刊している[42]。

この著作でボォーンはイギリスの食料輸入の現状を以下のように記している。すなわち，穀物を含めた各種食料輸入の増大は著しい。1857年には輸入総額に占める食料の割合は39%で工業用原材料よりも少なかったが，1877年には50%に達し原材料を凌駕した。各種食料の輸入金額はこの20年間で6,400万ポンドから1億7,700万ポンドに急増している。これに伴って1人当たりの外国産食料消費額は2.5倍に増え，1人当たりの年間外国産食料消費量は，小麦で78.5kg，食肉で約10kg，バター・チーズ・ラードで5.6kgにのぼっている。こうして小麦自給率は5割を，食肉のそれは8割を割り込んでいる。食料全体からいうと3,300万人の人口のうち1,500万人が外国産食料で養われている（pp.77-78,85-86, 91,93,105）。

だがボォーンは食料の外国依存の高度化自体を不安視する者ではない。それによって「財政的混乱」が生じない限りは，全世界がイギリスの食料に貢献するという事態はむしろあらゆる点で利益である，というのが彼の基本の立場である。というのは，① 工業国としてのイギリスは農産物を輸入することによって工業製品を輸出できる，② 海上輸送の点でのイギリスの支配は，他国との緊密で恒常的な交通を保証する，③ 世界中から輸入される「多様な食料は嗜好を充たし，目を楽しませるばかりか，健康にも資する」，④ 貿易による相互依存の深化は戦争を

Economics, 1st ed., pp.238-39.

42) Stephen Bourne, *Trade Population and Food: A Series of Papers on Economic Statistics*, London, 1880. 本書には，主に1875-80年にかけて発表された16編の論説が含まれる。引用箇所は本文中に示す。

防止する最良の方法である，という理由からである。もちろん，「イギリスが封鎖されれば，すべての物の価格は急激に高騰し，備蓄分はすぐに底をつき，国民の半分は飢えるであろう」。だがこうした惨事はほとんど起こりそうもない。「こうした惨事の可能性自体も……イギリスの炭鉱が枯渇に瀕しているという懸念以上に驚愕を刺激することはない」。

なぜならば，島国というイギリスの地理的位置は地球上のあらゆる地域からの輸入を可能にし，またこれまでのイギリスの富と工業力があらゆる食料の輸入を可能にしてきたからである。しかも貿易赤字それ自体も額面上の数字とは異なる。輸入額には輸送費も含まれるが，輸出額にはそれは含まれない。また輸入に必要な海外船舶の建造の利益もある。さらに輸入額には，国内製造業で加工されて輸出される原料部分も含まれる。加えて海外投資収益や貿易外収益もある。こうして「最近までは，輸入の超過はわが国の海外への請求総額よりもはるかに少なかった。そしてこの請求額と輸入超過の差額がどれほどであれ，それは海外に留まり，イギリスに対する他国の債務を膨張させ，海外での事業に使用されるイギリス資本を増加させた」(pp.61-62, 64,68,94-96,111-12,188)。

ところが，1870年代初めからのいわゆる「大不況」は従来の楽観論では対処しえない事態を生みだしていた。すなわち，「1872年以降連合王国の貿易状態に急激な変化が生じている」。1872年には実質の貿易赤字は4,000万ポンドであったが，1877年には1億4,200万ポンドと激増している。上述のように食料輸入は急増したが，他方工業用原料は1億1,700万ポンドから1億1,900万ポンドと増えていない。人口増加率を大幅に超える食料輸入の増加と工業用原料輸入の停滞という事態は，工業品輸出の伸びを抑えて貿易赤字急増の原因となっている。「イギリスはより多くの食料を購入し，より少ない工業品を販売しつつある」。したがって，イギリスの経済状況になんらかの抜本的な変化が生じなければ，こうした不利な徴候は年々厳しさを増すであろう。「厳しい状況は，イギリスは年々その人口を養うために外国からの供給にますます依存しつつあるのに対し，イギリスの勤労の生産物は食料供給元である諸外国にはますます必要でなくなりつつある，という事実にある」。こうした貿易赤字の増大を無限に続けることはできない (pp.71-73,113,183,186-87)。

ボォーンは現時の不況を以下のように描いた。すなわち，「われわれは内外の商業・工業のあらゆる部門で最大の不況を現在経験しつつある」。しかも農業も深刻な不況下にある。またアメリカをはじめ新興国での工業化の進展は，世界全体の消費需要に比した生産能力の過剰を生んでいる――ちなみに，世界工業生産に占めるイギリスのシェアは1870年には32%と世界一位の座を占めていたが，80年代前半にはアメリカに抜かれて27%に低下していた，また20世紀初めにはドイツの後塵を拝することになる。工業製品輸出額は19世紀中には1873年以前の水準を越えることはなかった――。

こうしたなかで，「深刻な社会革命が差し迫っている，いやむしろそれはわれわれのなかですでに始まっていると言っていい」。農業労働者の賃下げ，地代引き下げ，労働争議，売れない石炭の山，高炉の休止，綿・毛織機の操業短縮などの事態が日常化している。一言で表現すれば「生産者が少なすぎ，消費者が多すぎる」。こうした事態が続けば，「わが国の輸出貿易の衰退は社会状況の全面的変化をもたらすにちがいないし，また国民としてのわが国の衰微はありえないことでもないし，遠いことでもない」(pp.176,195,250,259,260,263,301-02)。

「生産者が少なすぎ，消費者が多すぎる」と現時の不況を診断し，「イギリスは重い病状にある，しかし決して回復不能ではない」と主張するボォーンが提起する対策は，貿易赤字削減のための保護主義ではない。現在保護復活の声が高まっているが，取るべき方策は相互主義，保護，生産削減ではない。「現在の困難は食料に対する支払を充たすに足る販売ができないということであり，〔輸入制限という〕保護はその困難を必ず増大させる」。今後目指すべきは，工業品輸出増である。これにはイギリス人全体の人的能力の陶冶が不可欠である。ただしボォーンが食料輸入のなかで問題視し，その削減を訴えたのが「生命維持に真に貢献することのない」アルコール類であった。アルコールとその原料を含む輸入額は約2,500万ポンドであり，国民の年間アルコール消費額は1人当たり90シリング，国民全体で1億5,000万ポンドにも達しており，「大酒のみという国民的悪弊」が広まっている。アルコールは健康に有害であるばかりか，また国民の人的生産力を低め，さらには犯罪や貧窮を生んでいる。ボォーンはアルコール類への重税を提案している(pp.74-

75,100-01,113,153,158,189,192,302,306)。

しかしながら近年の工業製品輸出の停滞は――そして工業品用原料輸入の停滞は――，アメリカ，ドイツをはじめ他国の工業化の進展と保護主義の拡大がイギリス工業品輸入を不要にし，また減少させていることがその要因となっていた以上，その解決にはイギリスの側での国内的努力だけでは限界があった。ボォーンは，長引く不況の原因が，単に輸入の（特に食料輸入の）急増にのみ――また，アルコール消費の増大が象徴するイギリス国民の生産力的停滞にのみ――あるのではなくて，工業品輸出の増加を妨げる対外的な要因としての外国の保護主義にもあるという現実に目を向けることになった。

1883年の論説ではこう記された。すなわち，世界市場がわれわれに開かれている限りは，食料輸入分を確保するための工業品輸出には問題はない。だが工業品輸出がますます困難になっているという現状においては，「最も熱心な自由貿易論者といえども，外国の禁止的関税がイギリスの進歩にとって有益ではないこと，その結果として貿易の状態は不安を防止するほど満足のいくものではないことを認めざるを得ないであろう」[43)]，と。

そしてボォーンは1886年に発表した論説「外国ならびに植民地での関税が価格と貿易に与える影響」では，イギリス，諸外国，そして植民地の輸出入統計を分析して，イギリスの輸出額の減少は，外国が自国生産者を優遇して禁止的関税を課すことでイギリス工業品の輸入価格を引き上げたことに原因がある，と結論した。もちろん外国の輸入関税引き上げは，価格上昇と資源配分の歪みを通じて当の国の消費者・生産者自身にも害を与えることは明らかである。しかしながら，こうした禁止的な保護関税が広まっている世界のなかで――関税引き上げはアメリカ，ドイツ，フランスに留まらず，カナダ，オーストラリアなど帝国諸国に

43）Bourne, Food Products and their Increasing Distribution, *Journal of the Statistical Society of London*, Vol.46, No.3, 1883, p.449. この論説が発表される2年前の1881年には，他国の保護主義に対して競争条件の平等化を唱えて相互主義を主張する「全国公正貿易同盟（National Fair Trade League）」が結成されて，次章で論ずる関税改革運動につながる運動が高揚している。なお「公正貿易同盟」の主張のなかに帝国特恵が含まれることについては，服部『自由と保護――イギリス通商政策論史（増補改訂版）』ナカニシヤ出版，2001年，第8章を参照。

も拡大している――，イギリス工業品の販売が締め出されているばかりでなく，輸入関税を課した国の製造業で過剰生産を刺激し，それがまたイギリス市場にも輸入されるという事態をも生んでいる。

次の言葉は，自由貿易の利益を信奉しつつも相互主義の声が高まるなかで，長引く「大不況」の原因に外国の保護主義があることを確認したボォーンが発したギリギリの言葉であった。「輸出の減退という結果をもたらしている諸原因のうち〔外国の保護主義という〕少なくとも一つが除去されるまでは，景気回復という望みはあるのだろうか？」[44]。

こうした状況のもとで，ボォーンが最後に頼りにしたのが植民地であった。植民地は食料の輸入元として，またイギリス工業品の輸出市場としてその意義が重視された。1877年でみれば，輸入総額3億9,400万ポンド中外国からは3億500ポンド，植民地からは8,900万ポンド，輸出総額2億5,200万ポンド中外国へは1億7,600万ポンド，植民地へは7,500万ポンドであり，輸出中植民地の割合は30%に達し，現在も増加し続けている。こうして「わが同胞は外国人よりもはるかに良い顧客である」。しかも「現在ほど植民が容易である時はかつてなかった」。以前の植民には征服や現地住民の根絶という行為が伴ったが，現在ではイギリスは「友愛という開かれた手でもって，現地人にイギリスの法律を教え，彼らの無知に対して教育を与え，彼らの弱さを助け，彼らを文明とキリスト教という祝福に導き，こうすることで彼らを直ちにイギリスの友人とし，またイギリスの顧客とするのである」(pp. 130-31,196,290)。

さらに他方で，資本と労働の「過剰」が存在する現在の国内事情からしても，植民は重要である。国内では人間と資本，さらに船舶に余剰がある。植民地の社会的整備に必要な資本，また農業・採掘業・建設業・製造業に必要な器具類がある。教育を受けた青年がいる。一方植民地には豊富な未耕地があるし，あらゆる種類の衣食住の手段がある，またすでに先人によって開かれた道路があるし，郵便・通信手段も整備されている。イギリスは今や植民を通して「剣ではなくて文明という祝福」を与えることができる。過去の略奪的収奪ではなくて植民地の豊かな開

44)　Bourne, Foreign and Colonial Tariffs as influencing Prices and affecting Trade, *Journal of the Statistical Society of London*, Vol.49, No.2, 1886, pp.284, 302-04.

発に身を埋める覚悟の移民者が増加している。「彼らの感情は国外追放者のそれではなくて，祖国の国境拡張者のそれである」。そうして「単一の財政法と諸規則をもつ，英帝国全域にわたる完全な連合（an entire federal union）の形成」は今後に委ねられるが，その形成にあたっては各植民地の状況に応じて財政目的の輸入関税に差が認められるにせよ，その差はできるだけ縮小すべきであり，保護政策は否定されるべきである。「利益の分断や相互の独立という考えはまったく許容されるべきではない」（pp.296-99）。

ボォーンは帝国連合同盟（Imperial Federation League.1884年創設）機関誌創刊号に，帝国内貿易の意義を強調して以下のように記すことになった。すなわち，母国がその帝国構成員の生産物にいっそう依存する時が生まれつつある。「イギリスは帝国のなかにあらゆる気候を有し，現在は外国から入手しているものすべてを帝国から輸入することができる」。インドの茶は中国のそれに，植民地の小麦は合衆国とヨーロッパのそれに急速に取って代わりつつあり，ニュージーランドの肉もそうなりうる。合衆国の広大な土壌と気候は国内交易の完全な自由と相まって国内市場を拡大したが，それでもその能力はイギリス帝国にはまったく及ばない。「英帝国の自然の生産物は合衆国に比して無限に多様である」。イギリスの有する資本，人的・物的能力はどの国をも凌いでいる。さらに，海上輸送は陸上輸送に比してコストが安く，島国という位置が帝国の距離という不利を十二分に相殺している[45)]，と。

本章で示した，ミル，ケアード，ジェヴォンズ，そしてボォーンがすべて，それぞれの論理の道筋にはちがいはあるが，異口同音に，イギリスの食料輸入元として，アメリカをも含む植民地，帝国に期待をかけたことが確認されるであろう。穀物供給の国外依存はもはや不可避であったが，次章で見るように，20世紀にはいって，帝国特恵関税による穀

45）　Bourne, Imperial Federation in its Commercial Aspect, *Imperial Federation*, Vol.1, No.1, 1886, pp.9-10. 帝国連合同盟は1884年に創設され10年で解散するが，チェンバレンの関税改革運動に至るイギリス帝国統合運動におけるその歴史的位置に関しては，桑原莞爾『イギリス関税改革運動の史的分析』九州大学出版会，1999年，第1章を参照。「通商（＝関税）同盟」運動挫折の背景は，海外投資型帝国主義としてのイギリス帝国の成立に求められる，というのが桑原の結論である。

物の帝国内自給を主張する関税改革運動が――一方では，植民地農業と国内農業との利害の対立という問題を抱え込みつつ――起こることによって，合衆国との通商関係（そこからの穀物供給を含む）が争点として浮上する。

第7章
穀物自給率の低落と関税改革論争

穀物法廃止後の穀物輸入の増大は，世紀末には自給率の決定的低落をもたらした。本章が光をあてる20世紀初頭の関税改革論争の時期には，小麦の自給率は25%，大麦でも60%であった。小麦作付はウエールズ，スコットランド，アイルランドではほとんどなくなり，イングランド南東部穀作地域に集中していた。さらにケアードが期待をかけた畜産部門でも，牛肉・羊肉ともに5割を僅かに上回る程度であった[1)]。小麦の年平均価格も，1894年に1クォータ22シリング10ペンスと19世紀の最低値を記録した後，20世紀に入っても20シリング台を低迷した――ただし第8章でもふれるが，1900年から第一次世界大戦開始（1914年）の時期は全体として価格は上昇傾向（20シリング台後半-30シリング台前半）にあり，大戦中は暴騰する。戦時，戦後直後のインフレーションのなかで，1920年には80シリング台と1世紀前の対仏戦争時の水準を記録する――。こうしたなか第一次世界大戦前には，「週末しか自給しない国民」という言葉が広まった。19世紀初頭には国民へのパン供給者として「堂々たる地位」を誇ったイギリス農業者は，1世紀後には「マイナーな貢献者」の地位に甘んじていた[2)]。

第6章で見たボォーンが指摘したように，1873年の「大不況」以降

1） David Grigg, *English Agriculture: An Historical Perspective*, Blackwell, 1989, p.9; The Tariff Commission, *Report on the Agricultural Committee*, London, 1906, pgf. 128-30. なお，関税委員会農業報告によれば，20世紀初頭の推定小麦自給率は10.5%である（これは食用であろう）。

2） T.H. Middleton, *Food Production in War*, Oxford, 1923, pp.1-2.

合衆国ならびにヨーロッパ諸国では保護主義が台頭した。1860年代に成立したヨーロッパでの自由貿易時代は短命に終わった。ドイツの経済学者G. シュモラーが「新重商主義」の時代，同じくL. ブレンターノが「〔農工〕連帯保護制度時代」の始まりと呼んだように，アメリカでの南北戦争以降の関税引き上げからマッキンレー関税法（1890年）を経てディングレイ関税法（1897年）までの一連の保護関税諸法の制定，1879年のドイツでのビスマルクによる農工保護関税法，1892年のフランスでのメリーヌ関税法――この二つの関税法はともに「鉄と麦の同盟」（前者はライ麦，後者は小麦）と評されるように，農工両部門の保護政策であった――，さらにヨーロッパ諸国間での関税戦争の勃発がそうした保護主義の台頭という事態を象徴する。またイギリスでも，一方的自由貿易（＝相手が保護主義であってもイギリスは自由貿易を行う）を批判して相互主義と帝国特恵を主張する「全国公正貿易連盟」が1881年結成された。

しかしながら，こうした保護主義の台頭も世界貿易拡大の流れを止められなかった。小麦に関して言えば，輸送コストの大幅引き下げとアメリカ，ロシア，ならびにカナダ，インド，オーストラリアをはじめとする英自治領・植民地での生産拡大がその背景にあった。ニューヨークとリヴァプール間の小麦1クォータの輸送費は，1860年代後半の4シリング7 1/2ペンスから1902年には11 1/2ペンスに激減していた。これに伴いリヴァプールとシカゴでの小麦の価格差は1870年の58%から1913年には16%に縮小した。世界貿易に占める食料（飲料・煙草を含む）の比率は第一次大戦直前で27%，原材料・鉱物性燃料を含めた第一次産品全体では6割程度であった。こうして，1870年から大戦までの時期は「地球規模で統合された食料貿易システムの，初期の歴史的発展期」と位置づけられる[3]。

イギリスが輸入する小麦の供給元は1902年には以下のようであった。アメリカ合衆国：980万クォータ，カナダ：216万クォータ，インド：200万クォータ，ロシア：148万クォータ，アルゼンチン：98万クォー

3）　F. Trentmann, Coping with Shortage, in Trentmann and Just ed., *Food and Conflict in Europe in the Age of the Two World Wars*, Palgrave, 2006, p.15.

タ，オーストラリア：98万クォータ[4)]。見られるようにアメリカ合衆国の割合が高く，輸入量全体の過半を占めた。20世紀初頭に，29品目に及ぶ各種食料の供給源を品目別に掲げた一著作は，小麦に関しては帝国が28%，外国が72%，食料全体では帝国が25%，外国が75%という数字を示して，これから検討するジョセフ・チェンバレンの穀物・食肉を含む帝国特恵関税提案を批判した[5)]。

第5章で見たウェイクフィールドの主張に基づけば，小麦の供給源において過半を占めるアメリカ合衆国は「植民地」ということになり，合衆国も（経済的）「帝国」に含めれば，小麦輸入に占める「帝国」の割合は8割を超える。さらに，国内生産分を加えた全体としての英「帝国」内での自給率は極めて高いものになる。だが彼の主張から半世紀を経て，イギリス以外の国々からの移民の比率が増大した合衆国では[6)]，ウェイクフィールドのように「母国の範囲内の資本と労働の充用場面の拡大」とはもはや簡単には言えない状況が生まれていた。そしてなによりも，第6章で見たジェヴォンズが危惧したアメリカでの「工業システム」の興隆が現実のものとなった以上，広大な国内市場を背景に独自の保護主義的通商政策を実施し，さらに自治領カナダへの大きな経済的影響力を有する合衆国にどのように対処するのかが，20世紀初頭にお

---

4) B.R. Mitchell and P. Deane, *Abstract of British Historical Statistics*, Cambridge University Press, 1962, p.101. なお冬季には，カナダ産小麦の一部は輸出港の凍結のため合衆国から輸出されていた。

5) G.H. Perris, *The Protectionist Peril : An Examination of Mr. Chamberlain's Proposals* , London, 1903, pp.138-39.

6) マーシャルは『産業と商業』（1919年）で，1830-70年の合衆国への全移民中，3/4は連合王国とドイツからであったが，1900-10年の期間の850万人の移民のうち7割以上が南・東ヨーロッパからであると述べ，さらに外国で生まれた人口中の出身国別割合が1860年から1910年にかけて以下のように変化したと記している。イングランド10.6%→6.5%，アイルランド38.5%→15.6%，スコットランド2.6%→1.0%，ドイツ30.5%→18.5%，イタリア0.3%→9.9%，オーストリア0.6%→8.7%，ロシア0.1%→6.2%。A. Marshall, *Industry and Trade*, 1st ed., London, 1919, 4thed., 1923, p.149. 以下『産業と商業』からの引用は，*IT*と略して最終第4版のページを文中に示す。本書の翻訳は永澤越郎訳，岩波ブックセンター信山社，1986年がある。合衆国への「旧」（北・西ヨーロッパ）地域からの移民は，1890年代中葉には「新」（南・東ヨーロッパ）地域からの移民に凌駕され，以降「新」移民の急増とともに「旧」移民の割合は急落する。B. Thomas, *Migration and Economic Growth*, Cambridge University Press, 2nded., 1973, pp.118-19.

いてイギリスの通商政策をめぐる重要な論点となった[7)]。

A. マーシャルは『貨幣信用貿易』（1923年）において，穀物法廃止直後のイギリスからの移民の増加が母国の流行に従った既製服の植民地への大量輸出の始まりとなったことを指摘し，そこに「貿易は国旗に従う」という事実の一例を見ている。しかし，それに続いて以下のように記し，合衆国のみならず公式の帝国においても，いわば文化・習慣上のイギリス本国離れという現実が生まれていることを指摘した。

「習慣と感情の影響は時間の経過とともに弱まりがちである。故国イギリスの直接の記憶をもつ人々は，現在ではほとんどすべてのイギリスの保護領の全人口のかなり小さな部分にすぎない。……/ こうしてカナダ，オーストラリア，その他の英領植民地でイギリスに個人的な親交をもつ住民の割合は減少しており，イギリスよりも彼らの母国に親交をもつドイツ人，アメリカ人，その他の人々の割合が――もっとも相対的にはなお少ないが――増大している」。確かに植民地へのイギリスからの資本輸出は大きく，また商品輸出と区別される「見えざる」輸出も大きいが，他方ドイツからの植民地への商品輸出も増加している。さらに「合衆国は，カナダ自治領北西部との貿易で，最上の地理的利点を有している。この結果，英領植民地の貿易のなかで本国との間の貿易の比率に，若干の低下が起こっている」[8)]，と。カナダの輸入に占めるイギリスと合衆国との割合は，世紀末（1890年）から20世紀（1900年）にかけて，イギリス38→24%，合衆国46→60%と変化していた[9)]。

7）　ホブソンの言葉を引用しておく。「わが国が食料ならびにその他生活必需品についてアメリカ合衆国やその他の諸外国に依存している額〔の大きさ〕を考えるならば，帝国自給への復帰策が成功するには，われわれは国際的な依存をあまりに進め過ぎてしまったことが理解されるであろう」。J.A. Hobson, *International Trade, an Application of Economic Theory*, 1904, London, p.175.

8）　Marshall, *Money Credit and Commerce*, London, 1923, pp.123-24. 以下『貨幣信用貿易』からの引用は，*MCC* と略して文中に示す。本書の翻訳は永澤越郎訳，岩波ブックセンター信山社，1988年がある。

9）　Perris, *The Protectionist Peril, op.cit.*, p.24 ; P.J. ケイン，A.G. ホプキンス『ジェントルマン資本主義の帝国 I』（竹内幸男・秋田茂訳）名古屋大学出版会，1997年，185ページ。

1　自給帝国 ――ウィリアム・カニンガム

1903年5月15日のバーミンガムでの演説で，時の統一党バルフォア内閣の植民相チェンバレンは，従来のイギリスの自由貿易政策を批判して，帝国統合実現のための帝国特恵関税による関税改革（Tariff Reform）運動を開始した。

彼が提唱した帝国特恵関税とは以下の内容であった。① 外国産穀物（除く，トウモロコシ）に対し1クォータ当たり2シリングの関税を課す。ただし植民地産穀物は従来通り無関税輸入を行う。② 外国産肉類（除く，ベーコン）・酪農品に対して従価5%の輸入関税を課す。ただし植民地産肉類・酪農品は従来通り無関税輸入を行う。③ 植民地産ワインと果実類に特恵を与える。④ 外国産工業品に対し平均10%の輸入関税を課す。ただし製品の完成度に応じて関税率は上下する。原材料には関税を課さない。⑤ 茶・砂糖・コーヒー・ココアに対する関税を引き下げる。ここでトウモロコシとベーコンが関税から除かれたのは，前者が家畜の飼料であり，後者が労働者の必需品となっていたからであり，また茶などへの関税引き下げは，穀物・肉類・酪農品関税による価格上昇への補償の意味をもった[10)]。帝国特恵を中心とする以上の提案は，帝国内貿易拡大をもたらし，もって帝国統合の進展を意図するものであった。

植民相としてボーア戦争時（1899-1902年）においても帝国主義的膨張策をとったチェンバレンが関税改革提案によって提起したのは，帝国特恵関税と外国財への報復関税とを通じてイギリス帝国の結合を強化し，こうして「自給帝国（self-sustaining Empire）」（p.195）の形成を目指すのか，それとも従来の一方的自由貿易政策を継続して諸外国による自治領・植民地への浸食を座視し，ひいては帝国解体への途を開くのか，という選択の問題であった。彼が「自給帝国」[11)]という言葉を使っ

10）Joseph Chamberlain, *Imperial Union and Tariff Reform*, London, 1903, pp.19-44. 以下，チェンバレンの演説からの引用箇所は本文中に示す。

11）彼は一連の演説のなかで「自給自足（self-sustaining and self-sufficient）」（p.18），「絶対的な自給（absolutely self-sustaining）」（p.33），「自給自足状態（self-sufficient and self-

たのは，1870年代の「大不況」以降，合衆国，ドイツをはじめ各国の保護政策――イギリスが自由で外国が保護というのは「不公正で一方的」な貿易だ！（p.51）――によってイギリスの主要産業である綿織物，鉄鋼，毛織物産業が打撃を被り，産業革命以来維持した「工業支配権という地位」（p.74）を失い，しかも「イギリス最大の産業部門であった農業は実際に破壊された」（p.59）という認識に基づくものであり，さらに自治領・植民地とイギリス本国との間の農工分業関係に基づく経済圏を彼が構想したからであった。

政治家チェンバレンは，「われわれは海の彼方にイギリス人の子孫という大きな蓄えをもっている。われわれが欲するもので彼らが供給できないものはなにもない。彼らが買おうとするものでわれわれが販売できないものはなにもない」と演説し，さらに人口7千万人以上の「大帝国」アメリカ合衆国に比しても，イギリス帝国が「われわれの文明の下で，そしてわれわれの支配に共感し」（pp.61-62），利害をともにする3億5千万人を擁することを誇って，聴衆の帝国意識を煽ってみせた。そして「もしイギリス帝国が統合すれば，あなたがた〔イギリス国民〕の食料のうちで，あなたがたの産業原材料のうちで，あなたがたの生活必要品のうちで，そしてあなたがたの生活上の奢侈品のうちで，イギリス帝国のなかのどこかで生産できないものは一つもない」（p.33）と，帝国内での自給体制の構築を志向した。

さらに彼は，イギリスへの小麦輸出の大半が外国であるという現状において，もし戦争が起こってロシア，ドイツ，また合衆国が供給を停止する事態が生まれた場合の小麦価格高騰を想定して以下のように演説した。「供給の不足に対する対策は一つしかない。あなたがた〔聴衆〕の供給源を増すことである。あなたがたは，〔ロシアなどの〕旧世界とのバランスを回復するために新世界である植民地の援助を求めなければならない。植民地に援助を求めれば，彼らは〔特恵関税という〕ほんの小さな刺激と奨励でもってあなたがたの要求に応えてくれるであろう。植民地は，けっして減ることのない十二分な供給をあなたがたに与えるであろう」（pp.88-89），と。この場合の「植民地」には合衆国は入ってい

contained)」（p.88）という言葉を繰り返し使い，その言葉に聴衆は大きく反応した。

ないことは明らかである。

イギリスが植民地に与える特恵と引き換えに植民地が本国に与える特恵に関して，チェンバレンが「植民地は，われわれがすでに享受している産業をわれわれに留保するであろうと，私は信じる。植民地は，母国の既存の製造業と競争関係に入るような製造業を新たに創始することのないように，将来，関税の調整を行うことになろう」と口を滑らせたことからもわかるように，彼の構想では，植民地は工業化の進展に制約を置かれたうえで食料と原材料の生産者として維持することが想定されていた[12)]。こうした農工分業体制に基づく「自給帝国」実現という構想は，食料外国依存の増大に対する危惧を背景に，関税改革を支持した多くの論者たちが主張したものであった。

また，大量の食料輸入維持のためには海上輸送路の安全確保が大前提であった。イギリス商船は主に大西洋長距離航路を中心として，積み荷全体のうち2割程度を穀類が占めていた。ところが19世紀末以降ドイツ，合衆国，ロシア，フランスをはじめ各国の海軍力増強によってイギリス海軍の相対的優位が揺らぎ始めた。1890年代初めの露仏同盟の成立は，二つの海軍大国の結合海軍力を上回る海軍力保持を掲げる「二国標準」原則を採用させて海軍費増大を加速させた。「自由貿易はもはやタダではない」状態が生まれた。さらにドイツとの建艦競争に基づく「海軍パニック」という事態が生まれることによって，食料海外依存への懸念が増大していた。1897年には，小麦の国家備蓄に関する調査を求める動議が議会に提出されている[13)]。さらに加えて1876-78年，1896-97年の英領インドでの死者500万人を越えるともされる飢饉の発生が，食料供給の現状に対する人々の不安を煽った。

イギリス海軍力の相対的地位の低下という現実のなかで，食料外国依存の不安を典型的に表現した著作として，R.B. マーストン『戦時の飢餓とイギリスの食料供給』（1897年）があげられる。彼の主張で留意す

12）Julian Amery, *Joseph Chamberlain and the Tariff Reform Campaign: The Life of J. Chamberlain*, Vol. 6, Macmillan, 1969, p.463.

13）Avner Offer, *The First World War: An Agrarian Interpretation*, Clarendon Press, 1989, pp.85, 219-20; ケイン，ホプキンス『ジェントルマン資本主義の帝国 I』前掲，第14章；藤田哲雄『帝国主義期イギリス海軍の経済史的分析 1885-1917年』日本経済評論社，2015年，21ページ。

べきは，ロシアはもちろん合衆国との戦争の可能性を強く意識している点である——1890年代前半までは，共和党を中心にカナダ併合論が主張されていたし，1895年には英領ガイアナとヴェネズエラの国境問題へのアメリカの介入が発端となって，イギリスでは反アメリカ感情が高まっていた。さらに1898年の米西戦争は合衆国の対外膨張政策の起点と位置づけられる——。

彼は，次の戦争は「最大の海軍力を擁する大国間の，世界規模での戦争」であると予想し，イギリスへの最大の小麦輸出国である合衆国との戦争に関して「アメリカがわが国に宣戦布告をすることは二度とないと考えるのは，近年の事態からすればまったくの愚行であろう」と述べた。合衆国とロシアが小麦輸出を停止してイギリスを飢餓状態におくことを阻止するために，1年分の小麦輸入量である2,500万クォータを5年にわたって年500万クォータずつ政府が備蓄し，最終的にはすべての都市に公的穀物倉庫を形成することを，彼は提案した。1年分の備蓄は，戦時の飢餓価格を防止し，その間に国内・植民地での生産拡大といった新たな対応策を可能にするための安全弁であった。彼は，国家的備蓄形成にあたってインドとカナダをはじめとする植民地の貢献を——ただし，帝国産小麦が備蓄の大部分を占めるにはなお時間を要するが——期待していた。備蓄にかかるコストは小さくないが，戦時に穀物供給が細ることによる社会的影響を考慮すれば，「備蓄がもたらす安全という意識」によってコストの10倍にも100倍にもなって戻ってくる，というのがマーストンの主張の要点であった[14)]。

しかも小麦の外国依存に対する懸念は，世界の小麦生産の限界について警告を発した英国学術協会会長演説によって，さらに強められた。1898年の同協会会長演説で，W. クロークスは以下のように世界小麦供給の暗い将来（=「世界の小麦食人口を待ち受ける深刻な危険」）について警告した。それは，世紀末の穀物供給への危惧の高まりを象徴的に表すものとなった。すなわち，世界のパン食人口は1871年の3億7,000万人から現在5億1,650万人へと急増している。1人平均で年に小麦4.5ブッシェルを消費する（なおイギリスでは1人年6ブッシェル＝0.75クォー

14)　R.B. Marston, *War Famine and Our Food Supply*, London, 1897, pp.xiv, xix, 15, 81-83, 170.

タを消費する）と仮定すると，1898 年の世界の小麦輸入必要総量 4,650 万クォータのうち，イギリスだけで 2,250 万クォータ（＝イギリス人 3,000 万人分。1898 年の連合王国の人口は 4,040 万人）をしめる。しかも昨年の世界的不作で繰越在庫はない。他方，世界の小麦作付地は限られている。過去 30 年間世界の小麦供給に多大な貢献をしてきたアメリカ合衆国でも，小麦作付に適した未耕地はもはやないし，小麦輸出も徐々に減少し，やがてはなくなる。ロシアも同様である。カナダ，オーストラリアについても小麦作付拡大の見通しは明るくない。フランス，ドイツは今や小麦輸入国である。特にドイツはこの 25 年の間に小麦輸入量を 7 倍に増やし，年 440 万クォータも輸入している。アルゼンチンも小麦供給能力が過大評価されている。インドでも人口増が急速であり，やがて小麦輸入国化する。

こうした状況を考えると，「今日火急の問題は，世界の小麦収穫が 2 年続いて不作の場合，そしてヨーロッパ諸国が共同してイギリスと敵対した場合，イギリスは飢えから十分に身を守れるのか，ということである」。現状では，小麦作付地の単位面積当たりの収量増加がなにより大事である。そのためには，アンモニアか硝酸の形で固定された窒素を肥料として投入することが不可欠であるが，現在主にチリに存在するそれは 20-30 年以内に取り尽くされてしまう。「何年か前，スタンリー・ジェヴォンズ氏は，イギリスの炭鉱の近い将来の枯渇について注意を促した。しかしながら世界の固形窒素ストックの枯渇はそれよりもはるかに重要な問題である」。現状の低い収量では「小麦は文明世界の食材のなかでの現在の支配的な地位を長くは保てない」。

クロークスの真意は，だからこそ，大気中に存在する窒素を固定化する科学上の発見が今こそなされなければならない――「飢えは実験室によって回避される」――ということを強調する点にあった[15]。しかしこの演説の当初は，科学界の第一人者が，パンの不足による文明世界の破滅の運命を述べたとして，まずはこの点が世論を引き付けたのである。

こうした食料供給に対する危惧とアメリカ，ロシア，ドイツなど列強

15）William Crookes, *The Wheat Problem, based on Remarks made in the Presidential Address to the British Association at Bristol in 1898*, 3rded., London, 1917, pp. xi,6-8,12-17,20-26,27,30,36-37.

との対立の高まりは，食料供給元としての帝国の意義を関税改革運動の支持者たちに強調させて，「自給帝国」を構想させることになった。彼らの「自給帝国」構想の例をいくつか紹介しておく。

○　V. カイアール「帝国特恵と食料のコスト」(1905 年)「帝国の食料生産能力は……巨大」であり，本国からの特恵供与によって，帝国内での食料供給は即座にそして非常に大きく増大する[16)]。

○　G.L. モールズワース『保護と自由貿易のもとでのわが帝国』(1902 年)「英帝国は壮大な未来の可能性をもっている。……帝国はそのなかに多様な気候を有し，あらゆる種類の生産物を供給することが可能である。例えばインドは，農業・工業・鉱業上の強大な富を有している。だがその大部分は未開発のままである」[17)]。

○　匿名者「自給帝国」(1903 年)「『自給帝国』は本当にわれわれが欲するものであり，努力して実現しなければならぬものである。自給帝国はわれわれが必要とするすべてをなしてくれるであろう。それは帝国を政治的にも経済的にも統合し，植民地を開発し，イギリスの余剰工業品に対してつねに頼りになるわれわれ自身のための市場を与え，われわれを外国政府から独立させ，われわれが外国政府の関税に対して出鼻を挫くのを可能にする」[18)]。

○　H. バーチナフ「帝国貿易」(1905 年)「イギリス帝国は，その経済活動の多様さとさまざまな生産物の豊富という点で，急速に自給的経済国家（a self-sufficing commercial State）になりつつある」[19)]。

○　C.A. ヴィンス『チェンバレン氏の提案』(1903 年)「植民地に対してわが国市場で与えられる〔特恵という〕利益は……帝国が自給可能になる日を早めるのに役立つであろう」[20)]。

16）Vincent Caillard, Imperial Preference and Cost of Food, in *Compatriot's Club Lectures*, 1st series, London, 1905, pp.167,169.

17）Guilford L. Molesworth, *Our Empire under Protection and Free Trade*, London, 1902, p.8.

18）[Anon.], A Self-Sustaining Empire, *Blackwood's Edinburgh Magazine*, Vol.174, July 1903, p.158.

19）Henry Birchenough, Imperial Trade, in *The Empire and the Century*, London, 1905, p.67.

20）C.A. Vince, *Mr. Chamberlain's Proposals, What They mean and What We shall gain by them*, 4th impression, London, 1903, p.36.

○　W. アシュレイ『関税問題』（1903 年）「イギリス自身の経済的必要という観点に立てば，帝国統合と帝国自給政策に行きつく」。[21)]。

○　W.A.S. ヒュウインズ「帝国の財政政策」（1903 年）チェンバレン提案を考慮すれば，「われわれは『帝国の自給』を必然的に考えなければならない」。「外国からの食料供給は帝国の力のまさしく不安定な基礎をなしている」。しかも合衆国の小麦生産は急速に「収穫逓減段階」に接近しつつあり，「ほとんど無限の拡張が可能なわが植民地」に穀物供給を切り替えることが長期の利益を保証する[22)]。

○　匿名者（『ナショナル・レビュー』副編集者）「帝国の経済学」（1903 年）「植民地の利害はイギリス製造業の奨励を要求する。それは，輸入農産物に対する世界無比の消費中心地である母国が〔製造業奨励の〕お返しに植民地での耕作を奨励できるからである。帝国の永続的な安全は，帝国が可能な限り完全かつ迅速に自給状態になることを要求する」。「植民地は現在主として農業国であり，また今後長期にわたって農業国に留まるにちがいない」。「植民地の小麦耕作と家畜の放牧を拡張するために，われわれが食料に対する巨大な消費力を利用すればするだけ，植民地の富と人口の成長に伴う，彼らの工業品消費力の増大からわれわれが引き出す利潤はさらに大きくなるであろう」。マルサスは一国内での農業・工業の均衡のとれた経済を主張したが，今やわれわれははるかに大きな規模で，「均衡のとれた自給〔帝国〕国家（the balanced and self-sustaining [Empire] State）」を創出できる[23)]。

さて，関税改革支持者のうちで最も強力に「自給帝国」構想を主張した経済学者がケンブリッジの経済史家ウィリアム・カニンガムであった。『イギリスにおける産業と通商の成長』（1903 年。以下『成長』と略記）で，18 世紀までの「食料の国内自給は〔国家の〕力（power）の主要な要因」であったと記したカニンガムは，19 世紀の産業革命と自由

21）William Ashley, *The Tariff Problem*, 4th ed., 1920（1st ed., 1903），London, p.119.

22）An Economist [W.A.S. Hewins], The Fiscal Policy of the Empire, II, *The Times*, 22 June 1903, p.10; The Fiscal Policy of the Empire, IV, *Times*, 29 June 1903, p.9.

23）[The Assistant Editor], The Economics of Empire, I, *The National Review*, Vol., 42, No.247, 1903, pp.80-81, 96; The Economics of Empire, II, Preference and the Food Supply, *ibid*., Vol. 42, No. 250, 1903, pp.57,62.

貿易とを通じて達成した富の蓄積がその代償として犠牲にした国力の喪失をこう嘆いてみせた。「われわれはあらゆる種類の安定というものの喪失を経験している。イギリスはその国民としての自給的性格を失い，輸入食料の供給に依存するようになった。人口の大部分は……今や年とともに，いや週ごとに変動する巡り合わせに身を委ねるという不安定極まる状態におかれている。……われわれは〔物質的〕進歩を喜ぶものではあるが，それを得るために支払ったコストを，すなわち犠牲にされた安寧の諸要素を忘れるべきではない」。

カニンガムは，物質的富の獲得のために失った国力を回復する鍵を帝国に求める。彼にとっては，ウェイクフィールドが述べたように，植民地からの食料輸入とそれに対する工業品輸出とはイギリス本国にとっての「耕地の拡大」,「生産場面の拡大」を意味した。『成長』の最後でカニンガムは，自らの心情を表現するものとして，ダラム卿の『英領北アメリカの事態に関する報告』（1839年）の以下の文章を引用した。すなわち，カナダには「農業・商業・製造業のための原材料が無尽蔵に存在する。だれの利益のためにこの資源を開発するかは帝国立法府の現時点での決定にかかっている。イギリスはこれら植民地を膨大な血と財宝という犠牲を払って建設し維持してきたが，その代償として未占有の資源を自国の過剰人口のために使うことが許されるであろう。この未占有の資源はイギリス国民が正当な権利を有する世襲財産であり，旧世界で不十分な運しかもたなかった人々のために神が新世界に取っておいてくれた十分な資産なのである」。

そしてカニンガムは，20世紀初頭のヨーロッパ列強とアメリカとがその国民主義的熱情の興隆を伴って――17-18世紀イギリスの重商主義政策と同じく――保護主義を通じて国力の増大を追求するという政策を採用している現実のなかで，イギリスでの自由貿易政策の継続を否定することになった。すなわち，「保護主義諸国に対する報復関税の賦課は，自由貿易を採用する用意のある地域との取引関係を強化し，こうして食料と原材料の供給を不断に確保するための唯一の手段となるであろう」[24]。ここで構想されている通商政策は，「自由貿易を採用する用意

24）　William Cunningham, *The Growth of English Industry and Commerce in Modern Times, Pt. II, Laissez Faire*, Cambridge, 1903, pp.617,843,863,870. 服部正治「イギリス歴史派経済学

のある地域」である――と想定された帝国内での――自由貿易と，保護主義政策をとる諸外国に対する報復関税という名の保護主義であり，彼は，その一挙の実現には慎重な表現をしつつも，「帝国関税同盟（an Imperial Zollverein）」の可能性にも言及している[25]。

チェンバレンの関税改革運動開始後，カニンガムはそれを支持する論陣を張り続けた。食料自給を放棄したイギリスが帝国のなかでいかにそれを回復するのかを，端的に示したのが『自由貿易への反論』（1911年）であった。食料自給を喪失して国力の弱体化を招いたイギリスにとっては，帝国特恵による自給帝国の実現こそ，英帝国という帝国の力の高揚を通じてイギリスの国力を再生させる切り札であった。カニンガムは，「帝国特恵は食料を購入するためのわれわれの手段と機会とをいっそう確実にするための唯一の提案である」，と率直に記した。彼は，主要工業国の間で工業用原材料を確保するための闘争が激化するなかで，綿・羊毛をはじめ原材料を帝国内で生産することの重要性を強調する。

さらに加えて，「世界の穀物生産地域において，イギリスが強い立場を確保することが望まれる。近い将来において，小麦をめぐってはるかに激烈な競争が起こりそうである」。アメリカでの小麦需要の増大はカナダの小麦価格を引き上げ，カナダの小麦生産がシカゴの穀物投機業者とアメリカの巨大製粉業者の支配下に置かれる危険がある。したがって，「あらゆる手段を使って帝国内での食料生産地域との取引関係を強化し，最も有利な条件で食料を購入する機会をもち続けることが最高の重大事である。カナダ，インド，またオーストラリアの小麦生産者に特恵を与えるのは，植民地の利益の考慮というよりも，われわれが取引関

における重商主義の復活」（竹本洋・大森郁夫編『重商主義再考』日本経済評論社，2002年，所収）を参照。

25）帝国関税同盟構想は1896年にチェンバレンが提唱していたが，植民地はそれを受け入れなかった。帝国関税同盟は帝国内自由貿易を前提にするために，植民地側での保護主義と歳入に占める高い関税収入とに対立したのである。結局，1902年第3回植民地会議で帝国内自由貿易の実施不可能が決議され，帝国関税同盟構想は否定された。したがって，1903年のチェンバレンの関税改革提案は帝国内自由貿易を断念したうえで，植民地側の既存関税を前提に，イギリスでの諸外国に対する関税賦課と植民地でのイギリス財に対する関税引き下げとを通じて帝国特恵関税体制を実現しようとするものであった。木村和男「1897年植民地会議におけるイギリス帝国再編論争」浜田正行編『二〇世紀的世界の形成』南窓社，1994年，所収；服部「帝国論におけるマーシャル」『立教経済学研究』48巻3号，1995年，参照。

係を不動のものとし，そして植民地からの供給をイギリス市場に引き寄せるための手段としてなのである」。こうして帝国特恵による帝国内小麦生産への奨励は，イギリスにとっての「将来の供給確保のための手段」として位置づけられた[26)]。

カニンガムは帝国の自給可能性を以下のように記した。「イギリス帝国は非常に広大で，それを構成する諸地域の特性は極めて多様であるから，現代の他のどの国家よりも自給状態になる見込みははるかに高い。イギリスが必要とする原料と食料のうち帝国外の供給源に永続的に依存しなければならない部分は，他国と比べれば取るに足りない」。しかも彼はここで，植民地での農業開発のために，農業不況に苦しむイギリス農業労働者の植民地への移民を勧める。「農業労働者に対して植民地への移民の手段が保証されるならば，多くの場合に彼の境遇は大きく改善される」。

さらに移民する農業労働者には帝国開発の使命が課せられる。「遠く離れた諸国を開発し，現地の人々を――知識・モラル・政治の面で――進歩の経路に導くという無比の機会」は，「帝国義務の意識」に基づいて，「海外の帝国のどこかで，自治領に人口を補充するか，従属領で白人の責務を引き受けるという責任」として行われなければならないのであった[27)]。カニンガムの『クリスチャニティと社会問題』（1910年）は，植民地開発へのイギリス国民の使命と義務を促す言葉で満ちている。英国国教会大執事であった彼はこう説教した。「白人の義務は現地人を訓練し，彼らの習慣と慣行を修正して，彼らが世界の人々のなかで健全な生活を営めるように感化することである。……これこそが英帝国の人々に特別に与えられた務めである」[28)]。

26）　Cunningham, *The Case against Free Trade*, London, 1[st]ed., 1911, revised ed., 1914, pp.50-53. 本書にはチェンバレンの序文が付けられている。

27）　Cunningham, *ibid*., pp.4,132, 136-37, 156-57.

28）　Cunningham, *Christianity and Social Question*, London, 1910, p.45. 20世紀にはいって，イギリスからの移民は急増した。国内での農業不況と地主の土地売却の増大のなかで，農業人口は1871-1911年にかけて半減していた。また都市でも労働争議が頻発していた。第一次大戦までの（20世紀の）移民者総数約440万人中，合衆国への移民が173万人，カナダが145万人，オーストラリアが50万人，南アが39万人を数えた。とりわけピークである1910-13年には，カナダへの移民が72万人と合衆国への移民50万人を上回る。カナダ西部プレイリー開発と小麦生産のために，多数の労働力が必要とされたのである。Mitchell and

チェンバレンにおいても，イギリスが諸外国への関税賦課を通じて自治領に特恵を与えることが帝国の結合強化のための最重要なステップであった。帝国の結合という政治的目的のためには，特恵関税という経済的手段が不可欠だと，彼は考えた。チェンバレンは，「植民地と大ブリテンとの間の貿易を維持するために，現在なんらかの犠牲を払っても，さらに外国の競争相手との貿易を幾分減らす結果となっても，植民地との貿易を増大・増進するためにできる限りのことをする」と演説した。ここでは，諸外国に対する関税賦課が帝国外貿易を減少させることが予想されるにもかかわらず，帝国内での相互の特恵付与によって帝国内貿易を拡大すること（貿易転換効果）が期待されている。「貿易と通商問題は最も重要なもののひとつである。この問題が満足のいくように解決されなければ，私としては，継続的な帝国の結合の存在を信じられない」(pp.7-8)，というのがチェンバレンの関税改革提案にあたっての基本認識であった。

1897年にヴィクトリア女王即位60年に合わせて第一回植民地会議を主催したチェンバレンは，最終的には政治・軍事・経済のすべてにわたる集権的な「帝国連邦（Imperial Federation）」結成を目指したが，会議では当面は，① イギリス海上支配権の相対的地位の低下を補うための植民地からの防衛費負担問題と，② 帝国特恵関税を通じた帝国通商同盟形成問題が重要事項となっていた[29)]。チェンバレンの立場は，②の帝国特恵関税が実現されなければ，①の帝国防衛問題も，さらには究極的な帝国連邦という帝国の結合も不可能だ，というものであった[30)]。

だが次節で見るように，帝国結合の強化を帝国特恵，すなわち帝国外諸国への関税賦課という従来の自由貿易政策の変更を通じて実現しようというチェンバレンの関税改革提案と自給帝国構想とに対しては，強い

Deane, *Abstract of British Historical Statistics*, *op.cit.*, p.50.

29）木村和男「帝国再編への萌芽」同編『世紀転換期のイギリス帝国』ミネルヴァ書房，2004年，所収，参照。

30）カニンガムもまったく同じ主張をしている。「別々の政治的社会が共通の通商政策を採用しているところでは，他のあらゆる目的のためのいっそう緊密な結合がもたらされている」。「共通通商政策の概要すら示されない限り，植民地と母国との意識的協力がどのようにして可能なのかを思い描くことはできない」。Cunningham, *The Wisdom of the Wise: Three Lectures of Free Trade Imperialism*, Cambridge, 1906, pp.58-59.

批判が存在した。

2 穀物関税と『穀物法の歴史』——J.S. ニコルソン

チェンバレンの関税改革提案において世論の関心を最も集め，さらに自由貿易陣営からの最も厳しい批判を浴びたのが，外国産穀物への1クォータ2シリングの関税賦課であった。この提案は，一方では帝国産穀物に対する従来通りの無関税輸入を継続するものであり，19世紀前半の穀物法とはちがって——穀物法も帝国特恵を含んでいたから形式上は類似してはいるものの——，国内穀物生産の保護は主要な政策目的ではなかった。穀物生産者からは，外国産小麦に関税を課したうえでカナダ，オーストラリア産小麦の無関税輸入を継続すれば，同地での小麦生産の大増加をもたらして小麦価格が低下し，国内生産者の苦境が増すという懸念も示されていた。関税改革委員会セクレタリ，ヒュウインズ（前LSE学長）が述べたように，国内小麦生産量を大きく増加させるためには，少なくとも10シリングの関税が必要だと考えられたが，関税改革運動が外国工業品への関税という工業保護をも意図し，製造業利害を運動の重要な支持基盤として包摂している以上，10シリングの小麦関税など政治的にはとても不可能な提案であった。しかも，国内農業における小麦の地位はすでに大きくなかった。

こうして2シリングの関税という水準はあくまで便宜的・政治的に定められたものであった。ヒュウインズは『タイムズ』紙に連載した匿名論説において，「帝国政策は連合王国の農業の保持を含むことが当然だと考えられるかもしれない。だが私には，イギリス産穀物のための保護関税の採用は帝国政策の目的とは両立しないように思われる」[31]，と書

31） A.J. Marrison, The Tariff Commission, Agricultural Protection and Food Tax, 1903-1913, *Agricultural History Review*, Vol. 34, 1986; An Economist [Hewins], The Fiscal Policy of the Empire, X, *Times*, 8 August 1903, p.8. 関税委員会『農業報告』は，小麦価格が少なくとも40シリングにならなければ（1906年の平均価格は27シリング9ペンスであった），小麦生産の大きな増加はないという委員会での証言を紹介したうえで，しかし諸外国でのような高関税はイギリスでは「実行可能ではないし望ましくもない」と結論している。Tariff Commission, *Report on the Agricultural Committee*, *op.cit.*, pgf.375. また関税改革派エイメリーの次の言葉も

いていた。

ところが自由貿易陣営からのチェンバレン批判は穀物関税に集中した。穀物関税は「穀物法の再制定」であり，1840 年代までの穀物法の下での高価格を再現させ，穀物法廃止後の穀物価格低下がもたらした労働者の生活水準の改善を元に戻そうとする企てであり，穀物法廃止が象徴する自由貿易政策への挑戦だ，と大衆紙は書き立てた。さらに『飢餓の 40 年代』（*The Hungry Forties; Life under the Bread Tax*, London, 1904）と題する，アイルランドのジャガイモ飢饉と穀物法の下での人々の苦しい生活の体験談を集めた書物が，R. コブデンの娘の序文をつけて出版され，爆発的な売れ行きを見せた。しかもここでは，飢餓は 1840 年代に限定されずに穀物法が存在した 1840 年代以前の国民大衆の生活状態にまで拡張された。「飢餓の 40 年代」という言葉は，チェンバレンの穀物関税提案を批判する目的で 20 世紀に作りだされたものであった。

食料の外国依存への懸念が増していた時代背景において，たとえその意図が帝国内での穀物供給確保にあったとしても，穀物関税提案は穀物価格を高めて食料供給への不安を煽る結果となった。相互主義を志向した首相バルフォア（A.J. Balfour）が述べたように,「小麦価格が 1 クォータ 70，80 また 100 シリングもした時代に，イギリスの労働者階級が，そして特に農業労働者が耐え忍んだ貧困の記憶が穀物法の廃止という問題と現実に結び付けられてきたのである――自分はこのような貧困と穀物法との結び付けは歴史的に見てほとんど正しいとは思わないけれども――。こうした結び付けは国民の歴史的想像力のなかに焼き付けられてきたものである。それは，どんなに論理的に説明しても，どんなに確固とした議論をしても，どんなに雄弁な演説をもってしても，消すことのできないもの」[32]であった。彼は 2 シリングの穀物関税によって労働者の生計費が大きく影響されるとは考えなかったが，穀物関税は「現実の

見よ。「クォータ当たり 1 もしくは 2 シリングの穀物関税は，イギリス農業のための保護関税とはけっしてならない」，それは「最も自然で明白な収入関税の一種である」。L.S. Amery, *Union and Strength: A Series of Papers on Imperial Questions*, London, [1912], p.256.

32）1903 年 10 月 1 日のシェフィールドでの演説。T.L. Gilmour ed., *All Sides of the Fiscal Controversy*, London, 1903, p.23.

ポリティクス」としては採用できないと判断した。

そしてチェンバレン自身も，穀物法廃止前に反穀物法同盟（Anti Corn Law League）が訴えた「高いパン」というスローガンが世紀を越えて利用されて，関税改革提案が批判されている現状に危機感を抱いた。「高いパンというスローガンは私が予想したよりはるかに大きな成功を収めています。われわれがそれを抹殺できれば敵の論拠を覆すこともできるのですが，労働者階級のなかに巣くう迷信を除去することは，なかなか困難なように思われます」，と認めざるを得なかった[33]。また関税改革を支持したローソンも，「食料は〔イギリス〕政治においてはタブーである。その問題にちょっとふれるだけで，〔穀物法廃止という〕1846年の神聖な決着について悪巧みをしているとすぐに勘ぐられる危険がある」と書かざるを得なかった[34]。穀物法廃止が――その30年以上後に――もたらした安価な穀物は，「大きなパン」という形で国民の食生活のなかに定着していた。アレヴィの研究の次の言葉は，チェンバレン提案のなかで穀物関税がもった象徴的意味を表現している。「『関税改革』政策は，コブデンの〔反穀物法〕同盟が19世紀中葉のすこし前に世論を結集してそれに反対させた，あの高いパンという政策への復帰であった。そして世論は，今一度それへの反対に立ちあがった」[35]。

結局，関税改革をめぐる3回の総選挙（1906年，1910年の2回）でチェンバレンは敗北した。自由貿易の下での食料価格低下の恩恵を受けた労働者も，自由貿易の継続を選択した。1912年末に保守党党首ボナ・ロウは政策綱領から食料関税を除外する。さらにトレントマンの研究が指摘したように，ドイツとの政治的対立の高まりを反映して，自由貿易国イギリスでの白い小麦パンに保護主義国ドイツの黒いライ麦パンが対置され，しかもライ麦パンは飢餓に瀕した国民の野蛮な生活の食料であり，小麦パンは文明生活を象徴する，という宣伝が自由貿易陣営からなされ，こうして食料関税は文明生活を破壊するという位置づけが付与さ

33）1903年9月12日付の書簡。J. Amery, *Joseph Chamberlain and the Tariff Reform Campaign*, Vol. 5, Macmillan, 1969, p.269.

34）W.R. Lawson, *British Economics in 1904*, Edinburgh, 1904, p.122.

35）Eli Halévy, *Imperialism and the Rise of Labour*, translated by E.I. Watkin, Barnes & Noble, 1961, p.330.

れた[36]。チェンバレンが関税改革提案を通じて提起した，諸外国との対立が強まる時代状況のなかでの帝国結合の強化という問題や，外国が保護主義，さらには輸出奨励金や最恵国条項の条件付適用といった政策を採用するなかでの，イギリスの一方的自由輸入の継続がもたらす問題，さらには軍事費増加のなかでの社会改革財源のための関税改革といったより広範な問題が，穀物——しかも1902年にはボーア戦争による財源逼迫のために，1シリングの穀物登録関税が一旦は復活した経緯がありながら，1クォータ2シリングの関税の是非という——問題にいわば矮小化されたことは否めない。

イギリスのヨーロッパ共同市場（Common Market）加盟問題が議論されていた1968年に，「政治経済学と1903年関税改革運動」と題する論説を書いたコーツは，経済政策とは純粋に経済的なものではありえず，関税改革問題においても共同市場加盟と同じく政治・外交・戦略的要因が支配的な意味をもったことを指摘し，複雑な問題に対して単純な解決策を求める世論のために，こうした問題への経済学者たちが関与した結果として，かえって彼らへの社会的信頼感が低下した事実を指摘している。またトレントマンは，自由貿易陣営からの大衆政治の時代に適応した，新たなプロパガンダの出現の事実を指摘し，政治が以前にまして，専門家や権威にではなくて理念と価値と情熱と偏見をもつ大衆の支持にますます依存するようになったこの時期に，経済的知識はますます複雑で専門的なものとなっていたことを指摘している[37]。しかしながら以下に示すように，チェンバレン提案がもたらした穀物関税をめぐる論争をきっかけに，穀物法の歴史に関して専門的立場からの議論が深まったことを忘れてはならない。

チェンバレン提案に対する14名の経済学者たちの批判宣言が1903年8月15日の『タイムズ』紙に「経済学教授たちと関税問題」（以下，

36） F. Trentmann, *Free Trade Nation: Commerce, Consumption, and Civil Society in Modern Britain*, Oxford UP., 2008, pp.57,95-100.『フリートレイド・ネイション』田中裕介訳，NTT出版，2016年，61，101-08ページ；服部『イギリス食料政策論』日本経済評論社，2014年，212ページ。

37） A.W. Coats, Political Economy and the Tariff Reform Campaign of 1903, in *On the History of Economic Thought: British and American Economic Essays*, Vol. 1, Routledge, 1992, pp.311,318,330; Trentmann, *Free Trade Nation, op.cit.*, p.104. 前掲訳111-12ページ。

「宣言」と略記）と題して発表された。そこに名を連ねたのは，マーシャル，エッジワース，キャナン，ニコルソン，ピグウらであり，「概して『正統派』の抽象的経済理論の提唱者・擁護者」と言える人々であった。また関税改革を支持した経済学者には，カニンガム，アシュレイ，フォックスウェル，ヒュウインズ，プライスといった「経済史家や〔経済学における〕歴史的方法の提唱者」がいた[38]。もちろん，この区分けはあくまで目安にすぎず，正統派の経済学者はすべて関税改革に反対したわけでもなく，歴史派経済学者がすべてそれを支持したわけでもない。そして「宣言」に名を連ねた人物のなかで，自らがその『経済学原理』（*Principles of Political Economy*, 3 Vols., London, 1893-1910）において，経済学の原理の説明において多くの歴史叙述を含ませたことを自負し，J.S. ミルの『経済学原理』における歴史的知識の不足を大きな欠陥として指摘したのが，エディンバラ大学教授 J.S. ニコルソンであった[39]。

彼が，関税改革論争の最中に出版した『イギリス穀物法の歴史』（1904年。以下『歴史』と略記する）[40]は，中世の小麦価格に応じたパンの大きさの規制以降の長い歴史をもつ穀物法の史的検討を通じて，関税改革論争における穀物輸入関税への関心の偏りを批判する意図を秘めたものであり，自由貿易陣営の穀物法への批判の誇張を指摘すると同時に，返す刀でチェンバレンの関税改革提案をも批判するという，大衆を巻き込んだ政治・政策論争に対して経済学者としてのスタンスを示そうとしたものであった。

ニコルソンは，スミス『国富論』第4編5章「穀物法に関する余論」の次の文章を引用することから『歴史』をはじめている。すなわち，「穀物に関する法律は，どこでも，宗教に関する法律と比較できよう。

38）Coats, Political Economy and the Tariff Reform Campaign of 1903, *op.cit*., p.315.

39）「ニコルソンは自らを歴史派経済学者だと主張しなかったが，彼の経済論策は歴史派経済学の伝統のなかにあると見なしうる」。G.M. Koot, *English Historical Economics, 1870-1926*, Cambridge UP, 1987, p.155; 服部「J.S. ニコルソンにおける自由貿易と保護と帝国」平井俊顕・深貝保則編『市場社会の検証』ミネルヴァ書房，1993年，所収，242ページ以下を参照。

40）J.S. Nicholson, *The History of the English Corn Laws*, London, 1904. 本書は，1904年5月期に行われたケンブリッジでの一連の講義に基づいている。引用箇所は本文中に記す。

人々は，現世における自分の暮らしと来世の幸福，このいずれかにかかわるものに対しては関心が極めて高く，そのために政府も彼らの偏見に屈して，社会の平穏を保つために，彼らが是認する制度を設けざるを得ないのである」(p.9)。この言葉こそ，穀物輸入関税に偏って関税改革論争が行われている現状を憂うる，ニコルソンの心情を表している。そして彼は，輸入制限が19世紀の穀物価格上昇の主要原因ではなかったにもかかわらず，さらに穀物価格の大幅な低下は穀物法廃止後30年間生じなかったにもかかわらず，現在と同じく，前世紀においても穀物法への批判が輸入制限による穀物価格への影響という点に集中し，「安価なパンは最も簡明な叫び声であり，結局それが最も大きい声となった」事実を指摘する。

ただし他方で彼は，チェンバレンの，穀物を含む帝国特恵関税提案に対して明確な批判を加えた。すなわち，穀物に関する植民地特恵は1766年の穀物法以来採用されたが，それは十分な成果をあげず，むしろ「帝国のいっそう緊密な結合を推進するよりも妨害した」。植民地特恵は，植民地の生産者と母国生産者の「相互間の嫉妬」と，(それが現実のものであれ想像上のものであれ) より高い価格に対する消費者の不満と，既得権益創出による関税変更への障害と，そして「外国との紛糾と報復措置」を結果した。特恵がもたらしたイギリス関税制度の混乱は，チェンバレンの提案に対する「終わることのない警告」というべきである，というのが彼の結論であった (pp.141-43,152,156)。

さて『歴史』が一方で主に批判の対象とした，自由貿易陣営の19世紀穀物法とイギリス農業の状態に関する典型的な理解は，① 穀物輸入制限は高い穀物価格と高い地代を生み，不安定な価格水準の下で穀物生産者は農業不況に苦しんだ，② 穀物法廃止による外国との競争は農業者に農業改良を促し，とりわけ1870年代まではイギリス農業は繁栄を享受した，というものであった。こうした理解の要点は，輸入制限の下での不況，自由貿易の下での繁栄という論理を――製造業はもちろん――農業にも適用したことと，1870年代以降の穀物大量輸入による農業不況については明確な対策を出せなかったことにある[41]。

41)　おもに，I.S. Leadom, *What Protection does for Farmer and Labourer*, London, 5thed., 1883; [Anon.], *Free Trade and English Farmer*, London, 1903に依拠する。両著作はともに，関

自由貿易陣営のこうした理解を前にして，ニコルソンは19世紀前半の穀物法の下でイギリス農業は全体として前進し繁栄したという（自由貿易陣営とは反対の）認識を示したうえで，しかしこの前進・繁栄の原因は穀物法による保護にはないという立場を示した。別言すれば，ある時期の国内農業の状態は――しかも，外国からの穀物輸入に関して物理的（輸送費，輸出能力など）制約がある場合には――輸入関税によってのみ左右されないということを，そして逆に物理的制約がなくなる場合には，輸入関税があっても農業の状態は影響を被る，またその影響を阻止しようとすれば農業を越えて経済全体に大きな不利益をもたらすということを，ニコルソンは明らかにしようとしたのであった。

『歴史』でニコルソンが強調した論点は以下のように整理できる。①穀物法は，穀物以外の関税・租税・救貧・植民地・国内商業規制をはじめとする広範な国家制度の一部であり，さらに輸入関税も穀物法制度の一部にすぎない。カニンガムが言うように，穀物法は穀物供給安定による国力増大という目的の一部であった。逆に言えば，1846年の穀物輸入関税廃止も税制・航海条例改革を含む自由貿易への大きな流れのなかの一部にすぎない（pp.iv,123,147）。② 18世紀末からイギリスは永続的な穀物輸入国になったが，それまでは輸入関税には実際の意味はなかった。国内が不作の時には輸入関税は停止された。また1689年以来の穀物輸出奨励金は，スミスの批判とは異なって，国内穀物生産増大と安定的穀物供給とをもたらした（pp.27-30,33）。③ 1773-1846年の穀物法において，生産者の，特に地主階級の利益のために，政府が消費者の利益を意図的に無視したことはない。この間の高い穀物価格は戦争・不作・通貨減価などが原因であり，輸入制限がそれをもたらしたわけではない（pp.46-47,73-75）。④ 18世紀末から19世紀初めにかけて地代は最も大きく上昇したが，それは輸入制限が原因ではない。農業改良が生産増加をもたらし，しかも③のように，価格が上昇すれば地代は増加する。また改良の普及によって1820年代以降穀物価格は妥当な水準に低下したが，改良を実施した農業者は十分な収益が得られた[42]（pp.76-77,94-95）。

税改革運動に激しく対決したコブデン・クラブからの刊行物である。服部「J.S. ニコルソンにおける自由貿易と保護と帝国」前掲，248ページ以下を参照。

42）　19世紀前半におけるイギリス農業の発展という認識は，『歴史』の姉妹版であるニ

⑤ 1815 年穀物法から廃止までの時期においては，穀物輸出源が限られていたために，輸入制限が価格変動を増幅する結果を生み，労働者階級の生活状態に悪影響を——廃止前の時期には，その影響は「実質的で深刻なものになりつつあった」——与えたことは事実である（pp.49-52,158）。⑥ ピールが 1842 年の穀物法改訂に当たって強調したように，国内生産のために関税という少額の追加を支払うのは，穀物外国依存を避けるためであった。しかし，食料供給の自立という現在も主張されている議論に対する最良の反論は，「輸入制限の廃止によって国力は大きく増加するし，〔食料供給の〕自立はより効果的に確保されるであろう。〔なぜなら，自由貿易による〕富の増大は海軍力の増強を意味し，そして海軍力は穀物生産の自給よりもいっそう優れた防衛手段である」からである，というものである（pp.126-27,160-61）。

⑦ 穀物法支持者は，食料自給の原則に依拠すれば国は繁栄すると考えた点で，また製造業の成長は国力の喪失を意味すると考えた点で，そして立法によって安定した穀物価格を保証できると考えた点で，明らかに間違っていた。穀物法廃止の時点では，「穀物法という全制度は時代遅れとなっていた」。穀物法がもたらした害悪については確かに誇張されている。しかし「それがもたらす害が急速に増大している時に，幸いにも廃止された」（pp.162-63,183,186）。⑧ 穀物法廃止は定常的な穀物輸入と輸入元の拡大とによって価格の変動幅を抑えた。しかし，近年の穀物輸入の急増は「穀物法廃止の積極的な効果というよりも〔輸送コストの激減やアメリカでの西部開拓をはじめとする〕自然がもたらす経済的原因」によるものである（pp.157,176）。⑨ 現在，関税改革陣営から「状況が変わったのだから，経済政策の変化が求められている」，と主張されている。「状況は確かにいっそう複雑になった。だが，いっそう単純な状況の下で失敗に終わった方法がいっそう複雑な状況の下で成功するとは考えられない」。「穀物法の歴史は，自らの失敗を通じて自由貿易擁

コルソンの別の著作の言葉に集約的に示されている。「19 世紀前半は，つまり穀物法廃止までは，主に地主の影響力の下で行われた非常に大規模な農業改良によって，特徴づけられる」。ナポレオン戦争後の穀物価格低下にもかかわらず，「全体として農業資本の蓄積は進み，十分な利潤が実現された」。Nicholson, *The Relations of Rent, Wages and Profits in Agriculture, and their Bearing on Rural Depopulation*, London, 1906, pp.7,32.

護論を強力に支持している」(pp.184-85)。

ニコルソンは，カニンガムの『自由貿易運動の興隆と衰退』とドウソン『ドイツにおける保護』（ともに1904年）への書評で，現在の穀物の低価格が「自然がもたらす経済的原因」の結果である以上，穀物輸入関税によって保護することは不可能だという認識を示した。すなわち，「カニンガム博士は，自由貿易は農業にとって破滅的であったと言う。これに対しては，イギリス農業が破壊されたとすれば，その主な原因は輸送費用の低下であって，関税引き下げではないと答えればよいであろう。……事実はこうだと思われる。保護は過去において農業に対してほとんどなにもしてこなかったし，将来的にもたとえそれが途方もないほど極端に行われたとしても，もっとなにもしないであろう」。チェンバレン提案では帝国産穀物は無関税で輸入されるし，しかもヒュウインズの発言にもあるように，2シリングの関税では国内穀物生産の大幅増加は期待できないのである。この点は，ドイツでの大幅な穀物関税引き上げにもかかわらず，穀物自給は達成されず，また穀物価格が関税分だけ国際価格を上回り，経済全体に悪影響を生んでいることからも明らかであった[43]。

3 「連邦化されたアングロ-サクソンダム」――アルフレッド・マーシャル

既述の『タイムズ』紙でのチェンバレン提案への批判「宣言」には，「提案された計画は帝国のさまざまな構成員の間の友好を進めるどころか，かえって相互を刺激するような論争を生む恐れがある。イギリスで保護が存在した時に経験したような……諸利害の対立によって，今成長しつつある連帯の意識は損なわれるであろう。このような利害対立は，中央政府によって一つに結び付けられていない現状にあるイギリス帝国

43) Nicholson, Review on W.H. Dawson's *Protection in Germany*, *Economic Journal*,Vol.14, No. 55, 1904; Review on W. Cunningham's *The Rise and Decline of the Free Trade Movement*, *Economic Journal*, Vol.15, No.57, 1904.

をますます分裂させるであろう」，という言葉がある[44]。チェンバレンの提案する特恵対象は穀物・肉類・酪農品・ワイン・果実類であり，例えばオーストラリアの特産品である羊毛やインドの米は含まれていないし，茶・砂糖・コーヒー・ココアに対する関税引き下げは帝国産に限定されない。「宣言」は，チェンバレン提案の目的の一つである「連合王国と帝国の他の構成員との間の友好的感情の涵養」は自らも熱心に願うところであるし，この目的のために「物的富の大きな犠牲」が払われたとしても，それを理由に反対しないと記している[45]。「宣言」が批判するのは，チェンバレンが目的とした帝国統合の中身とそれをもたらすための方法とであった。

マーシャルはチェンバレン提案を批判した文書「国際貿易の財政政策に関する覚え書（1903 年）」[46]（1908 年に下院文書として公刊。以下「覚え書」と略称する）の最後で，上の「宣言」に関連する内容としてこう記している。

> 「〔チェンバレンの〕提案は，大目的に到達するためには根本的に間違った方策だと，私には思われる。特に，〔特恵関税による帝国結合の強化という〕計画では，母国と植民地との各々が，それぞれが被るであろう損失よりも大きな利益を期待できることになっているという事実のなかにこそ，危険がある。すなわち，この計画は本質的には不経済である差別的関税を含んでいるから，全体としての物的利益は全体としての物的損失よりも小さくなければならない，と考えられる。もしこの計画がはじめから率直にこう述べられていれ

44） Professors of Economics and the Tariff Question, *Times*, 15 August 1903, reprinted in Coats, Political Economy and the Tariff Reform Campaign of 1903, *op.cit.*, pp.334-37. 以下の叙述は，服部「自由貿易と関税改革」服部・西沢保編『イギリス 100 年の政治経済学』ミネルヴァ書房，1999 年，所収，をもとにして構成し直されている。

45） マーシャルは『産業と商業』で，「イギリス諸国連邦（the British Confederation of States）のさまざまな構成国のいっそう緊密な精神的結合は，多くの経済的利益よりも大きな価値をもつ」（*IT*, p.124），と記している。

46） Marshall, Memorandum on Fiscal Policy of International Trade（1903），in *Official Papers by Alfred Marshall*, published for the Royal Economic Society, Macmillan, 1926. 以下「覚え書」からの引用箇所は FP と略して本文中に示す。この著作の翻訳には，服部・藤原新訳「国際貿易の財政政策に関する覚え書（上中下）」『立教経済学研究』47 巻 2,3 号，48 巻 1 号，1994,95 年がある。

> ば危険は少ないであろう。『帝国統一（Imperial unity）は多くの物的損失に値する理想である。われわれの間でこの損失をどうすれば最もうまく分かち合えるかを考えよう。』実のところ私には，この計画はイギリスと植民地の間の親善と帝国統一の真の精神を育むというよりは，両者の間に失望と軋轢をもたらすことになりそうだと思える。そしてもし，自己犠牲の精神ではなくて貪欲の精神に基づいて提案されるならば，この計画は他の国々のなかに憎悪の感情を生みだし，こうして帝国統一よりもさらに高遠な理想であると思われる，連邦化されたアングロ - サクソンダム（a federated Anglo-Saxondom）に向けての活動が可能となる日を先に延ばすであろう」（FP, p.420）。

マーシャルがここで，① 特恵関税によって最安価な外国産穀物を購入できず，しかも関税による価格上昇は外国穀物に限定されずに国産・帝国産穀物にも及ぶから，消費者は――関税額分全体かどうかは別にして――損害を受ける，さらに ② 保護がもたらす資源配分への悪影響によって国民分配分はかならず減少するから，関税改革提案は経済的には負の効果（物的利益は物的損失よりも小さい）が生ずるという，正統的な経済学の基本的立場にたっていることは明らかであろう。

では，マーシャルが――また「宣言」が――言うように，提案された特恵内容が帝国内での分裂を助長するとして，この計画が諸外国のなかに憎悪の感情を生みだし，「帝国統一よりもさらに高遠な理想であると思われる，連邦化されたアングロ - サクソンダム」実現を阻害する，という文章が言わんとするところはなにか。それはこうである。帝国特恵は帝国外諸国に対する差別関税賦課であるから，それはイギリスが現在諸外国と結んでいる最恵国条項違反となり，外国との通商・外交上の軋轢・対立が醸成されて，他国からの報復は避けられない。そしてこの場合重要なのはアメリカ合衆国であり，アメリカとの関係が敵対的になれば，「帝国統一よりもさらに高遠な理想であると思われる，連邦化されたアングロ - サクソンダム」実現が不可能になる，ということであった。

マーシャルは「覚え書」のなかで，チェンバレンの目指す「イギリス帝国の通商連合（the commercial federation of the British Empire）」――それは，貿易転換効果を生むと想定されている――と対比して，「アングロ - サクソンダムの通商連合（a commercial federation of Anglo-Saxondom）」（FP, p.399）のもつ貿易創造効果を指摘している。そして「覚え書」のこの部分を『貨幣信用貿易』に再録した際，「アングロ - サクソンダムの通商連合」という言葉を「英語を話すすべての国民の通商連合（a commercial federation of all English-speaking nations）」（*MCC*, p.223）という表現に置き換えた。「イギリス帝国の通商連合」と「アングロ - サクソンダムの通商連合」（＝「英語を話すすべての国民の通商連合」）とのちがいは，後者のなかにとりわけアメリカ合衆国が含まれるという点にある。このことを端的に示したのが，1903 年 12 月 16 日ロンドン銀行家協会でのマーシャルの以下の発言である。

「私は，帝国の連合という目的のためにイギリスが意図的に金銭上の負担を招くことに反対しているのではない。植民地は，イギリス製造業者との競争で彼らの成長しつつある産業が窒息させられるのを許さないし，また許すはずはないから，さらに帝国は地理的に繋がっているわけではないから，帝国連合はドイツ関税同盟がもたらしたような経済的利益をもちえないであろう。だが帝国連合はそれ自体で高遠な目的であり，物的富はそうした目的達成の手段にすぎない。しかしそれでも私の判断するところでは，帝国連合はわれわれの最も高遠な目的では断じてないし，しかもそれはわれわれの最も高遠な目的に直接に敵対して追求されている。その最も高遠な目的とは，われわれの人種の間での共通の感情と共通の利害の発展だと思われる。いわゆる関税改革論者は，われわれの最大の植民地〔であったアメリカ〕を『外国』と呼んで，また特にその外国を怒らせるような関税をいかにして考案できるかを示して喜んでいる。しかしながらアメリカ合衆国は，わが植民地と従属領すべてを合わせたよりもずっと多くのわが人種を擁している。わが最初の植民地は，ずいぶん以前の大失敗に終わった不和の結果，そして現在のわれわれの植民地でも即座に甘受できないような処遇を受け入れないという理由だけで，われわれから離れた。私は合衆国の助けをわれ

> われが今必要としていることを強調しようとは思わない。〔だが〕イギリスが大西洋と太平洋の両方をすべての参入者から永続的に守り抜くことができないのは，また合衆国がほどなく太平洋の覇権国になるのは，そしてイギリスの最初の植民地〔アメリカ〕が敵対すれば帝国の結合と防衛が不可能であるのは真実だと私は信じるけれども，もしその植民地〔アメリカ〕が帝国と調和的な行動をとるならば，帝国は確実に一体となることもまた真実だと信じている。関税に関して私が抱くどのような見解よりも私にとってはるかに重要な信念を，物質的考慮よりも高く評価したい。それは，われわれの真の理想は小アングロサクソンダムのなかにではなくて，大アングロサクソンダムのなかに見出されるべきである，ということである」[47]。

この発言の「小アングロサクソンダム」とはアメリカを含まない現在の白人自治領を中心とする帝国であり，「大アングロサクソンダム」の理想とはアメリカを含んだ「われわれの人種の間での共通の感情と共通の利害の発展」である。そして特恵関税の不経済を主張するマーシャルであるから，「アングロ - サクソンダムの通商連合」（また「英語を話すすべての国民の通商連合」）という表現にもかかわらず，この「通商連合」が主張しようとしたのは，「アングロ - サクソンダムの通商連合」以外

---

47) *The Institute of Bankers*, Vol.25, Pt.2, February 1904, pp.97-98, reprinted in P. Groenewegen ed., *Alfred Marshall Critical Responses*, Vol.1, Routledge, 1998, p.106. マーシャルは同時期の私信（1904年1月12日付）でも，「この〔関税改革〕論争全体のなかで，チェンバレン支持者と特にカナダでの彼の従者が，アメリカ合衆国を『外国人』と悪しざまに呼んだことほど，私を怒らせたものはありません」と書いている。J.K. Whitaker ed., *The Correspondence of Alfred Marshall, Economist*, Vol.3, 1996, Cambridge UP., p.74. ただしチェンバレンは関税改革運動開始前の1897年12月30日のトロントでの演説では，「私はアメリカ合衆国を外国と考えたり，そう呼んだりすることを拒否します。われわれはすべて同じ人種と血統の者なのです。私はイギリスのイギリス人，カナダのイギリス人，合衆国のイギリス人の間に区別を設けることを拒否します。われわれは一つの家系から別れたものです」と述べていた。Cited in Victor Bérard, *British Imperialism and Commercial Supremacy*, translated by H.W. Foskett, London, 1906（originally published, Paris, 1901）, p.220. こうした意識はチェンバレンもマーシャルも含めて，当時のほぼすべてのイギリス人に共通する感情であると思われるが，世紀転換期の大国間の対立とイギリスの経済的・政治的地位の低下のなかで，具体的対応策に関しては大きなちがいを生んでいたわけである。

の国々に対する差別的な通商的取り決めではなくて，まずはこの「通商連合」内での現存する関税障壁の低減・撤廃を意味するものであった，と思われる。しかも「アングロ - サクソンダムの通商連合」がたとえ成立したとしても，自由貿易の利益を説くマーシャルであれば，「通商連合」以外の外国との貿易上の関税差別は当然に認められないであろう。とするならば，「覚え書」の草稿で「自分はアングロサクソンの理想に情熱をもっている」と書いたマーシャルにあっては[48]，「大アングロサクソンダム」の主要な要素は通商よりもむしろ政治，防衛，そして文化的結合に認められることになるであろう。

もっともマーシャルは「大アングロサクソンダム」の具体像を示していない。ウッドの研究は，関税改革提案に反対・賛成の立場から関与した経済学者たちも例外なく，インドでのイギリスの偉業と世界大へのアングロサクソニズムの拡張を誇りとしたこと，合わせてそこでは「非経済的要素」が重視されたことを指摘した。「経済的要素」よりもむしろ，「血と言語と宗教」で結ばれた「道徳的統一（moral unity）」（J.E. ケアンズの言葉）が象徴的な意味を付与されたのであった[49]。マーシャルもウッドの指摘からは外れていない。

マーシャルがチェンバレンの「帝国連合」に反対して「連邦化されたアングロ - サクソンダム」を対置したのは，結局は「帝国連合」構想が事実上前提とした「自給帝国」の存立を承認しなかったからである。マーシャルは，究極的には農業での収穫逓減が生じるから「自給帝国」は維持できず，食料輸入を余儀なくされると書いていた[50]。また現状においても，イギリスの対帝国貿易は総貿易中の 1/4 強にすぎなかっ

48） Cited in Groenewegen, *A Soaring Eagle : Alfred Marshall 1842-1924*, Edward Elgar, 1995, p.389.「アングロサクソンの理想に情熱をもっている」という言葉に続いてこう記されている。「アングロサクソンの理想は主にわが国と合衆国とで発展してきた。もし私がどちらかを選ばなければならないとすれば，率直に言って前者を選択するであろう。しかしイギリス人は，彼らの〔現在の〕地位の基礎にある――全部ではないが――一部として，〔合衆国での〕議論からもっと学ばなければならない，と私は信じている」。

49） J.C. Wood, *British Economists and the Empire*, Croom Helm, 1983, pp.50, 265-66. ニコルソン『経済学原理』の次の言葉も引用しておきたい。「帝国の利点と恩恵を貨幣で測る方法は全面的に不適切であり，間違っている。……帝国はその力を伸ばしてきたが，それは自由と生来の愛情とが狭量な経済的利益に取って代わることを許されてきたからである」。Nicholson, *Principles of Political Economy*, Vol.3, London, 1901, p.425.

50） 1908 年 7 月 19 日付のメモ。Wood, *British Economists and the Empire*, *op.cit*., p.130.

た[51]。さらにアメリカの経済力は，資本と労働の両面でイギリス帝国を上回っていると考えられた。こうして「自給帝国」の存立は不可能であり，イギリス帝国を上回るアメリカの経済力の存在という認識に立てば，そして「帝国通商連合」の成立がアメリカからの報復措置を呼び起こすことを考慮すれば，ライズマンの研究が言うように，北アメリカならびにその他のイギリスを出自とする国民との連合はチェンバレンの求める「帝国連合」の強化よりも明らかに望ましいと，マーシャルが判断するのも当然であった。

マーシャルはこう書いている。「連邦化されたアングロ - サクソンダム」の場合には「産業覇権は……アングロサクソン人のものになり，またそこに留まるであろう。〔しかし〕それはイギリス帝国のものにはならない。なぜなら……イギリス帝国がたとえ政治的統一体になったとしても，それはけっして経済的統一体にはなりえないからである」[52]。マーシャルの理解では，帝国特恵によってもイギリス帝国が経済的統一体となるのは不可能であった。『貨幣信用貿易』ではこう記されている。「イギリス帝国は，その構成国の関税を同一の全体的な計画に基づいて取り決めることができれば，強い立場になることは明らかである。しかし構成国の産業資源と彼らの必要とするものは非常に多岐に渡っているから，そのような取り決めを実現するのは簡単ではない」(*MCC*, p.200)。

しかしながら，マーシャルのいうように「帝国連合」が経済的統一体を形成することが困難だとしても，「大アングロサクソンダム」がそれ

---

51)　R. ギッフェン（商務省統計局長，統一党自由貿易派）も，帝国関税同盟が帝国外諸国，とりわけ「われわれが最も友好関係を進めたいと願う合衆国」との不和をもたらし，報復措置が取られることを懸念していた。帝国諸国が現在の貿易における外国の地位に取って代わる見込みは，今後数世代はなく，植民地が現在の外国の地位のほんの一部に取って代わるためだけでも，「植民地のインダストリの状態の徹底的な革命」と，植民地人口の途方もない増加とが必要なのであった。さらに鉄鉱石，錫，銅，綿花といった第一次産品に関しては，帝国外依存は避けられないと判断された。Robert Giffen, The Dream of a British Zollverein, *Nineteenth Century and After*, May 1902, in Giffen, *Economic Inquiries and Studies*, Vol.II, London, 1904, pp.396-97.

52)　D. Reisman, *Alfred Marshall's Mission*, Macmillian, 1990, pp.251-52. メモの日付は1900年8月18日である。ライズマンは，「連邦化されたアングロ - サクソンダム」，すなわち最初の工業国家と将来の大国との「大西洋共同体（a North Atlantic community）」こそが，ドイツとの将来の戦争を予想していたマーシャルにとって，防衛面をも含むイギリスの国益に最も適うと判断された，と主張する。

を形成するのはもっと困難なのではないか。この点は，関税改革支持者が指摘したところであった。アシュレイは『関税問題』（1903 年）で，「『アングロ - サクソンダム』の政策は経済的には全面的に実行不可能である」と批判した。すなわち，イギリス人は普通のアメリカ人の感情に及ぼす「血のつながり」の影響を過大視している。合衆国では現在，イギリス以外の国々からの移民が増えて「英語を話すがイギリスの出自ではない」アメリカ人の割合が増加している。しかも，アメリカ人の「イギリス贔屓の感情」の強弱にかかわらず，合衆国はイギリスとの「激烈な経済的闘争」を緩和しない。感情と経済の論理とは別のものである。なぜならば「資本主義的生産の諸力は感情を考慮しない。――すなわち，それは不道徳（immoral）ではなくて，単に道徳に関係がない（non-moral）だけなのである」[53)]。

「アングロ - サクソンダム」への批判は，とりわけアメリカ合衆国との対立を強調する形で行われた。その例を幾つか紹介しておく。

○ G.L. ガーヴィン「帝国の保全」（1905 年）「帝国の運命についてのアングロ - アメリカ的観念」は「イギリス的理念の死」を意味する。イギリスの経済力を帝国開発よりも，アメリカ，アルゼンチンの開発に向けようという試みはまじめな政治的考慮の対象にならない[54)]。

○ L.S. エイメリー「帝国防衛と国民政策」（1905 年） 経済的にはイギリスを凌駕したアメリカ，そして凌駕しつつあるドイツでの海軍増強計画は深刻に憂慮すべき事態である。アメリカは「過去においてつねにイギリスの友であったわけではないし，将来的にもずっと友であるという保証はない」[55)]。

○ 匿名者（『ナショナル・レビュー』副編集者）「帝国の経済学」（1903 年） 英語を話すということはイギリス人の感情をもつことを意味しない。イギリスとアメリカの関係においてはカナダがつねに問題の焦点である。しかもアメリカの穀物生産は収穫逓減の段階に入ったのに対し，カナダは「無限の発展の入口」に立ったにすぎない。帝国全体の命運は

53） Ashley, *The Tariff Problem*, *op.cit*., p.205.

54） G.L. Garvin, The Maintenance of Empire: A Study of Economic Basis of Political Power, in *The Empire and the Century*, London, 1905, pp.120-21.

55） L.S. Amery, Imperial Defence and National Policy, in *ibid*., pp.189-90.

カナダが帝国に属するかどうかにかかっている。チェンバレン提案が拒否されれば，カナダは「北米関税同盟（a North-American Zollverein）」を選択する。選択肢は「帝国互恵かアメリカ的互恵か」である。後者になれば，「汎アメリカ的理想が汎イギリス的理想に勝利し」，「帝国はあらゆる道徳的目的にとっての，一つの神話となるであろう」[56]。

○　L.L. プライス「関税改革運動の過去，現在，未来」（1909年）
「覚え書」の「連邦化されたアングロ‐サクソンダム」という構想は，現実政治の射程から外れる「非現実的幻想」に基づくものである[57]。

しかも「連邦化されたアングロ‐サクソンダム」が実現した場合でも，アメリカの経済力の伸長を考慮すれば，むしろイギリスを排除する形でそれが行われると指摘するのが，フランスの同時代人 V. ベラールである。彼はこう述べている。「アングロ‐サクソン全体の帝国，関税同盟，もしくは連邦（an Empire, a Zollverein or Federation of all the Anglo-Saxons）」がもし成立すれば，そこから生ずる利益と力はイギリスのものにはならずにアメリカに集中する。アメリカがその経済資源をさらに開発し，そしてパナマ運河の開削が成功すれば，アメリカが「全アングロ‐サクソン貿易ルートの交差点」になり，イギリスは「アングロ‐サクソン共同体」をその勢力圏に維持できない。カナダはすでに経済的にはアメリカの「付属物」であり，アングロサクソン諸国の間で関税障壁が廃止，もしくは大幅削減されれば，「ほんの数年間でアメリカ大陸には，大工業国〔合衆国〕と大牧畜・農業国〔カナダ〕とが相並んで存在することになろう」。またパナマ運河開通は，オーストラリアとインドをカナダと同じ運命におく。そしてこの「アングロ‐サクソン全体の帝国」のなかでアメリカと（イギリスを除いた）構成国の間で工業・農業分業体制が形成される。すなわち，「もし英帝国の構成諸国がその原生産物の主要な販路を合衆国に見出すならば，合衆国はお返しに，彼らに対してそれに応じた製造品を供給することに，必ずなるのではないか」。ここにはイギリスが関与する余地はない[58]。ベラールの指摘は，「連邦化さ

56）[The Assistant Editor], The Economics of Empire, II, op.cit., pp.39, 60-61.

57）L.L. Price, The Past, Present, and Future of the Movement of Tariff Reform, *Economic Review*, Vol.19, January 1909, p.39.

58）Bérard, *British Imperialism and Commercial Supremacy*, *op.cit.*, pp.215-21.

れたアングロ - サクソンダム」の孕むイギリスにとっての困難を衝いたのである。

マーシャルは「覚え書」で，イギリスは産業革命以降保持してきた「産業上の主導権」の「指導者（the leader）」の地位を失いつつあるが，「指導者の一人（a leader）」ではありうるという認識を示し，そのためにも特恵関税という保護ではなくて自由貿易の維持によって「製造業者の鋭敏さを増す機会」を持ち続けることこそが，20 世紀の現在において必要だと主張した。イギリスを「指導者」の地位に押し上げた製造業における機械装置の進歩は生産工程を標準化し，それがかえって諸外国のキャッチ・アップを可能にした。こうしてイギリスは標準的な作業工程を勤勉に実施するだけでは，それを徹底して推し進めるアメリカ，ドイツに対抗できない。したがって「価値の割に嵩が小さい機械類や器具類の輸出」割合を高めることが「主導権の質」を示すことになる，というのがマーシャルの判断であった（FP, pp.404,408）。

マーシャルは『産業と商業』で，「産業上の主導権」の性格は，その国の――「国民全体の共同財産である〔自然〕資源や〔人的〕能力に深く根差した」――輸出財ならびに輸入財の性質に最も良く表現されると論じ，「産業上の主導権」における外国貿易の重要性を強調した。なぜなら，一国の外国貿易は自国の特性をもつある産業と他国の産業との関係を示しており，自国と外国に属する個人間の取引の総計以上の意味をもつからである。さらに彼が「産業上の主導権」を重視したのは，それが「国民的理想（national ideas）」において重要な地位を占めていると認識していたからであった。マーシャルはこう記した。物質的目的に専心する個人が哀れな存在であるように，「国民的理想，すなわち国民生活を個人生活の総計以上のものと認める理想を欠く国民はそれ以上に賤しむべき存在」であり，「健全な国民的自尊心は産業上の主導権と結び付いている」。主導権を有する産業は，「その国に属し，その国の生活の一部であり，その国の性格の多くを具現している産業」というべきものであった（*IT*, pp.3-4）。

こうしてマーシャルにあっては，「産業上の主導権」は単にその国の技術水準，国際競争力や経済的厚生に関係するに留まらず，国民の性格や教育・研究組織，文化制度に支えられて，「国民的理想」をも規定するキイ概念であった。「産業上の主導権」は，『産業と商業』の題字に選ばれた「多くのことが一つのことに，一つのことが多くのことに」を体現するものであった。そして，後に見るように，「アングロサクソンの理想」は「イギリスの産業上の主導権」の合衆国と「イギリス諸国連邦」とへの解消のなかで蘇る。

マーシャルが「覚え書」で，イギリスが「指導者の一人」の地位を保持しうる要因として指摘したのが，工業化の進展にはなお時間を要する後発国（「人口希薄な国々」）市場の存在であった。すなわち，ある程度工業化が進んだ後発国でも多くの製造品（おそらくは生産財）については「大規模な輸入が長期間行われる」し，さらに工業化以前の段階でイギリス製造品（おそらくは消費財）の輸入に頼る「広大な地域が世界にはなお長く存在する」。こうして後発国工業化が進むまでの「近い将来においては」（強調は原文），これら後発国市場においてイギリス製造品輸出は維持されうる，と考えられた。ここでマーシャルが「近い将来においては」とあえて強調したのは，後発国が自国の原材料を自らの工業化のために使用し，イギリス製造品輸入を必須としない状態に至る（遠い）将来の「危険」を考慮してのことであった（FP, pp.401-02）。しかしながら後発国の工業化という遠い将来の事態に加えて，後発国市場でのアメリカ，ドイツとの競争の強まりを考慮すれば，イギリス単独で見た場合には，マーシャルは「指導者の一人」の地位に関しても楽観的な見通しをもちえなかったように思われる[59]。しかも，後発国市場（「人口希

59）　マーシャルは私信（1901年1月20日。ただし最後まで書かれていない）で，イギリスの産業上の主導権の喪失と軍事的立場についてこう語っている。すなわち，「われわれにとっての真の危険は，高級な産業の生産物で売り負かされ，低級な産業にますます向かわざるを得ないことです。……〔後退は絶対的ではなくて相対的だが〕危険なのは，わが国の産業が他国に比してより低級なものになり，われわれより進んでいる国がなお先に進んでしまい，われわれより遅れている国がわが国に追いつくだろうということです。……/ したがって，われわれが世界の至る所で攻撃を受けやすく，原材料においても食料においても自給していないことを想起するならば，他国の1人当たりの平均生産性がわが国のそれよりも早く成長する状況が続く場合には，ロンドンは程なくこの点で脅しを受けざるをえなくなると私は信じます」。主導権を保持した時代にはイギリスの生産性は高く，しかも人々は熱心に仕事に励みました。われわれはたとえ自身の物的利益に反しても自由を愛することで尊敬を集めました。「当時われわれは外見よりも強力であったし，生活の洗練のために力の一部を犠牲にすることもできたかもしれません。だが今では，そんなことはできそうもありません。ドイツの兵士は常々，イギリスは自国の力を過大評価していると考えてきましたし，彼らは

薄な国々」）には当然にイギリス帝国諸国も含まれるから，「指導者の一人」の地位の保持は英帝国の存在にも依存することになるであろう。

マーシャルは『産業と商業』第1編5章を「強力な挑戦を受けつつあるイギリスの産業上の主導権」とし，その第5節の標題を「イギリスの産業上の主導権は完了し，イギリス諸国連邦（the British Federation Nations）のそれに併合される過程にある。連邦のなかの比較的若い国々は，イギリスの最初で最大の植民地が現在有する主導権から多くを学びつつある」とした。「最初で最大の植民地」とは合衆国である。そこではイギリスの産業上の主導権の完了が，正確に表現すれば，合衆国と「イギリス諸国連邦」への解消が以下のように記されている――しかしそれは，「指導者」の地位を失って「指導者の一人」になったこと自体を誇りつつ記された言葉であり，「産業上の主導権」と密接に関係する「国民的理想」のアングロサクソンのなかでの再生を表現する言葉でもあった。

すなわち，第一次大戦において

> 「四つの大陸にまたがる英語を話す国民〔合衆国ならびに帝国諸国〕は，精神的にもその信頼感においても結ばれていることを証明した。それ故に，イギリスの産業上の主導権は，母国のみならずイギリス人がその新たな国々で達成したものによっても測られるべきであるという主張で本章を閉じることは，適切であろう。……
>
> ……〔母国の資本と労働をすべて国内で使う場合に比して植民地にその一部を植民する場合には〕母国自身はより貧しくなり，またその主導権の維持がある程度困難になる。もちろん，海陸両面での輸送の改善は，強力な艦隊の庇護の下で海洋航路が比較的に安全である限りは，自治領その他から食料と鉱物を相対的に安価に獲得することを可能にする。潜水艦攻撃から生ずる危険が予想できたとし

今では，イギリスに対する彼ら自身の評価も高すぎたと私に語っています。したがって，国内の富を正しく活用するための第一歩は，諸国民のなかで非好戦的な立場（an unaggressive position）をとることだと思います。もし戦争にでもなれば，それに備えなければなりません――そのずっと以前から平時においても，ざっと見て，陸海軍に1億ポンドも支出しなければなりません」。Whitaker ed., *The Correspondence of Marshall*, *op.cit.*, Vol.2, pp.294-95.

ても，イギリスの経済生活と産業上の主導権の安楽な進行とに対してそれがもたらす制約というものを防止することはできなかったであろう。しかしながら，海外におけるイギリスの分身の国々の繁栄と，母国が攻撃された時に彼らが与えてくれた寛大で思慮ある援助は，イギリスの産業上の主導権の根本にある類稀（たぐいまれ）な特質を示している。

イギリスの分身たちは，おそらく多様な方面で，産業上の指導者として順次認められるようになるであろう。しかしそのような時期はまだ到来していない。若い国はまず，自然に対する最初の段階での勝利を収めることが必要だからである。……〔新国では農業と輸送業での需要を充たす自由資本は一般に不足しており，より複雑な生産方法を用いる産業の開拓という点で，旧国に先んずる機会はまずない。〕

イギリス諸国連邦……は，イギリスの最初の偉大な植民地を連邦から追い出してしまい，……ほとんど致命的な打撃を被った。その合衆国は〔今や〕全世界の主要な指導者の一人になり，広大な領土を支配する国民にとっての最良の指導者となっている。……〔人口1人当たりの領土は，イングランドが1エーカー，連合王国が2エーカーに対して，合衆国はいまでも30エーカーであり，カナダは300エーカー，オーストラリアは600エーカーである。〕それ故に，これらの国々が自国の発展についての指導を，彼らの長兄〔合衆国〕の過去の発展と現在の経験に求めようとするのは自然であり，また正当でもある。このようなやり方で，イギリスの産業上の主導権は最も広範かつ最も完全な発展を遂げたのかもしれない」（*IT*, pp.104-05. 強調は原文）。

「イギリスの産業上の主導権」がそれ自体としては完了しつつも，「イギリスの分身」である合衆国とイギリス諸国連邦とからなる「大アングロサクソンダム」のなかにそれが受け継がれることを通して，「連邦化されたアングロ - サクソンダム」の理想は実現された，そして第一次大戦の経験が見事に理想の実現を示している，とマーシャルは考えた。それは，大規模企業の普及の点で合衆国を越える国の出現は現在予想されず，「それ故に，産業上の主導権における合衆国のシェアは，長期にわたって例外的に重要な性質を持ち続ける」（*IT*, p.158）と判断されるにもかかわらず，であった。

4　収穫逓減法則と準地代 ――アルフレッド・マーシャル

前節で見たように，マーシャルは「イギリスの産業上の主導権」が完了しつつあることを，第一次大戦中の経験にふれながら述べているが，完了しつつある現在においても，穀物供給の現状に関しては楽観的な認識を示している。マーシャルにとっては，「週末しか自給しない国民」は，経済における自然の制約を人間の力（労働，資本，組織）によって克服し，国民が安価な穀物を十分に享受しつつある輝かしい時代の別名であった。

マーシャルは『経済学原理』[60]第8版（1920年）の序で「現代においては，新国の開発と海陸の低廉な輸送費とが結びついて，……〔小麦の高価格が労働者の生活を圧迫していた時代に〕マルサスとリカードウによって用いられた意味での収穫逓減の傾向はほとんど停止されている」と記した。マーシャルにとっては，安価な小麦輸入によって農業収穫逓減が作用していない状況にあるイギリスにおいては，リカードウが論じた地代と穀物価値の問題は「当時は，その解決がイギリスの命運を作用するほどの重要問題」であったが，「現在の事態とは直接の関連がほとんどないものとなってしまった」（*PE*, pp.xv,12）。

マルサスとリカードウが論じた収穫逓減は，J.S. ミルの『経済学原理』にも陰鬱な色彩を与えているが，「まさしく現在は，西欧諸国民が原生産物の供給を容易に引き出しうる肥沃地の面積が，人口よりもはるかに急速に増大しつつある時代」であり，リカードウの時代の暗雲から解放された輝かしい――ただし，現在の人口増加率が継続すれば数世代で世

60）『経済学原理』（*Principles of Economics*, 1st ed., 1890, 8thed., 1920, London）からの引用は，C.W. Guillebaud ed., Nineth（variorum）Edition, Macmillan, 1961 から行い，本文中に *PE* と略して示す。翻訳は，馬場啓之助訳，東洋経済新報社，1965-67年；永澤越郎訳，岩波ブックセンター信山社，1985年がある。

界に人間が溢れ，収穫逓減の圧力が顕在化する可能性があるという意味では，「間（あいだ）(interval)」の――時代であった[61]。

世界大戦にもかかわらず生産力の増大は目覚ましく，「自由貿易と蒸気機関による交通の発達とによって，大幅に増大した人口は，十分な食料の供給を安価に得られるようになっている」。動物性食料と住居を除いたほとんどすべてての重要商品の価格は半分以下に低下したのに，国民の平均貨幣所得は2倍以上になっていた。この結果，労働者家計におけるパンへの支出は，19世紀初めには所得の半分以上を占めたが，現在では1/4以下である。「イギリスでは現在，食料不足が死亡の直接の原因となることはほとんどない」(*PE*, pp.190-91,196,751)。

こうした現実は理論的には以下のように説明される。『原理』においては，生産要因は土地，労働，資本に分類され，さらに資本は物的生産手段と知識・組織とから構成される。第4編「生産要因　土地，労働，資本および組織」13章「結論。収穫逓増の傾向と収穫逓減の傾向の相関」でマーシャルが述べたように，一般に，生産において自然の果たす

---

61)　Marshall, Mechanical and Biological Analogies in Economics (1898), in A.C. Pigou ed., *Memorials of Alfred Marshall*, Macmillan, 1925, p.316.「間（あいだ）」の時代ではあるが，ここでのマーシャルの力点は，「われわれ自身の時代においては，ひじょうに長期間を考えた場合でさえ，生存手段に対する人口の圧迫が均衡概念の根本的再調整をもたらすことはない」，という点におかれる。永澤越郎訳『マーシャル経済論文集』岩波ブックセンター信山社，1991年，60ページ；伊藤宣広訳「分配と交換」『マーシャル　クールヘッド＆ウォームハート』ミネルヴァ書房，2014年，205-06ページ。

『原理』第6編12章「経済進歩の一般的影響」の次の文章は，自然の制約に基づく収穫逓減法則を人間の力で克服しつつある穀物供給状況の改善に関するマーシャルの認識を集約的に示している。「外国貿易の影響は，イギリスの主要食料の生産費のうえに徐々にあらわれ始めた。アメリカの人口が大西洋沿岸から西漸するにつれて，小麦栽培に適したますます肥沃な土壌が耕作されるようになった。また輸送の経済はとくに近年著しく増大し，耕境からの距離が増大したにもかかわらず，耕作の外延から1クォータの小麦を輸入する総費用を急速に低下させた。このようにして，イギリスはますます集約的な耕作を進めることから解放された。リカードウの時代には，小麦畑は荒涼とした丘陵に及び，多くの労働を費やして耕作されていたが，そのような土地は牧草地に戻った。今日では〔穀物生産〕農夫は，労働に対して豊かな収穫をもたらす土地でしか働かない。もしイギリスが自国の資源だけに依存したとすれば，ますます貧しい土地をさらに骨折って耕作し，重労働と引き換えに各エーカーからの1-2ブッシェルの増産のために，すでに十分に耕されている土地に追加的な耕作を加えなければならなかったことであろう。今日では，平年作において費用しか回収しない耕作は，すなわち『耕作限界』の耕作は，おそらく，リカードウの時代の2倍の収量をもたらしているであろう。また，現在のイギリスの人口がその食料すべてを自給しなければならない場合の，ゆうに5倍の収量をもたらしているであろう」(*PE*, pp.673-74)。

役割は収穫逓減の傾向を示すが，人間の果たす役割は収穫逓増の傾向を示す。なぜならば，労働と資本の増大は農工を問わず組織の改善をもたらし，仕事の能率を高めるからである。したがって，各人が平均して一定水準の能力と活力を有する状態で人口増加が生ずる場合には，組織の改善によってその「集団的能率」は人口増加率以上の比率で高まりうる（*PE*, pp.318,320）。この点で，リカードウは組織がもたらす能率向上の力を十分に考慮しなかった，と言わねばならない。

こうして，組織の改善が起こりやすい，一定の広がりをもつ地域・国の場合には，改善には限度がある農場の場合よりも，収穫逓減法則の作用は厳しくなく，一農場でみれば収穫逓減段階に達した後にも，地域・国全体では人口増加が比例以上の食料増加をもたらすこともありうる。確かにこれは，自然の制約による収穫逓減という「困難な日の到来を先に延ばしただけであるが，しかし延ばされたことは間違いない」。こうして，食料の新たな供給源の開発，輸送費用の低廉化，そして組織と知識の発展によって，「生存手段に対する人口の圧力は，今後長期にわたって抑制されるかもしれない」[62]（*PE*, pp.165-66）。

マーシャルは，収穫逓減法則の顕在化の時期が将来的に生ずることは否定できないが，その到来はかなり先であり，輝かしい「間（あいだ）」の時期はなお継続しうる，と考えていた。『原理』全編最終章「生活水準との関連における進歩」の以下の言葉は，穀物供給の現状と将来についての楽観的見通しを十分に示している。「イギリス人にとっての食料コストは，現在ではそれが主に新国からの供給によって支配されているために，イギリスでの人口の増減によって大きく影響されることはないであろう。もし輸入食料と交換される財の生産でイギリス人が労働の能率を上げることができるならば，イギリスの人口が急速に増加する，しないにかかわりなく，より低い実質費用で食料を獲得できるであろう」（*PE*, p.692）。

この文章から，穀物供給の楽観的見通しが成立するためには労働能率の向上が不可欠であることも明らかである。しかしながら，現在の分配

62） ただし第4編13章の最後の言葉が示すように，外国の貿易制限によってイギリスの食料・原料輸入が阻止されたり，大規模な戦争によってそれが途絶されたりするリスクや，輸送路の安全確保のための防衛費の増大は，「イギリスが収穫逓増法則の作用から引き出す利益を明らかに減少させる」ことは事実であるが（*PE*, p.322）。

関係の変化は労働者の「生活水準」の上昇を通じて，彼らの知力・活力・自主性を向上させ，こうして労働能率向上にとっての有益な傾向が強まっており，しかもその影響は累積的である，というのが『原理』最終章の結論であった[63]。

こうした穀物供給の現状に関するマーシャルの理解は，彼の地代認識とさらには準地代（quasi-rent）概念の導入にも反映している。人間が創造する効用は需要の増加に応じて供給を増加させることが可能であり，供給価格を持つ。ところが，土地は「人間の努力によっては実際に大幅にその供給を増加できない事物」（『原理』第5版序文）[64]であり，旧国では「自然によって固定された量として与えられており，それ故に供給価格をもたない」。「（旧国では）任意の時点における土地のストックは，同時にすべての時点においてもそれと同一量である」（*PE*, pp. 144,536，強調は原文）。こうして土地，労働，資本（組織）が生産要因を構成するが，マーシャルは土地を，生活水準向上のために労働と資本が「継続的に戦わなければならない永続的な障害物」と見なしたわけであり，この意味でマーシャルの関心の中心は，「土地，労働，資本の間の需要面での類似性ではなくて，供給面での相違が意味するところ」に置かれた[65]。

では，このように供給価格をもたない土地に対する収益である地代は如何に把握されるのか。旧国における農場のいわゆる借地料は，① 自然が作り出したままの土壌の価値，② 人間の行った改良，③ 人口の増加と道路・鉄道などによる交通の便宜，に由来する。①と②の区別は実際には困難であるが，①に焦点を絞って――人間の力（②と③）を排除した自然によって与えられた――地代の性質と大きさが検討される（*PE*, p.156）。

マーシャルにあっては，リカードウの差額地代論を前提にして，「正常状態と長期的結果」（強調は原文）においては，地代は価格の原因では

63）近藤真司『マーシャルの「生活基準」の経済学』大阪府立大学経済学部，1997年，27,122ページ。

64）Guillebaud ed., *Principles of Economics*, Vol.II, p.51.

65）J.K. Whitaker, Rent, in *The Elgar Companion to Alfred Marshall*, ed., by T. Raffaelli et.al, Edward Elgar, 2006, p.358.

なくてその結果である。需給均衡価格論に基づけば，地代となる生産物部分も市場に出される以上需給に影響し，価格に影響することは当然である――「限界用途が価値を支配するわけではない。なぜなら，限界用途自体が，価値ともども需要と供給の一般的関係によって支配されるから」――が，マーシャルは，需要と供給の一般的関係は地代の大きさ，すなわち供給価格をもたない土地に対する報酬の大きさには影響されない，と主張する。

「地代の大きさは他を支配する原因ではなく，土地の肥沃度，生産物の価格，〔穀作の〕限界の位置によって支配される結果である。地代は，土地に投入された資本と労働が獲得する総収穫の価値が，耕作の限界におけるのと同程度に不利な環境の下で獲得するであろう収穫を超過する額である」，すなわち，耕作の限界での生産額を上回る生産者余剰が地代となる。この限りでは，これは，リカードウと同じ差額地代論による地代規定である。ただしマーシャルにあっては――「総収穫の価値」という言葉にもかかわらず――価値論は展開されず，需給によって決まる価格論が議論の中心であったから[66]，しかも地代の大きさは代替の原理を通じて需給に影響するから，この意味では，「土地の地代が作物の価格に入らないということは不便である」。しかし，にもかかわらず，長期正常状態においては，「土地の地代が作物の価格に入るということは，不便である以上によくない。それは誤謬である」（*PE*, pp.403,411,427,437），というのがマーシャルの結論であった。

マーシャルの地代論における最大の特徴は準地代概念の導入である。準地代とは，自然の制約を人間の力で克服する過程において，短期的に人間の力が土地と同じく自然の制約と類似した性質をもつことを通じて，人間の力の成果にも地代に準ずる収益が与えられる結果を意味している。こうして準地代も地代と同じく，短期においては限界費用を越えた余剰所得であり，価格を決定する要因ではない。だが，長期においては限界費用の一部となり，価格を決定する要因である[67]。『原理』付録C

66）　橋本昭一「マーシャルの地代論」『同志社商学』57巻6号，2006年，は広い視野からマーシャルの地代論を論じた研究である。

67）　柏崎利之輔「マーシャル『経済学原理』における準地代学説の発展」『早稲田政治経済学雑誌』189号，1964年，74ページ。

でマーシャルは，リカードウが行った地代分析の原理は，今日一般に地代と呼ばれている多くのものには適用できないが，地代の原理の適用は拡張されつつあると述べ，「一見すると地代の性質をまったくもたないように見える，文明のあらゆる段階における極めて多様な事物にも，適切な注意をもってすれば，地代の原理は適用できる」，と準地代について記した（*PE*, pp.777-78）。マーシャルは，自然が与えた土地の地代を規制する原理は，人間が作り出した機械・設備といった，「一見すると地代の性質をまったくもたないように見える」，耐久的性格を持つ生産手段の報酬にも適用可能と論ずるのである。

『原理』第5編10章「農業価値と限界費用の関係」でマーシャルは，地代と準地代の関係について以下のように説明した。ある種の改良を行う費用は，改良が効果を発揮する長期においては限界生産費のなかに算入され，長期の供給価格を規制するうえで直接的な役割を果たし，それから得られる報酬はそれを実施する人の「努力と犠牲」に対する純所得をなす。しかし短期においては，すなわち改良が十分な効果を発揮するには短すぎる期間においては，その報酬である純所得は供給価格に対して直接的な影響を与えることはない。したがって，「そのような短期を問題とする場合には，それらの所得は生産物の価格に依存する準地代と見なしてよい」（*PE*, p.426），と。

この文章は土地改良を例に挙げているが，機械などの耐久性のある生産手段であっても同じことが言える。すなわち，「土地と人間の作った設備との間には類似性と非類似性の共存が見られる」。非類似性としては，旧国では土地は「永久的で固定的なストック」（強調は原文）であるのに対し，土地改良にせよ機械・設備にせよ人間が作ったものは，「それらが生産に寄与する生産物に対する有効需要の変化に従って増減できるフローである」点が指摘できる。他方，類似性としては，それら設備は急速な生産ができないために「短期的には固定したストック」（強調は原文）である点が指摘できる。こうして，類似性に着目すれば，短期においては「設備から得られる所得は，それによって生産される生産物の価値に対して，本来の地代が持っているのと同一の関係をもっている」。そしてマーシャルは，土地と人間が作る設備との間の非類似性にもかかわらず，短期に着目した場合には，両者が引き出す地代と準地代という所得の相違は「主として程度の差にすぎない」（*PE*, pp.431-32,832）ことを強調している。

しかも短期に着目して，人間の作った設備に準地代という報酬が与えられるとすれば，準地代と設備投資という新投資に対して与えられる利子との間にはいかなる違いがあるのか。マーシャルはこう説明を加える。すなわち，個別の生産者の視点ではなくて社会全体の視点からは，「ある特定の機械は，地代の性質をもち時にはレントと呼ばれる所得を生みだすが，それを準地代と呼ぶことが便宜である。しかしそれを機械が生んだ利子と呼ぶのは適切ではない」。なぜならば，「利子」という用語は，「機械自体ではなく，機械の貨幣価値」（強調は原文）に対応するものであるからである。しかしながら他方で，準地代と利子との類似性も以下のように指摘される。『原理』初版序文で記されたように，「自由資本」による新たな投資に対しては「利子と見ることが適切である収入」も，以前になされた旧い設備投資に対しては「一種の地代――準地代――として扱う方がより適切である」（強調は原文）。「自由資本」と設備に「沈下した」資本との間には，また新投資と旧投資との間にも明確な境界線はない。両者は徐々に混じり合う（*PE*, pp.74-75,412）。地代の理論は準地代を経て，利子にまでその適用が広げられた。

こうしてマーシャルは，地代と準地代の類似性ならびに準地代と利子の類似性を指摘する二つの手続きを通じて，自然の制約下にあり供給価格を持たない土地，長期的には需要に応じて供給を調節可能な――しかし短期的には調節不能な――設備・機械，そして需給に反応して経常的に行われる新投資を，一つの大きな連続的な時間の流れのなかで，すなわち「連続性の原理」として見ることができた。地代と資本利子の区別も，その多くは考察する「期間の長さ」に依存するのであり，「土地の地代でさえ独自の存在ではなく，一つの大きな類のなかの主要な種である」（*PE*, pp.vi,viii, 629）。

さらに最終的にはマーシャルは，準地代概念を機械・設備といった資本の形態をとる生産要因に限定せずに，熟練工や専門職の人々の所得にまで拡大した。彼らがそうした仕事に適した熟練，また資格を獲得すると，彼の稼得全体のうちでは彼の努力の稼得部分が大部分を占めるが，それを除いた「彼の稼得の一部は，それ〔熟練・資格の獲得〕以降は，彼の才能を有利に活用できる機会を獲得するために投下された資本と労働の準地代となる」。しかも実業家の利潤について検討すると,「その大部分が準地代」であることが分かる。短期に関しては，雇用主であろうと労働者であろうと，熟練から得られる所得はすべて準地代と見なされる（*PE*, p.622,624）。

以上のマーシャルの地代ならびに準地代論は，自然の制約の結果である地代概念を，人間の努力に対する報酬にまで準地代として拡張することを通じて，逆に地代の独自性を消失させ，人間の努力に焦点を絞ることになった。ジェヴォンズにあっては，穀物供給において一国の土地の制約を克服するものが，最終的には石炭に依拠する生産とされたが，マーシャルにあっては，石炭という限定も取り外されて，人間の勤労のあり方に，すなわち『原理』の最も重要な理論的貢献と見なすべき産業組織に置かれることになった[68]。穀物供給の現状に対するマーシャルの楽観的見通しはここに依拠している。

68）「『準地代』概念には，競争的な過程を促す動因としての格差的余剰の側面が包含されていた。しかし，ある企業の保持するある生産要素のもつ優位性の一方での消滅は，他の側面での新たな格差を発生し続けていくのであり，社会全体の正常な状態の……運動においては，『準地代』はつねに存在する……。ここに示されているマーシャルの視点は，たんに『平均』に引き戻される超過利潤としての『余剰』には向けられていない。その平均化の過程が同時に，つねに産業や国民経済において，特有な有機的生産力をたえずあらたに創り出しリードしているのであり，そうした運動をとおして，時代の『収穫逓増』が実現している状況が，こうして論理的に把握されている」。岩下伸朗『マーシャル研究』ナカニシヤ出版，2008 年，141 ページ。

第8章

第一次世界大戦における穀物

1　第一次大戦直前における穀物

関税改革運動は敗北した。帝国産穀物への特恵も与えられないままで，イギリスは穀物の自由貿易（輸入）を続けた。ところが帝国第一の小麦輸出国カナダ――さらに，オーストラリア，インド――からのイギリス向け輸出は，20世紀に入って大きく増大した。関税改革運動が提案した1クォータ2シリングという帝国特恵がなくても，特にカナダ小麦とイギリスでの小麦（パン）消費とを結ぶ生産ならびに需要上の強いつながりが，世紀転換期に形成された。オファの表現を借りれば，「関税改革運動の10年間（1903-14年）に，帝国は全体として最大かつ最も躍動的な小麦輸出者として現れた，そして自力でイギリスに対して十二分な供給能力を築き上げた」[1]。

第一次大戦中もカナダをはじめとする帝国からの小麦輸出は増大し続けた。カナダでの小麦生産量は1901年には790万クォータ（輸出量は390万クォータ）であったが，大戦前年の1913年には2,460万クォータ（輸出量は1,700万クォータ）に急増した。大戦中の1915年には生産量は4,640万クォータ（輸出量は3,370万クォータ）と最高値を記録する。カナダからイギリスへの小麦輸出量は1905-09年の年平均で450万クォータ，1910-14年のそれで980万クォータ，1915-19年は1,550万クォー

1)　Avner Offer, *The First World War: An Agrarian Interpretation*, Clarendon Press, 1989, pp.95-96.

タに達した。世紀初めにはイギリスの小麦輸入に占めるカナダの地位は合衆国の1/4程度であったが，大戦直前には合衆国とほぼ拮抗するに至った。1900-10年の間に4倍に増えたカナダの小麦輸出量は，1910-30年の間にもう4倍に増加する[2)]。

こうしたカナダでの小麦生産急増の背景には，西部プレイリー開発をもたらした大陸横断鉄道の完成（1886年）とそれに続く新たな鉄道網，穀物輸出に必要な港湾など社会資本の整備，そして農業移民の大量誘致があった。鉄道資金の多くは，ロンドン金融市場での連邦政府による公債発行を通じて調達された。1900-14年の間にカナダでは5億ポンドの資本流入があったが，その7割がイギリスから得られた[3)]。世紀初頭に537万人であったカナダの人口は，1911年には721万人に増加している。その多くが移民によるものであった。前章で指摘したように，20世紀に入ってイギリスからのカナダ移民は急増し1911年までに70万人に達した。この数字は同時期の「ザ・ラスト・ベスト・ウエスト（the “last best west”）」を求める合衆国からのカナダ移民数と拮抗している。移民がすべて小麦ブームの中心である西部諸州（マニトバ，サスカチェワン，アルバータ）に向かったわけではないが，西部諸州の人口は世紀初頭から1911年にかけて42万人から133万人に増加した。そこでの小麦作付面積も同時期に5倍以上に増加している。1920年代には，西部諸州がカナダの小麦生産の95%，輸出のほぼすべてをまかなってい

2） C.P. Wright with J.S. Davis, Canada as a Producer and Exporter of Wheat, *Wheat Studies*, Vol.1, No.8, 1925, pp.217-218,225, tables 14, 23, 24; B.R. Mitchell and P. Dean, *Abstract of British Historical Statistics*, Cambridge University Press, 1962, p.102; Offer, *The First World War, op.cit.*,pp.86-87,157. カナダの小麦生産量に占める輸出量は1908年度で1,290万/2,530万クォータであり，生産量の半分以上が輸出されている。これに対して合衆国のそれは2,670万/1億4,820万クォータである。フロンティアが消滅しつつある合衆国に比して，広大な未耕地を抱える「新国」としてのカナダの特徴を示している。H.C. Farnsworth, Wheat in the Post-Surplus Period 1900-09 with recent Analogies and Contrasts, *Wheat Studies*, Vol.17, No.7, 1941, table 10.「1900-13年の間に〔カナダで〕起こったことは，新国におけるクズネッツ循環上昇期の成長プロセスの典型例である」。B. Thomas, *Migration and Economic Growth*, 2nd ed., Cambridge University Press, 1973, p.258.

3） P.J. ケイン，A.G. ホプキンス『ジェントルマン資本主義の帝国 I』（竹内幸雄，秋田茂訳）名古屋大学出版会，1997年，182-84ページ。1908年7月-09年6月の1年間の海外投資先の第一位はカナダであった。次いでアルゼンチンが位置した。George Paish, Great Britain's Capital Investment in Other Lands, *Journal of the Royal Statistical Society* , Vol.77, Sept. 1909, p.479.

た。しかも西部諸州で生産される小麦（レッド・ファイフ種，後にはマルキス種）はタンパク質を多く含む硬質小麦で，19 世紀末にイギリスで普及したローラー製粉機に適合する，パン食用として最も適した品質を有した[4]。

カナダでの小麦生産の急増とイギリスへの輸出増大の背景には，英国での製粉技術の転換と国内で消費されるパンの品質の変化と，そしてカナダでの小麦の品質別等級化（マニトバ一級，二級など）の徹底とが，その背景にあった。石挽製粉機で製粉される従来の国産ならびにヨーロッパ産軟質小麦で家庭内もしくは小規模地域的に生産されるパンに比して，鋼鉄製ローラー製粉機で製粉されるカナダ産硬質小麦で生産されるパンは，麩や胚芽の除去が高度化されてパン生地が柔らかくて白く，食感の良い品質に仕上がった。北米産硬質輸入小麦を用いる製粉業・製パン業の工業化を通じて生産された白いパンは，従来の（麩や胚芽を含む）ブラウン・パンに比して，消化もよく料理の手間も省けたから，英国での労働者を中心に標準化されたパンとしての地位を占めるようになった。しかも麩や胚芽の除去を高度化する製粉技術は，それらの飼料としての用途を高め製粉業の収益増大をもたらした[5]。

---

4)　Wright with Davis, Canada as a Producer and Exporter of Wheat, op.cit., p. 244, tables 5, 6, 14. Cf. Offer, *The First World War, op.cit.,* p.143.

5)　A. Magnan, *When Wheat was King: The Rise and Fall of the Canada-UK Grain Trade*, UBC Press, 2016, pp.28-45; R. Perren, Structural Change and Market Growth in the Food Industry: Flour Milling in Britain, Europe, and America, 1850-1914, *Economic History Review*, NS, Vol.43, No.3, 1990; J. Tann and R.G. Jones, Technology and Transformation: The Diffusion of the Roller Mill in the British Flour Mill Industry, 1870-1907, *Technology and Culture*, Vol.37, No.1, 1996. 石挽製粉と鋼鉄製ローラー製粉の根本的なちがいは，「中間篩（ふるい）の導入と鋼鉄製ローラーによる石挽の代替である」。Andrew Millar, *Wheat and its Products, A Brief Account of the Principal Cereal: Where it is grown, and the Modern Method of Producing Wheaten Flour*, London, 1916, pp.30-31. 石挽の小麦粉は，「今日購入される小麦粉とはその性質において明確に異なり，栄養価に富むものであった。今日購入される小麦粉は，回転する石の間で挽かれるのではなくて，一連のローラーの間で小麦を押しつぶすことで作られる。ローラーによる圧搾では，多くの高い栄養成分を含む胚芽……は，円盤状にぺしゃんこになり，穀物の大部分をなす澱粉質部分のように，微粉状にはならない。したがって，押しつぶされた穀物が篩（ふるい）にかけられるときには，胚芽は取り残される。こうして小麦粉の栄養成分はずっと少なくなる」。J.C. Drummond, Food in Relation to Health in Great Britain during the Past Two Hundred Years, in *The Nation's Larder and Housewife's Part therein: A Set of Lectures in the Royal Institution of Great Britain in April, May and June, 1940*, G.Bell and Sons, 1940, pp.7-8. 栄養学者ドラモンドの言うように，白パンから除去された小麦成分に含まれる栄養価（とくにビタミン B1）の問題は，

合衆国に比して「新国」としての特徴を強く持つカナダでの小麦生産の増大に関して，マーシャルは『経済学原理』（第6篇9章）の地代を規定する要因としての肥沃度と市場との距離に関する注で，特に新国における位置の意義について，第5版（1907年）に至って以下の文章を追加した。そして最終版までこの文章は維持された。すなわち，「この点では合衆国はもはや新国とは見なされない，なぜなら最優良地はすべて耕作され，そのほとんどすべては安価な鉄道で良好な市場に接近できるからである」（*PE*, p.633），と。その一方で，彼は『原理』8版（1920年）序文では，前章で引用したように，「現代においては新国の開発と海陸の低廉な輸送費が結びついて」収穫逓減の傾向はほとんど停止されていると書いて，とくに「新国」での穀物供給の現状について楽観的見通しを示した（*PE*, p.xv）。

同じく前章で見たように，ヒュウインズは「帝国の財政政策」（1903年）と題する論説で，合衆国の小麦生産は急速に「収穫逓減段階」に接近しつつあると認識し，それと対照的に帝国の小麦生産に無限の可能性を見ていた。マーシャルは合衆国での収穫逓減については慎重に言葉を選んでいるが，関税改革運動に対して正反対の立場をとった両者が，カナダやオーストラリアといった帝国のなかの「新国」，さらにはアルゼンチン[6]といった帝国外の「新国」での小麦生産の拡大に期待を寄せていたことは明らかである。

またケインズは『平和の経済的帰結』（1919年）で，合衆国での収穫

全粒パン消費を進める「パン改革連盟」(Bread Reform League) らによって重要論点として提起された。服部正治『イギリス食料政策論――FAO 初代事務局長 J.B. オール』日本経済評論社，2014年，第2章；J. Burnett, Brown is Best, *History Today*, May 2005.

6）イギリス最大の「経済帝国」であり，農産物生産国であるアルゼンチンへの投資は，1880年代以降主に国債，鉄道，公共部門に向けられた。1889年にはイギリスの対外投資の40-50%がアルゼンチンに向けられた。そして1890年代の鉄道民営化のなかでイギリス企業はそれを手中に収めた。アルゼンチンの農産物輸出は，従来は主に畜産品であったが，20世紀にはいって小麦が急増する。1901-13年のイギリス小麦輸入に占めるアルゼンチンの地位は，合衆国に次いでおり，カナダを凌いでいる。1927-36年においては，穀類輸出がアルゼンチンの総輸出額の50%以上を占めることになる。ケイン，ホプキンス『ジェントルマン資本主義の帝国　I』前掲，195-201ページ；Mitchell and Dean, *British Historical Statistics*, *op.cit.*, pp.101-02; A. フェレール『アルゼンチン経済史』（松下洋訳）新世界社，1974年，108,120-21ページ；Paul de Hevesy, *World Wheat Planning and Economic Planning in General*, Oxford University Press, 1940, p.331.

逓減に関して以下のように記している。すなわち，1870年から20世紀に至るまでの期間，アメリカからの小麦供給の増大によって，ヨーロッパ全体として，食料に対する人口圧力は「有史以来，初めて決定的な逆転」が生じ，「人口増につれて，食料確保が実際いっそう容易になった」。ところがその一方で，1900年ごろからこの過程の再逆転が生じ始め，第一次大戦開始時には合衆国では小麦の輸出余剰が減退し始めていた。「1914年になると，小麦に対する合衆国の国内需要が生産量に近づいており，例外的な豊作の年しか輸出余剰がなくなってしまう時期が近いことは明らかだった」。「収穫逓減法則がようやくまた自己を主張し始めた」。合衆国の現在（1919年）の国内需要は，1909-13年の平均産出量の90%以上と推定される。

ただし，こうした傾向は豊富の喪失というよりも，実質費用の上昇という形で表れていた。「つまり，世界全体をとってみると，小麦は不足していたわけではなく，十分な供給を得るためにより高い実質価格を提供することが必要だった」。さらにケインズは，大戦後半（1918-19年）の合衆国の大豊作と輸出の増大は合衆国内での小麦の価格保証がもたらしたものであり，戦後の為替不足に悩むヨーロッパに対して合衆国が小麦輸出を維持することはあり得ないと，論じた[7]。合衆国での収穫逓減，さらにはロシアの革命による輸出市場からの撤退というなかで，帝国を含んだ「新国」の小麦輸出市場における地位は高まった。

ヒュウインズは『貿易バランス』（1924年）で，20年前の関税改革論争期には英帝国は小麦の自給はできなかったが，第一次大戦後には自給状態になったと述べた。すなわち，現在イギリスは年900万クォータの小麦を帝国から輸入する一方，1,350万クォータ以上を外国から輸入しているが，カナダでの生産増大とオーストラリア，インドからの供給増加が存在する現在，しかもカナダ，オーストラリアが合わせて年に2,000万クォータ以上を帝国外に輸出している現状からして，帝国外からの輸入がなくとも帝国からの供給でイギリスの小麦必要量は充足可能である，と結論づけた。こうして小麦の帝国内自給という問題に関して

7）J.M. Keynes, *The Economic Consequences of the Peace*, 1919, in *The Collected Writings of J.M. Keynes*, Vol.2, Macmillan, 1971, pp.5,14-15. 早坂忠訳『平和の経済的帰結』（『全集』第2巻）東洋経済新報社，6,17-18ページ。

は，現在では帝国内での小麦増産というよりは，帝国外に向けられている小麦の一部を帝国内に向けることが課題であり，帝国産小麦をイギリス市場にもたらすための特恵関税による安定的市場環境の形成こそが重要である，と主張された。ヒュウインズにおいては，イギリス本国を小麦生産国として回復させるための保護関税は問題にならず，小麦の帝国依存の増大こそが重視された[8)]。

その後も帝国内自給・余剰状況は変わらず，1926-30年の期間のカナダ，オーストラリア，インドからの小麦輸出総量は，同期間の帝国諸国（イギリス，ならびにアイルランド自由国などを含む）の輸入総量を，年平均で1,500万クォータ以上超過していた。帝国は「小麦の過剰問題」を抱え込むことになった。同期間のイギリスの年平均小麦輸入量は2,800万クォータであったが，合衆国・アルゼンチンをはじめとする帝国外諸国からの輸入は1,200万クォータを数えた。すなわち，帝国内に小麦余剰が存在するなかで，帝国外からの輸入は40%以上を占めたのである[9)]。ヒュウインズにおいては，関税改革論争時の，特恵関税という刺激による帝国内での小麦生産増加の必要性という主張から力点は移動して，すでに自給可能となった帝国小麦の，特恵関税による帝国内への貿易転換が新たな事態のなかで主張されている。そして，それが帝国統合のための一つの重要な要素とされているわけである[10)]。

もちろん「過剰問題」は，帝国統合を図るイギリス本国の眼で帝国全体を見てのことであり，カナダにおいてもオーストラリアにおいても，元来輸出余力のある小麦の輸出先が帝国であるかどうかは，帝国という輸出市場が与える経済的利益に依存するにすぎない。アメリカのある実業家は大戦前（1913年）に，カナダの小麦輸出国としての興隆について

8）　W.A.S. Hewins, *Trade in Balance*, London, 1924, pp.60,159. 帝国特恵派による同様の主張として，Lord Melchett, *Imperial Economic Unity*, London, 1930, pp.123-27を見よ。メルチェット卿によれば，世紀初頭の関税改革論争期の帝国内小麦供給の状況は，1926年には様相がまったく変わっており，輸出余剰が生まれていた。西部カナダの小麦耕作は着実に北に延びており，そこでは20年前には想像できなかった高い生産性を示すとともに，なお広大な地域が完全な未開発のままに存在している。

9）　A.E. Taylor, British Preference for Empire Wheat, *Wheat Studies*, Vol.10, No.1, 1933, pp.9-10, table 1.

10）「英帝国の食料供給とそれに対する支払い手段とは，帝国における普遍的利益と死活的必要にかかわる事柄である」。Hewins, *Empire Restored*, London, 1927, p.95.

こう記していた。すなわち，「イギリス帝国植民地ファミリーの重要な構成員としてカナダが穀物生産国に発展したという事実は，イギリスからのなんらかの奨励に起因するものではないし，他の国々と同じ〔経済的〕必要性という理由以外の，母国の〔例えば帝国の絆といった特別の〕必要性によってではない」。「いかなる国の食料生産産業の優位も，戦略的なものではない。それは経済的なものである」。カナダの小麦は，自然のルートに従って合衆国に流れ込むし，また購入者がイギリスであろうとドイツであろうと問いはしない，と[11)]。

こうして，関税改革という特恵関税がなくとも，帝国を含んだ「新国」での，生産資源開発のためのイギリスからの資本輸出や移民といった手段が――それらは帝国内自給を直接の目的としたわけではなく，投資収益を第一とする経済行動と国内農業の不振の結果であったが――，帝国内自給実現のための基盤を形成した。さらに1932年のオタワ協定による帝国産小麦への1クォータ当たり2シリングの特恵関税（=外国産小麦への関税賦課）は，合衆国からの小麦輸入を激減させるとともに，世界大恐慌のなかで帝国内過剰問題を現実のものとした。同じく1932年に制定された小麦法――国産小麦に対する価格保証――に代表される農業保護政策を批判したアスターとロウントリの『イギリス農業』(1938年）は，「小麦は大部分が帝国内貿易に入る商品である」と書いたが，それはこうした背景の下であった[12)]。

イギリスの主要な小麦輸入元は，20世紀にはいって，第一次大戦，そしてオタワ協定による帝国特恵体制確立を経て，第二次大戦前年の1938年までの期間で見れば，概ね以下のように構成されていた。すなわち，合衆国とカナダがほぼ同量の輸出量（総量2億1,000万クォータ：年平均550万クォータ）で，次いでアルゼンチンが1億5,000万クォータ（年平均400万クォータ），そしてオーストラリアが1億1,000万クォータ（同300万クォータ），さらにロシアとインドがともに7,000万クォータ（同200万クォータ）であった。ただし，ロシアは革命（1917年）直

11） J.D. Whelpley, The Fallacy of an Imperial Food Supply, *Fortnightly Review*, NS,Vol.94, December 1913, pp.1103,1105

12） Viscount Astor and B. Seebohm Rowntree, *British Agriculture : The Principles of Future Policy*, London, 1938, p.88.

前から輸出がほぼ停止したし，合衆国はオタワ協定以降輸出が急減する。またインドはとくに第一次大戦以降輸出の停滞が著しい[13]。それでも，軟質小麦は主にオーストラリアを中心に，アルゼンチン北部，合衆国，インドから，セミ硬質小麦は合衆国，オーストラリア，アルゼンチン，ロシアから，硬質小麦はカナダを中心に，合衆国，アルゼンチン南部，ロシアからと，イギリス国内での小麦需要は——すなわち，製粉業者は小麦の品質に応じて各小麦を混合して製パン用に適した小麦粉をつくるから——用途に応じて（しかも帝国内での十分な供給能力を前提に），バランスよく供給されたと言える[14]。

しかし，こうした長期のまた平均的な小麦供給状況は，短期の，とりわけ戦争状態における小麦（また広く食料）の安定供給を保証しないことは言うまでもない。第一次大戦前5年間のイギリスの食生活において，摂取総カロリーに占める穀類の比率は38%程度でドイツと変わらなかったが，穀類のなかでは小麦は90%弱と圧倒的に高い地位を占めた——ちなみにドイツでは，穀類に占める小麦の割合は40%程度で，ライ麦より少ない——[15]。しかも，短期終結の予想に反して長期の総力戦となった大戦においては，戦線の背後にある市民生活のありようが戦争の帰趨を制することにもなったから，小麦の占める高い地位からしてその通常の供給の部分的な途絶でさえ，国民生活に，ひいては戦況にも影響を与えるであろうことも想像に難くない。この意味で，食料の海外依存度が高いイギリスにおいては，戦時には（小麦を含めた）食料は「弱い環」となった。

イギリスの小麦生産の減少は，第一次大戦直前の1913年には——10年前の関税改革論争時の論争点，すなわち自由貿易によるイギリスの安価なパン vs. 保護主義によるドイツの高価なパン，とは異なって——，この20年間にドイツは保護によって小麦生産を38%増やしたのに，イギリスは自由貿易によって6%減らした（また大麦・オート麦も同じ），

---

13) Mitchell and Dean, *British Historical Statistics*, *op.cit.*, pp.101-02; Offer, *The First World War, op.cit.*,p.157.

14) Taylor, British Preference for Empire Wheat, op.cit., p.11; Taylor, Economic Nationalism in Europe as applied to Wheat, *Wheat Studies*, Vol.8, No.4, 1932, pp.275-76.

15) M.K. Bennett, Wheat and War, 1914-18 and Now, *Wheat Studies*, Vol.16, No.3, 1939, p.72.

という形で取り上げられた[16)]。

2 戦時食料安全保障 ――『戦時食料王立委員会報告』(1905年) とコナン・ドイル

前章で指摘したように，食料の高い外国依存度と食料輸送確保の前提となる海軍力の相対的低下という事態は，第一次大戦以前において，戦時の食料安全保障に対する懸念を生んでいた。大戦後半期に農務省総裁を務めたプロシロ（アーンル卿）が記したように，「勝利の帰趨はおそらくは，国民が小麦の最後の一袋，肉の最後の一塊を支配できるかどうかにかかっていたかもしれなかった」[17)]。にもかかわらず，ドイツと対照的にイギリスでは，H.H. アスクィス（自由党）率いる戦時内閣においては，開戦当初2年間は食料に関する厳格な国家統制は実施されなかった。

これは，自由貿易を含むレッセ・フェール哲学に基づくものではなかった。戦前において戦時食料安全保障に関する議論はさまざまになされていたが，大戦前半期においてそれが政策的な実施に実を結ばなかったのは，予想される戦争の性質，期間，社会的結果について，政府部内で意見の一致を見なかったからであり，また食料供給の逼迫は大戦後半期になるまで表面化しなかったからであった。食料配給制度を含む国家統制が実施された後半期において，戦前の議論は活かされることになる[18)]。戦時中に農務省食料生産局次長として政策形成に関与したミドルトンが記したように，「1914年〔の開戦時〕に不足していたものは，食料供給プログラムではなくて，〔国内での〕食料生産政策であった」[19)]。

戦前における，戦時食料安全保障に関する代表的な議論を見ておこ

16) M. Olson Jr., *The Economics of the Wartime Shortage*, Duke University Press, 1963, chap.1; L.M. Barnett, *British Food Policy during the First World War*, George Allen & Unwin, 1985, p.14.

17) R.E. Prothero, The Food Campaign of 1916-1918, *Journal of the Royal Agricultural Society of England*, Vol.82, 1921, p.1.

18) Barnett, *British Food Policy*, *op.cit.*, Introduction.

19) T.H. Middleton, *Food Production in War*, Oxford, 1923, p.3.

う。まず楽観論の色濃い主張として,『戦時食料・原料供給に関する王立委員会報告』(1905 年)があげられる[20]。『報告』の検討対象は食料・原料とされているが,実際には小麦が中心である。『報告』は,1870 年の小麦の海外依存率は 40% であったが,現在では 80% に達するという現状認識に立つ。そのうえで,まずは『報告』第一部で平時の小麦供給の安定性を以下のように指摘して,戦時食料供給への懸念払拭の前提としている。

① イギリスに対する主要小麦輸出国の総輸出に占めるイギリス向け輸出の割合は,カナダを除いて高くなく,特定の輸出元からの供給が不能になった場合でも,それ以外の供給元からの供給の転換が十分に期待できる。② 戦時の小麦価格上昇は,主要輸出国での生産を増加させるし,主要輸出国の生産に占める輸出の割合は,すなわち輸出余力は,アルゼンチン,カナダ,合衆国をはじめ高い。③ 1904 年に合衆国からの輸出の減少を他国からの輸出増加で十分に補えたことからわかるように,小麦供給元の多様性は小麦の安定供給を保証する。④ 各月ごとの小麦輸入も,年間を通して多様な輸入元からほぼ均等に行われている。これは海外からの「供給が〔輸出余力〕という穀物の存在量によってではなくて,連合王国の需要によって規制されている」という事実の表れ

---

20) *Report of the Royal Commission on Supply of Food and Raw Material in Time of War*, Vol.1, Cd.2643, 1905. 以下,引用箇所は本文中に記す。マーシャルは,同王立委員会への証言を求められたが断った。同委員会委員カニンガム(H.H. Cunynghame)への手紙(1903 年 6 月 14 日)でマーシャルは,国内備蓄案の検討を求めている。また合わせて,① イギリスが大陸諸国と戦争する場合には,合衆国からの穀物輸送がカナダからよりも容易であること。それは,イギリス向け穀物が戦時禁輸品とされても,ヨーロッパの友好国・中立国の港までは〔中立国である〕合衆国穀物は安全に輸送できるから,そこからイギリスまでは護送船団で輸送可能なのに対し,〔カナダはイギリスとともに交戦国になり,〕カナダ産穀物は大西洋航路において戦利品対象となるからである。② イギリスが合衆国と戦争する場合には,カナダ穀物は合衆国との国境を越えられない。合衆国政府がヨーロッパへの穀物輸出を禁止すれば,合衆国農業者は深刻な苦境に陥り,彼らは禁輸措置を守らない。そして合衆国小麦が〔中立国〕フランス・ドイツに輸出されるならば,イギリスはそこから必要な穀物を購入可能である,と記していた。J.K. Whitaker ed., *The Correspondence of A. Marshall*, Vol.3, Cambridge University Press, 1996, pp.25-26.〔 〕は筆者による追加。ホイティカーは,マーシャルをはじめとする,いわゆる正統派経済学者たちが戦時防衛(食料安全保障)論争に実質的に関与しなかったことを指摘している。だが,関税改革提案に賛成した W. カニンガム,ヒュウインズ,またこの後でふれるアシュレイらは,自らの主張の中心にこの論点を据えていた。Whitaker, The Economics of Defense in British Political Economy, 1848-1914, in C.D. Goodwin ed., *Economics and National Security*, Duke University Press, 1991, pp.51-52.

である。⑤ 小麦輸入の輸送ルートは，北大西洋，南大西洋，地中海を中心にバランスよく配分されている。しかも，小麦輸入に必要な船腹数は全体の 6% 程度と少なく，小麦輸入は少数の船舶に限定されずに多様な英国商船に分散されている（pp.7-20）。

以上は主に小麦の輸入元に関する楽観論であったが，第二部では，戦時における商船に対する攻撃と戦時の価格上昇に関して以下のように論じられる。① 特に開戦当初には，海上支配権をめぐる戦いが最も重要となり，穀物輸送商船への攻撃は海軍力の分散を生み，敵国にとっても効果が少ない。② 食料輸送が多くの船舶に分散していることに加え，島国イギリスの広大な海岸線は，敵国による封鎖を絶対的に不可能にする。③ こうして，「強力な海軍を保持すれば，国民を飢えに導くような〔食料〕供給の中断を恐れる必要はないし，深刻な欠乏が生じうるという証拠も見出せない」。④ もちろん，戦時の輸送コスト・保険料上昇による価格の「経済的」騰貴が生じることは否定できないが，むしろ留意すべきは一定の上昇が「心理的」パニックをもたらして価格を暴騰させる点である。しかしそれも需給の調整を通じて，「短期間」で終息するであろう（pp. 28,29,35,38. cf. p.110）。

ところが――③の引用文で「強力な海軍を保持すれば」という言葉が付されているように――以上の楽観論を積み重ねたうえに，第二部の最後で，こうした楽観論は，海上支配権が維持され，英国海軍が商船に対する組織的攻撃を阻止しうる限りにおいてであることが明記される。そうした前提が外れる場合には，楽観論の根拠は崩れる。「海外からの供給に深刻な欠乏が生じ，しかもこれが国産小麦・その他穀類等の供給がほとんど消費されてしまった時に生ずる場合には，供給不足によるきわめて深刻な経済的騰貴が生ずるばかりでない。それはひいてはおそらく深刻なパニックによる〔価格〕上昇を生む。しかも加えて，もはや国民が耐えられないような深刻な苦痛を生むかもしれない」（p.44）。

『報告』はその結論部で，自らの結論が「余りに楽観的である」と考える向きに対して，国内での穀物消費の節約の見通しと国内での貯量の存在とを付け加えることで応えた（p.59）。多くの委員から『報告』本文の幾つかの箇所への留保が付けられたように，『報告』全体は楽観的見方に依拠しているが，その楽観論の背後には海上支配権の維持，そして他国の海軍力増強に応じた対応の必要が置かれていた。『報告』の内容を詳細に検討した一論説も，「食料供給と国民の継続的な雇用とのための唯一の効果的な保障は，十分な海軍力の保持であることをつねに留意する必要がある」と結論づけた[21)]。

しかも『報告』時点では，ドイツでのドレッドノート型戦艦による海軍拡張計画がもたらすことになる，1909年のいわゆる海軍パニックはいまだ表面化していない。さらに大戦中に商船輸送に対して甚大な被害を与えたドイツの潜水艦開発が注目を集めるのは1913年以降であった[22)]。

例えば1909年の海軍パニックは，チェンバレンの関税改革提案を批判したJ.S.ニコルソンの帝国統合問題への立場の変化を生んでいた。ニコルソンは『帝国の計画』（1909年）で，帝国域内自由貿易を前提に域外に対する――輸入関税をも許容する――さまざまなヴァリエーションを含む帝国共通通商政策を実施し，もって帝国統合強化の緊急の必要性を，スミス『国富論』の独自の解釈を通じて主張するに至った。そして彼は自らの主張を「帝国主義の経済学」と称した。こうした彼の立場は，以前の関税改革批判からの離脱であることは明らかであるが，彼は離脱の第一の理由として，「帝国防衛問題が突然に緊急の重要性を持つことになった」事態のなかで，イギリスはもはや帝国全体の海上防衛費を自力では負担できず，帝国全体からの「有効な援助」を不可欠としている現状をあげた。ニコルソンは自らの立場の変化について，「見解の違いは主に強調点の違いである。そして強調点の違いは状況の変化のせいである」と釈明した[23)]。戦争が迫るなか，帝国を含めた防衛問題が平時での通商政策論に影を落とし始めた。

ドイツの潜水艦開発に対して警鐘を鳴らし，著者の著名さもあって多

21） [Anon], Food Supply in Time of War, *Quarterly Review*, Vol.203, No.405, 1905, p.598.

22） 横井勝彦「イギリス海軍と帝国防衛体制の変遷」秋田茂編著『パクス・ブリタニカとイギリス帝国』ミネルヴァ書房，2004年，所収，103ページ以下；藤田哲雄『帝国主義期イギリス海軍の経済史的分析 1885-1917年』日本経済評論社，2015年，228ページ以下。

23） ニコルソンが『国富論』で特に重視したのが「忘れられた章」（第2編5章）資本投下の自然的順序論であった。J.S. Nicholson, *A Project of Empire: A Critical Study of the Imperialism, with special Reference to the Ideas of Adam Smith*, London, 1909. 引用箇所はpp.v, xv,44,237. 詳しくは服部「J.S. ニコルソンの〈帝国主義の経済学〉」『立教経済学研究』45巻4号，1992年を参照。

くの注目を集めたのが，コナン・ドイルの論説であった。彼は 1913 年に発表した「グレート・ブリテンと次の戦争」で，ドイツとの戦争における潜水艦による攻撃についてその危険をこう訴えた――なお戦闘機による攻撃も新たな要素であるが，それは未だ，状況を一変させるに至っていない，と判断された――。潜水艦による商船攻撃は輸送貨物の価格を大きく引き上げ，欠乏をもたらす。さらにイギリスがフランスとともにドイツと戦う場合に，大陸への兵員・軍需品輸送に対しても潜水艦攻撃の打撃は大きい。ドイルは，潜水艦攻撃への対策としてドーヴァー海峡を大陸とつなぎ，海底から 200 フィートの深さに開削される海底トンネルの建設を提案した[24)]。

そして開戦直前の 1914 年 7 月に，ドイルが発表した作品が「危険！」であった。「危険！」は，軍事・海軍力で弱小な某国がわずか 8 隻の潜水艦で，陸・海軍に多大な予算を投じているイギリスにいかにして講和を提案させるのかという，あくまで著者の創作として書かれているが，その内容は――戦時海事法をも無視した――中立国商船に対する潜水艦攻撃が食料の大量輸入国イギリスにいかに甚大な被害をもたらし，ひいては戦争の敗北に結果するのかを示したものである。

そこでドイルは登場人物（ジョン・シリウス大佐）にこう語らせた。「自分の任務はいかなる手段を使っても，敵を飢えさせることであった」。輸入食料の一定量の途絶は保険料を高騰させ，パンをはじめ基本食料の価格を暴騰させ，飢えた大衆が治安維持を困難にし，即時の和平を余儀なくさせる。「陸海軍への膨大な支出も，敵国が数隻の潜水艦とその乗員を有する以上，その金はまったくの無駄使いになる」。戦争とは相手の弱点を突くもので，ビック・ゲームではない，と。最後にドイルは，

24）　A. Conan Doyle, Great Britain and the Next War, *Fortnightly Review*, NS, Vol. 93, January 1913, pp.231-32,234-35. 海底トンネル構想は 1870 年には英仏政府間で協議が始まっていたが，実現には至っていなかった。海底トンネルは，同じく 1913 年に A. フェルによっても，戦時の食料安全保障の重要な柱として主張されていた。「海底トンネルがあれば，小麦とパンの価格が飢餓レベルに高騰する危険――それは，大戦争が起こり，〔トンネルのない〕現状のままでは必ず生ずるであろう――がほぼ取り除かれるであろう」というのが著者の主張であった。A. Fell, *The Channel Tunnel and Food Supplies in Time of War*, London, 1913, p.4. 他に，戦時の食料安全保障として海底トンネルを主張したものとして *The Channel Tunnel : England's Chance to aid a Great Scheme. Reprinted from "the Daily Chronicle"*, London, [1913], p.7 も見よ。

『タイムズ』紙の社説として――海底トンネル建設の必要とともに――こう書かせた。「自由貿易か保護かについての政党の学問的論争よりも決定的に重要なことが存在する。それは，少なくとも国民の生命を維持するに足る食料を国内で生産していない場合には，その国は不自然で危険な状態にあるという現実に対して，どんな理論も道を譲らなければならない」ということだ，と。「危険！」が示唆したように，潜水艦は従来の海軍力の国際間バランスの修正を可能にしたわけである[25)]。

3　食料配給と穀物 ――ウィリアム・ベヴァリッジ

大戦は1914年8月のイギリスのドイツへの宣戦布告によって始まった。大戦開始後2年余り（1916年末まで）は，全般的な食料問題は生じなかった。ただし戦時インフレーションのなかで，小麦価格は1913年の1クォータ31シリング8ペンスから1916年の58シリング5ペンスへと大幅に上昇していた――ちなみに20年には80シリング10ペンスと，1世紀前の穀物法論争時と同じ価格を付ける――。16年7月の日付をもつ，『連合王国の食料供給』という王立委員会報告は，「現時点までの食料供給は栄養的に見た適正値の最低基準を全体として5%上回っている」と記した。ただし報告は，「食料供給は十分だが，価格上昇が分配の不平等を強めている」と指摘することを忘れていない[26)]。食料全体の小売価格も大戦直前から約2倍にも上昇した。しかし兵員ならびに軍需品生産への労働力移動による失業解消によって，賃金水準も組織労働者に関しては同じく2倍程度に上昇した。また戦時の女性ならびに児童の雇用拡大と戦時手当は，家庭の所得増加に寄与した。

25）　Doyle, Danger!, *Strand Magazine*, Vol.48, July 1914, pp.11,17-19. この作品には改造社版『ドイル全集』第4巻（大木惇夫訳），1932年に翻訳がある ; Offer, *The First World War, op.cit.*, p.329. ドイルについての言及はOlson, *The Economics of the Wartime Shortage, op.cit.*, pp.40-42; Barnett, *British Food Policy*, *op.cit.*, p.5を見よ。戦時の中立国船舶・積荷の処遇をめぐる国際的取り決めに関しては，藤田『帝国主義期イギリス海軍の経済史的分析』前掲，終章の詳細な指摘を参照。

26）　*The Food Supply of the United Kingdom. A Report drawn up by a Committee of the Royal Society*……, Cd. 8121, 1917, p.18.

だが家計支出に占める食料の割合が高い低所得層には，食料価格上昇は不満の増大要因でしかなかった。生計費上昇に見合う賃金増加を求める労働争議が頻発した。さらに，1916年末以降のドイツの潜水艦による商船撃沈の増加によって，状況は大きく変化する。潜水艦攻撃によるイギリス向け穀類の喪失は，1916年11月-17年7月に最大となり，イギリス向けに船積みされた穀類総量の7.3%を記録した——最高値は1917年6月の9.9%であった——。撃沈された総量のみがイギリスにとっての穀物輸入減を意味しない。商船撃沈の急増は保険料を暴騰させ，中立国船のイギリス向け輸送を防止し，イギリスの輸入の40%近くが遮断されたとも評される。1917年初めには，小麦の国内ストックは戦争中の最低値を記録する[27]。

J.S. ニコルソンは——イギリス商船全体の撃沈率が25%に達し，「4月の暗黒の2週間」と称される——1917年4月に発表した論説（「食料不足」，「戦時の大食」）で，次の収穫までのパン用小麦の不足と輸入の不確定という「国家的危機」の現状をこう説いた。国家による配給を実施せず国民の「自発的配給」（＝自発的な消費の抑制）に頼ることでは事態は打開できず，現状の消費を続ければ「われわれは戦争に負ける」，「今こそ，〔食料政策の〕早急な決定が必要である」と。そして彼は『イギリス穀物法の歴史』の著者として，海上支配権の確保という前提の下では，穀物の海外依存に伴う「輸入の増大は，かつてはイギリスにとっての栄光であったが，今やわれわれの恥辱になった」，と嘆いた。彼が憂慮したのは，戦時インフレーションのなかで，食料価格とともに家計収入も増加し，戦争にもかかわらず国民の食料の浪費が継続している現状であった[28]。

食料不足という現実とともに，イギリスの食料政策は輸出入・生産・

27）Bennett, Wheat and War, 1914-18 and Now, op.cit., p.89; *First Report of the Royal Commission on Wheat Supplies*, Cmd. 1544, 1921, pp.5,37; Olson, *The Economics of the Wartime Shortage, op.cit.*, p.82; Barnett, *British Food Policy, op.cit.*, p.90.1917年末には，連合国の利用可能商船は戦前の75%であり，直接の戦争目的を除いた民生用船舶は，5割程度に減っていた。ただし，1917年後半からの護送船団方式の成熟で，潜水艦による商船撃沈は急速に減少する。J.A. Salter, *Allied Shipping Control*, Oxford, 1921, pp.3-4,125-26.

28）Nicholson, The Food Shortage; Gluttony in War-Time, in *War Finance*, London, 1917, pp.438-50. 両論説は『スコッツマン』紙に1917年4月10日，30日にそれぞれ発表された。

流通・価格・分配などすべての分野において，統制が強化される。以下，戦争後半からの統制の強化について，食料省（1916年12月設置）事務次官として政策策定と実施にかかわったW. ベヴァリッジの『イギリス食料統制』（1928年）をベースにしながら見ていきたい。

『イギリス食料統制』は，戦時において政府がいかにパンの供給を重視したのかを余すところなく伝えている。すなわち，① 1917年6月に第二代食料統制官（Food Controller）に就任したロンダ卿（Lord Rhondda）が就任直後の国民への声明で，自分の努力は第一にパン価格引き下げに向けられる，と述べたように，パンに対する政策は他の食料へのそれと多くの点で異なった。戦中の国民の食生活においてパンには基底的地位が与えられた。パン政策の基本は，「パンへの消費需要すべてを遅滞なく充たすために，つねに十分な量の小麦供給を維持すること」にあった。「パン用穀物は配給に頼ることなく，需要すべてを完全に充たすだけの十分な量が存在すべきである」，というのが政府の食料政策の中心であった。大戦に参加したヨーロッパの主要国で，いかなる形であってもパンの配給を実施しなかったのは，イギリスだけであった――ちなみに，ドイツでは1915年5月にパンの配給は実施された――。

② 小麦輸入に関しては，すでに1916年10月に「王立小麦供給委員会」が設置され，私的企業による輸入に代わって国家貿易が実施された。③ 1917年8月の穀物生産法による小麦の価格保証を通じた国内での小麦増産運動[29]と，小麦輸入の維持――すなわち，軍事用への船腹の

29） 小麦については，1917年はクォータ当たり60シリング，18・19年は55シリング，20・21・22年は45シリングの価格保証が定められた。オート麦についても，小麦に準じた保証がなされた。国家的執行体制の下で，州ごとに作付目標が定められた。あわせて，農業労働者の週最低賃金の25シリング（戦前平均は18シリング）への引き上げ，さらに，同法に基づく地代引き上げの禁止と穀作地の適切な耕作の強制とが定められた。ただし，穀物の市場価格は保証価格よりも高かった。エーカー当たりの想定平均収量（小麦4クォータ，オート麦5クォータ）を基準にして各耕作地に保証がなされたから，保証価格は将来の価格低下に対する補償とともに，生産性の低い農業者への穀作奨励という意味をもった。E.H. Whetham, *The Agrarian History of England and Wales, Vol. VIII, 1914-39*, Cambridge University Press, 1978, p.95; Barnett, *British Food Policy*, *op.cit.*, pp.195-96. バーネットは，食料生産運動の成果は大きくない――食料生産運動の「努力は不可欠ではあったが，不十分な食料供給のために戦争に負けるという危険を大きく減らすことはなかった」――と評価している（pp.202-07）。穀物生産法の法文と詳しい説明は，農林省米穀局『世界各国の食糧政策』1936年，457ページ以下を見よ。

優先的使用にもかかわらず，競合する他の食料・飼料に比しての小麦の優先——とが行われた。さらに，小麦製粉の歩留まり率の引き上げ（戦前の76%から1918年1月には90%に），穀物の産業用・醸造用・家畜飼料用としての使用の制限によって小麦粉供給を維持するとともに，他方でパンへの補助金によってパン価格を低位安定させた。あわせて，他の穀類やジャガイモと混合したパンが作られた[30)]。

④ 高騰していたパン価格を引き下げるために，政府は1917年9月以降20年末まで，総額1億6,250万ポンド（およそ年5千万ポンド）をパン・小麦粉への補助金として支出した。戦前には5 1/2ペンスであった4ポンド（重量）パンは，1917年春には1シリングに上昇し，さらにいっそうの高騰が懸念されたが，この補助金によって9ペンスに引き下げられた。政府は輸入価格ならびに国内生産費以下の価格で小麦を製粉業者に販売した。この差額は全般的戦時支出として国庫からの補助金で埋められた。あわせて政府はパンの小売価格を固定した。こうして，政府の補助金で，製パン業者は9ペンスという小売価格で販売できたわけである。当然に，国内の製粉所に対する統制が厳格に行われた。補助金がなければパン価格は上昇し，賃金をいっそう上昇させたはずであった[31)]。⑤ 戦争中に各種食料の90%以上に何らかの形の価格統制が行われ，パン・小麦についても，小麦供給委員会が唯一の輸入・購入者となって，価格の統制が行われた。砂糖，茶，乾燥果物，ベーコン，ハム，ラード，バター，マーガリン，食肉などは価格統制とともに配給制——購入量に上限がおかれ，あわせて消費者の特定小売業者への登録制が施行された——が実施されたが，パンには購入量の制限は課されなかった。

⑥ この結果，国民はパンの浪費を避け可能な限りの消費の節約を要請されたが，自分たちが欲しまた自らが購入しうるだけのパンを持つこ

30）製粉歩留まり率の引き上げと他の穀類の混合によって，1918年8月には，一定量の小麦から得られる小麦粉は25%増し，他穀類混合でさらに29%増し，結局54%多くのパン用製粉粉が作られた。J.R. Marrack, *Food and Planning*, London, 1942, p.177.

31）1917年9月のパンの小売価格の引き下げまでは，戦前比でパンも他の食料とほぼ同じ価格上昇（約2倍）を示したが，それ以降は戦前比約1.5倍で推移した。これに対し，食肉は2.2-2.5倍，ミルクは2-3倍，卵は3-5倍に上昇した。A.L. Bowley, *Prices and Wages in the United Kingdom, 1914-1920*, Oxford, 1921, chap.3.

とを，阻止されることはけっしてなかった。これは，人はパンのみで生きるということではなくて，戦時には平時に選択できるよりも，パン以外の食料についてより大きな制約のなかで生きる，ということを意味した。パンの消費量は，戦時の方が戦争直前よりも大きかった。これはドイツでのパン消費が，戦中に連合国の封鎖によって約1/3減少したのとは対照的な事態であった。十分な量のパンは，他の食料の不足を埋めるためにつねに利用可能であるべきだった[32]。

ベヴァリッジは，戦時中の食料統制全般について，以下のような教訓を記している。すなわち，消費者が最も良い状況におかれるのは，(1) 供給が豊富で競争が存在する時。次に良いのは，(2) 供給が不足で統制がなされる時。最悪なのは，(3) 供給が不足で競争が存在する時である，と。パンを配給にしない（＝競争が存在する）で，かつ下層階級に十分な供給を保証するためには，パンの供給を豊富にし，また補助金によって価格を低位安定させるという，生産・流通・分配に関する統制が必要であった[33]。

ベヴァリッジは，第二次大戦中の講演で，第一次大戦時の教訓として食料統制の重要性に関してこう強調した。統制がなければ配給はありえない。すなわち，食料の配給は1918年2月までは実施されなかったが，統制はそれ以前から行われており，しかもこの場合，① 価格の統制（最高価格の設定）が行われる場合には，生産者から小売までのすべての段階において実施される必要があること。② 価格統制は特定食料だけでは不十分であり，あらゆる形の食料にまで行われるべきこと。例えば，

32）William Beveridge, *British Food Control*, London,1928, pp.22,56-57,81-83,90-91,98,108-09,112,162,183,316. 1917-18年の小麦輸入量の大幅な減少によって，国産を含めた小麦供給全体が戦前比で12%減少したにもかかわらず，製粉歩留まり率の引き上げと他の穀類との混合とによって，パン消費の増大は可能となった。Bennett, Wheat and War, 1914-18 and Now, op.cit., p.72; *First Report of the Royal Commission on Wheat Supplies*, *op.cit*.,p.41.

33）Beveridge, *British Food Control*, *op.cit*., p.181. ベヴァリッジは，自由を愛好する伝統をもつイギリス国民が食料統制に対して，パラドキシカルなほどに徹底的に従った――例えば闇市について言えば，イギリスではドイツでよりもはるかに少なかった――のはなぜか，と問いを立て，以下のように答えている。すなわち，ロンダ卿が言ったように，イギリス国民は，「制限がすべての人々に対するフェア・プレイの必要条件だ」と考えられる限りは，あらゆる統制と制限に耐える用意があった。そして自由と正義に関して言えば，イギリス国民は，戦争のなかで「選択を余儀なくされて，自由の前に正義を選んだ」ことで，「第一に置いた正義とともに，第二に置いた自由の最大可能なシェアを得たのである」(pp.245-46)。

ミルク価格が統制されれば，バター，チーズ価格も同時に統制されるべきこと。③ 価格統制は，供給統制が行われなければ不満足な結果となること。④ 供給が制限される場合には，価格統制は配給を伴うべきこと——繰り返すが，パンの供給は制限されず，価格は統制されたが配給は実施されなかった——。⑤ 統制に際しては，統制の必要性に関する情報を国民に対して公開すべきこと，また統制組織を中央集権ではなくて地方に分散させるべきこと，以上であった[34]。1917 年末から 18 年初頭にかけて，食料購入のための行列（「食料行列」）が各地で生まれ，国民の戦意喪失とモラルの崩壊が生じかねない事態に至ったが，配給制の導入によって行列はなくなった。

ただし，戦時中の食料政策がパンに基底的地位を与えたということは，それ以外の食料に犠牲を強いたことを意味する。穀物生産法による耕地面積の増加は牧草地の再耕地化によって行われた。小麦作付面積は 1918 年には戦前を 100 万エーカー，オート麦は 160 万エーカー上回ったが，永久牧草地はほぼ同面積分減少した[35]。小麦製粉の歩留まり率の引き上げは，家畜用飼料として利用されていた麩・胚芽が人間用に消費されることを意味した。家畜用飼料輸入よりも小麦輸入が優先された——1918 年には，小麦輸入は戦前比約 25% 減であったが，大麦は約 80% 減，オート麦は約 40% 減であった。しかも小麦輸入よりも食用小麦粉輸入が急増した——。輸入濃厚飼料の減少は乳牛の搾乳減をもたらした。国民 1 人当たりの各主要食料消費量は，戦前平均と 1918 年とでは，小麦粉（1.12 倍），ベーコン・ハム（1.35 倍），マーガリン（2 倍），ラード（1.36 倍），ジャガイモ（1.43 倍）が増加し，食肉（0.62 倍），ミルク（約 0.75 倍），バター（0.55 倍），砂糖（0.64 倍）が減少した。食肉の減少をベーコン・ハムが，バターの減少をマーガリンが補ったが，砂糖，ミルクの減少は補塡されなかった。この結果，1 日当たりの摂取カロリー量は戦前水準をほぼ維持したが，摂取食料別では小麦，ジャガイモが増加し，食肉，砂糖，ミルクの減少が著しい[36]。

34）Beveridge, *Some Experience of Economic Control in War-Time*, London, 1940, pp.17-27.

35）Middleton, *Food Production in War*, *op.cit.*, p.312.

36）Beveridge, *British Food Control*, *op.cit.*, tables 9, 10; *Departmental Committee on*

こうした状況を端的に表現したのが，食料統制官ロンダの以下の発言（食料省発行『ナショナル・フード・ジャーナル』1918年1月23日）であった。彼はこう述べた。国民が現状を直視し，食料を節約すれば「飢餓の恐れはまったくない」。「パンに関しては，懸念を生むような直接の理由はない」。フランス・イタリアへ援助の必要という「将来を見据えて，われわれは製粉歩留まり率の90%への引き上げを考えておかなければならない」。これはパンが褐色になることを意味するが，健康な男女にとっては口に合うし，体にも良い。だが「食肉の消費量に関しては，この先3-4か月はかなり減らざるを得ない。ただし現時点では，食肉飢饉に類するような見通しは存在しない」。先月の統計では，畜牛頭数は1917年6月から5%減っているだけである，と[37]。

こうした事態は，食料全般を外国に依存しつつ，戦時の限られた供給状況の下でパンに基底的地位を与えるという食料政策がもたらした結果であった。『小麦供給に関する王立委員会第一報告』（1921年）は，パンに与えられた基底的地位についてこう記している。「パンの配給は少しも必要でなかった，……そしてパン配給チケットの不要は他の食料の配給を大いに容易にした。パン用穀物の十分な供給の維持は，イギリス戦時政策の枢要な原動力であった。したがって，パンは他の食料の不足を補塡するためにつねに利用可能であったし，〔他の食料の不足による〕国民の生理的・またカロリー上の必要はつねにパン消費の増加によって賄うことができた」。逆に，家畜用飼料を減らすことによるパン供給の維持，さらには家畜への影響を伴う（小麦ではなく）小麦粉輸入の増加といった「政策は，動物性食料の配給が，パンの配給を回避可能にするうえで大いに貢献したという事実によって正当化される」。「重要な事実は，1ポンドの肉をつくるためには多量の食用穀類が必要であり，パン

Distribution and Prices of Agricultural Produce. Interim Report of Cereals, Flour and Bread, Cmd. 1971, 1923, table 2. 食肉の不足は輸入を含めた飼料の欠乏に起因するが，戦争後半期には陸軍の寛大な食肉配給と冷凍船舶の不足も食肉不足に拍車をかけた。また1917-18年の冬季のミルク生産量は，戦前のそれを25%下回り，戦争中の最低を記録した。その原因は，① 搾乳労働力の不足，② 陸軍の乾草需要，根菜作物の地域的な不作，そして「厳しい輸入制限」による飼料の欠乏，であった。ミルク消費は地域によってその差が大きいが，全国平均にすると，1人当たり1日1/4パイント（=140cc）にすぎなかった。E.M.H. Lloyd, *Experiments in State Control at the War Office and the Ministry of Food*, Oxford, 1924, pp.115-16, 245-46.

37） Lord Rhondda on Food Supplies, *The National Food Journal*, 23 Jan. 1918, p.225.

の十分な供給の維持は，船腹をパン用穀物に割り当て，同時に動物用の劣質穀類に対する注文を減らすことによって，はじめて確保できた，ということである」[38]。

王立食料（戦争）委員会委員長であり，食料省専門アドヴァイザーであったE.H. スターリングの以下の所説は，『王立委員会第一報告』を見事に補強している。すなわち，一国のすべての階級のすべての人々に対する，あらゆる種類の食料の厳格な配給は失敗するにちがいない。各人の必要カロリーの充足において，各人の資力の範囲内で自由に購入できる「ある重要で完全な食料」がなければならない。「こうした緩衝財もしくは弾力的なリザーブがなければ，いかなる制度も機能しない。ヨーロッパでは，この自由なリザーブがパンである」。なぜならば，パンはヨーロッパの大多数の人々の「主なエネルギー源」であり，「最も安価なエネルギーの形態」だからである。パンには，炭水化物とタンパク質の両方が含まれており，十分な黄緑野菜と少量の脂肪が与えられれば，パンは「効率的に生命を支える」「ほぼ完全な食料」である[39]。

ミドルトンの『戦時の食料生産』（1923年）は，穀物生産法（1917年）を中心とする穀物生産の奨励とそれがもたらした畜産への影響を，純粋に国内生産の減退要因に絞って——すなわち，飼料輸入の減少は食肉・ミルクの国内生産を減少させるがこの点は考慮の外において，牧草地の耕地化に伴う国内飼料生産減少に限定して——，「〔畜産の〕減少があったとしても，それは極めて小さかったであろう」と総括した。穀物生産法が実際に機能した1918年の食料生産のうち国内要因に起因する各種食料の生産高の増減と戦前のそれらの平均値とを比較すると，小麦は419万クォータの増，大麦は23万クォータの増，オート麦は1,032万クォータの増，ジャガイモは261万トンの増，他方，ミルクは1億ガロンの減，牛・羊肉は10万トンの減，豚肉は21万トンの減であった。そしてミドルトンはこれらの数値から，戦前5年間の国内生産カロリーの平均値は16,872,000（million k）であったが，1918年にはそれを4,050,000（million k），すなわち24% 上回ったと推計する。

38） *First Report of the Royal Commission on Wheat Supplies*, *op.cit*., pp.10-11.

39） E.H. Starling, *The Oliver-Sharpey Lectures on the Feeding of Nations*, London, 1919, pp.126-27.

彼は，大戦開始時にはイギリスのカロリー自給は125/365日であったが，1918年には155/365日へと30日分増加したと結論し，穀物生産法による国内農業生産が戦時中に果たした役割の大きさ——しかもこれは，化学肥料の不十分，農業労働者の減少という状況の下で達成された——を強調した[40)]。彼の議論は，カロリーベースでの自給の増大は，1ポンドの肉を減らせば多量の食用穀類が解放されるという事実を示したにすぎない，と言うべきであろう。いずれにせよ，パンに基底的地位を与えた戦時の食料政策は，カロリー的には必要量は充たされているが，国民の食生活に，量よりも質の点で影響をもたらした。

さてベヴァリッジの『イギリス食料統制』が指摘した，もう一つ重要な論点は，戦争後半にはイギリスの食料輸入の北米依存が，なかでも合衆国への依存が強まったことである。合衆国の大戦参戦（1917年4月）は戦況に大きな影響を与えたが，あわせて食料供給の点でも合衆国の影響力は強まった。1918年における合衆国への依存——〈 〉内は1913年の値——は，小麦・小麦粉では52.3%〈34.7%〉，ベーコン・ハムは83.7%〈44.9%〉，ラードは93.7%〈92.1%〉，酪農品は37.8%〈0.2%〉，砂糖（キューバを含む）は63.5%〈11.6%〉，そして食肉でも31.2%〈1.6%〉に達した。これは，輸送ルートの安全，遠方（オーストラリア，アルゼンチン）からの供給の減少，ヨーロッパからの供給の不能——砂糖については，国内生産はなく，戦前には供給の65%をドイツ，オーストリアからの輸入に依存していた。またロシアからの小麦輸入も多かった——といった原因がもたらした結果であるが，それは他面ではイギリスの合衆国への債務の増大を意味する[41)]。

40） Middleton, *Food Production in War*, *op.cit.*, pp.319-322. 各種食料のカロリー換算は，「食料の活動生産能力を測るうえで最も便利な尺度」である。T.B. Wood, *The National Food Supply in Peace and War*, Cambridge, 1917, p.2. ウッドは王立食料（戦争）委員会メンバーであった。ウッドは，小麦1単位当たりの活動生産能力の高さとその1単位の価格の安さ——戦前価格で，1ペニーで得られるカロリーは，パン900k，ジャガイモ700k，ミルク270k，食肉150kである——とを指摘して，食料価格全般が高く，生産的仕事に従事する人々（=必要カロリーが高い）の割合が高い戦時においては，パン消費の増大は必至であり，食料政策の基本にパン供給の増大を置くべきことを主張した（pp.9-11,14-15)。

41） Beveridge, *British Food Control*, *op.cit.*, pp. 133-36. ケインズはすでに1916年の段階で，「アメリカ合衆国への連合王国の金融上の依存」（1916年10月10日）と題するメモでこう記していた。すなわち，イギリスの毎日の戦費200万ポンドのうち，3/5が金や債権の売却によって，2/5が債券発行によって調達されているが，今後6-9か月間にわたる，現在の国

イギリスの食料政策に対する合衆国の影響の高まりは，大戦後半には明らかであった。合衆国食料行政長官フーヴァー（Herbert Hoover）は1918年7月にロンドンを訪問し，① 合衆国での小麦消費の節約と，価格保証による小麦作付面積の増加とによって，今後ヨーロッパの連合国への小麦の十分な供給が可能になること，② この1年の間に豚肉供給の20-50%の増加が可能なこと，を述べたうえで，③ 米・英・仏・伊の四者の食料統制官から構成される，連合国内部での食料配分機構（連合国間食料カウンシル Inter-Allied Food Council）の設置を提案する。彼は演説のなかで，大統領ウィルソンのメッセージ――「アメリカ国民は連合国国民の健康・安楽・勇気をもたらす食料の消費と生産とにおいて，どんな犠牲をも喜んで払いつつある。実際，われわれ〔アメリカ国民〕は彼ら〔ヨーロッパ連合国国民〕と共通の食卓で食事をしている」――を紹介し，「われわれは今や共通の国民であり，共通の大義を有している」と力説した。フーヴァーは，連合国間食料カウンシルを通じて，各国ごとにすべての種類の食料輸入量を割り当て，用途別優先順位を策定しようとしたのである[42)]。

確かに，食料供給の国際的多元化と国際協力は戦争勝利の要諦であった。N.エンジェルは戦前の著作『大いなる幻想』（*Great Illusion*,1911）で，経済・金融の国際的相互依存関係の深化を背景に，戦争による軍事的勝利は経済的勝利をもたらさないことを主張し，世論を大いに喚起した。その彼は，なお根強く存在するベルサイユ条約後のドイツに対する排外主義的論調を批判した著作『対外政策と毎日のパン』（1925年）で，1918年6月の時点においてさえ，ドイツ軍はマルヌ川に達しパリへの

債残高の数倍にも及ぶ巨額の合衆国からの借り入れは，合衆国政府が「彼らよりもわれわれに直接に影響を与える事柄について，わが国を指図する立場に立つ」であろう，と。Keynes, The Financial Dependence of the United Kingdom on the United States of America, 10 Oct. 1916, in *Collected Writings of J.M. Keynes*, Vol.16, Macmillan, 1971, pp.197-98.

42）Beveridge, *British Food Control*, *op.cit.*, pp.248-52; Food Outlook of the Allies. Speeches by Mr. Hoover in London, *The National Food Journal*, 14 August 1918, pp.613-15. フーヴァーは『食料問題』（V. Kellogg and A.E. Taylor, *The Food Problem*, New York, 1917）と題する著作への序文（p.v）で，「今や戦争は，交戦国のみならず中立国においても，食料が経済・戦略・政治を支配するという〔新たな〕局面に突入した」と記した。合衆国では「小麦が勝利をもたらす」と言うスローガンが広く唱えられていた。Bennett, Wheat and War, 1914-18 and Now, op.cit., p.67.

接近という勝利を収めたにもかかわらず，その4か月後には，食料，燃料の欠乏で一気に敗退したのに対し，イギリスがそうした事態から免れた根底の理由を，端的にこう指摘した。「イギリスの世界との繋がりは維持されたのに対し，ドイツはそうではなかった」，と[43)]。合衆国，英帝国諸国をはじめ，イギリスへの食料・軍事面での供給源である国際的依存関係はドイツを上回っていた。オファの研究が的確に述べたように，合衆国・カナダ・インド・ロシア・オーストラリア・アルゼンチンといった収穫時期が異なる世界各地からの小麦輸入を通じて，「イギリスはそのストックの多くを〔実際には〕それら各地の穀物畑で保持した」のであり，3-7週間分のイギリス向け小麦を積んで航行中の商船は「海に浮かぶ倉庫」であった[44)]。

突然の休戦（1918年11月）で，連合国間食料カウンシルが実質的な役割を果たすことはなかったが，フーヴァーの提案は戦時の国際協力の高まりを表現した。しかし他面では，それはイギリス食料政策に対する合衆国の影響力の増大を示すものでもあった。バーネットの研究は，こうした合衆国の圧力の増大にイギリスは嫌々ながらも従わざるを得なかったことを指摘している。国際協力の背後にあるナショナル・インタレストが表面化した。合衆国は，連合国への貸付は戦争に必要な合衆国財のみに使用することを主張した。また合衆国での食料価格上昇は自国農業者の利益になるが，イギリスにとっては財政的な負担を増し，合衆国からの供給の比重が増した砂糖やベーコンの価格上昇は，イギリスの消費者価格に転嫁された。フーヴァーが合衆国内での小麦在庫量の情報を操作したように，また価格上昇は飢えに比べれば「瑣事」にすぎないと述べたように，彼の経済的ナショナリズムの立場は明瞭であった。事実，休戦直後に合衆国は連合国間食料カウンシル構想の放棄を先導する[45)]。

43）Norman Angell, *Foreign Policy and our Daily Bread*, London, 1925, p.36. 同様の結論は，Alan Kramer, Blockade and Economic Warfare, in Jay Winter ed., *The Cambridge History of The First World War*, Vol.2, Cambridge University Press, 2014, pp.488-89.『大いなる幻想』については，河合康夫「国際分業論の陥穽」小野塚知二編『第一次世界大戦開戦原因の再検討』岩波書店，2014年，所収，も参照。

44）Offer, *The First World War, op.cit.*,p.346.

45）Barnett, *British Food Policy*, *op.cit.*, chap.7; E.M.H. Lloyd, *Stabilisation: An Economic*

フーヴァーは早くも1918年11月に，飢餓と欠乏状態にあるドイツ，オーストリア国民への支援に関してこう手紙を書いていた。「合衆国政府は〔休戦後の〕平和時においては，わが国諸資源に対する連合国間コントロールに類するいかなるプログラムにも同意しないであろう。われわれの唯一の希望は，分配における正義，さらに，われわれの行う諸外国への援助の成果に対する海外での適切な評価とわれわれが行うサービスに対する適切な報酬との確保にある。こうした希望に基づいて，われわれの側では，〔連合国間の〕共同行動に対する完全な独立を中心に置くことになる」，と[46]。

ケインズは，大蔵省代表として出席した1919年パリ講和会議において，休戦後も継続されたドイツに対する食料封鎖に関して，飢えが人々を苦しめる限り政府の基盤は崩壊を続け，革命の危険がドイツを襲うというウィルソン米大統領の発言の裏に，合衆国の豚肉過剰問題が存在したことを指摘している。「人間の動機と言うものは単純ではない。彼〔ウィルソン〕のそばにはフーヴァー氏がいて，彼は米国食料統制官という資格において，アメリカ農民に豚に対する最低価格を約束していた。その約束がアメリカ大陸の雌豚に過剰な刺激を与えていたのであり，価格は下落しつつあった。……実際には，事態の裏にある動機は，フーヴァー氏の，価格が高いが品質の悪い夥しいストックであって，それは是が非でもどこかに，連合国でなければ敵国に，売却されなければならないものである」，と[47]。

Policy for Producers & Consumers, London, 1923, p.92.

46） Cited in R.H. Tawney, The Abolition of Economic Controls, 1918-1921, *Economic History Review*, Vol.13,1943, p.18. ソルターは，休戦後直ちに合衆国によって解体された連合国間海上輸送カウンシル（Allied Maritime Transport Council）が存続していれば，飢えに苦しむドイツをはじめヨーロッパへの援助が円滑に行われたはずだと，その早期の解体を悔いた。Salter, *Allied Shipping Control*, *op.cit.*, pp.220-22.

47） Keynes, Dr Melchior: A defeated Enemy, in *Collected Writings of J.M. Keynes*, Vol.10, Macmillan, 1972, pp.398-99. 大野忠男訳『人物評伝』（『全集』第10巻），525-26ページ。オファが指摘するように，アメリカの食料資源は「外交ならびに国際的権力の梃子」として活用された。豚肉の過剰問題を背景に，そこで示された，飢えに苦しむドイツ国民を救済するという「道徳的ミッション」もアメリカの権力行使の典型的な表現であった。そこには，「博愛という手段によるアメリカ的価値の海外への普及促進という伝統」を見るべきなのであった。Offer, *The First World War, op.cit.*, pp.383,394.

4　戦間期における穀物

(1)　戦後不況と価格安定化

ドイツの14カ条受諾と休戦協定調印をもって，1918年11月に大戦は終結した。戦争終結後，戦時食料政策は急速に解体された。1917年穀物生産法の価格保証を再確認した1920年農業法は，翌21年には，穀物価格急落――20年からほぼ半減――のなかで財政負担を理由に廃止される。食料統制も急速に解除された。供給の増加で配給自体も不要になり，1919年末までに各種食料の配給も廃止された。小麦製粉歩留まり率も18年12月には76%と，戦前水準に引き下げられた。最後まで残った砂糖の配給も20年11月でなくなった。食料省も21年3月で廃止された[48]。

戦時インフレーションは戦後2年間続き，その後1920年からデフレーションに席を譲った[49]。海外からの食料輸入増加の見通しと戦時需要の解消という事情が加わり，食料価格は1920年をピークに急落した。小麦価格の下落は1922年にかけて40%（1クォータ80シリング10ペンスから47シリング10ペンスに），大麦・オート麦は50%余り，食肉・ミルクも40%，農産物全体でも40%余りに及んだ。これほど大幅な価格下落に比して，債務はもとより賃金，肥料など生産コストの低下は遅れるから，農業者の打撃は大きかった[50]。小麦の作付面積は，1918年のピークの後，翌19年から減少し始めていた。穀物生産法に従って穀作拡大を行った農業者は，酪農・畜産経営に比べて，穀作は多くの資本投

48）Barnett, *British Food Policy*, *op.cit*., chap.9; Beveridge, *British Food Control*, *op.cit*., pp.227,269.

49）ケインズの言葉を引用しておく。「1914年から1920年の間，これら〔英，仏，独，伊，米，カナダ，日，スウェーデン，印〕諸国はすべて，購入すべき物資の供給に対して，支出すべき貨幣供給の拡張，すなわちインフレーションを経験した。1920年以降，金融状態のコントロールを再び獲得したこれら諸国は，インフレーションを終えさせるだけでは満足せず，貨幣供給を縮小させ，デフレーションの成果を経験した」（強調は原文）。Keynes, *A Tract on Monetary Reform*, 1923, in *Collected Writings of J.M. Keynes*, Vol. 4, Macmillan, 1971, p.2. 中内恒夫訳『貨幣改革論』（『全集』第4巻），3ページ。

50）小林茂『イギリスの農業と農政』成文堂，1973年，136-37ページ。

入・収穫の不安定・多様な農作業の必要・そして経営上の大きな苦労を伴うという現実を，戦中に体験済だった[51)]。

1922年末に設置された農務省「農業調査委員会」（委員長ウィリアム・アシュレイ）は，早くも23年3月に『中間報告』を発表し，現時の農業不況をこう描いた。不況は穀作地域で最も厳しい。「この2年の間に農業者が被った深刻な損失，耕地面積の減少とさらなる縮小の見通し，その結果としての失業の増加，そして農業賃金の急落」，こうした事態が不況対策を現時の「最大の緊急事」としている，と[52)]。さらに同『第二中間報告』（1923年11月）は，穀作地への補助金と小麦作付地への追加補助金支給を提案した。小麦に特別の配慮をする理由として，「小麦は絶対不可欠な食料であり，価格下落によって最も大きな被害を受けている作物である」点が強調された[53)]。

農業調査委員会『最終報告（多数派）』（1924年5月）の第一部は「国民生活における農業の位置」と題して，利潤追求を第一とする工業とは区別される農業の意義を，①「量的にも限りがあり，特別の経済的社会的価値を有する土地の利用」，②「平時，またとりわけ戦時における国民生活と勤労とに対して土地生産物が有する多大な重要性」，③「国の経済生活における全般的安定」に求め，さらに大陸ヨーロッパでのファミリー・ファームと協同組合の広がりに着目した。

①の論点は，前章でみた，準地代概念の設定による土地（自然）に対する勤労の意義を強調するマーシャルの論理に，再度反対するもので

51）　Whetham, *The Agrarian History of England and Wales, 1914-39*, *op.cit*., p.124.

52）　*Agricultural Tribunal of Investigation. Interim Report,* Cmd.1842, 1923, p.2. 小麦の作付面積（グレート・ブリテン）は，1918年の264万エーカーから1922年には203万エーカーに減少し，生産量も1,115万クォータから800万クォータに減少している。価格急落と合わせて，戦前状態に急速に戻ったのである。*Departmental Committee on Distribution and Prices of Agricultural Produce: Interim Report, op,cit.*, table 1.

53）　*Agricultural Tribunal of Investigation. Second Interim Report,* Cmd.2002, 1923, p.5. 経済史家としてアシュレイは『わが祖先たちのパン』（1928年）で――ドイツでのライ麦パン消費の残存に対比して――，中世に遡るイングランドでのライ麦食の伝統が18世紀来急速に小麦パンに代替された背景に，農民的土地所有の解体と資本主義農業の発展を見た。アシュレイが指摘するように，戦中の，小麦にトウモロコシを混合したパンの導入に対する政府の躊躇とそのパンへの国民の不人気とは，小麦パンのイギリスでの意義を物語っていた。William Ashley, *The Bread of our Forefathers: An Inquiry in Economic History*, Oxford, 1928, pp.1, 20, 132, 145.

あった。さらに②の戦時における農産物の意義の強調と合わせてみれば，戦中の経験と戦後の農業不況における穀作衰退という現実とが，改めて国民経済における農業の位置という根本問題に目を向けさせ，それが③に集約された。『最終報告』はその結論で，農業の特別の意義を保持するための政府の政策を「『保護』という性質をもつ」，と記した。これは単に外国との競争に対する関税による保護ではなくて，農業者教育，農業信用組織，協同組合，農産物品質保証とマーケッティングなど，国内農業改革のための国家の多様な支援を要請するものであった[54]。

アシュレイは『最終報告』に個人名で付された覚書「国防論」で，食料の経済的価値とは区別される「食料価値（food value）」への着目を通じて，国家安全保障における食料の意義をこう強調した。総力戦となった大戦の経験は，軍隊と普通の市民との間の区別をなくすことによって，軍需品と並ぶ食料の意義を際立たせた。大戦中の輸送船舶の不足は，「食料か軍需品か」（民生用物資か軍事作戦か）という選択を強いた。さらに戦争は，「食事材料の商業的価値」よりも「それらの食料価値」，すなわち「生命活動維持におけるそれらの効率」を重視させた。それはカロリーで表示される。もちろんタンパク質などの栄養素は欠かせないが，生理学者が指摘するように，日常の食事でカロリーが維持されれば必要タンパク質の摂取は十分可能である。そしてカロリー摂取のうえで最も重要なものが小麦である。したがって，穀作がさらに衰退し牧畜に代替されると，「国の農産物全体の貨幣価値は増加するかもしれないが，その食料価値はむしろ減少するであろう」。現時の穀作の絶対的減退は「明らかな国民的リスク」を孕んでいる，と[55]。アシュレイの主張は，小麦の「食料価値」に基づいて国内での穀作維持の重要性を指摘し，もって農業不況に対する国内農業改革の必要を訴えるものであった。

一方で，大戦の経験と戦後農業不況の進行とは，国内農業改革を越えて国際的な食料価格管理の必要を浮かび上がらせた。それは――トレントマンの研究の表現を借りれば――国民国家の通商政策を越えた「グローバル・ガバナンス」を志向する新国際主義の生成を促した。新国際

54）*Agricultural Tribunal of Investigation. Final Report,* Cmd.2145, 1924, pp.9,11,98.

55）Ashley, Considerations of National Defence, in *Final Report, ibid.,* pp.209,215,218-20.

主義は，R. コブデンの主張に依拠する自由貿易に基づく国際主義を批判し，経済諸力の国際的コントロールを通じて経済安定化を図ることを意図した。ただし大きな問題は国際と帝国との関係である。後に論ずるように，国際のなかに帝国が含まれる以上，帝国利益を図る主張が帝国を越えた国際的コントロールの構想と重なる局面が生まれ，帝国と国際の対立が国際的コントロールのなかに矛盾を包摂するからである[56]。

戦後農業不況はイギリスに限らず，ヨーロッパへの戦時食料供給を支え，戦時ブームを享受した農産物輸出国をも襲った。小麦（農産物）輸出国も価格暴落を経験する。これは，戦時の小麦需要増大による生産増ならびにそれを支えた各国の信用膨張と貨幣価値低下への反作用の結果であった。1920 年にピークに達した小麦価格は 1923 年にかけて急落し，下落幅は合衆国・カナダでは 60% 弱，アルゼンチン・オーストラリアでは約 45-50% に及んだ。大戦中に，上記四大小麦輸出国の作付面積は全体で約 4 割増加しており，小麦輸出量も 2 倍以上に増加していた。戦争終結は戦時ブームの終焉をもたらした。戦火に曝されて農業生産への多大な障害が生じた大陸ヨーロッパでも，貿易収支の困難という事情が国内穀物（農業）生産の回復と輸入の抑制を後押しし，輸出国にとっての市場を狭めた。輸出国での戦時小麦増産は戦後の過剰生産を内包していた。こうした状況のなかで，各輸出国では小麦価格安定のための国家介入の要求，すなわち，戦時の国家的穀物（農産物）生産支援策の復活を目指す運動が高まった。カナダ小麦局，合衆国穀物公社，オーストラリア，ニュージーランドでの各種農産物への価格保証制度，といった国家的保護もしくは国家的プログラムがそれである[57]。

こうした戦後の穀物価格急落のなかで，価格の安定を保証する制度の構築が模索される。戦後農業不況は，戦中のインフレーションから戦後のデフレーションという貨幣価値の変化が一因であったから，ケインズが『貨幣改革論』（1923 年）で述べたように，通貨当局の「価値基準

56）Frank Trentmann, *Free Trade Nation*, Oxford University Press, 2008, pp.258-67,283-84.『フリートレイド・ネイション』田中裕介訳，NTT 出版，2016 年，276-85，303 ページ；服部『イギリス食料政策論』前掲，255 ページ以下を見よ。

57）R.R. Enfield, *The Agricultural Crisis 1920-1923*, London, 1924, pp.11,114; 渡辺寛「世界農業問題」加藤栄一他『世界経済』青木書店，1975 年，所収，194 ページ以下。

の管理」による貨幣価値安定が求められた[58]。そして「価値基準の管理」とともに，農産物固有の価格変化を防止するためのシステム構築を強調したのが，大戦中に陸軍省，食料省で勤務し，後に国際連盟で食料問題にかかわる E.M.H. ロイドであった。彼は『国家コントロールにおける実験』（1924 年）で，戦中の国家が行った「組織された分配による需給の計画的な調整」，「需給法則の停止」の諸結果を肯定的に評価した。そして休戦以後，「〔戦後〕再建が国家干渉からの自由と同一視され，経済分野における国際協力が不安定，投機，猛烈な競争に席を譲った」現実を憂慮した[59]。

ロイドは『安定化。生産者と消費者のための経済政策』（1923 年）で，食料と原材料の国際的コントロールの必要を以下のように訴えた。

不況の原因に貨幣価値の不安定があることは確かだが，生産者と消費者双方が陥っている現時の深刻な不調和は，貨幣価値の安定だけでは解決不能である。機械と大規模組織による巨大な生産力にもかかわらず，多くの人々は，文明生活基準以下の不安定極まりない生活を余儀なくされている。その直接の原因は財の過剰生産にある。過剰生産によって生産者は利潤を失い経営困難を来たし，他方で消費者も失業の増大によって安価になった食料を購入する資力を失っている。戦時には多くの政府が，価格保証をして食料と原材料の大量売買をしたにもかかわらず，現在では戦時コントロールは急速に解体され，生活必需品に関してさえ，社会の全般的福祉向上のための「生産と消費を調整する中心的プラン」は存在しない。

「最大にして最も根本的な障害は，大戦の圧倒的な教訓にもかかわらず，世界がいまだ国際的精神を獲得していないことにある」。農産物輸出国の農業者も戦時ブームが続くと考え，戦争終結直後には戦時統制の即時廃止を求めた。ところがその後の価格急落のなかで，輸出国各農業団体は一転して「一時的な過剰生産による在庫の繰り越しと市場の充満の回避」とを通じる「農産物価格安定化」を目指して，「農産物の秩序あるマーケティングのための金融支援」策を――過剰の場合には一定

58） Keynes, *A Tract on Monetary Reform*, *op.cit.*, p.35. 前掲訳 36 ページ。

59） Lloyd, *Experiments in State Control at the War Office and the Ministry of Food*, *op.cit.*, pp.372,386.

価格で購入して在庫を積み増し，不作の場合には在庫を放出して価格を安定させる仕組みを——国家に求めている。

その一例をオーストラリアでの羊毛生産団体の要求に見ることができるが，その仕組みは小麦などにも適用可能である。ただし農業者のこうした運動は，現時の価格下落の最悪の結果に対する「本能的反応」に留まり「価格変動全体を除去するための意識的努力」にまで高まっていない。現在の世界農産物貿易の広がりのなかでは，一国レベルでの生産物の共同管理では効果は見込めない。特に小麦のように，生産額が大きく生産国が多岐にわたる財の場合には，カナダやオーストラリアのような個別政府による小麦の共同管理では世界市場の支配には及ばず，世界価格の低下によって財政破綻は必至である。イギリスで穀物生産法の再確認が直ちに放棄されたのもそれが原因である。「イギリスの石炭問題と同じく，イギリスの農業問題は国内問題ではなくて国際的問題である」。イギリス小麦生産者に価格の安定を与えたいと思うならば，「政府が同じ目的達成を望んでいるカナダ，オーストラリア，その他小麦輸出諸国と共同することによって，それは初めて可能である」[60]。

以上のように，ロイドは戦時国家統制の教訓に学んで，現時の農産物価格急落に対して，秩序あるマーケッティングと価格保証とのための国際的協力の必要を力説した。こうした国際的協力の必要は，イギリス帝国レベルでの協力を訴える帝国特恵派からも主張された。直前に引用したロイドの文章でも「カナダ，オーストラリア，その他小麦輸出諸国と共同することによって」と，合衆国，アルゼンチンよりもまずは帝国であるカナダ，オーストラリアが名指しされていた。帝国特恵派とは立場を異にするロイドにおいても，国際協力の手掛かりとして帝国があがるのは自然ではあった。その背景には，帝国内での小麦の過剰問題と戦後農業不況のなかでのカナダおよびオーストラリアでの小麦生産の増大があった。カナダの小麦輸出が合衆国を凌駕した事態がそれを象徴する。カナダの小麦生産量は1923年には過去最高の5,700万クォータを記録し，小麦輸出は1918年の1,370万クォータから1923年度の4,290万クォータに増大したのに対し，合衆国の輸出は3,590万クォータから

60)　Lloyd, *Stabilisation*, *op.cit*, pp.78, 80, 94, 98-101,104.

1,960万クォータに減少している[61)]。

さらに大戦中の食料・軍事供給への帝国諸国の貢献のなかで，イギリス側から帝国特恵への一歩が踏み出されたという事情もあった。ドイツの潜水艦による商船撃沈がピークに達した1917年4月には，政府部内で帝国特恵供与の方針が確認され，帝国戦時会議の決議で「帝国資源を開発し，とりわけ食料供給・原材料・重要産業に関して帝国を他国から独立させるためにあらゆる可能な奨励策がとられるべき時が来た」と記されるに至った。決議案を提案したニュージーランド首相W.F. マッシーは，戦争のなかで食料・原料の海外依存の危険が認識され，イギリス世論に極めて重要な変化が生じたことを指摘した。また戦時内閣首相ロイド・ジョージも個人的には，帝国特恵についての自分の考えは戦中の出来事で変化したと表明し，穀物法以来食料の高騰が労働者階級の心情に取り付いていたが，「現時の戦争の記憶がこの恐怖を蘇らせた」と述べた。関税改革論争で強調された，穀物法下の「飢餓の40年代」の記憶を，戦時の食料不足が消し去った[62)]。戦後に開催された1919年の帝国会議で，イギリスは帝国産の茶，乾燥果物，コーヒー，砂糖，ワインなどに対して特恵を供与し，さらに1923年には林檎，鮭缶詰，蜂蜜，柑橘類などにも特恵を拡大した[63)]。関税改革論争においては否定された帝国特恵は，大戦の経験のなかで陽の目を見ることになった。

しかし，小麦（穀物）は特恵品目には入らなかった。小麦への帝国特恵が供与されるには，1929年の世界恐慌を経て，1932年のオタワ会議を待たねばならなかった。大戦後に特恵が供与された品目は，上記のよ

61）　この傾向は世界大恐慌まで続いた。カナダは1928/29年度の世界小麦輸出の42.4%を占めたのに対し，合衆国は16.4%であった。オーストラリアの11.6%，アルゼンチンの23.8%と合わせて四大輸出国で世界小麦輸出の94.1%を占めた。カナダの小麦生産の大幅な増加は合衆国の輸出の減少，そしてロシアの輸出の一時的停止と符合していた。1920-29年にかけてウィニペグは世界小麦貿易の 中心であった。渡辺寛「世界農業問題」前掲，表3；Hevesy, *World Wheat Planning*, *op.cit.*, Appendices 9, 10, pp.193-94.

62）　*Extracts from Minutes of Proceedings and Papers laid before the Conference,* Cd.8566, 1917, p.114; The United Kingdom Government commits itself to Imperial Preference and Empire Settlement at Imperial War Cabinet, in I.M. Drummond, *British Economic Policy and the Empire 1919-1939*, G. Allen and Unwin, 1972, pp.143-50; Trentmann, *Free Trade Nation*, *op.cit.*, p.312. 前掲訳335ページ。

63）　1919年帝国会議での特恵原則確認に至る経緯については，Drummond, *British Economic Policy and the Empire, op.cit.,* pp.54-64を参照。

うに帝国生産だけでは帝国消費を充たせない，主要食料を除いたものが中心であった。小麦に関しては，帝国内での生産が帝国内消費を超えるという過剰問題が存在する以上，帝国特恵が付与されても，帝国諸国がイギリス向け輸出によって実現する小麦価格は，競争を通じて世界価格水準に落ち着かざるを得なかった。ドラモンドの研究が指摘するように，「帝国諸国にとっては，イギリスの特恵関税がより高い価格とより大きな産出とをもたらすのは，帝国の消費が帝国の産出を超過している場合だけである」[64]。その意味で以下に紹介する，小麦に関する帝国レベルでの経済協力の主張は採用されることはなかった。同時に，それは大恐慌以降の帝国を越えた国際協力の困難をも予知するものであった。

帝国レベルでの経済協力は，1923 年 10 月に開催された帝国経済会議においてオーストラリア首相ブルース（S.M. Bruce）によって強調されるが，『タイムズ』紙に発表されたオーストラリア通信員名の論説「帝国食料」（1923 年 8 月 14・15 日）がそうした立場を先導した。それは，① 農産物輸入側での英国「国家購入局（National Purchase Board）」の設置，② 輸出側での「自治領輸出機関（Dominion exporting agency）」の設置，③ そして両者の連携を図るという構想であった。それは従来の帝国特恵関税とは異なって，帝国外からの農産物輸入を直接に規制（また制限）しつつ，帝国内での農産物輸出入の国家管理と帝国内協力とを通じて農産物価格を安定させ，もって帝国全体の利益を図ろうとするものであった。そこでは，イギリス側の帝国産主要農産物への特恵供与の必要を前提としつつも，特恵以外の価格安定策として以下のように主張される。

すなわち，イギリスの輸入するほとんどの主要食料において，帝国以外の外国からの供給が大きな地位を占め，価格を支配している。この点では，イギリス農業者も自治領農業者も同じ立場に置かれている。農産物価格の大きな変動は，本国・自治領を問わず，農業者と消費者双方にとって不利益である。価格変動は投機的な仲介業者に利益を与えるだけである。価格暴騰の場合には消費者は暴騰分を負担するが，生産者はその一部を得るだけであり，卸売価格暴落の場合にはその一部しか小売価

64）Drummond, *ibid.*, pp.32-34, 52.

格に反映されない。価格安定という点で，生産者と消費者の利益は一致する。「現時の価格変動に代わって，生産者，消費者双方の利益に一致する価格安定政策」が今こそ必要である。

イギリス本国では，通貨切り下げという「外国の不公正な競争」に対抗して外国からの輸入すべてを管理する「国家購入局」を設置し，「外国からの輸入を規制し，必要な場合には制限する」ことで価格変動を大部分除去できる。国産農産物と帝国農産物には規制を加えない。他方で，輸出側の各自治領政府は，イギリスへの食料・原材料輸出に対してその管理を「単一の共同輸出機関」に委ねるとともに，可能ならば「自治領輸出機関」の連合化を図る。これによって輸出は一元化され，輸送コストは下がり，また投機業者も排除される。さらに「自治領輸出機関」は英国「国家購入局」との緊密な連携の下に置かれる。「国家購入局」は供給過剰の場合には在庫を増し，不足時にはそれを放出して価格変動を抑えるとともに，食料の小売・卸売価格の動向を常時監視し，迅速な在庫購入・販売を行う。こうしてロイドの『安定化』が指摘するように，生産者・消費者双方に対する「公正価格」が保証され，経営の安定による生産者コスト引き下げと仲介業者の不当利得の排除による流通コスト引き下げとを通じて消費者の利益も実現される[65]。

オーストラリア首相ブルースも1923年帝国経済会議において，イギリス市場が「安価な有色人種の労働」で生産される国や「大きく減価した通貨」の国からのダンピング攻勢に曝されている現状に対処するために，帝国特恵強化の必要を強調したうえで，特恵という関税手段以外に次の3つの方法を提案した。すなわち，①国産ならびに帝国産農産物に対する補助金付与。②外国産小麦に対する輸入ライセンス制度。③国営小麦倉庫を運営する「国家購入公社」による外国産小麦輸入の一元的管理に基づく価格安定化策。そして彼は以上3つの提案について，同帝国経済会議に設置される特別委員会での検討を求めた。だが，委員会（委員長英商務院総裁）は①②③のいずれについても，補助金対象品目・数量による帝国間の不公平と補助金総額拡大による財政負担，輸入ライセンスによる貿易への混乱，輸入の国家管理に伴う制度の肥大化を理由

65）An Australian Correspondent, Empire Food, *Times*, 14 August 1923, pp.9-10: 15 August 1923, pp.11-12. 強調は原文。

に，実施不可能と結論した。

委員会報告はこう記している。「〔輸入ライセンスによって〕認可される〔外国産の〕数量が，〔英国〕国内市場で世界価格を実現するに足りるだけ大きい場合には，帝国生産者には利益は生まれない。そうでない場合には，帝国価格は外国からの供給〔全体〕のうちの相対的小部分の価格を支配するにすぎない」[66)]，と。

こうして，大戦と戦後不況の経験は，穀物と肉類など主要農産物以外の一定の農産物への帝国特恵の導入をもたらしたものの，価格安定化のための国家統制と帝国内協力に関しては，従来の枠組みを超えることはなかった。帝国レベルでそうである以上，帝国を越えた国際レベルではその障害はさらに大きかった。

(2)　大恐慌と小麦の社会的地位

「国際小麦委員会（International Wheat Board）」の設置と国際的小麦コントロールの緊急の必要性を訴えた大作『世界小麦計画』（1940年）で，イヴェシ（Paul de Hevesy）は，合衆国でのスムート＝ホーレイ関税法（1930年）による農産物を含む関税引き上げを嚆矢とする，世界恐慌後数年間の世界各国における農業保護政策の拡大をこう要約した。すなわち，四大小麦輸出国や英・独・仏などヨーロッパ諸国を含む38か国で価格支持政策，38か国のうち28か国で生産者組織による市場統制の実施，23か国で政府独占の創出，25か国で最低価格の設定，15か国で生産統制の採用，18か国で農産物輸入数量割当の実施，12か国で輸入小麦製粉量に関する規制。そして彼は，農業保護政策の世界的拡張の目的が，農業者保護，貿易収支改善，通貨防衛，失業対策などに置かれていることを示して，「現在の国家介入のうねりを自由貿易，自由競争，そして自由な価格メカニズムと自由な移民によって消し去り，またそれに取って代わることは絶対に不可能であろう」と記した[67)]。

ハースト『イギリスのパン』（1930年）が指摘していたように，イギリスの小麦市場は，需給法則が価格を支配する古典的な意味での自由市

66）*Imperial Economic Conference……in October and November, 1923. Record of Proceedings and Documents,* Cmd. 2009, 1924, pp.76-81, 200-03,243-48.

67）Hevesy, *World Wheat Planning and Economic Planning in General*, *op.cit*., p.37.

場ではもはやなかった。輸入小麦は生産者組合，輸出業者の連合，もしくは政府による統制が行われている市場から来ていた。ハーストはこう述べた。「イギリス国民のパンは，外国の相場師，共同プール，委員会，連合体によって支配されている」。この点で「英国農業者は，穀物の自由貿易によってではなくて，現在の世界市場操作と国内製粉業のトラスト化とに起因する自由貿易の不在によって被害を受けている」。競争的取引が排除された事態にあっては，英国政府も国民的利益の適切な管理者としての役割を果たし，「公的委員会」を設置して輸入を規制し，国内供給を保護し，英国農業者を守らなければならない，と[68]。

世界的農業保護政策の高揚をもたらしたのは，世界恐慌による農産物価格の暴落であった。戦後農業不況は1924年でいったんは終息しいわゆる相対的安定期に入るが，大戦中に内包された小麦の過剰生産構造は維持された。世界小麦生産量は，1926年度の4億3,750万クォータから1928年度の5億550万クォータに増加した。大陸ヨーロッパでの生産量も，大戦前の水準に回復した。一方，世界小麦消費量は，高生活水準の国々での1人当たり消費量の減少もあって，全体としての人口増にもかかわらず停滞傾向を示した（1928年度で4億6,610万クォータ）。1926-33年の期間の年間生産量の消費量（飼料用を含む）超過率は，1928年度の6.9%を除けば，2.5%を越えることはなかったが，在庫増加は必至であった。1926年期首（8月）在庫は8,090万クォータであったが，1929年期末（7月）には1億1,960万クォータと急増した。1929年には，四大輸出国の小麦生産高の40%弱が在庫に回った。しかも小麦市場から姿を消していたロシアからの輸出が再開された。その後も在庫増加は続き1934年期末に1億5,040万クォータとピークを迎える[69]。小麦需要の非弾力性と作付調整の困難とが，小麦価格を暴落させた。1924-27年まで1クォータ当たり50シリング台を維持したイギリスでの年平均小麦価格は，28年から30年にかけて45シリングから36シリングに低下し，さらに31-35年には20シリング台（最低は1934年の21シリング9ペンス）を付けた。この価格では，小麦輸出国生産者に

68）A.H. Hurst, *The Bread of Britain*, Oxford, 1930, pp.v,25,56,60,63.

69）Hevesy, *World Wheat Planning, op.cit.*, pp.4-5, 772-73; 渡辺寛「世界農業問題」前掲，228ページ。

利潤は出なかった[70]。カナダ，合衆国をはじめ農産物輸出国の農業所得は1929年水準から半減する。

大恐慌後の世界的農業保護の特徴は，小麦輸出国ならびに輸入国双方で，小麦価格下落から生産者を保護するための価格維持政策が行われた点にある。輸出国における輸出補助金・輸出プール制などによる価格維持策は，結局は，国庫負担に帰着し国家財政を悪化させた。補助金によって過剰生産は継続し，それがまた小麦価格を低下させ，恐慌を長引かせた。一方，輸入国であるイギリスでは，1932年小麦法によって国産小麦600万クォータを上限に標準価格と平均価格との差額を補助する形で価格保証が行われたが，このためのファンドは輸入小麦の製粉業者への割り当て納付金であり，結局は消費者負担に帰着する。

ただし小麦の帝国特恵については事情が異なる。同年のオタワ英帝国経済会議で，外国産小麦に対して1クォータ当たり2シリング――従価税に直すと，約8%――の輸入関税が課された。帝国産小麦は従来通り無関税で輸入されたから，帝国特恵はようやく小麦にまで及んだ。だが，帝国内生産が帝国内消費を超える小麦（他には羊毛）の場合には，特恵によって英国市場で外国産小麦が帝国産小麦に転換されても，帝国外市場では外国産小麦が帝国産小麦に代替し，世界小麦生産と消費は変わらず，また英国市場の価格は世界価格に落ち着き，こうして小麦に関しては長期的には帝国特恵の実質的意味は小さいと考えられた。

『エコノミスト』誌はオタワ協定直前にこう指摘していた。たとえイギリスが小麦を「海外の帝国からのみ購入すべく努めたとしても，カナダとオーストラリアはその収穫高の一部を外国でなお販売しなければならないであろう。さらにイギリスが外国小麦に課す関税の高さに関わりなく，自治領諸国は自治領内，また自治領間で競争的条件が支配する限りは，その全収穫に対して世界価格を甘受しなければならないであろう。それどころか，中立国市場に英帝国以外の国々の競争が集中することによって，世界価格が実際に引き下げられることもありうるのである」[71]。

70）　Hevesy, *ibid.*, p.5; Mitchell and Dean, *Abstract of British Historical Statistics*, *op.cit.*, p.489.

71）　*Economist*, Imperial Preference, 4 June 1932, p.1229.

オーストラリア政府は小麦への帝国特恵が自国農業者の窮状打開になるとは考えなかったし，カナダは政治的理由で特恵を要請した。そしてイギリス側も，特恵によって英国市場で貿易転換は生じるが，それは帝国生産者の支援にはならないし，価格上昇も生じないから英国消費者は害を被らないと認識していた。ルースやドラモンドの研究が言うように，「英国側には，〔外国産小麦〕関税に関して保護主義的動機はなかった」。こうして「小麦と羊毛といった重要産品は，特恵によって自治領が利益を得るとは考えられなかったので，〔オタワ会議での交渉から〕事実上除外された」。1クォータ2シリングという，他国の保護関税に比べれば低い特恵関税は，経済的理由ではなくて「純粋に政治的理由」で要請された[72]。

1932年小麦法と帝国特恵とからなる新小麦政策は保護の程度は大きくはなかったが，自由貿易と安価な小麦という従来のイギリスの政策原則からの明白な離脱であった。世界恐慌において，各国が小麦市場確保のための高度の保護政策を競っている状況においては，その内容はラディカルではないにせよ新小麦政策は必要とされた。しかも他方で，小麦（農産物）輸出国での農業所得減少がイギリスからの工業品輸出の減少をもたらし，世界恐慌の負のスパイラルを生んでいるという現実があった[73]。工業化が進展するカナダにおいても，輸出総額に占める小麦

72）Tim Rooth, *British Protection and the International Economy: Overseas Commercial Policy in the 1930s*, Cambridge University Press, 1993, pp.84-85,89; I.M. Drummond, *Imperial Economic Policy 1917-1939*, University of Toronto Press, 1974, pp.266-67; cf. Taylor, British Preference for Empire Wheat, op.cit., p.6. オタワ会議でのイギリスとカナダならびオーストラリアとの協定には，外国産小麦に関する1クォータ2シリングの関税は，「帝国生産者が連合王国消費者の必要量を充たすだけの量を，世界価格を超過しない価格で」販売できない場合には撤廃される，という条項が挿入されている。The Ottawa Agreements with the Principal Dominions and with India, signed August 20, 1932, in Drummond, *British Economic Policy and the Empire 1919-1939*, *op.cit*., pp.206,209.

73）ケインズは，リヴァプール小麦価格でみれば，年間の最高価格と最低価格の差が47%以下の年は，1938年までの10年間で一度しかなく，その差の平均値は70%以上であると，価格変動の大きさを強調した。Keynes, The Policy of Government Storage of Foodstuff and Raw Materials, 1938, in *Collected Writings of Keynes*, Vol. 21, 1982, p.459. 舘野敏他訳『ケインズ全集21巻』2015年，527ページ。またケインズは緩衝在庫計画に関する文書（1942年）で，この事実を「真に恐るべき価格変動」と呼び，しかもそれは，生産過剰の規模が生産量や潜在的需要に比べると極めて小さかった――「過剰供給問題はせいぜい全生産量の10%を超えることはなく，7.5%以上ではないかもしれない」（*Ibid*., p.505. 訳581ページ。強

輸出の割合は1930年でも24%であり，それは20年前と変わっていない[74]。さらに加えて，ドイツ，フランス，イタリアなどヨーロッパ諸国での小麦をはじめ農産物輸入関税の引き上げ――1928年から31年にかけて小麦関税は2.5-5倍化――による自給化政策[75]の遂行は，相対的に輸入制限の少ないイギリス市場を格好のダンピング先とした。

イギリスは世界小麦輸入の約1/3，ヨーロッパ小麦輸入の約半分を受け入れた。1929年から31年の間に，各種食料輸入量は23%増え，農産物価格は約20%下落し，その後2年間にもう16%下がった[76]。マクミラン委員会報告（1931年）は，小麦価格下落のもたらす効果――イギリスの年間小麦輸入額は1930年12月の価格では，1929年よりも約3,000万ポンド，1925年よりも6,000万ポンド少ない――についてこう記した。食料・原料価格下落のために，食料・原料輸出国が英国製品を購入できず，そのためイギリスで大量の失業が生まれている現状はイギリスならびに輸出国双方にとって不幸であるが，輸入額の大幅減少を示す小麦という「単一の項目が，現在の失業者数に手当てを与える上で国家費用にいかに大きな貢献をしているかは明白である」，と[77]。こうした状況においては，農業保護策のコストの消費者への転嫁は限定的であった。

調は原文）――にもかかわらず生じたことを指摘する。そして彼は，価格安定化のための国際的行動がとられずに過剰の規模に比して不釣り合いな混乱が生みだされた現実を「狂気のパラドックス」と呼び，「世界の経済体制は，地球の有する十分な豊穣さを享受する手段を見出すことに失敗した」と批判した。*Collected Writings of Keynes*, Vol. 27, Macmillan, 1980, pp.113,169,193. 平井俊顕・立脇和夫訳『全集27巻』134，191，215ページ。

74）カナダの小麦生産量（1928-29年）のうち66%が輸出されていた。D.A. MacGibbon, The Future of the Canadian Export Trade in Wheat, *Contributions to Canadian Economics*, Vol.5,1932, pp.35,37,39.

75）渡辺寛「世界農業問題」前掲，248，274ページ。ドイツでは1929年には600万クォータの小麦輸入があったが，33年には輸入はなくなり自給国化した。イタリアでも1930-33年の間に小麦輸入は1,018万クォータから108万クォータに激減し，自給率は72%から97%に上昇した。

76）「世界人口の3%に満たないイギリスは，1930年には，世界のベーコン・ハム輸出の約99%，卵の96%，牛肉の59%，チーズの46%，羊毛の32%，小麦・小麦粉の28%を受け入れた」。K.A.H. Murray and R.L. Cohen, *The Planning of Britain's Food Import*, Oxford, 1934, p.5.

77）*Committee on Finance & Industry Report,* Cmd.3897, 1931, p.114. 加藤三郎・西村閑也訳『マクミラン委員会報告書』日本経済評論社，1985年，91ページ。

小麦の高価格よりも低価格が問題であった。関税改革論争期に自由貿易陣営が活用して成功を収めた，穀物関税に対する高いパンという批判はその意義を失った。農業史家オーウィンはこう記している。「『高い食料！』という叫びは，1906年にはなお国を湧き立たせることができた。しかし1931年までに事情が変わってしまった。世界市場における食料価格があまりに低下したので，農業者に国が援助するという提案もなんら不安を惹き起こさなかった」[78]。

オタワ会議で，参加各国政府は「世界卸売物価の全体水準の上昇こそが最も望まれる」と述べ，「卸売物価上昇のために，他の国々とも協力してあらゆる可能な政策をとることを切望する」（強調は引用者）と宣言した。この宣言は，翌1933年世界経済会議での帝国代表宣言でも確認された[79]。さらに世界経済会議に際して，四大輸出国が英・独・仏・ソをはじめ19か国を招いて行われた「農業者に報償を与え，かつパン消費者にとって公正な水準へ，〔小麦〕価格を引き上げ，また安定化させる」ための小麦会議においても，輸入国側が「小麦価格の実質的な改善」（強調は引用者）の必要を認めることになった[80]。

世界経済会議を主宰したイギリス首相マクドナルド（Ramsay MacDonald）の発言ほど，18世紀以来穀物法の下で主張され，そして20世紀初頭の関税改革提案を葬り去った「安価なパン」という言葉に象徴される穀物の社会的意義の変化（低下）を示すものはない。すなわ

78）　C.S. Orwin, *A History of English Farming*, Thomas Nelson, 1949, p.90. 三澤嶽郎訳『イギリス農業発達史』御茶の水書房，1978年，106-07ページ。同じく，「小麦と小麦粉はきわめて安価であり，〔小麦法と帝国特恵といった〕方策がそれら消費者に対してコストの点でもたらす影響はきわめて軽微なので，『無関税のパン』という古くからのスローガンは廃れてしまった」。Wyman and Davis, Britain's New Wheat Policy in Perspective, *Wheat Studies*, Vol.9, No.9, 1933, p.342. トレントマンは，1931年4月の協同組合党大会での，農業者を犠牲にしてまでどうして安価な食料を手に入れる必要があるのかという，ある代議員の発言を紹介している。Trentmann, *Free Trade Nation, op., cit.*, p.342，前掲訳368ページ。

79）　*Monetary and Economic Conference: Declaration by Delegations of the British Commonwealth,* Cmd. 4403, 1933, p.2.

80）　*Final Act of the Wheat Conference,* Cmd. 4449, 1933, pp.2,3. ケインズの言葉を引用しておく。「われわれが元来望んでいるのは，より多くの活動，より多くの消費，より多くの生産，そしてより多くの雇用である。概して言えば，われわれが価格それ自体の上昇を必要としているのは，（農業者の債務と農産物生産国の国際債務との双方で）債務が差し迫った問題となっている農業においてだけである」。Keynes, What should the Conference do now?, 1933, in *Collected Writings of Keynes*, Vol. 21, p.270. 前掲訳，305ページ。

ち，「原生産物の世界卸売価格が引き上げられなければならないことは普遍的に認められている。あれこれの理由で，価格は経済的水準をかなり下回るところまで下落し，耕作は停止され，また耕作されても惨めな程に損失を生むだけである。消費者に向けて，原生産物の高価格は彼らにとってまったくの損だと言う人がいる。だがこれほど視野の狭い見方はない。消費者は，生産者を破滅させるほどの安価なパンでは生きることができないのだ」（強調は引用者）[81]。

こうした穀物の社会的意義の変化の背景には，国民の食生活の変化，とくにパン消費の減少と食料支出に占めるパンの割合の低下，そしてそれに対する栄養学からの見方の変化が存在した。この点は，上記『安定化』の著者ロイドの論説「各所得階層の食料供給と消費」（1936年），ならびに後に国際連合食糧農業機関（FAO）初代事務局長を担うジョン・ボイド・オール（アバディーン大学ロウェット研究所）の『食料，健康，そして所得』（1936年）のなかで明瞭に示される[82]。両者は共通の資料・調査を前提に，前者は主に社会科学の視点から，後者は特に栄養学の視点から現時のイギリスの食料消費の実態を分析した。

ロイドはパン消費の減少を以下のように指摘した。19世紀前半には国民1人当たりの年所得の約50%は食費に向けられたが，生活水準の向上に伴って，1世紀後の現在（1934年）では食費の割合は約30%に低下している。小麦消費量も19世紀前半の1人1日当たり約450グラムから，1881年の350グラムに減少し，さらに現在では250グラムと低下している。これは19世紀末からの食生活の変化を反映している。安価なパンの実現はパン消費の減少と他の食料消費の増加をもたらした。1881年から1934年の間にパン・ジャガイモ消費は30%減少したのに対し，肉類は45%増，砂糖40%増，茶とバターは2倍増であった。さらに大戦前から消費増が著しいのは，果物と野菜（除くジャガイモ）でそれぞれ88%増，64%増である。現在の国民1人当たりの週食費支出額105.7ペンス中パン支出は5ペンスで，その割合は4.7%，小麦粉

81）Cited in Hevesy, *World Wheat Planning, op.cit.*, pp.54-55.

82）ロイドの論説の「栄養学的分析で仕上げられた完成版」が，オールの『食料，健康，そして所得』であった。Derek J. Oddy, *From Plain Fare to Fusion Food: British Diet from the 1890s to the 1990s*, Boydell Press, 2003, p.126.

と合わせても7.7%であり，所得階層にかかわらず，パン・ジャガイモ消費量はほぼ一定であった。パン（小麦粉）への支出額は肉類支出への3割以下であり，果物，そして今後消費増が望まれるミルク支出をも下回った。パン単独でみれば，バター支出以下であり，砂糖ならびに嗜好品である紅茶・コーヒー・ココアなみであった。輸入食料・原材料（金額）中最大品目は長らく穀類であったが，1929年には肉類（含む家禽）が穀類に取って代わっていた[83)]。

ロイドの主張の眼目は，所得格差がパン・ジャガイモ以外の食料消費格差を生んでいる実態を示すことにあったが，この格差を栄養学の見地から焦点を絞って分析したのが「所得との関連における食事の適切性の概観」という副題をもつオールの著作であった。オールは，所得の低い約半数の国民の食生活がカロリー的には足りているが，とくにビタミン，ミネラル摂取において最適基準を下回っている現実を，「エネルギーを生む食料」と「健康を守る食料」との区別に基づいて明示した。パンの地位を低下させ，飢えから解放された1930年代のイギリス食生活のなかで，人口の半数は「栄養不良（malnutrition）」状態にある，とオールは指摘した。「栄養不良」とは，飢えにつながる食料の不足を示す「栄養不足（under-nutrition）」とは区別されて，健康に必要な特定栄養素（各種ビタミン，ミネラル）の不足のために，毎日の食事は取れているが徐々に健康・発育を損なう「隠された飢餓」状態を示す言葉であった。ここには，タンパク質，糖質，脂肪という三大栄養素を中心にした食生活分析に依拠して，単に生命を維持するための食事という従来の視点とは区別される，最適な健康状態を促進するための食事の必要を求める新しい栄養学の発展があった[84)]。

オールは，1人当たり週所得に従って国民を以下のI-VI集団に分け

83)　E.M.H. Lloyd, Food Supplies and Consumption at different Income Levels, *Journal of Proceedings of the Agricultural Economics Society*, Vol.4, Issue 2, 1936, pp.89-91,98,104; Rooth, *British Protection and the International Economy*, *op.cit.*, pp.75-77.

84)　クラウフォードとブロードレイの言葉を引用しておく。「栄養不良はもはや食料供給全体の欠乏と同義ではない。食料の欠乏は現在では栄養不足と名づけられている。栄養不良は健康に必要なひとつもしくはそれ以上の特定構成要素の欠如もしくは欠乏を示している。エネルギーと総タンパク質との供給が適切であっても，栄養不良状態は存在しうる」。W. Crawford and H Broadley, *The People's Food*, London and Toronto, 1938, p.147; 服部『イギリス食料政策論』前掲，まえがき，第1章を参照。

た。Ⅰ－人口の10%/10シリング以下。Ⅱ－人口の20%/10-15シリング。Ⅲ－人口の20%/15-20シリング。Ⅳ－人口の20%/20-30シリング。Ⅴ－人口の20%/30-45シリング。Ⅵ－人口の10%/45シリング以上――この区分はロイドのそれと同じ――。そして所得に占める食費の割合は，Ⅰ-Ⅲでほぼ50%，Ⅵで20%以下である。各集団の各種食料消費の実態分析からオールの下した結論はこうであった。

Ⅰ－最適栄養成分すべてにおいて不足。Ⅱ－タンパク質と脂肪のみが充足。Ⅲ－カロリー，タンパク質，脂肪は充足，しかし各種ミネラル，ビタミンが不足。Ⅳ－鉄分，リン，各種ビタミンは充足，しかしおそらくカルシウムが不足。Ⅴ－カルシウムを除いてすべての栄養成分で安全幅を見込んだ値を充足。VI－全ての栄養成分で基準必要量を充足。こうして，最適栄養基準に従って健康維持に必要な栄養成分を充足しているのは，人口の50%（IV,V,VI集団）にすぎず，所得階層が下がるほど不足は大きい。さらに重要な論点として，① ミルク，卵，野菜，肉，魚，果物の消費は所得増とともに増加する。② 所得増とともに，疾病・死亡率は低下し，児童の発育は早く，大人の体格は良く，健康・体力は向上する。③ I集団の食事をIV集団のそれに引き上げるためには，ミルク，卵，バター，野菜，肉，果物といった高価な食物の消費をそれぞれ12-25%増加させる必要がある。以上であった[85)]。オールは，「健康を守る食料」の筆頭の位置を占めるミルクの栄養上の意義を繰り返し説き，1934年ミルク法による学校給食での児童へのミルク提供（安価もしくは無料）を強く支持した。ここには，「エネルギーを生む食料」としてのパン消費は――自給率は低いにせよ――，すでにイギリス国内では必要基準が達成されているという認識が前提されている。

イギリス農業生産額に占める小麦の割合も，消費同様1930年代には5%程度に減少していた。1932年に出版され，同年の小麦法を批判した

85）　J.B. Orr, *Food, Health and Income: Report on a Survey of Adequacy of Diet in Relation to Income*, London, 1936, pp.33,36,38,49-50. オールは別の講演では，I集団をIV集団の消費水準に高めるためには，ミルク42%，バター27%，卵28%，果物・野菜58%の増産が必要であると述べている。これらはすべて「健康を守る食料」である。Orr, The Economics of Diet: Address by J.B. Orr, British Association Meeting ,10 September 1935, in Orr ed., *Rowett Research Institute Collected Papers*, Vol.4, 1939, pp.513,516; 服部『イギリス食料政策論』前掲，5-7，21-22ページ。

アスターとマレーの共著『土地と生活』(1932年) は，1928年時のイギリス農業生産高について，畜産70.6%（牛・羊・豚肉38.5%，ミルク・乳製品・家禽・卵・羊毛など32.1%)，耕種作物（小麦・大麦・オート麦・ジャガイモ・甜菜など）20.1%，果物・野菜・花卉9.3%とし，小麦は4.6%（除く飼料用）としていた。最大の単独品目はミルクの20.5%であった。そして小麦について，「小麦はもはやかつての地位を占めていない。〔農業〕機械の発明と化学肥料についての新知識とが小麦栽培に革命をもたらした。……最終的に，小麦は耕種農業にとって不可欠なものではない」と結論づけた[86)]。

さらにアスターは『イギリス農業』(ロウントリとの共著。1938年) で，小麦に与えられてきた経済的考慮を超える「特殊な感情」をこう表現した。すなわち，それは「パンは命の糧であり，パンは小麦で作られる。したがって小麦は最重要な食料であり，その生産は保全されるべきである」というものである。こうした感情に基づいて「小麦はイギリス農業の礎石であり，小麦生産を奨励する方策はどんなものでも，人々を養うだけでなく，農業全体を奨励すると（まったく誤って）考えられた」，と1932年小麦法による小麦生産奨励を批判した[87)]。アスターのいう「特殊な感情」とは，すでに見たアシュレイの主張と重なるものであった。オールも小麦法を批判して，小麦の生産面での地位の低下についてこう記している。「〔1932年小麦法制定〕当時の多くの政治家は，もし小麦生産が利潤のあがるものであれば，農業〔全体〕も自動的に繁栄するという意見であった。小麦が農業〔生産額〕の5%以下であることを理解するのに，長い時間がかかったのである」，と[88)]。

消費，生産の両面において，パンの地位の低下は明らかであった。オ

86） Viscount Astor and K.A.H. Murray, *Land and Life : The Economic National Policy for Agriculture*, London, 1932, pp.30-31,156-57.

87） Astor and Rowntree, *British Agriculture*, *op.cit.*, pp.82-83. 農業生産額に占める耕種作物の割合は，1934-35年にはさらに低下して17%になったが，小麦と甜菜に対する保護がなければもっと少なかったであろう，というのがアスターの主張である（p.53)。

88） Orr, The Trend of Changes in the Agricultural Economic System, *The Transactions of the Highland and Agricultural Society of Scotland*, 1936, in Orr ed., *Rowett Collected Papers*, *op.cit.*, pp.529-30; 服部『イギリス食料政策論』前掲，33ページを参照。国産小麦の30%がパン用小麦粉となり，残りが① 混合・等級調整用，② ビスケット・加工用，③ 飼料用であった。Wyman and Davis, Britain's New Wheat Policy in Perspective, op.cit., p.347.

タワ会議においても，交渉の焦点となったのは小麦ではなくて，イギリス市場においてアルゼンチンとの競争に曝され，さらに英国国内生産額がミルクと並んで大きい牛肉であった[89]。

大戦直後にアシュレイが――生命活動維持における効率を基準とする小麦の「食料価値」への着目に基づいて――主張した，小麦生産を犠牲にした畜産拡大による食料の貨幣価値増加は国民経済の安定を損なうだけでなく，戦時における国民的リスクを増すという議論は，10 年を経てその拠るべき基盤を失いつつあった。

89）「実際のところ，小麦関税は食肉協定に比べると重要性ははるかに小さかった。食肉協定はまさしく貿易転換をもたらし，価格を低下させる効果を有した」。Drummond, *Imperial Economic Policy, op.cit.*, p.268.

第9章
第二次世界大戦における穀物

1　新小麦政策

一定数量までの国産小麦について，標準価格と市場平均価格との差額を補塡する形で価格保証をした1932年小麦法と，帝国産小麦については従来通り無関税輸入を続ける一方で，外国産小麦については1クォータ当たり2シリングの輸入関税（小麦粉輸入については10%の従価税）を新たに課した同年のオタワ協定とによって，世界恐慌下での小麦価格下落に対抗するイギリスの新小麦政策は発足した。

翌年直ちに『小麦研究』に発表されたワイマンとデイヴィスの論説「英国新小麦政策展望」（1933年）は，こう論評した。「要するに，新方策はほとんどの点で極度に抑制的であり，長く確立された英国の小麦政策からの十分に研究されたうえでの展開である。〔自由貿易や安価な穀物という〕原則からみれば，それがもたらす変化はラディカルである。しかしその程度においては英国産業全体に対する保護手段や1933年農業マーケティング法案に示された新農業政策の特徴に比べると革命的ではまったくない。……小麦法の主目的は窮迫状態にある英国小麦生産者に対する財政支援であり，国内小麦生産の増大ではない」，と[1)]。

1）　A.F. Wyman and J.S. Davis, Britain's New Wheat Policy in Perspective, *Wheat Studies*, Vol.9, No.9, 1933, p.342. 1933年農業マーケティング法は，生産者による販売組織設置を定めた31年法を受けて，生産者による販売独占と国家による輸入規制ならびに生産制限とを融合させた。森建資『イギリス農業政策史』東京大学出版会，2003年，55ページ。

だが，小麦法以降イギリス（連合王国）での小麦生産量は増加に転じた。1931年には473万クォータに落ち込んだ生産量は，翌32年から545万，33年780万，34年870万，35年818万，36年691万，37年705万クォータと増加した。第二次大戦の前年（1938年）には戦争準備のなかで916万クォータに達する――ちなみに，第一次大戦中の穀物生産法による効果が表れた1918年には1,090万クォータを数えた――。国産小麦・小麦粉の国内販売シェアは1925-32年の13.9%から1933-39年には21.3%に増加している。ただし小麦輸入量は1925-31年度の年平均2,665万クォータから1932-38年度の2,587万クォータへと軽微な減少に留まっており，小麦法以降の生産増加も全体として見れば，1922-26年の年平均生産量704万クォータ，また戦前（1909-13年）の729万クォータへの回復と言うべきであろう[2)]。

農務相モリソンは1937年に，グレート・ブリテンでの小麦作付面積は1931年から44%増加したと述べ，小麦の価格保証上限量を600万クォータから800万クォータに引き上げるとともに，価格保証制度をオート麦・大麦にも拡張した。また牧草地への石灰・粉炭使用に補助金が支給された。ただし，1937年の政策は前年のナチス・ドイツのラインラント進駐以降緊迫の度を増した戦争への準備でもあった。牧草地への上記補助も戦時における牧草地の穀作への転換に備える意味をもった。農相はこの時点では，戦時の必要に備えた「最大量の食料生産」という目的と，平時の英国農業の「効率的な発展」という目的との両にらみのスタンスをとることを明言した[3)]。

---

2)　Paul de Hevesy, *World Wheat Planning and Economic Planning in General*, Oxford University Press, 1940, Appendices 7,9; G. Egerer, Protection and Imperial Preference in Britain: The Case of Wheat 1925-1960, *Canadian Journal of Economics and Political Science*, Vol.31, No.3, 1965, p.384. イングランド・ウエールズでの小麦作付面積は，1932年の129万エーカーから33年には166万エーカーに増加し，以降170万エーカー台を維持する。一方，大麦作付地は大きく減少したから，「こうして小麦法は，イングランド・ウエールズでの耕地面積の減少を逆転はしなかったが，食い止めた」という評価が妥当であろう。E.H. Whetham, *The Agrarian History of England and Wales, Vol. VIII, 1914-39*, Cambridge University Press, 1978, p.244; cf. Viscount Astor and B.S. Rowntree, *British Agriculture*, London, 1938, pp.83-84; cf. Tim Rooth, *British Protection and the International Economy*, Cambridge University Press, 1993, p.231.

3)　*Parliamentary Debates*, 5th Series, House of Commons, Vol.321, col. 14, 1 March 1937; Vol.324, cols. 432-34, 27 May 1937.「食料と農業は，早くも1935-36年には広い意味では再軍備とリンクされるようになった」Alan F. Wilt, *Food for War: Agriculture and Rearmament in*

一方，オタワ協定が英国市場における帝国小麦に与える影響について，『小麦研究』に発表されたテイラーの論説「イギリスの帝国小麦特恵」（1933年）は，「採用された特恵関税では英国市場を帝国小麦のために確保することには決してならないし，連合王国が輸入するカナダ産ならびにオーストラリア産小麦のシェアを抜本的に増加させることはないであろう」，と予測した。特恵の十全な効果を期待するには1クォータ2シリングではなくて「はるかに高い関税」が課せられなければならない，と考えられた[4]。

だがテイラーの予想にもかかわらず，イギリスの小麦輸入に占める帝国の割合は増加した。1926-31年度の平均では帝国小麦の割合は44%であったが，1932-38年度の平均では65%に増加している。特に1936年には84%にまで上昇した。アルゼンチン小麦は特恵以前の割合をほぼ維持した――ただし，1936年以降は急減する――が，1926-31年度には23%を占めた合衆国小麦の割合が激減し，その分帝国の割合が増加したのである。「1932年以降の〔小麦輸入に占める〕コモンウェルスの重要性の増大は，主に合衆国を犠牲にしたものであった」[5]。英国小麦輸入に占めるカナダの割合は1926-31年度の30%が1932-38年の40%に，オーストラリアのそれは13%から24%にそれぞれ増加した。ただし，両国の小麦生産・輸出状況には異なった特徴が見られる。

オーストラリアは，小麦生産量でみれば，1926-31年度と1932-38年度の年平均では微増（2,021万クォータ→2,077万クォータ）であり，小麦輸出総量も1926-31年度の年平均1,344万クォータから1932-38年度の1,328万クォータへと変化しなかった。オーストラリアは世界恐慌下でも――アルゼンチンも同様であるが――，商品価格と為替レートとの下落を許容して輸出に対するブレーキを強く踏まず，国内小麦在庫の蓄積を阻止し，価格下落に対する補償として生産者に直接・間接の輸出ならびに生産補助を行った。生産量・輸出総量停滞のなかで，オーストラリア小麦の英国市場への輸出量は，1926-31年度の年平均345万クォータ

Britain before the Second World War, Oxford University Press, 2001, p.3.

4）A.E. Taylor, British Preference for Empire Wheat, *Wheat Studies*, Vol.10, No.1, 1933, pp.31-32.

5）Egerer, Protection and Imperial Preference, op.cit., p.387.

から1932-38年度の608万クォータに急増している[6)]。

カナダに関しては，小麦生産量は1926-31年度から1932-38年度にかけて年平均5,375万クォータから3,649万クォータへと大幅に減少している。これは，小麦価格暴落に対する国内生産制限の実施とともに，北米での旱魃という気象状況も影響している。20年代には，その高い品質から「小麦はかならず売れる」とされたカナダ小麦も，世界恐慌のなかで生産・輸出の激減と深刻な不況に見舞われた。カナダの小麦輸出総量も1926-31年度の年平均3,503万クォータから1932-38年度の2,327万クォータへと，在庫比率を大幅に高めながら生産減に見合う輸出減を示した。ところが，カナダ小麦の英国市場への輸出量は，1926-31年度の年平均798万クォータから1932-38年度の1,023万クォータへと増加している。オタワ協定の結果，カナダ小麦は世界への輸出量を減らす一方で，イギリス市場への依存を量ならびに割合の両面で高めたのであった[7)]。

帝国特恵が英国市場における帝国小麦の割合を増すという――1クォータ当たり2シリングという穏当な特恵額からすれば，予想以上の――結果を生んだ理由としては，以下の点を指摘しうる。第一に，1930年代のほぼ全般にわたって影響を与えた北米における旱魃がもたらした，とくに合衆国での生産減少。合衆国での小麦生産量は1926-31年度の年平均1億1,107万クォータから1932-38年度の8,743万クォータへと2,000万クォータ以上も減少している。1926-31年度の合衆国の年平均小麦輸出量は1,929万クォータであったから，小麦輸出も激減した。とりわけ1934年度の生産量は6,580万クォータで1931年度から44%も減少し，合衆国は1836年以来の史上二度目の小麦輸入国となった。もちろん生産減少は価格暴落への対策でもあった。大恐慌による小麦価格の低下に対抗するために，1933年に農業調整法（Agricultural Adjustment Act）が制定され，作付面積の削減と削減に対する補助金付

6）Hevesy, *World Wheat Planning*, *op.cit*., Appendices 7,9,12; H.S. Patton, Observations on Canadian Wheat Policy since the World War, *Canadian Journal of Economics and Political Science*, Vol.3, No.2, 1937, p.225.

7）Hevesy, *World Wheat Planning*, *op.cit*., Appendices 7,9,12; *Economist*, Dominion of Canada Special Review, 18 January 1936, p.24; D.A. MacGibbon, *The Canadian Grain Trade 1931-1951*, University of Toronto Press, 1952, p.14.

与が行われ，これによって国内での在庫調整が進んだ。小麦価格もようやく上昇機運に転じ，さらに補助金と合わせて小麦生産農家の貨幣所得も増加した。「農業調整法は1935年7月には，〔旱魃という〕自然現象にも助けられて，大きな仕事を成し遂げた」（イヴェシからの引用）[8]。こうして合衆国小麦の英国市場での割合の急落は，短期的には合衆国小麦生産者の世界恐慌からの回復過程の裏面でもあった。

第二に，1931年9月のイギリスの金本位離脱とドルに対する25%以上ものポンドの減価は，イギリスの貿易政策における関税面での保護を相対的に穏当な水準にすることを可能にした。「金の制約からの緩和と〔それが可能にした〕いっそう拡張的な通貨政策とは，制限的な貿易政策の維持という圧力を軽減した」[9]。すなわち，ドルに対するポンドの減価は，1クォータ2シリングという穏当な関税額にもかかわらず，合衆国からの小麦輸入の抑制要因になった。ただし，イギリスに先立って金本位制がその機能を停止し，英ポンドに対して20%以上の減価をしたスターリング圏のオーストラリア，またイギリスに追従したアルゼンチンとは違って，1931年10月に金本位を離脱したもののカナダ・ドルは事実上米ドルと下落したポンドとの間に為替レートが維持されたから，英国市場への輸出という点では，カナダは合衆国に対しては優位な，オーストラリア，アルゼンチンに対しては不利な位置にあった[10]。

ただしこの場合，「小麦は単一の穀物ではなくて，いくつかの穀物からなる一つの種目である」ことが考慮される必要があろう。各国の，また各地域の小麦はその品種，性質を異にしており，製粉に際してそれぞれの用途に適した，そしてその価格に応じた使用がなされた[11]。小麦法によるイギリスでの国内小麦生産の増大は，それが主にビスケットや家

8） Egerer, Protection and Imperial Preference, op.cit., p.387; Rooth, *British Protection and the International Economy*, *op.cit*., p.231; Hevesy, *World Wheat Planning*, *op.cit*., pp.652-53,655,664.

9） B. Eichengreen and D.A. Irwin, The Slide to Protectionism in the Great Depression: Who succumbed and Why?, *Journal of Economic History*, Vol.70, No.4, 2010, p.893.

10） Hevesy, *World Wheat Planning, op.cit.*, p.348; The Royal Institute of International Affairs, *The Problem of International Investment*, 1937, London, p.271. 王立国際問題調査会『国際投資の諸問題』（松本慎一訳）日本評論社，1943年，403ページ。

11） Taylor, International Wheat Policy and Planning, *Wheat Studies*, Vol.11, No.10, 1935, pp.372-74.

庭用に適した軟質小麦であったから，製パン用に混ぜられる硬質小麦需要を増すことになり，それは北米小麦をオーストラリア小麦よりも，さらにはアルゼンチン小麦よりも優位にした[12)]。カナダ小麦の輸出はそのほぼすべてが製パン用に適した春播き硬質小麦――とりわけ，マニトバ硬質小麦が最良品質として知られる――で，同様の性質の合衆国小麦に対して特恵はカナダに有利に働いたし，軟質小麦の輸出に関しては，オーストラリアは同種の合衆国小麦に対して有利であった。さらにアルゼンチンは主に冬播き硬質小麦を輸出したが，輸送・貯蔵施設の面での基盤が脆弱であったうえに，2級品のカナダ硬質小麦を上回る品質をもちえず，他のパン用小麦の混ぜ物としてもカナダ産に次ぐ位置にとどまった[13)]。

カナダとオーストラリアは輸出小麦が主に一つのタイプであったから，競合する合衆国のそれぞれ同タイプの生産減退は両国の英国市場での割合の増大を促した要因であった。

こうしてオタワ協定はカナダ，オーストラリア小麦の英国市場への輸出量増加とその割合の増大とをもたらした。ただしこうした事態は，カナダならびにオーストラリア小麦の英国市場への輸出額の増加ではなくて，その大幅な低下を伴ったことに留意しなければならない。カナダ産小麦の英国市場への輸出額は1920年代後半には1億700万カナダ・ドルであったが，30年代後半にはその輸出量の増加にもかかわらず，5,700万ドルと大きく減少している。オーストラリアについても同様の

12)　Egerer, Protection and Imperial Preference, op.cit., p.387.

13)　Hevesy, *World Wheat Planning*, *op.cit*., pp.338,386; Patton, Observations on Canadian Wheat Policy since the World War, op.cit., p.225; Taylor, British Preference for Empire Wheat, op.cit., p.14; MacGibbon, *Canadian Grain Trade*, *op.cit*., pp.23-24. ノーザン・マニトバ1級小麦は英国産小麦よりも水分含有量が少なく（英国産18-20%に対してカナダ産10-12%），一定量の小麦からより多くの硬質でグルテン含有量も多い小麦粉が得られる。保水力が高いので，製パン時には一定量の小麦粉からより大きく（重さにして，英国産25%増に対して37%増），歯当たりもよく，より白いパンが生産できる。「50年前にはパンは一種類しかなかった。それ以来輸入小麦は製パンにとってますます重要になった。そして大衆はこうして今日供給されるパンを質の良いものと見なすようになっている」。*Departmental Committee on Distribution and Prices of Agricultural Produce: Interim Report on Cereals, Flour and Bread* , Cmd. 1971, 1923, pp.21,35,52,73. アルゼンチン小麦のイギリスへの輸出量は，1929年の1,058万クォータから1935年には506万クォータに半減する。*Economist*, Republic of Argentina Special Review, 8 February 1936, p.7.

傾向であった[14)]。帝国特恵による英国市場での帝国産小麦の輸出量増大とシェアの拡大は，帝国小麦生産者の貨幣所得増加にはつながらなかった。

既述のように，オタワ協定以降のカナダの世界全体への小麦輸出量は大幅に減少したし，オーストラリアのそれも僅かではあるが減少した。そうであれば，小麦価格の上昇がもたらされない限り世界恐慌からの脱出は困難であった。こうした事態をハンコックは「帝国内自足不能(Imperial Self-insufficiency)」と表現した。それは物理的な意味での帝国内自給不能ではなくて，帝国外市場への輸出増大を通じた輸出財価格上昇がない限り，経済的な意味での帝国内自給は不能であることを意味した。「〔オタワ後の〕経験は帝国諸国に，帝国は彼らの貿易のニーズにとって不足であることを，その理由は帝国諸国の生産活力が弱いからではなくて，それが強いからであることを教えた」。自治領諸国に「彼ら自身の狭い範囲内のちっぽけな準独占的利益のために，世界貿易というより広い機会を危険にさらすことの愚かさを確信させたのは，商品と彼らの生産増加能力との豊富であった」[15)]。

5年の期限を画した，イギリス・自治領諸国・インドなどの11の二国間協定からなるオタワ協定は，1937年8月以降は6か月の事前通告をもってその廃棄が可能になった。イギリスは1938年に合衆国と通商協定を締結し，翌39年から合衆国産小麦に対する関税は廃止された――ただし小麦粉輸入に対する10%の従価税は保持された――。1932年に成立した小麦の帝国特恵は，特恵差別の重要な対象国である合衆国に関してはなくなった。英米通商協定に先立って合衆国との通商協定

14)　Rooth, Retreating from Globalisation: the British Empire/Commonwealth Experience between the Wars, history. uwo. ca/Conferences/trade-and-conflict/files, 2010[, p.12]; cf. Hevesy, *World Wheat Planning*, *op.cit*., p.356. カナダの小麦・小麦粉輸出額は，1926-29年と1933-37年との時期を比較すれば，年平均でみて58%減少し，この両時期での輸出総額に占める小麦・小麦粉の割合は32%から19%に低下している。A.E. Safarian, Foreign Trade and the Level of Economic Activity in Canada in the 1930's, *Canadian Journal of Economics and Political Science*, Vol.18, No. 3, 1952, p.337. 1928年には4億5,100万カナダ・ドルに達した小麦生産金額は，1934年には1億6,400万ドルに激減している。*Economist*, Dominion of Canada Special Review, op.cit., p.25.

15)　W.K. Hancock, *Survey of British Commonwealth Affairs, Vol.2: Problems of Economic Policy 1918-1939,* Part 1, Oxford University Press, 1940, p.266.

(1935年)を結んだカナダは，英国市場での合衆国小麦に対する特恵の廃止に同意した[16]。オタワ協定以降激減した合衆国小麦のイギリスへの輸出は，1938年には358万クォータと回復傾向をみせ，英国市場に占める割合は15.5%となっていた[17]。

こうした事態の背後で，1930年代後半のイギリスでの小麦生産・輸入状況には次の戦争の切迫という時代状況が影を落とし始めた。戦争に備えた食料・原材料の備蓄が進んだ。ケインズは1938年9月に『エコノミック・ジャーナル』誌に発表した「食料ならびに原材料の政府備蓄政策」で，帝国産小麦を含む特定原材料を英国内倉庫に搬入することを条件として，倉庫料と利子を無料もしくは名目的費用でそれらを保管することを提案した。この提案は一面では，平和時において農産物価格の過大な変動を阻止するための変動する量の在庫投資という意味を持ち，景気循環を弱める目的を有するとともに，他面では「戦争への保険」という目的のために安定した在庫を持つことを意味したから，この二つの目的は部分的には対立する。だが彼は，「国防のために有用な手段は最終的には平和における永続的な有用性を有する手段に進化する」と主張して，国防の目的を強めることをここでは強調した。そしてケインズはこの論説に付して米農務長官ヘンリ・ウォーレスに送った手紙でこう記した。カナダ政府が市場価格をかなり上回る買付価格を国内生産者に約束している状況のなかでは，「貴国政府，カナダ政府と英国政府との間での，適当な割合の北米余剰小麦を各政府による相応の費用拠出を通じて英国に移すための協調計画は，われわれすべての目的に適う」[18]と。

ベヴァリッジも，1937年2月に『タイムズ』紙に連載した論説「戦時におけるホーム・フロント」で，平時の農業発展計画を戦時の食料計画と一体のものとして編み上げる必要を強調した。彼は，「今現在から

16) Rooth, *British Protection and the International Economy*, *op.cit.*, p.300.

17) Hevesy, *World Wheat Planning*, *op.cit.*, Appendices 9,12．ソ連からの輸入も回復の兆しを見せ，1937・38年には10%弱の割合を占めている

18) J.M. Keynes, The Policy of Government Storage of Foodstuff and Raw Materials, 1938, in *Collected Writings of Keynes*, Vol. 21, 1982, pp.465,470. 舘野敏他訳『ケインズ全集21巻』2015年，533,538ページ；Letter to H. A. Wallace (30 August 1938), *ibid.*, p.476. 同上訳546ページ。ケインズは別の手紙では「この方策が，最低の費用で見事にわれわれの戦争準備となる」ことの指摘も忘れない。Letter to T. Inskip (23 August 1938), *ibid.*, p.472. 同上訳540ページ。

戦争の脅威が地上から最終的になくなるまで，国のあらゆる経済活動は――政府のものであれ民間のものであれ――戦争のために良き準備になるかどうかという観点から評価されるべきである」,「国防は豊富に勝る」と書き,「戦時の食料計画は平時の農業政策に影響を与え，またそれによって影響を受けざるを得ない」と主張した[19]。すでに引用した農相モリソンの言葉を使えば，平時の英国農業の「効率的な発展」という目的に戦時の「最大量の食料生産」というそれが混合しだした。開戦直前 1939 年 5 月には永久牧草地の開墾にエーカー当たり 2 ポンドの補助金が賦与され，また数千台のトラクターが購入された。

2 戦時食料政策論 ――J.B. オール

第一次大戦から第二次大戦にかけての食料政策上の重要な論点として，ビタミンの発見に象徴される栄養学の進歩が生理学の分野に応用されて，戦時の限られた各種食料供給の下で，戦時下の国民の健康を維持し，また戦争に対する国民の士気を保つために，日々の食生活をいかにして効率的に維持するのかについての研究が深まり，多くの栄養学者・生理学者が戦時の政策形成に関与しようとしたことがあげられる。『第二次世界大戦史』の一部として，戦時食料政策に関する 3 冊の大作『食料』(第一部「政策の形成」，第二部「運営と統制の研究」，第三部「同」)[20]を書いたハモンド（R.J. Hammond）は，栄養学・生理学者たちの食料政策策定への関与について以下のように記した――なおハモンドは，栄養学者からの政策提言の現実性に関して否定的な評価を下しており（Cf. Hammond, I, pp.94-96, 219-221），彼の次の言葉は，これら学者たちの政策

19） William Beveridge, The Home Front in War, I. Security and Progress, *Times*, 22 February 1937, p.15: II. Food Control, 23 February 1937, p.15: III. A General Stuff, 24 February 1937, p.15. ベヴァリッジはこの論説で，次の戦争での市民，生産・輸送拠点への空爆の危険を指摘した。第一次大戦では，家族が戦場での兵士の悪い知らせを心配したが，次の戦争では兵士が国内の家族の悪い知らせを聞くことになるかもしれない。

20） R.J. Hammond, *Food, Vol.I, The Growth of Policy*, HMSO and Longmans, Green, 1951; *Vol.II, Studies on Administration and Control* , 1956; *Vol.III, Studies on Administration and Control*, 1962. 以下，ハモンド『食料』からの参照箇所は，本文中に（Hammond）として記す。

提言はその実施上の諸困難を無視しており，そのため提言に基づいて実施された政策の失敗，撤回などが生じたことを指摘・批判したうえでのものであることに留意したい。

「〔戦争開始後〕1939年から1942年の間に行われたことは食料政策における革命であった。それは，とりわけバランス感覚を保持したうえで，実際的目的のためにしっかりと方向づけられた新たな内容のオペレーション・リサーチを必要とした」。ここでのハモンドの真意は，政策実施に当たってはそれがもたらす各方面への影響の十分な配慮に基づいた政策シミュレーションがまずは必要であり，栄養学者らの提言がそれを欠いていた点を強調することにあった。ハモンドにあっては，食料省の任務は主要食料を調達し，その分配を監督し，不当利得を阻止するために価格を統制することに尽きた。すべての国民に対して科学的基準から見て適切な食料摂取を保証することはその任務ではなかった。だがその彼も「食料政策における革命」の内実として，開戦とともに設置された食料省内部で，前章でも言及したJ.B.オールや同省主席専門アドヴァイザーJ.C.ドラモンド（ロンドン大学生化学教授）らが提唱した最適栄養摂取基準原則の受容が1940年春から始まり，同省の食料調達ならびに統制全体が，1941年中頃から同原則を参照していた事実を記している[21]。

開戦直後から，栄養学ならびに農業の専門家から構成される小委員会を作って，食料省への提言を積極的に行うことを主張したのがオールであった。オールはまず，保健相W.エリオットの諮問委員会のメンバーとして，動物性脂質の節約，ミルク価格の引き下げ，小麦製粉歩留まり率の引き上げを提言し，「国民の食事の変化は極めて望ましく，戦争はそうした変化をもたらす機会を提供している」と主張した。さらに彼

21)　R.J. Hammond, *Food and Agriculture in Britain 1939-45: Aspects of War Control*, Stanford University Press, 1954, pp.140,155,158. 本書は『食料』執筆の副産物である。ハモンドの評価は，社会的弱者の食生活向上を目指すオールら福祉国家政策の提唱者にとっては，「食料省は新たな食料千年王国実現のための道具であった」(p.218)，というものである。オールら栄養学者の食料省の——とくに開戦初期の——政策への関与は，「栄養学の諸原理の経済計画への最初の適用」と言うべきものであり，食料省ならびに政府による「〔経済〕計画の基礎として栄養学の原理の受容」という点で「画期的な事件」であった (Hammond, I, p.221)。

は1940年5月に内閣が設置した食料専門家委員会に加わる[22]。オールは1930年代から国際連盟栄養専門家委員会メンバーとして，ミルク，酪農品，野菜，果物，魚類を中心とする「健康を守る食料」摂取を進める国際的な食生活改善運動に積極的に関与していた。

そのオールが開戦早期の時期に，戦時のイギリス食料政策の全体像を示したのが『戦時食料政策論』（1940年。D. ラボックとの共著）であった。そこでは議論の中心に，小麦とならんでミルクが置かれ，しかも戦時下の栄養上の評価では，小麦よりもミルクが重視される。ハモンドがオールを「ミルク熱狂者」（Hammond, II，p.182）と揶揄したように，オールはミルクの栄養上の価値を高く評価し，すでに1928年に児童へのミルク供与の実験を通じて，その健康・発育にもたらす意義を確信しており，それは1934年ミルク法による全国学校児童への補助金付ミルク提供につながった。オールは，貧困家庭の安価な食事では不足するほとんどの栄養成分をミルクは充足すると主張し，児童，妊婦，乳児をもつ母親に対するミルクの無償もしくは安価な提供は「われわれの時代の最大の社会改革」だと訴えた[23]。

『戦時食料政策論』の内容は以下である[24]。そこでは，「エネルギーを生む食料」としての安価なパンの戦いに勝利し，国内的には飢えを克服

22）D.F. Smith, Nutrition Science in the Two World Wars, in Smith ed., *Nutrition in Britain: Science, Scientists and Politics in the Twenties Century*, Routledge, 1997, pp.154-55; Hammond, *Food and Agriculture*, *op.cit.*, p.34. 食料専門家委員会の提言が政策策定上不調に終わった点については，Keith A.H. Murray, *Agriculture*, HMSO and Longmans, Green, 1955, pp. 318-19も参照。以下，マレー『農業』からの参照箇所は本文中に（Murray）として記す。

23）Orr, Not Enough Food for Fitness, *Listener*, 26 May 1937, pp.1023-24. オールは，三大栄養素を中心にした食生活分析に依拠する，単に生命を維持するための食事という旧来の基準に代えて，国際的にも承認された新しい栄養学のそれに基づけば，健康維持のためには6種類のビタミンと12種類のミネラルの十分な量の摂取が必要である，と主張する。

24）『戦時食料政策論』（Orr and D. Lubbock, *Feeding the People in War-Time*, Macmillan, 1940）からの引用箇所は本文中に示す。本書は，大戦中の1942年に『英国における戦時食糧問題』（鈴木政訳，日本米穀協会）と題して翻訳されている。『戦時食料政策論』の紹介と分析は，服部『イギリス食料政策論』前掲，第2章1節を参照。本書は以下のオールの主張全体について詳細に検討している。なお，以下の消費量に関するオールの数字には第3節でみる食料省の生産量の数字と大きな差があるが，例えば，ここでの数字でいう小麦は最終的に人間の口に入った製粉小麦量であり，飼料用・産業用・種子として使用されるものは含まない。後の食料省のそれは製粉前の小麦の生産量であり，オールの数字は後者より小さくなる。戦前の小麦生産量165万トンのうち人間消費量は73万トン，家畜消費は66万トン，種子などは26万トンであった（Murray, p.386）。

した英国社会においてなお存在する，国民の1/3に及ぶ栄養不良状態を克服するために，「健康を守る食料」の十分な供給に重点が置かれる。

「戦時食料政策の第一の目的は，健康を守る食料の消費を増加して，〔最適栄養〕基準以下の食事をしている〔国民の1/3をしめる〕人々の食事をその基準に引き上げることである」(p.34)。なぜならば，全国民の健康維持こそが戦争遂行の大前提だからである。戦時下では，戦前（1937-38年平均）の人間の口に入る食料ならびに動物が消費する飼料輸入量合計約2,000万トン（各種食料1,114万トン，飼料857万トン）は減少せざるを得ず（以下，生産・輸入いずれの数字も人間の口に入る食料，人間が消費しないで動物が消費する飼料を意味する），人間の口に入る食料輸入の減少を可能な限り食い止めて，そのうえで各種食料輸入の節減と，それに応じた国内での食料増産とをそれぞれどのような優先順位で行うかを定めることが，戦時食料政策の全体像を決める。

国内での増産に関しては，ミルク（国産456万トン）・野菜類（国産99万トン〈家庭内生産を含めて実際には120万トン〉，輸入64万トン），といった「健康を守る食料」とジャガイモ（国産440万トン）が優先される[25]。これらは，野菜を除けばほぼ国内で自給されており，しかもイギリスの土壌・気候に適した作物であるとともに，「健康維持に必要な栄養成分をすべて含んでいる」(p.49)。野菜類については，市民農園や家庭園の活用で輸入減を補う。ミルク・野菜・ジャガイモが十分に供給されれば，各種ビタミン，ミネラルの欠乏に起因する栄養不良は生じない。ジャガイモは高反収で，食料不足に備えるには最適な作物であり，しかも貧者の食事におけるビタミンCの重要な供給源でもある。「栄養学の権威はすべて，ジャガイモの消費増を推奨している」(p.65. 強調は原文)[26]。さらに輸入飼料に代わる飼料作物，次いで砂糖不足を補い，かつ

25）ただしミルクについては，必要基準である1人1日当たり2/3パイント摂取に必要な生産はほぼ行われているが，現状ではその高い価格のために低所得層の消費は少なく，また輸入濃厚飼料の減少が確実であるから国内での飼料補塡がなされない限り，生産量維持は困難であった（p.64）。飼料不足が明らかな1940年5月の時点で，政府は「第一の目的は，ミルク産出の減少を回避することにおかれるべきである」と告知している（Murray, p.80）。

26）「二つの世界大戦において，ジャガイモは英国民のライフ・ラインを提供した」。K.G. Fenelon, *Britain's Food Supplies*, Methuen, 1952, p.68. 第一次大戦で経験したように，自給状態にあったジャガイモの生産過剰は，海外への販路をもたないが故に，腐ったジャガイモの山を生むが，オールはジャガイモ増産のための価格保証を「食料不足に対する少額の戦

飼料利用も可能な甜菜，そして穀類（小麦，オート麦，大麦）の増産が求められる。これらの増産実現のためには，政府の食料購入と卸販売との統制による農業者への「価格の保証」と「市場の保証」（pp.57,58）が必要である[27]。

輸入に関しては，「なによりも，エネルギーを生む食料を国民に供給すること」（p.49）を目的とし，小麦（小麦粉換算，国産77万トン，輸入320万トン），脂質（バター〈国産5万トン，輸入47万トン〉，マーガリン）を最優先で確保すべきである。ジャガイモやオートミールが増産されれば，これらと合わせて「エネルギーを生む食料」は足り，飢えは生じない。小麦，脂質はトン当たりの必要船腹容量が小さく，それから得られるカロリー量も高く，効率的な輸入食料である。一方，ベーコン，牛肉・羊肉，卵はこれらの基準からは効率的ではないし，栄養面でも不可欠とは言えない。これらの輸入の優先度は低い。飼料については，飼育された家畜が人間の口に入るまで，重量の5-20倍の飼料が消費されるから，輸入は制限される。

とすると，戦前の輸入量の大きい，飼料（国産2,962万トン，輸入857万トン），砂糖（国産47万トン，輸入162万トン），牛肉・羊肉（国産92万トン，輸入101万トン），豚肉（ベーコン・ハム。国産15万トン，輸入33万トン），果物・ナッツ類（国産66万トン，輸入195万トン）をどう手当てするのかが問題となる。国内で生産される食料のうち，卵・ベーコン・牛乳・牛肉の一部は輸入飼料が転形されたものである。飼料については，国内での増産によって埋める努力をするが，そのすべてを埋めることは難しい。しかもその使用は肉牛飼育よりも乳牛飼育に重点的に配分する。人間用食料1ポンド（重量）生産に要する飼料は乳牛が最も少なく，食用肉牛の1/4である。しかもミルクの栄養成分は極めて高い。輸入飼料を肉牛に使うことは不経済である。「畜産品は，牧草と国産飼料作物で生産可能なもの，ならびに直接の消費用で余剰が生まれた場合

時保険」として容認した（p.59）。

27）開戦後1年の1940年9月には，小麦・ミルク・ジャガイモ・家畜・甜菜などに対して市場と価格が，大麦とオート麦には価格が保証された。また開戦2年間で新たに耕地化された375万エーカーのうち300万エーカーが穀類生産に向けられ，そのうち1/2がオート麦生産に向けられた。ジャガイモ作付地は40万エーカー増えて100万エーカーを越えた（Murray, pp.100,139-40）。

に輸入されるものに限定される」(p.52)。こうして，食肉供給減は不可避である。砂糖は船腹容量・カロリー量の点で効率的な輸入食料であるが，健康上の観点からその輸入の優先順位は高くない。砂糖（甜菜）の増産が望まれるが，供給減は不可避である。果物・ナッツ類については，乾燥果物として重量を減らして輸入するが，輸入減は避けられない。

一方で，ミルク・野菜・ジャガイモが増産され，すでに十分な生産量があるオートミールの人間用消費が増え，他方で，小麦・脂質が優先的に輸入され，さらに量は減るが砂糖の一定の供給が行われれば，国民の食事は「スパルタ流の質素な食事」になるが，「食料不足のために降伏を余儀なくされることはなくなる」(p.50)。これら 7 種類の食料は，「少なくとも理論的には，栄養面で人体のすべてのニーズを満たしうる」「絶対不可欠な食料（absolutely essential foods）」(pp.75-76）である。ただし，「絶対不可欠な食料」を中心とする食事だけで「すべての家庭が生活すべきである」とか，それがすべての人々にとって「適した食事例」ということではない（p.67)。「十分なミルク，野菜類，ジャガイモがあれば栄養不良が起こることはない。十分なパン，脂質（バターもしくはマーガリン），ジャガイモ，オートミールがあれば，飢えは起こらないであろう」(p.2. 強調は原文）ということに尽きる。こうした提言の正当性は，近年栄養学・生理学の分野で理解が進んだ「ビタミンとミネラルの有する身体ならびに精神上の能率にとっての重要性」(p.14）によって確認される。ミルクに関しては補助金を支給して価格を低位に維持し，すべての国民が十分な量（1 日当たり 2/3 パイント =380cc）を消費できるようにすることが求められる。

以上のオールの主張のなかで，小麦はどのように位置づけられるのであろうか。「パンはおそらく最も不可欠な食料」(p.63）であり，「すべての食料のなかで，パンと脂質は最も重要なエネルギー源である」(p.50) から，小麦の輸入は最優先で行われなければならない。また，所得階層に関わらず消費量がほぼ均一の，第一必需品である「パンは，補助金を与えられるべき食料リストの第一に来るべきである」(p.63)。これによってパン価格を引き下げ，最下層の人々も十分な量の消費を可能にしなければならない。ただし，小麦は国内での増産の優先順位は高くない。1932年小麦法によって世界価格の2倍もの高い価格が保証されたにもかかわらず，小麦自給率は10%も増加していない。小麦法の結果，小麦生産が利益を生むような土地はすでにそのほとんどが耕作されており，自給は不能で輸入の継続は不可避である。第一次大戦時の穀物生産法による小麦生産奨励も，消費量の8%増という結果に終わった。しかも小麦は，輸入に際して船腹容量が少なく貯蔵も利く。

オールは，小麦はカナダから十分輸入可能と認識している[28]。「もしカナダから小麦を輸入できないとすれば，われわれが輸入できるものはなにもない」(p.55)。「エネルギーを生む食料」としての小麦の重要性は言うまでもないし，製粉歩留まり率を高めた小麦粉の栄養成分の意義は栄養学が明らかにするところである。しかし，同じく「エネルギーを生む食料」としてのジャガイモやオートミールは，ビタミンCならびにB_1を豊富に含む点で，さらに「他の幾つかの栄養成分の点でもパンに勝り」(p.66)，「健康にとってより大きな価値」(p.65)を有する。また貴重な飼料原料ともなり反収も高い「甜菜は，戦時においては小麦よりも貴重な作物である」(p.55)，というのがオールの認識であった。

こうしたオールの小麦に関する認識は，一面では，上記のカナダからの輸入についての文章が示すように，優先的に輸入されるべき小麦供給への信頼に基づくものであった。「わが自治領ならびにアルゼンチンからの定常的な供給があるであろう」(p.68)，というのが彼の判断であった。この場合，ポンド為替維持のために，食料輸入はできる限り帝国諸国からなされるべきであり，帝国で増産されるべき「最も重要なものは，おそらく小麦，酪農品，そして乾燥果物」(p.52)であった。しかし他面では，第一次大戦以降縮小した耕地約400万エーカーを開墾し，国内で増産可能な品目の消費増と，輸入に依存しなければならない（とくに小麦・油脂以外の）品目の消費減とを行えば——国民の食事内容は変化するが——，2,000万トンあった食料・飼料輸入がたとえ500-600万トンに減ったとしても，そのなかで「国内では生産できない小麦，砂

28) オールは「栄養の生理学的・経済学的基礎」(1940年）と題する講演では，カナダで豊富に生産される小麦は「最も安全な海上ルートで輸送されうる」と楽観視している。Orr, The Physiological and Economic Bases of Nutrition, *Journal of the Royal Institute of Public Health and Hygiene*, Vol.3, 1940, p.47.

糖，油脂を十分供給できる」（p.4）という判断でもあった。要は，輸入が500-600万トンに減る場合には，そのすべてを小麦，油脂に集中しようということである。

実際に戦争後半期には，食料・飼料輸入は1,100万トン程度と戦前水準から半減した。しかも開戦翌年の時点で，「飼料はすでに不足しており，不足は続くであろう」（p.53）ことが確実であった[29]。そうであれば，オールの本意は，500-600万トンというおそらくは最低水準の輸入量でも，国産ならびに輸入食料の優先順位に従った食料政策が実施され，「絶対不可欠な食料」が 補助金を通じて低い価格水準で提供されて，最低限の摂取が全国民に保証されれば，食料不足によって戦争遂行が不能になることはない，という点にこそあった。

「オールの非常食（Orr's Iron Ration）」とも呼ばれ，またオール自らが「スパルタ流の質素な食事」と記した，「絶対不可欠な食料」を中心とする食事は，当然に，国民には不人気であった。しかしながら，最低水準以上の輸入量が可能であれば，食事内容は豊富になりうる。オールは『戦時食料政策論』の要約を含む，同時期に書かれた論説「食料と一般人」（1940年）では，船舶事情の悪化によって平和時の1/3しか輸入できないという事態は「とてもありそうもない」と述べ，例えば1,000万トンの輸入量が可能な場合の，酪農品，乾燥果物，ベーコン，コンビーフなどの輸入に言及している[30]。

戦時下での「エネルギーを生む食料」としての小麦の意義を重視しつ

29） 食料省資料では，戦前平均2,203万トンが1942-44年平均では1,105万トンに減少している。Ministry of Food, *How Britain was fed in War Time: Food Control 1939-1945*, HMSO, 1945, Appendix A. マレーによると，戦前（1936-38年度）平均で飼料輸入は623万トン，これに輸入小麦・オイルシードからの残滓249万トンを加えて計872万トンが動物用飼料とされたが，1942-44年度平均では，飼料輸入は24万トンに激減し，輸入小麦・オイルシードの残滓120万トンを加えても計144万トンとなった。食料・飼料輸入全体では戦前平均から半減するが，とりわけ飼料輸入減が著しい。しかも開戦直前の時点で，飼料・化学肥料の備蓄不足は明らかであった（Murray, pp. 62,238-39）。

30） Orr, Food and the Ordinary Man, *Chamber's Journal*, Vol.9, 1940, p.734.『戦時食料政策論』の原題が *Feeding* the People とされている点も留意すべきであろう。オッデイの研究は，オールの非常食では，鉄分，カルシウムといったミネラル摂取は足りているが，炭水化物・脂肪といったエネルギー摂取の点で不足すると指摘するが，オールの真意は別のところにあったと言うべきであろう。D.J. Oddy, *From Plain Fare to Fusion Food*, Boydell Press, 2003, p.137.

つも，国内での小麦生産に対しては高い優先順位を与えない，こうしたオールの認識は，戦時下でのイギリス食料政策論という枠を超えて，戦後世界を見据えた世界食料政策論によっても基礎づけられていた。

3　世界食料政策論――J.B. オール

オールの食料政策論の特質は，開戦早期の段階から，『戦時食料政策論』に示されたイギリス一国の食料政策と同時に，イギリスを越えた世界のそれを構想しているところに求められる。終戦2年前の1943年には，戦後数年間は食料供給が逼迫し，イギリス自身も財政事情から戦前のような食料輸入は困難であることは明らかであった。だがオールの場合には，開戦と同時に戦後世界の食料不足は予測されていた。1930年代から国際連盟栄養専門委員として，イギリスにとどまらず世界的な栄養改善運動を推進してきたオールにとっては，大戦下のイギリス食料政策の目的に国民全体の「健康を守る食料」消費の向上が置かれていたように，世界の国々を巻き込んだ第二次大戦での人的・物的破壊という犠牲を通じて目指すべきは，世界全体に対して「エネルギーを生む食料」と「健康を守る食料」との両方の十分な供給を保証する，新たな「豊かな世界」を構築することであった。この点で，戦争は戦前からの世界的規模での栄養改善運動を停止させた「悲劇」であった。すでに開戦翌年には，「世界の各地域で食料不足と実際の飢餓という深刻な危険」が生まれており，こうした危険は戦争が続けばいっそう悪化し，終戦時には「社会不穏の時期」を迎える，というのが彼の認識であった[31]。

オールは，飢餓と不健康から解放された戦後世界の構築を目指して，戦前の国際小麦協定に象徴される「生産制限，貿易制限，その結果としての潜在的豊富のなかの貧困という悪循環を，生産増加，貿易増加，生活必需品増加，そして貧困の撲滅という好循環に転換」し，世界の人々

31)　Orr, National Food Requirements, in *The Nation's Larder and Housewife's Part therein: A Set of Lectures in the Royal Institution of Great Britain in April, May, 1940*, G. Bell, 1940, pp.56,64.

の食料ニーズを充たすことを世界食料政策の基本に据える[32)]。世界食料政策を構想した彼の著作が『なんのために闘うのか？』(1942年)，『食料と国民』(1943年)，そして「戦後再建における食料の役割」(1943年)であった[33)]。飢餓と不健康から解放された世界の構築のためには，戦間期のヨーロッパ諸国が行った，戦時に備えた国家的自給化政策とは明確に隔絶した，各国農業の再建が不可欠であるとオールは強調する。

戦後世界においては，現在の人口規模で世界の人々を飢餓から守るためだけでも「エネルギーを生む食料」は15-20%増が求められる。「健康を守る食料」は，それが圧倒的に不足している貧困国人口が多いために，100-200%増が必要である（[Ⅱ] p.46)。では戦後においてイギリス農業はどうあるべきか？ オールの主張は「健康を守る食料」生産への重点移動であり，英国農業のデンマーク，オランダ型農業化であった。そこでは小麦生産は縮小の方向に位置づけられる。

イギリスでの「国内生産は他国と同じくらいに容易に，また経済的に生産可能な食料に集中しなければならないであろう」([Ⅰ] p.40)。ミルク，野菜，一部の果物，卵，ベーコンが増産される。これらは面積当たりの産出額と投入労働量が大きい食料であるから，経営規模の小さい農場が多く，国土が狭く人口周密なイギリスのような国には適している。一方，生産コストの高い作物は輸入する。とくに小麦，砂糖は減産することになる。世界貿易の観点からは，西ヨーロッパでは，これらは「非経済的な作物」([Ⅲ] p.283) である。そして「〔健康を守る食料といった〕他の形での食料生産によって栄養基準をより良く向上させることができるならば，連合王国ではもはやそれほど多くの小麦と甜菜を生産する必要はないであろう」([Ⅱ] p.53)，というのが戦後世界のなかでのイギリス農業の位置づけであった。イギリスを含めて各国は食料生産の世界的分業体制の一分節として，自国民の食習慣を考慮したうえで，自国で最も利益が上がる食料の生産に比重を移すことが求められるのである。

32) Orr, Food and the Ordinary Man, op.cit., p.736.

33) Orr, [I] *Fighting for What?*, Macmillan, 1942 ; [II] *Food and The People*, Pilot Press, 1943; [III] The Role of Food in Post-War Reconstruction, *International Labour Review*, Vol. 47, No.3, March 1943. 上記著作からの引用は［Ⅰ］［Ⅱ］［Ⅲ］の符号を付して本文中に示す。

ここで確認すべきなのは，戦争という制約のなかでのイギリス食料政策においては，「絶対不可欠な食料」の国民への供給のために――補助金によるそれら食料の価格引き下げや生産者への価格と市場の保証が必要なように――必ずしも経済効率性に依拠しない食料生産の統制が前提されていたのに対し，戦後世界での食料政策においては，世界人口の食料ニーズの充足という目的達成のために，世界の農業生産は――とりわけイギリスを含めた西ヨーロッパに関しては――国際的分業体制に組み込まれた効率的な生産立地で行われることが想定されている，という点である。

オールは世界恐慌下での農業生産について，幾百万の人々が不十分な食料しか得ていないなかで，国際小麦委員会がその生産制限を提唱したことを，また 1933 年農業マーケッティング法が「経済的需要に供給を調整するために」生産と輸入とを制限したことを批判する（［Ⅰ］p.5)。ルーズベルト合衆国大統領の呼びかけで 45 か国が参加して，1943 年 5-6 月に開催された世界食料農業会議（ホット・スプリングス会議）が確認したように，合衆国・西ヨーロッパといった先進国でも人口の 20-30% を占める最下層では，また中東欧では広範な階層に栄養不良が蔓延している。さらにアジアでは総人口の 75% にあたる 8 億 5,000 万人以上が健康基準をはるかに下回る食事しかとっていない。「世界全体をとれば，世界大で〔食料〕消費の不足が見られ，それが栄養不良とさまざまな疾病とを生んでいる」（［Ⅱ］pp.33-34)。世界の食料純輸出国はカナダ，オーストラリアをはじめ数か国にすぎず，しかもこれら輸出国においても十分な食料を得ていない人口が存在する。「世界の食料供給はその必要量に比べればおおいに不足している」。こうした現状にあっては，経済効率性を無視して「世界規模で農業生産を再組織する」ことは困難なのであった（［Ⅰ］pp.55-56)。

オールは，英帝国の一員としてのインドの貧困について，「インドの直面する根本的困難は，食料の不足」であり，その結果として「栄養不足と栄養不良とに伴うあらゆる困苦と生命の喪失」が生じている現実を十分に認識していた[34)]。また，イギリス人の平均寿命が 61 歳であるのに

34）　Orr, Foreword to N. Gangulee, *Health and Nutrition in India*, Faber & Faber, [1939], pp.7,9.

対してインドのそれは27歳であるという現実について，現時の戦争によって命を失う英国の若者の平均年齢を25歳とすれば，インドでは3億8,000万人の人口が平時において食料不足のためにそれとほぼ同じだけの命を失っていることになる，と記した（[Ⅱ] p.45）。

だが，戦後世界の人々の食料ニーズを充たすために，まずは経済効率性に依拠する国際分業論に基づく「世界規模での農業生産の再組織」を通じて，世界の各種農業生産高を大幅に増加するとして――オールは，これら増産のための物的基盤（土地改良・農業機械・化学肥料・品種改良・輸送手段など）は，科学技術の発展に支えられて形成されつつあると理解している――，「エネルギーを生む食料」にも事欠き，また「健康を守る食料」消費の点ではいまだ圧倒的に不足している世界の貧困人口に，いかにしてそれらを供給するのか。

オールは，ホット・スプリングス会議で，世界人口のニーズに応じた食料供給実現のための国際組織として，後の国際連合食糧農業機関（Food and Agriculture Organization of United Nations: FAO）設置が確認されたことを，画期的な出来事として高く評価した。彼は，戦後に自らがその初代事務局長として，世界の貧困人口に対する健康基準に基づく食料供給のための提案――『世界食料委員会提案』（1946年）――を行うことになる。その原則は，生産は国際的分業体制に基づいて行われても，分配は国際機関としての世界食料委員会（World Food Board）のもとで，とくに途上国・貧困国への供給を優先事項として行われる，というものであった[35)]。

オールが提案した委員会の果たすべき役割は以下であった。第一に，世界人口の過半が農業に従事し，しかも彼らの大半が満足のいく生活水準にないという現実のなかでは，「長期的観点からは，世界食料委員会の最重要な役割は，飢えと栄養不良が最悪状態にある途上国での食料生

35）FAO, *Proposals for a World Food Board*, Washington, 1946. 引用箇所は本文中に示す。『世界食料委員会提案』でも，生産面での国際分業に関してこう記される。世界全体で必要とされる追加食料は非常に大きいので，世界規模で各国の生産が「前進的に協調される」必要がある。「この協調において，多くの国々は自国農業を多様化して，健康にとって特別の価値を有する腐敗しやすい食料に集中し，小麦や砂糖といった貯蔵と輸送が容易な食料については，その大部分を気候・土壌・その他の条件から見てその生産に最適な地域での栽培に委ねることが利益だとわかるであろう」（p.6）。

産増大をもたらす方策を推進することである」[36]。だが「途上国では，食料は旧い方式の過小経営によって生産されている。そこでの純収穫は生産者が最低の生活必需品を得ることにすら足りない」。途上国農業の生産性向上のためには，農業以外の分野での雇用増大と「近代的耕法のための教育」とが必要であり，当然に多額の資本装備が前提となる。途上国での農業発展，ならびにそれを支える工業開発のために，世界食料委員会による特別な条件での長期信用が供与される必要がある。この長期信用は，可能な限り早期に「ビジネスの基盤」に載せる必要があるが，一定期間は利払いを延期し，償還時期を遅らせることが必要である。途上国の成長指標や国際収支バランスを考慮し，柔軟な信用条件が求められる（pp.3-4,7）。

第二に，途上国経済開発のための長期信用が供与されるとしても，現に最低健康基準を大幅に下回る生活状況にあり，緊急の食料供給を必要とする最貧国が存在する。これらの国に対しては，「特別な条件で」安価に（また場合によっては無償で）余剰食料を供与するための基金が必要である。この基金はビジネスの観点から運用されるものではない。また食料余剰が存在してこのように使われる場合には，この基金は価格の安定に資するし，さらに貧困国民の健康回復を通じて，彼らの作業能率向上と生産増大にもつながる（pp.7-8）。

第三に，大恐慌下での農産物価格暴落が生産者所得を切り下げ，それが彼らの工業品需要を減退させて，恐慌脱出を遅らせたことからわかるように，近代的生産が行われている合衆国，カナダなど農産物輸出国にとっても，「輸出余剰に対する安定した価格での世界市場」が不可欠である。自然の影響が大きく，しかも需要の価格弾力性が小さい「エネルギーを生む食料」においては，わずかの供給超過が大幅な価格下落を生む。したがって価格安定のためには，委員会が調査の上，重要食料についての最低・最高価格を公表し，供給過剰で市場価格が最低価格を下回る場合には国際機関が購入して市場価格を引き上げ，それを在庫として管理する。供給が不足して市場価格が最高価格を上回る場合には在庫を放出して市場価格を引き下げるという，国際的「緩衝在庫（buffer

36） FAO 第2回総会（1946年）でのオールの発言。FAO, *Proceedings of the Second Session of the Conference*, 1947, p.41.

stock)」制度の創出が求められる。

これによって，生産者には将来の生産に確信が，消費者には消費拡大の条件が与えられ，「生産者消費者双方に対して公正な価格で農産物の世界市場が保証される」[37)]。当然に，こうした価格安定操作のための資金の国際的拠出が必要である。現在各国で実施されている輸出補助金は，委員会の価格安定化操作と競合し国際在庫計画を崩壊させる要因となるから，制限される。なお，価格安定化操作の対象としては，長期貯蔵が可能な畜産物や腐敗しやすい食料は適さない（pp.4,11-12)。

オールの提案は，第一次大戦後にロイドが構想した農産物価格安定のための国際協力体制の構築を，さらに規模と枠組みを整備して，第二次大戦後に実現しようとしたものと位置づけられる。緩衝在庫案自体は，大戦中にケインズも構想を練り，またイギリスもその実施を合衆国に提案したものであった。後にノーベル平和賞を受賞するオールの世界食料委員会提案は，世界に貧困と飢餓が存在する限り世界平和の実現は不可能だという確信に依拠していた。オールはこの提案に込めた意図をこう表現した。「〔核兵器が生まれた〕今日，諸国民には二つの選択肢しかない。世界政策において相互の利益のために協力するか，それとも経済対立を生むような国家主義的政策に逆戻りして，われわれの文明を終焉させる第三次世界大戦の幕開けとなるか，のいずれかである」(p.12）と。だがオールの提案は，戦後の世界的食料危機のなかで，英米両国の反対で挫折する。

第3回FAO総会（1947年）で「飢餓は人間を人間以下の存在にする。飢餓が長く続くと，世界の良心は鈍感になり，人々は飢餓を普通の状態だと見なすようになり，そして各国ならびに各個別機関はこの災いを軽減するための努力を弱めてしまうという危険が存在する」[38)]と述べたオールは，この後FAO事務局長を退任する。オールは後にこの時の状況をこう振り返った。すなわち，「戦争のために団結した各国政府は，すべての国の人々の厚生を推進するために協同するよりも，国民的利害

37）Orr, *The White Man's Dilemma: Food and the Future*, George Allen & Unwin, 1953, p.90. 逸見謙三訳『白人のジレンマ』法政大学出版局，1956年，140ページ，からの引用。

38）FAO, *Proceedings of the Third Session of the Conference, held at Geneva, Switzerland, 25 August-11 September 1947*, 1948, pp.52-53.

をよりいっそう重要視するといういつもの役割に戻った」。「1947年は，全人類を欠乏から解放するという具体的目標を成就するために，戦後も団結したままでいようという高邁な理想が忘れ去られた年であった」，と[39)]。

4　小麦の政治化

国内小麦増産を優先事項とはしない——ただし，輸入も含めた小麦供給の維持が最優先事項であることは，第2節でも確認されている——オールの提言とはちがって，第二次大戦中にイギリスの小麦（を含めた穀物）生産は戦前比2倍以上に増大した。食料省『戦時英国の食料供給』（1946年）によれば，戦前平均（1936-38年）から戦時ピーク時への国内生産の変化は以下である[40)]。なお，戦時のピークは開戦後3年目以降（とくに1943年）に記録されている。

・小麦　165万トン→345万トン（うち人間消費分278万トン）
・大麦　77万トン→211万トン（人間消費分106万トン）
・オート麦　194万トン→355万トン（人間消費分51万トン）
・ジャガイモ　487万トン→982万トン（人間消費分590万トン）

一方，戦前比で輸入が大きく減少したのは（最小時）

・小麦・小麦粉　545万トン→362万トン
・米・その他穀類・豆類（大豆を含む）　153万トン→14万トン
・動物用飼料　511万トン→22万トン
・砂糖　217万トン→116万トン
・果物・野菜　260万トン→65万トン

であった。

また戦前平均と比べて1944年に英国市民に供給された各種食料（外食分，加工食料品，流通過程・家庭での廃棄分を含む）で増加したものは

・パン・小麦粉・その他穀類　19%増

39）　Orr and Lubbock, *White Man's Dilemma*, *op.cit.*, pp.93-95. 訳144-46ページ。

40）　The Ministry of Food, *How Britain was fed in War Time: Food Control 1939-1945*, 1946, HMSO, p.5. 国内生産量は推定値。人間消費の数値は（Murray, p.386）から。

・ミルク・乳製品（除くバター，含むチーズ）27% 増
・ジャガイモ　60% 増
・野菜（含む豆類・ナッツ類）　13% 増

であった。こうしてオールが提唱した「絶対不可欠な食料」の国民への供給に関しては，全体として確保されたと言える。

小麦を含めた国内生産増大が国家をあげて行われた最大の理由は，船舶事情悪化による食料・飼料輸入の，想定を上回る――戦前には25%減が想定されていた――減少であった。戦前には2,250万トンであったそれは，開戦1年目には2,069万トンと8%の減にとどまったが，2年目には1,442万トンと大幅に減少した（Murray, p.107）。供給が減少した飼料は，1941年初めに配給に服した。また，食料省は小麦の飼料使用を禁止した。そうしたなか，1940年11月には，首相チャーチルの「最大量の食料生産」の努力という発言を受けて，農務相（R.S. ハドソン）は食料増産への努力を長期の農業政策と位置づけて戦後へも継続されることを，以下のように農業者に保証した。「政府は……国家政策の不可欠かつ永続的な特質としての，健全でバランスの取れた農業を〔戦後においても〕維持することの重要性を確認している。現在与えられている〔価格と市場の〕保証は，戦時中だけではなくて，国内農業に対する永続的な戦後政策を実施するために必要な期間〔戦後少なくとも1年間〕においても，変わらずに保持されることを約束するものである」[41]。

さらに1941年12月の日本の真珠湾攻撃以降，太平洋への戦線拡大による軍需品・兵員輸送の急増のなかで，食料用船舶事情はさらに悪化した。開戦2年目の1,442万トンの食料・飼料輸入状況では，飼料輸入減を国産飼料増で補いながら，豚・家禽頭数の大幅減という犠牲を払いつつも，その他家畜頭数をなんとか維持したが――ただし，牛肉・ミルク産出量は濃厚飼料不足のため減少。飼料・加工用の減少によって，飲用ミルク供給は増加[42]――，1,050万トンの輸入になった開戦3年目に

41） *Parliamentary Debates*, 5thSeries, House of Commons, Vol.397, col.92, 26 November 1940.

42） 戦前の乳牛は96%が購入濃厚飼料によって飼育されており，その多くは輸入飼料であった。ミルク生産維持という目標のなかで，乳牛頭数は戦前より増加したものの，1頭当たりの搾乳量が低下し，戦中――とくに開戦後2年間――のミルク生産は戦前水準を下回った。飼料・加工利用の大幅削減によって，飲用ミルク供給は1944-45年には戦前を

は，ついに小麦輸入の削減が避けられなくなった。オールが提唱した輸入を小麦と油脂にのみ集中することは，実際にはできなかった。

1942年4月には小麦製粉歩留まり率が85%に引き上げられた。これは当然に，飼料供給の減少を意味した。そして食料・飼料輸入が1,029万トンと戦中の最低を記録した開戦4年目には，「1943年の〔国内〕作付計画作成の議論において，船舶不足がすべてを支配した」。食料輸入減少の影響を最小限にするために，小麦を含めた穀物に対する価格と市場の保証に加えて，1943年からは小麦作付に対してエーカー当たり3ポンド，翌年からは4ポンドの補助がなされた[43)]。結局，1944年1月に価格と市場の保証はこの先4年間延長することが確認された。そして，その最後となる1947年に，同年農業法がこの保証を体現し，戦後イギリス農業政策の基礎を据えることになる（Murray, pp.148-50,180,214,310）。

戦争終盤に至ると，戦後の食料供給逼迫の懸念が影を落とし始める。1945年の農業生産は，船舶不足よりも戦後の世界的食料不足への対処によって支配されることになる。開戦後の穀物連作で地力は疲弊し，穀作地に転用された旧牧草地をいったん戻す必要も生じていた。今や，連合王国の農地の2/3が耕地化されていた。小麦作付地も1943年の364万エーカーから44年には322万エーカーに減った。マレーが言うように「パン用穀物生産は1943年に限界に達した」（Murray, pp.204,206,219）。

こうして前記の食料省の数値からみても，戦前に545万トンあった小麦輸入は，1944年には362万トンに減少したが，国産小麦は165万トンから345万トンに増加しており，小麦輸入の減少分を国内生産の増加分で補塡したことが了解される。人間消費用の小麦自給率は戦前の12%から39%に上昇している。そして小麦の輸入元はカナダが83%と，オタワ協定後の英国への帝国内小麦供給の増大傾向は，戦争のなかでその力を再度強めた。それはハモンドも指摘するように，開戦2年

48%上回ったが，濃厚飼料の不足はミルクに含まれるタンパク質の低下を生んだ（Murray, pp.228,240,262-64）。

43）ジャガイモ作付に対しては1941年からエーカー当たり10ポンドの補助がなされていた（Murray, pp.299,384）。

目・3年目（1940年5月・1941年5月）にカナダと結ばれた各250万トン（1,150万クォータ），そして4年目（1942年春）の300万トン（1,380万クォータ）にも上る大量小麦予約購入と大西洋航路への食料輸入の集中との結果でもあった（Hammond, Ⅲ，pp.525,527,529,535; I, p.394）。

さてこれまで主に見てきたマレー『農業』はハモンド『食料』と同じく，ハンコック編集『第二次世界大戦史』の一部をなすものである。『農業』は戦時下での国内農業生産の成果を――その成果を生むにあたって生じたさまざまな困難・課題を克服しつつ――経年的に示し，いわば農務省の公式見解の内容になっているのに対し，『食料』は食料省の立場を示すものでありながら，食料省の政策への批判を含み，食料輸入・生産・分配に関わる短期的・個別的な局面にも光を当てて，大戦中の国民への食料供給が伴った時々の軋轢，失敗，教訓，省内・省間（特に農務省との）の意見の対立，そして合衆国や帝国諸国との関係のなかでの食料の政治的意味などにも触れた内容になっている。そのハモンドは，前回と同じく今次の大戦においても，パンを配給対象とはせず，しかも製粉業者に対する補助金を通じて小麦価格を安く維持して消費者の自由なパン消費を維持したこと[44]――「無制限のパン供給は必須条件であった」（Hammond, Ⅲ，p.596）――がもたらした問題についてこう述べている。

すなわち，消費者は，製粉歩留まり率引き上げや他の穀類の混合によるパンの品質の変化には従ったが，その消費量に関しては「主権者」であった。だが，パンの「無制限の供給に付与された最高度の重要性」は，海外からの小麦輸送の困難（例えば，セント・ローレンス川の氷結による輸出停止），さらには国内での天候の影響など，かえって供給上の「引き続く危機」に小麦をさらすことになった。こうして「国の第一優先食料〔である小麦〕が――砂糖，油脂，脂質よりもはるかに頻繁に――船舶不足によって最も危険にさらされるというパラドクス」が生み出された。そして，このなかで「小麦輸入状況は全体的な輸入計画の枠組みから踏み出す傾向をもった」（Hammond, Ⅲ，pp.518-20），と。

戦中のイギリスの――タンカーで輸送される石油などを除いた――輸

44）　4ポンド（重量）パンの価格（1945年5月）は，第一次大戦時と同じく，9ペンスに抑えられたが，補助金がなければ1シリング1ペニーであった（Hammond, I, p.400）。

入のうち，食料省が管轄する食料・飼料は，軍需省の輸入分と分け合い，全体の約半分を占めた[45](Hammond, I, pp.163-65)。輸送船の撃沈による喪失は別にして，年々の小麦輸入量は，直接的には，①輸入される各種食料ならびに飼料との関係で決まるし，さらに大きくは，②食料・飼料用とそれ以外の民生用財ならびに軍事用に割り当てられる船舶量によって左右される。イギリスへの主な小麦輸出元であるカナダでの小麦余剰が豊富であっても，小麦輸入量は制約を受ける。戦争前半には，主要な不足は船舶であって食料ではなかった。小麦と鉄鋼とが競合する事態も生まれた。1941 年 3 月の武器貸与法による合衆国からの援助（食料も一部含まれる）の開始とその後の米英両国での担当者会議の定例化，そして翌 42 年 6 月のルーズベルト大統領，チャーチル首相の共同声明による米英の合同食料ボード（Combined Food Board: CFB）設置による，連合国全体への食料供給配分機構の確立は，イギリスへの小麦輸入を連合国全体の戦争遂行という大目的のなかに位置づけた――43 年 10 月には，カナダが CFB に加わる――。

『タイムズ』紙が報じたように，CFB 設置によって英米両国の生産計画は「単一の統合計画」のもとに行われ，「英米両国の全食料資源は共通のプール」と見なされた。CFB の任務は，英米両国の食料生産・供給・輸送・分配に関する計画を策定し，さらに連合国全体の「食料資源の最適な利用」と「食料資源の開発，拡大，購入，その他の効率的利用」のための計画策定を関係諸国と協力して行うことにあった[46]。当然に，アメリカの参戦以降の連合国の軍事展開の拡大は，イギリスの食料（また小麦）輸入に影響を与えた。さらに戦争終盤には，ナチス占領下のヨーロッパの解放に伴う食料を含む必要支援物資の供給も，イギリスの小麦輸入に影響を与えることになる。

さて，ハモンドが全体の輸入計画からの小麦の逸脱と言うのは，開戦直後に戦時内閣で再確認された――再確認というのは，第一次大戦中の 1917 年に当時の戦時内閣で確認されていたからである――最低在庫基準としての 13 週間分の小麦在庫のことである。ただし 13 週間分の在

45）　W.K. Hancock and M.M. Gowing, *British War Economy*, HMSO, 1949, p.357.

46）　*Times*, Resources of Britain and America: A “Single integrated Programme”, 10 June 1942, p.4.

庫が最小限である根拠は明確ではなかった。現に 5 年にわたる第一次大戦で，この水準が達成されたのはわずかに 5 か月間でしかなかった[47]。だがこの 13 週間分の在庫は，第二次大戦中もさまざまな理由をつけて合理化・正当化され，「穀類統制憲章」と位置づけられた。

例えば，1942 年初めに食料相（ウールトン卿）は，真珠湾以降の小麦供給への不安のなかで，現在の小麦在庫水準にかかわらず，輸入船舶調整において「小麦を優先する」と述べ，そして食料省に割り当てられた船舶容量のなかで「小麦を輸入すれば他の物を輸入できなくなることは十分認識している――だが〔小麦優先で〕，われわれの安全は絶対的に確保される」と発言している。1942 年 4 月は，小麦製粉歩留まり率は 85% に引き上げられた。ところが，実際には小麦在庫は少なくはなく，さらに翌年にはドイツ潜水艦との戦いの勝利によって，輸入は順調に行われた。小麦在庫は 43 年 7 月末には 70 万トンの小麦と 20 万トンの小麦粉に増大していた。だが食料省は 43 年の 9 か月間，小麦の節約のために大麦・オート麦のパン用小麦への混入を行った。農相（R.S. ハドソン）は，同年 3 月にパンへの大麦・オート麦の混入について，ドイツでは今やパンに小麦は入らず，ライ麦・大麦・ジャガイモ粉のみであることを例に挙げ，こう発言している。現時の必要事は小麦と大麦の「最大量の産出」であるが，「第一必需品であるパン用穀物については，もはや小麦だけで賄えなくなった」。「今年度は，パン用大麦の大増産が必要である」，と。しかしながら，43 年の国内小麦生産は史上最高を記録し，製粉能力を超える小麦が供給された[48]。1944 年になると船舶状況は好転し，船舶事情はもはや「二次的関心」になっていた。44 年 9 月には，小麦在庫は 150 万トンに達した。にもかかわらず，食料省は小麦作付面積の減少には疑念を抱き続けた（Hammond, Ⅲ，pp.533-35,545,583-84; I, pp.269,271）。

こうしたなかで，小麦の特別扱いに対する「嫉妬」さえ生まれた――

47）（Hammond, I, p.70）後に言及するように，第二次大戦後の 1946 年に，戦時中には行われなかったパンの配給制が実施された時には，8 週間分の在庫が最低限とされた。

48） *Times*, Call for Bigger Food Output, 22 March 1943, p.22. 海外での小麦供給にも不足はなかった。1943 年 7 月末の，カナダの小麦繰り越し在庫は大戦中の（また過去）最高の 4,758 万クォータ（950 万トン）に達していた。これは大戦直前の 5.5 倍の大きさである。MacGibbon, *Canadian Grain Trade*, *op.cit.*, p.6.

ハモンドは，食料省の高い小麦在庫への執着を「一種の在庫病」と呼んだ[49]。食料相がパンの無駄をやめるように国民に訴えた時（1942年6月）も，「私は国民がパンの消費を減らすことを求めはしない。だがすべてのパンの最後の一片まで，もっとしっかり食べる（eat more bread）ことを求めている」と述べたように[50]，戦争中のパンの無制限の供給は維持された。にもかかわらず，小麦在庫の「最低基準をリスクに比してますます高く設定したことは」――合同食料ボード設置によって，形式上はイギリスの食料生産・供給が連合国全体の一部として位置づけられた以上――，「イギリスの大量の在庫は〔英国だけでなく連合国〕全体の利益のためであるという〔英国側の〕主張を傷つけることになった」（Hammond, I, p.282）。

ここから小麦の政治化が始まる。「これ以降，小麦・小麦粉輸入に対する脅威はこれまでと違ったものになった。すなわち，合意された船舶積載計画の未達成とか戦争の短期的な危険からよりも，〔高い小麦在庫を維持するという〕意図的な政策からかえって脅威が生ずることになった。そしてこの政策においては連合王国の小麦在庫が国際的な意味を持つこととなった。従来は国のパン材料の供給は主にテクニカルな領域で扱われていたが，そのもつ意味づけにおいてますます政治的になった」（Hammond, Ⅲ，p.535）。ここでは，「在庫病」がもたらした国際的影響が指摘されている。

合同食料ボード（CFB）は，建前としては英米の食料資源を「共通のプール」とすると謳ってはいるが，食料の流れでみれば，合衆国は輸出国でありイギリスは輸入国であり，イギリスの対外収支は悪化の一途を

49） Hammond, *Food and Agriculture in Britain, op.cit.*, p.187. 開戦後各年12月の小麦・小麦粉在庫量は，1940年/200万，41年/230万，42年/180万，43年/240万，44年/220万トンであった。なお開戦時のそれは130万であった。Hancock and Gowing, *British War Economy, op.cit.*, p.358.

「一種の在庫病」は国内的には，国民に対して我慢と節約を求める。43年のパンへの大麦・オート麦の混ぜ物や（この時には実施されなかったが）パンの配給制の省内での検討が，その例である。この時には，「窮乏（austerity）」という言葉が政治家，マスコミ，政府部局で初めて流行した。そして「在庫病」は，「窮乏」下での節約という「一種の道徳的義務」を国民全体に課すための手段としても活用されることになる。Hammond, *Food and Agriculture in Britain, op.cit.*,pp.181-82. 後述するように，「道徳的義務」の活用は，戦後のパン配給制実施に際しても行われる。

50） *Times*, Eat More Bread, 9 June 1942, p.2.

たどったから，戦時下では両国は対等のパートナーとして対置したわけではない。合衆国の武器貸与法によるチーズ，粉末卵，缶詰肉・魚，濃縮オレンジジュースの供給は，国内農業生産を小麦，ジャガイモ，ミルクの増産に集中したことによるタンパク質や果物の不足を埋めるのに役立った。こうして同法による援助は「英国食料問題への唯一の解決策」を提供した（Hammond, I, p. 231）。

既述のように，戦争前半期においてはイギリスへの食料供給を左右したのは海外の食料余剰ではなくて，戦争遂行上の軍民間の輸送船舶の配分事情であった。とりわけ1941年後半には，現存の船舶でどれだけの食料を購入できるかが問題の焦点であった。CFB設置以前から，イギリスは可能な限り多くの食料供給を要請していたが，合衆国としては国内への影響も考慮して，食料価格の混乱を避けつつ効率的な供給を意図していた[51)]。CFB内でイギリスの小麦を含めた食料在庫が問題視され始めたのは1943年以降であり，それへの批判と不満は1944年末から45年初めにかけてその頂点に達した。合衆国は英国の在庫を過大だと批判した。イギリス側はそれを戦後に予想される世界食料不足に対する「一種の保護」と反論した。だが，世界的食料不足が危機として表面化する戦争最終盤においては，イギリスの小麦在庫に批判の矛先が向くのは避けられなかった。小麦の国際間配分が政治問題化する。

戦後の世界食料危機は，とくに小麦に関しては，それ以前の合衆国，カナダでの楽観的な見通しとは異なって，急速に表面化する。合衆国，カナダでは1944年には肉の配給が解除され，市民の豚肉消費の急増とともに小麦の飼料使用が増加し，ナチス占領解放後のヨーロッパへの小麦割当を逼迫させる[52)]。この点では，イギリス側の悲観的予測が的を得ていた。輸入国としてのイギリスは，解放後のヨーロッパでの食料需要拡大が，さらには，少なくとも150万人の餓死者をもたらしたベンガル飢饉の最中にあるインドをはじめとする帝国内諸地域での緊急の食料

51）S. McKee Rosen, *The Combined Boards of the Second World War*, Columbia University Press, 1951, pp.195,199.

52）1944年度の合衆国での小麦の飼料使用は740万トン（戦前平均330万トン），カナダでは200万トン（同80万トン）とピークに達した。[E.P.W], The World Food Crisis, *The World Today: Chatham House Review*, June 1946, p.252.

要求が，戦勝後の英国市民の配給枠拡大要求と合わさって世界食料事情をさらに逼迫させ，その結果，自国への食料供給の減少につながることを懸念していた。CFB 内では，解放後のヨーロッパへの小麦供給のためにイギリスへの割り当てを減らし，イギリスの小麦在庫の一部をヨーロッパに振り向けることを，合衆国は要請した。ここに世界食料危機における，最大の食料輸入国イギリスが置かれた国際的環境が集約的に表れる。1945 年 4 月の米英加の共同声明では，三か国政府は，世界食料不足という「共通の問題に対して貢献可能な」方策を検討することが謳われていた。

食料省が 1946 年 4 月 2 日に発表した『世界食料不足』は，こうした事態の自己認識として特に注目される。『世界食料不足』は，小麦に加えて米の不足が極めて大きく，ヨーロッパのみならずアジアでの飢餓が深刻であり，46 年の収穫後もこの事態は直ちには解消されないと指摘する。さらにこの文書は，終戦後の世界の食料供給におけるイギリスの地位の変化とその責任の増大とが，イギリスのおかれた厳しい食料状況を規定している点を以下のように的確に指摘している。

すなわち，「戦争終結は世界食料状況におけるイギリスの地位に根本的変化をもたらした」。戦争中の課題は，船舶節約のために輸入食料を最低限に抑え，この最低限の食料供給を途切れることなく維持することであった。イギリスは対ドイツ戦の前線基地であったので，連合国全体が戦闘態勢維持のために食料供給を注ぎ込み，最低限ではあるが恒常的な食料の供給は確保された。だが「戦争終結とともに，イギリスはこの，危険ではあるが特権的な地位を失った」。イギリスへの食料供給は，今や，帝国の一部を含む広大な解放地域へのそれと分け合うことになった。さらに武器貸与法と相互援助協定の終了によって，イギリスの食料輸入は国際収支と保有ドルに制約されることになった。

こうして政府は，今や，急速に悪化の度を増す世界食料不足のなかで，自国の食料水準を維持しつつ戦中の単調な食事内容を改善すると同時に，世界全体の飢餓を回避するための責任を果たすという，困難な課題に直面している。この責任とは，極東・インドの解放地域の，飢餓に瀕した膨大な人口に対して最低限の食事を保証することであり，さらにドイツのルール地方を中心とするイギリス占領地区に適切な食料供給を行い，ヨーロッパ再建に資するということである。しかしながら「イギリスが大量の純食料輸入国であるという事実」が，世界食料不足緩和のために政府がとりうる行動を限定している。すなわち国内的には，供給面では，畜産の回復の一時延期と小麦作付面積の維持であり，需要面では，製粉歩留まり率引き上げ，小麦在庫の引き下げ，パン消費節約運動といった「種々の戦時統制の継続」である。そして国際的には，イギリスが（食料輸出国と連携しながら）提起してきた国際的行動への「積極的役割」である，と[53]。

さて，食料省『世界食料不足』を受けて，『エコノミスト』誌（1946年4月6日）の同名論説は，以下のような論理でパンの配給制実施の可能性を提示した。『エコノミスト』は戦中からパン消費節約のためにパンの配給制実施を提唱していた。この論説には，世界食料危機のなかで，輸出国合衆国・カナダに比しては劣るが，相対的には好条件の食料供給を維持している英国民に対する「モラル」の強要を通じた，食料省の言う国際貢献への「積極的役割」を促すという意図が透けて見える。

イギリス政府が「国際的イニシャティブ」をとって，世界食料危機回避のための努力をしてきたことは事実である。「だがたとえそうであっても，英国政府，また英国民も例の自己満足という批判から放免されるのは難しい。おそらく国民は，自分たちができることはすべてやったとか，イギリスの相対的に高い消費水準は戦時中の英国民の功労に対する，世界全体から与えられたいわば報奨だと，やや納得しすぎるきらいがある。現在の英国の食料供給が十分な水準以上で余裕があるとは，誰も主張しないであろう。だが，英国の小麦消費を減らすためにとりうる幾つかの方策があることも間違いないし，またそれを行ったとしても英国民の暮らしぶりは人類大多数よりもずっと良いままであろう」。その

53） Ministry of Food, *The World Food Shortage*, Cmd.6879, 1946, pp.14-18.『エコノミスト』誌の「飢餓に瀕するインド」（1946年2月16日）と題する論説は，インドの状況をこう描いた。今日のインドの状況は，1900年の飢饉時に匹敵する。さらに悪いのは，インドの食料備蓄が1900年時よりもはるかに少ないことだ。合同食料ボードは限定的な戦時中の供給すら提供する用意がない。「インドの国民感情からすれば，もしアジアで飢えるとすれば，それは日本である。インドはすでに1943年のベンガル飢饉で100万人以上が死んでいる。ポンド残高として外見上は積み上がった富にもかかわらず，多くの地域で弱者はひどく苦しんでいる」。*Economist*, India faces Famine, 16 February 1946, p.257.

方策とはいずれも不愉快で不人気なものであるが，小麦製粉歩留まり率のさらなる引き上げ，穀類の醸造使用や小麦粉のケーキ・ビスケット用使用のいっそうの削減，そして最後にパンの配給がある。

イギリスはこれ以上出来ることはないと主張する人々は，次の事実を十分に認識していない。「英国民は戦争中には，特にその終盤には，自由諸国民の間で有利な待遇を求める確固としたモラルのうえでの権利を有していた。だがこの権利は今では失効している。今やイギリスはモラルのうえでは，多数の要求者のなかの一人にすぎない。しかも彼らの多くは，英国民よりもはるかに苛酷な苦境にあったし，現に苦境にある。われわれはわれわれ自身の食料だけを食べているのではない。われわれは世界市場での要求者の一人であり，にもかかわらず他の要求者より以上に多くの，またより良い食事をしているという事実は，彼らより多くの食料供給を確保するために，世界でのより大きな経済的・政治的力をうまく活用していることを意味するにすぎない。一度こうした事実を直視したほうがいい。……今日の世界で最も飢えに苦しむ人々のなかに，われわれが彼らに対して責任を負っていると主張してきた〔帝国内の〕人々が含まれるという現実に直面して，こうした事実を正当化できるかと言えば，極めて困難である」[54)]，と。

この文章の背景には以下の現実があった。すなわち，戦時中の配給制度には均一配給とポイント配給があり，前者は1人当たりの配給量が均一であり，戦時中イギリス国民の配給枠は――時期によって変動はあるが――，週に110gのベーコンかハム，110gのバター，56-85gのマーガリン，28gのチーズ，340gの砂糖，400-450gの肉，2パイントのミルク，56gの紅茶であった。ポイント配給は，一定ポイントの範囲内で消費者が選択購入するものである。缶詰類，乾燥野菜，コンデンスミルク，コーンフレーク，ビスケットなどがその対象であった。パンは配給対象ではなく，安価で自由な購入が保証されていた。また，レストランや工場などの食堂での食事は――品目は制限されたが――配給対象外であった。これらすべてを含めて，英国市民は戦時中に戦前よりは若干少ないが1日当たり2,800-2,900kカロリーを供給されていた[55)]。

54)　*Economist*, The World Food Shortage, 6 April 1946, p.522.

55)　Lizzie Collingham, *The Taste of War, World War Two and the Battle for Food*, Allen

一方，ナチス崩壊後のドイツでは，食料供給状況は劣悪であった。とくに1946年2月から4月にかけて，ドイツのイギリス占領地区での配給は，一日当たりカロリーにして1,694kから1,042kに急減し，危機的状況を呈していた。それは，マーガリンを薄く塗ったパン2切れに，スプーン1杯の粥，ジャガイモ2個だった。ジャガイモは手に入らないことも多かった。最悪の供給状況であったハンブルクでは，市民は1日に1kgの割で体重を減らしていた[56)]。

世界食料危機のなかで，小麦供給を他の国々——インドをはじめとする英帝国や，戦後再建の責任を負うドイツの占領地区，さらにはヨーロッパの解放地域など——と競合しつつ，しかも「モラルのうえでは，多数の要求者のなかの一人にすぎない」イギリスがこれらの国々よりも良好な食料供給状況の維持を正当化するためには，食料省文書『世界食料不足』が言うように，その方策は限られていた。モラルのうえでの優位は失効したが，市場の力での優位が確立しないという，戦後の状況のなかで，イギリスはパンの配給制に踏み切ることになる。

5　パンの配給制と英加小麦協定 ——ジョン・ストレイチー[57)]

英国FAO広報局は『飢餓の40年代』（*The Hungry Forties*）と題する

Lane, 2011, p.361. 宇丹清代美・黒輪篤嗣訳『戦争と飢餓』河出書房新社，2012年，357ページ。CFBは，英・米・カナダ三国の平均的市民への食料供給調査の結果を1944年に公開した。そこでは，英国市民への食料供給は，米・加に比しては劣るが，「イギリスへの米・加からの戦時の食料輸出の大きな増加もあって，健康と作業能率を維持するのにちょうど十分である」と結論された。Eric Roll, *The Combined Food Board*, Stanford University Press, 1956, p.109;（Hammond, I, p.387）ちなみに，衣類の配給量は戦前消費の半分程度になった。住居に関しては，空爆で破壊された住居の復興は進まず，住居環境は最悪状態のまま残された。Hancock and Gowing, *British War Economy*, *op.cit.*, pp.493,497.

56）Collingham, *The Taste of War, op.cit.*, p.468. 訳455ページ。ちなみに，1945年10月でのヨーロッパ各国での市民への食料配給（1日当たり）は，オランダ2,110，ベルギー2,025，ノルウェー1,760，フランス1,600，チェコスロヴァキア1,360，フィンランド1,250kカロリーであった。Johannes-Dieter Steinert, Food and the Food Crisis in Post-War Germany, 1945-1948, in F. Trentmann and F. Just ed., *Food and Conflict in Europe in the Age of the Two World Wars*, Palgrave, 2006, pp.274-75.

57）以下については，服部『イギリス食料政策論』前掲，第3章と叙述が重なるところがある。

パンフレットを1946年に発行した。「飢餓の40年代」という言葉は，穀物法廃止（1846年）がなされた1840年代において，穀物法による輸入制限が穀物価格を高め，貧困と飢餓を生んでいたという主張を広めるために使われた用語である。ただしこの用語は1840年代に使われた言葉ではなくて，20世紀初頭の関税改革論争において，第7章で見たチェンバレンの穀物関税提案を「穀物法の再制定」として批判し，穀物法廃止以降の穀物自由貿易の維持を主張するために，当時の自由貿易陣営が広めた造語である。R. コブデンの娘コブデン・アンウィンが序文をつけて，穀物法下での苦しい生活体験を集めた書物『飢餓の40年代』（*The Hungry Forties: Life under the Bread Tax*, London）が1904年に出版されて，「飢餓の40年代」という言葉は一気に普及した。そして，穀物法廃止から100年後の1946年に，再び，今度は世界食料危機を表す言葉として，しかも食料危機から世界を救うために活動を始めたFAOの役割を紹介するために，「飢餓の40年代」という言葉が使われた。

穀物法廃止から100年後の，20世紀の「飢餓の40年代」に，そしてドイツの降伏から1年以上たった戦勝国イギリスで，戦争中は行われなかったパンの配給が実施される。1946年4月上旬のCFB会議で，合衆国も同意するならイギリスはパンの配給制に踏み切ると英国代表が発言したことが，前年にチャーチル戦時内閣に代わったアトリー労働党内閣発表として4月11日に報道された。食料相ストレイチー（John Strachey）は，5月31日の下院演説でパンと小麦粉の配給制実施を明言する。パン配給制は，1946年7月から2年間実施された。アトリー内閣は，4月10日の閣議においてパン配給提案によってイギリスがCFBでイニシャティブをとることは「戦術上の利点」を有することを確認していた。パン配給制実施には，世界食料危機のなかで国際貢献としての「戦術上の利点」が意識されていた。

配給制の目的が，限定された供給のもとでの消費の節約にあるとすれば，パンの配給制は効果がなかった。ハモンドが指摘したように，配給制が議論されたときに「製パン業者が国民の必要とする量のパンを生産できなくなるといった懸念が生じたことは一度もなかったし，パンの不足はどこでも生じなかった」。しかも配給制は「当時の小麦不足に対する貢献としては無意味であった」（Hammond, Ⅲ，pp.553,666）。ツバイニ

ガー - バジロウスカの研究が指摘したように，配給枠は寛大で，小麦の節約はほとんどなされなかったからである。配給枠として，標準成人には週1,786gのパンが割り当てられた。また青年・肉体労働者・妊婦には割増があった。戦中の国民1人当たりのパン消費量は最高値で週1,800gだったから，配給によって特に消費の削減を強いられたわけではなかった。彼女の研究の次の言葉が，パン配給制の実態を象徴的に表現している。すなわち，1946年7月から48年7月までの2年間，「イギリスは『事実上無制限な……パン供給』という状況のなかで，パンの配給制〔が存在する〕という奇怪な状態にあった」[58]。

なぜパンの配給が行われたのか。食料相ストレイチーの1946年7月3日の下院演説がこの問いに答えている[59]。彼はこう主張した。すなわち，8週間分の小麦消費量80万トンの在庫が国内全域にパンの円滑な供給を保証するための，いわば最低水準であるが，現状のままではこの水準を割り込む恐れがある。現在小麦供給の「パイプライン」は危機的状況にある。これがパン配給制導入の直接の理由である。

合衆国輸出港での労働争議，米国議会での価格統制廃止の影響，国内やカナダでの今後の天候状況など，今後の内外からの小麦供給は不確定要素に依存している。責任ある政府としては，パイプラインの危機的現状において，パン配給制を行わないで国民の食料を不確実な供給に委ねることは到底できない。加えてイギリスは，「その乏しい資源」のなかで「逃れられない国際的責務」を果たしており，もはやその責務遂行の「能力の限界」に来た，と言わねばならない。1945年11月以降，イギリスは――インドを含む諸国の窮状を救うために計20万トンの小麦，またドイツ英占領地区に30万トン以上の小麦・小麦粉，10万トン余りの大麦，13万トン余りのジャガイモ，といった――大量の食料支援を行った。こうした大量の小麦供与も，パン配給制導入の「主要要因では

58) Ina Zweiniger-Bargielowska, Bread Rationing in Britain, July 1946-July 1948, *Twentieth Century British History*, Vol.4, No.1, 1993, p.84; *Austerity in Britain: Rationing, Controls, and Consumption 1939-1955*, Oxford University Press, 2000, p.24。『エコノミスト』誌も，「大多数の国民は必要なパンすべてを手に入れている」という現状を記している。*Economist*, Pitfalls of Rationing, 17 August 1946, p.11.

59) 食料相の演説は，Strachey, Minister of Food, *Bread Rationing*, Labour Publication Department,［1946］として公刊されている。引用箇所はこの著作のページを本文中に示す。

ないがまちがいなく一要因」である（pp.3-4,5-8）。

さらにストレイチーは，ヨーロッパ復興にとって枢要な意味をもつルール地方を含むイギリス占領地区での食料供給の窮状と，それが悪化した場合に生ずる重大な事態とを――合衆国に向けて――こう警告した。すなわち，「もしドイツの英占領地区で最悪の事態が発生して1,000k カロリーの配給〔すら〕が破綻した場合の，ドイツのみならず，その破綻がもたらすヨーロッパ全体にとっての計り知れない政治的社会的結果に直面するかどうかを決めるのは，合衆国政府である。ドイツの英占領地区の 1,000k カロリーの配給を何とか維持することが最重要な問題であるのは，イギリスにとってなのかアメリカにとってなのかということを，しばらく彼らに考えてもらいたい。われわれは占領地区の配給を維持するために最大限のことを行った。最大限を行ったことでわれわれ自身のパンの配給が必要になった」。パンの配給制を実施する前に，アメリカにこう言っておく必要がある。「われわれはこれ以上のことはできない」（p.11），と。

さらに彼は，今度は――国内に向けて――こう述べた。「われわれは最大限のことをやってきたし，もうこれ以上のことはできないと言える確固たる地位にわれわれ自身を置かなければならない。〔そのためにはパン配給制が必要である。〕したがって配給制は……わが国の基本食料供給の安定を保証するための……安全策である」。「確固たる地位」を得れば，イギリスはアメリカからの支援を要求することさえできる。「世界の飢餓との戦いで行ってきたわれわれの貢献を考慮すれば，わが国は飢餓救済に向けてどの国にも劣らない貢献をしてきたと言える。私はこれ以上の犠牲をもはや払えないと言いたい。むしろ反対に，世界の自由の一大稜堡として，そして一大民主主義国として，わが友人と同盟国に対して，われわれは今日のわが国の状況においてわれわれに対する援助をあえて要求する」（pp.11,13），と。

この演説に込めたストレイチーの意図は明らかであろう。ヨーロッパをはじめ世界の食料危機を回避するためにイギリスは自国資源の限界まで犠牲を払い，しかも，戦中にも行わなかったパンの配給を実施して小麦消費のいっそうの節約を行おうとしている。パンの配給は，戦後に至ってもその他の食料（特に，マーガリンと肉）の配給枠が減らされるという「窮乏」状態のイギリスを象徴する事態であった。世界の飢餓を救うためのこれ以上の食料供給は――イギリスへの割り当てを減らさないで――合衆国が負担すべきだ，というのである。

前節で見た『エコノミスト』誌の論説が指摘したように，戦後にはイギリスは稀少な小麦に対する要求者の一人にすぎないにもかかわらず，他の要求者より多くの小麦を消費していた。だが，バジロウスカが指摘するように，パン配給提案によって，「イギリスは突然に，CFBのなかで主導権」を握り，「今やモラルの点で『高い地位』」を得ることができた[60]。主導権掌握でイギリスが得たのは，北米からの小麦輸出とそこでの穀物生産との高水準での維持であり，イギリス国内での小麦消費水準の安定であった。イギリスは，戦前に比べてカロリー摂取の大きな減少から逃れていた，唯一の――そして，世界最大の――食料輸入国であった。1946年末には，英米間でドイツの両国占領地区の経済的統合が合意され，英占領地区での食料配給維持という負担はアメリカに転嫁された。

ストレイチーはパン配給制導入を表明した1946年5月31日に，世界食料危機に対するイギリスの貢献に関する国内での意見対立について，こう述べていた。一方は，必要ならば飢餓に苦しむ人々のためにさらに犠牲を払うべきだという「理想主義ならびに国際主義」に立つ意見であり，他方は，イギリスは自国利益を考慮せずに「飢えた世界」のために犠牲を払い過ぎたという「リアリズムならびに『英国第一（ブリテンファースト）』」主義に立つ意見である。だが，両意見ともにイギリスが現在とるべきものではない。「イギリスにとって唯一可能なとるべき道は，世界の飢餓，もしくは潜在的飢餓という状況に対する一致協力した理性的攻撃においてその役割を果たすことであり，世界の他のすべての大国と連合することである」[61]，と。

ストレイチーにとっては，理想主義・国際主義とリアリズム・ナショナリズムとの対立を乗り越えるためには，「世界の大国」アメリカとの連合以外には選択肢はなかった。そしてこれを選択しても，イギリスへ

60）　Zweiniger-Bargielowska, Bread Rationing in Britain, op.cit., pp.73,76. 引用文の二重引用符は，政府公文書から。

61）　*Parliamentary Debates*, 5thSeries, HC, Vol.423, cols. 1573-74, 31 May 1946.

の（他国に比した高水準の）小麦の安定供給の保証を確保するためには，イギリスは世界へのこれ以上の支援はできない状況にあることをアメリカに示すための，パン配給制の実施が必要であった。パン配給制は，イギリスに「モラルの点で高い位置」を与えるが，国内小麦消費に与える実質的影響の少ない，「戦術上の利点」を考慮した効果的な方策であった。

バジロウスカは，以下の政府文書（1946年9月8日）を引用している。すなわち，パンの配給制は「『なんら難儀をもたらしていないし，不便は名目的なものである』，そして『マーシャル・プランが〔アメリカで〕議論されていることを考慮し，また多くの〔食料要求〕関係国がパン配給量の引き下げという科料を課すことを余儀なくされている，もしくはされるであろう現実を考慮するならば，イギリスが〔パン〕配給制を放棄することは，せいぜいのところ〔アメリカに対して〕悪い雰囲気を生み出すだけであろう。……たとえ名目的なものであれ，パンの配給が継続される〔限りは〕，われわれはわが国の明らかに優遇された地位を護るうえで，はるかに良い立場に立つことになる』」[62)]，と。

パン配給制導入の真の目的が「戦術上の利点」にあるとすれば，配給が厳格でなく小麦節約が大きくない，つまり実質的な影響が少ないほうが，便宜であろう。『エコノミスト』誌の一論説は，パン配給制という政策の成否についてこう指摘した。すなわち，「パンは配給対象にするのが困難な食料である。その消費がこれほど一様でない必需食料は他にない。貧者は富者より多くのパンを食べる。だが，所得に応じた配給を誰が提案するだろうか。逆説的ではあるが，配給がほとんどの人々の消費を減らすことが少ない場合に，パン配給制は最も容易く，行政上の成功と公正な分配策となりうる」[63)]，と。

パン配給制は1946年7月21日に実施されたが，その3日後にイギリスはカナダとの4年にわたる小麦購入契約に調印する。同年3月に英食料相（この時点ではB. スミス）はオタワを訪れ，今後の大量小麦購入に備えてカナダでの小麦作付増加を促した。同じく3月にはカナダと

62）　Zweiniger-Bargielowska, Bread Rationing in Britain, op.cit., pp.77-78.
63）　*Economist*, Mr Morrison on Food, 8 June 1946, p.921.

の間で借款協定が締結され，「今後数年間にわたって，英国がカナダから必要とする食料その他の供給の購入を可能にするために」12億5,000万ドルの信用（年利2%，50年償還）が供与された。借款協定の直接の目的は，「カナダからの購入に伴う財政上の一時的困難を克服するため」と謳われていた[64]。そして6月に新食料相ストレイチーがカナダを訪れ，購入協定締結に向けた動きは一気に加速し，7月24日調印の運びとなった。

今回の英加小麦協定は4年もの長期にわたり，輸入量も戦時中の購入量を大幅に超えたものであることが，その特徴をなす。カナダは，1年目・2年目は1億6,000万ブッシェル（2,000万クォータ＝435万トン）をブッシェル当たり1.55ドル（＝7シリング9ペンス）で，3年目・4年目は1億4,000万ブッシェル（1,750万クォータ＝381万トン）を――3年目は最低価格を1.25ドル，4年目は最低価格を1ドルとし，実際の約定価格は後に決定する――イギリスに輸出する，また46年が豊作の場合は，輸出量を2億ブッシェル（2,500万クォータ＝545万トン）に増す努力をする，というのが協定内容であった[65]。

大戦中にはカナダは大量の小麦在庫を抱えていたが，戦後の世界食料危機のなかで在庫は急速に減少していた。1943年7月31日の繰り越し在庫は，過去最高の7,433万クォータ（1,620万トン）であったが，46年同日には920万クォータ（200万トン）に過ぎなかった[66]。ちなみに，46年7月に食料省が発表した文書『世界食料不足続評』は，同年5月に開かれたFAO特別会合の46-47年世界食料見通しを参照して，46-47年のパン用穀物の世界輸入必要量は3,000万トンなのに，供給余力は2,000万トン以下であると記している[67]。さらにこの時には，国際小麦カウンシル（四大輸出国とイギリスで1942年にロンドンに設置）で国際小麦協定改定に向けて関係諸国が協議を進めていた――新協定は1949年7月に発効する――。46年初めに四大輸出国とイギリスで始まった協議

64) *Parliamentary Debates*, 5thSeries, HC, Vol.420, cols.510-11, 7 March 1946.

65) *Parliamentary Debates*, 5thSeries, HC, Vol.426, col.227, 25 July 1946.

66) MacGibbon, *The Canadian Grain Trade*, *op.cit.*, p.6.

67) Ministry of Food, *Second Review of the World Food Shortage*, Cmd.6879, 1946, pp.10-11.

では，すべての等級の小麦に対して最低・最高価格を定め，輸出国はこの範囲内の価格で輸出を行い，輸入国は協定不参加国からの輸入を協定基準内に制限するという提案がカナダからなされていた（Hammond, Ⅲ, p.773）。こうした状況のなかでの英加両国政府の小麦購入協定調印であった。

ストレイチーは，調印翌日の1946年7月25日の議会演説で，同協定のイギリスにとっての意義をこう誇ってみせた。「これによって，連合王国は，〔今後〕予想される〔世界的小麦〕不足の時期において，現時点で自由市場において支払われるであろう価格よりも低い価格で，大量の小麦を確保した。契約が定めた初年度の価格〔1ブッシェル＝1.55ドル〕は合衆国での価格よりも30%安いし，アルゼンチンでの公開市場価格よりもさらに安い」[68]，と。イギリスは戦後の世界食料危機の只中で，戦前の小麦輸入量545万トンの8割に匹敵する膨大な量の小麦供給を，しかも初年度は市場実勢よりも安い価格で確保した[69]。協定で，3・4年目について最低価格のみを決め，実際の価格は後の交渉事項とし，さらにその最低価格を1・2年目の協定価格より引き下げ，4年目の最低価格を前年よりもさらに引き下げたのは，48年以降には現在の世界的小麦不足が終息し，小麦余剰状態が生まれる可能性を見越してのことであった。

こうしてイギリスは，パンの配給導入によって，小麦供給の維持を合衆国と交渉する一方で，カナダとの小麦協定によって，自国食料確保のための安全策を講じたのである。国際的には，パンの配給という「戦術上の利点」を考慮した（表面的には）厳しい政策をCFB内で率先して行うことで，飢えた世界に対するこれ以上の貢献を回避して，相対的に優遇された小麦供給の維持を図り，国内的には，国民に対するパン配給の影響を――事実上の無制限のパン供給を維持することで――名目的なものにして不満を抑えつつ，同時に，カナダとの借款協定によって財政環境を整えたうえで，小麦長期大量購入によって戦後食料危機を現実的

68）　*Parliamentary Debates*, 5thSeries, HC, Vol.426, col.228, 25 July 1946.

69）　1945年8月-46年7月のカナダからイギリスへの小麦輸出量は291万トンで，その平均価格は1ブッシェル1.69ドルであり，協定の初年度価格はそれより安かった。*Parliamentary Debates*, 5thSeries, HC, Vol.424, col.42, 19 June 1946.

に乗り切るための方途が整備された。

イギリスにとって英加小麦協定の意義がそうである以上，国際小麦協定改定が準備されていた状況においては，それは利己的な行動と見なされた。国際小麦カウンシルには46年7月にブラジル，中国，フランス，インド，イタリアを始め8か国とFAOが参加し，翌年3月にロンドンで国際小麦会議（40か国参加）を開催することを決めていた[70]。英加小麦協定の約定価格は，国際小麦カウンシルでの討議に影響を与えた。さらにイギリスは，国際小麦協定参加国は最高・最低価格の範囲内で，しかも参加国からのみ輸入するという輸出国側からの提案に反対した。「イギリスは，協定未参加国からもっと安く入手できる場合には，その必要の一部を購入する権利を保持することを望んだ」。

こうして「イギリス・カナダ以外の〔協議関係〕国すべては，〔英加小麦〕協定を，世界の他の国々の要求を無視して，両国が自国の立場を守ろうとする企てと見なした」。英加小麦協定のニュースは合衆国に「驚きと失望」をもたらした。米国議会で上程中の，英米借款協定――戦時債務50億ドルの棚上げと37億5,000万ドルの信用供与――批准の停止を求める米国穀物利害からの反対も予想された。また協定の1・2年目の相対的に低価格での輸出契約について，小麦輸出国からは小麦価格低下をもたらすことが懸念された。さらに大量小麦購入は，世界的食料危機のなかでCFBを引き継いだ，国際緊急食料カウンシル（International Emergency Food Council）の配分原則に反する，という批判もなされた（Hammond, Ⅲ, pp.773-74,781-82）。合衆国は，このような二国間協定はブレトン・ウッズ協定の精神に反するものであり，「純粋な商業的取引ではなくて，『帝国』経済戦略行動」だと批判した[71]。

要は，戦後の世界食料危機回避のための国際的枠組み形成が腐心されている最中に，世界最大の小麦輸入国イギリスが4年に亘る好条件で大

70） MacGibbon, *The Canadian Grain Trade*, *op.cit*., pp.146-47.

71） *Times*, Wheat Contract with Canada, 23 July 1946, p.4.『エコノミスト』誌は，「価格と供給の安定を図る，自由に交渉された長期契約には『差別的なもの』はなにもない」し，あくまで両国の商業的利益に基づく取引だ，と反論した。*Economist*, Canadian Wheat Agreement, 3 August 1946, p.169. だがカナダ通商相は，1ブッシェル1ドル55セントという価格は，イギリスとの協定のみに適用され，それ以外の販売に関しては合衆国のそれに照応した価格で行うと述べていた。*Times*, Canadian Wheat Board Policy, 31 July 1946, p.3.

量の小麦の手当てを，いわば先駆け的に行ったことへの批判であった。世界食料委員会を提案し，現に存在する貧困国への支援と緩衝在庫による小麦価格安定の仕組みを構想していたFAO事務局長オールは，『自伝』でイギリスの立場を厳しく批判した。すなわち「他の国々の政府が戦後食料危機に対処すべく協力しようとしている時に，餓死にさらされている他国の幾百万の人々を顧みることなく，カナダの余剰小麦を貪ることにのみに関心を持つ，イギリス『社会主義』労働党政府」[72)]，と。同じく，オールと行動をともにしたラボック（『戦時食料政策論』の共著者）は，英加小麦協定とオールが提案した世界食料委員会へのイギリスの反対とをこう関係づけた。「イギリスは，世界価格以下の価格でのコモンウェルスとの長期食料契約を失うことを恐れて，〔世界食料委員会提案に〕賛成しないようにアメリカを説得した」[73)]，と。

政府間の長期大量購入（bulk buying）協定は，第二次大戦中に，必要物資の価格と供給との安定を図る目的で始まったが，大戦後は世界的食料・原料不足とドル不足のなかで，イギリスへの安定供給を第一の目的として——それに，コモンウェルス諸国の経済開発という名目も加わって——主にスターリング地域からの供給増大という形で行われた。全体として見れば，大量購入協定での約定価格は，英加小麦協定がそうであったように，自由市場での価格よりも低かった。しかし市場の動向が不安定で，協定期間内に想定以上に価格が低下する場合には，結果的に高値で大量の購入をして国庫に損失を与えることがありうる。大量購入による価格リスクが大きいのである[74)]。

こうした批判は野党保守党からなされたし，食料省内部でもそうした意見があった。だが，ストレイチーの大量購入協定への信頼は強固であった。「今日，大量購入は，長期契約という手段を用いて，英国という大市場が有する購入・消費力を発動することで，最も妥当な価格で最大量の食料を獲得するために絶対不可欠な方法である」[75)]，というのが彼

72） J.B. Orr, *As I Recall*, MacGibbon and Kee, 1966, p.169.

73） David Lubbock, *The Boyd Orr View*, privately published, 1992, p.vi.

74） 1951年末時点で，食料省が結んでいた64の協定のうち，コモンウェルス地域とのそれは49（うち植民地とのそれは33）を数えた。Charlotte Leubuscher, *Bulk Buying from the Colonies*, Oxford University Press, 1956, pp.3,4,142-43,146.

75） *Parliamentary Debates*, 5th Series, HC, Vol.439, col.1167, 1 July 1947.

の認識であった。この場合,「妥当な〔安い〕価格」とともに重視されたのが「最大量の食料」である。食料輸入国イギリスにとっては――戦後の厳しい財政状況のなかで，安価は重要であるが――,「最大量」の生産を可能にする条件を輸出国に保証し，そして生産された「最大量」を協定によって確保することが，なにより重要である，と彼は主張した。

ストレイチーは1949年5月に，戦後食料危機が峠を越えて小麦価格低下の動向――同月調印の国際小麦協定は，向こう4年間の最高価格を1ブッシェル1.8ドルに固定する一方，最低価格を1.5ドルから毎年10セントずつ引き下げた[76]――が見えるなかで，長期大量購入協定の意義をこう述べた。長期大量購入は,「価格が上昇しつつある市場〔状況〕においてと同じく，価格が低下しつつある市場〔状況〕でも」貴重な方策である。とくにコモンウェルスならびに外部の第一次産品生産国に対して，長期大量購入は,「今日，それによってはじめて生産拡張を可能とする保証」を与える。そしてこの保証の結果としての生産拡張こそが「イギリスにとって非常に大きな重要性」をもつ。

英加小麦協定を例に挙げれば，最初の2年間イギリスは実勢価格よりも安く小麦を購入した。3年目・4年目には，結局1ブッシェル2ドルで購入することになった。3年目には，シカゴ市場では価格が低下し，さらに4年目の1949年には国際小麦協定が最高価格を1ドル80セントに定めれば，イギリスは20セント高く買うことになり，カナダには利益である。この場合，最初の2年間の金銭上の利益は重視されるべきだが,「もちろん，その利益に加えて，小麦購入協定はカナダ生産者に対して，彼らの小麦に4年間にわたる保証を与えるし，与えている。これこそが，われわれが与えた大きな報償である」。この保証がなければ，イギリスは自由市場ではこれだけ大量の小麦を購入できなかった，というのがストレイチーの強調したい点であった[77]。

ストレイチーは，英加小麦協定は「英国ならびに自治領の歴史全体における断然最大の帝国貿易条例である」と語った[78]。彼においては，戦

76） MacGibbon, *The Canadian Grain Trade*, *op.cit*., pp.152-53.

77） *Parliamentary Debates*, 5thSeries, HC, Vol.465, cols.1568,1572, 26 May 1949.

78） *Times,* Saving of Flour, 19 August 1946, p.4.

後食料危機を帝国からの供給で乗り切る基盤が確保されたことがなにより重要であった。イギリス労働党の知的論客としても名高いストレイチーは，『帝国主義の終末』（1959年）で自らの食料相としての経験にふれながら，とくに帝国諸国との長期大量購入契約の意義を，あらためて以下のように語った。

すなわち，先進国と途上国の間の自由貿易は経済格差を無限に拡大する。これは帝国内でも同じであり，帝国内自由貿易は帝国内格差を広げ，帝国関係の崩壊に導く。しかし「実際にコモンウェルスに対して特別に適用されてきた国際貿易協定の一つの形態」としての長期大量購入契約は，国際市場での第一次産品の激しい価格変動から生産者を保護することで，彼らが高価格の時に失う利益を十二分に補う利益を与えている。大量購入契約は，必ずしもコモンウェルス諸国とだけ締結される必然性はない。しかしながら，「〔コモンウェルス諸国の〕『政治構造の同質性』は実際的利益である。こうした親密な経済的関係がうまく作用しうる条件を創出するのにまちがいなく役立つ，身内としての理解と信頼とがコモンウェルス諸国の間には存在している。……〔長期大量購入契約がもたらす〕相対的に安定した価格での市場の保証は，イギリス本国がコモンウェルスの一次産品生産者に提供しうる主な利点である」[79)]，と。

イギリスは，戦後食料危機を現実的に乗り切るための小麦供給を帝国とのつながりのなかで確保した。また，国内消費の約半分を輸入し第一の食料輸入品目である牛肉については，イギリスは1944年末にオーストラリア，ニュージーランド，そして最大の輸出国アルゼンチンと4年にわたる購入協定を結び，さらにアルゼンチンについては1946年に50年までの購入協定改定を行った。こうして46年には，英加小麦輸入協定に続き，アルゼンチンとの輸入協定改定によって，輸入商品品目の第一と第二をなす主要食料の安定供給が確保された[80)]。

---

79)　John Strachey, *The End of Empire*, Victor Gollancz, 1959, pp.268-69. 関嘉彦ほか訳『帝国主義の終末』東洋経済新報社，1962年，訳368-69ページ。

80)　この結果，イギリスは1950年の世界牛肉輸出総量の75%を輸入したが，そのほとんどすべてが大量輸入協定によるものであった。また同年の英国の牛肉輸入の半分がアルゼンチン産である。Leubuscher, *Bulk Buying from the Colonies*, *op.cit*., pp.154,201; H.F. Marks (D.K. Britton ed.), *A Hundred Years of British Food and Farming: A Statistical Survey*, Taylor &

Francis, 1989, table 17.13.

第10章

EC加盟と小麦の自給化

1　1947年農業法

マレーは，第二次大戦中の農業の発展をこう評価している。すなわち，穀類作付地は400万エーカー，飼料作物作付地は150万エーカー，それぞれ増加した。農家所得に占める畜産物の割合は戦前の71%から50%に低下する一方，耕種作物の割合は15%から30%に増加した。小麦生産量は2倍になり，大麦・オート麦も同様の増加を示した。農業総収入は戦前の約3億ポンドから1943年度には約6億ポンド（時価）に増え，農業純所得では3倍増を示した。農業支出に占める賃金コストの割合は戦前の27%から39%へと増大したが，購入飼料コストは30%から18%へと低下した。1943年度には，戦前比8%の労働力増――女性・児童・捕虜労働も含む――で，カロリーベースで91%の産出増を生み出した。これは，トラクターを中心とする農業機械の増加が穀作において果たしたところが大きい。輸入飼料の大幅減少を化学肥料の増加が補塡した。機械使用は戦前の2.6倍（馬力）に達した。「終戦時には，英国農業は世界で最高水準の機械化を果たしたと言えた」，しかも戦争の僅か6年間で，平時なら幾十年もかかる「転換」を成し遂げた，と[1]。

1）K.H. Murray, *Agriculture*, HMSO and Longmans, Green, 1955, pp. 249,274-76,289-90. イギリス農業史学会も，第二次大戦中の農業発展を「国家主導の農業革命」と位置づけ，戦時農業の展開は「現代農業の生誕」をもたらした，と評価している。B. Short, Ch. Watkins

戦時内閣首相チャーチルは，1943年3月に行った「四年計画」と題する演説で，戦後再建計画の重要課題として，ベヴァリッジの名をあげた社会保障計画に次いで，「食料のより大きな割合を国内で生産すべきことは，絶対確実である」と，農業拡張の必要を強調した。そして英国農業の拡張と改良のためには，「合理的な価格水準が維持されるべき」であり，それを支える国庫負担が必要なことを合わせて訴えた[2)]。戦中の国家による食料生産支援は戦後も継続される。1944年1月には「価格と市場の保証」はこの先4年間延長することが確認された。その最後の年となる1947年に，アトリー労働党内閣の下で成立した同年農業法がこの保証を体現した。同法は——野党保守党を含めて——「政府による農業保護の約束の証拠」としての意味を持ったし，EC加盟までのイギリス農業・食料政策の基礎を据えた[3)]。

戦後からEC加盟までのイギリス農業政策は，大きく分けて三つの時期に区分される。第一は，戦争直後の世界食料危機のなかで，労働党政権下で食料省が農産物を直接買い取り，国家からの補助金で小売価格を低位に維持した時期。第二は，食料省の買い取りがなくなり，50年代前半から不足払い制度を通じて生産者への所得を保証し，もって農産物価格の安定が行われた時期。ここでは，戦後食料危機の解消と世界的余剰傾向とが生まれ，英国内でもミルク・卵の自給が達成される。また配給制度が廃止され，食料省が農業省と合併される。第三は，国際収支悪化が度重なるポンド危機（67年ポンド切り下げ）をもたらし，貿易収支改善のために従価15%の輸入課徴金制度を64年に労働党内閣が導入した時期。食料は課徴金対象から除外されたが，農産物輸入削減のために国内生産の拡大が再び追求された。さらにEEC共通農業政策（CAP）策定によって，加盟申請に踏み切った英国農業への影響という課題が突

---

and J. Martin, ‘The Front Line of Freedom’: State-led Agricultural Revolution in Britain, 1939-45, *The Front Line of Freedom*, British Agricultural History Society, 2006, pp.10,14-15.

2） W. Churchill, A Four Year’s Plan, 21 March 1943, *The War Speeches of Winston S. Churchill*, Vol.2, compiled by Charles Eade, Cassell, 1952, p.431. 社会保障，農業以外に挙げられたのは，医療，教育，都市再建，そして税制である。なお，ベヴァリッジ報告の発刊は1942年12月である。

3） B.A. Holderness, *British Agriculture since 1945*, Manchester University Press, 1985, p.12; ジョン・マーチン『現代イギリス農業の成立と農政』（溝手芳計・村田武監訳）筑波書房，2002年，97ページ。

き付けられた[4]。

1947年法は，戦後の厳しい国際収支状況のなかで，戦中の農業政策の柱であった「価格と市場の保証」の原則を戦後に引き継ぎ，「安定と効率」を二大基軸として，生産拡大――1951年度までに現行水準の20%増，戦前の50%増――を目標に掲げて英国農業の保護を打ち出した。これは金額にして1億ポンド（1946年度価格）増産を意味した[5]。この場合の保護の特質は，外国農産物への輸入関税賦課ではない。小麦の輸入は輸入元を問わず無関税であり，大麦・牛肉・ベーコン・バターの関税率も低く，かつコモンウェルス諸国には特恵が与えられ無関税で輸入される。こうして一方ではコモンウェルスなどからの安価な農産物の輸入によって消費者価格を低位に維持したうえで，他方で生産者に合理的所得を保証するために，事前に農業経営者団体と年次価格審議を行い，全体の3/4をなす農産物（小麦，大麦，オート麦，ライ麦，ジャガイモ，甜菜，牛，羊，豚，ミルク，卵）について政府が保証価格で買い入れた。各種食料の配給が継続されるなか，政府は補助金によって配給価格を低位に維持した。

第二の時期に至り，保守党政権下での政府の直接買い入れ廃止後には，保証価格と市場価格の差額を補助金によって埋めるという，不足払いの形をとって生産者への所得が保証された。生産者は自らの生産物の価格変動によって翻弄されることがないが，他方で，市場価格は国際価格の変動にしたがったから，不足払いによる国庫負担金も変動した。またコモンウェルス諸国をはじめ輸出国への関税も原則としては課されないか，低率関税が課されたとしてもコモンウェルスへの特恵は保持された。要するに，消費者は国際価格に近い水準で食料を入手できたが，他方で生産者への価格保証のために国庫への税を負担したのである。さらに，農業者は地方税が免除されたほか，各種生産助成金が与えられた[6]。

4）マーチン，前掲訳91ページ；Holderness, *British Agriculture, op.cit.,* pp.19-20,23-24.

5）1952年度で，目標値を達成したのはジャガイモ，ミルク，豚肉のみであった。マーチン，前掲訳99ページ。「安定と効率」はそれ自体としては両立しない。価格保証による「安定」は，生産者の「効率」を直ちに引き上げるものではなく，1950年代以降，価格保証のための補助金増大が問題視される。

6）P. Self and H. Storing, *The State and the Farmer*, George Allen & Unwin, London, 1962,

労働党政府農相ウィリアムズ（Thomas Williams）が1945年11月に述べたように，農業保護を通じて，「農場経営者・農業労働者への適切な報酬と一定水準の生活条件との提供，ならびに投下資本への合理的な報酬――これらと両立可能な範囲内での最低の価格で，国民食料の必要部分を国内資源から生産することのできる健全で効率的な農業」の育成を，1947年法は目標とした[7]。

農相は演説のなかで，戦後農業政策は「ホット・スプリングス会議での勧告を十分に尊重」したうえで，国内食料生産を可能な限り発展させるものであると述べた。だがホット・スプリングス会議（1943年）の勧告では，戦争終結直後の，エネルギーを生む食料の不足解消が優先課題となる「短期」においては戦時政策の継続は認められるが，世界農業が平常の生産力に復帰し，エネルギーを生む食料と健康を守る食料とのバランスが重視される「長期」への移行に関しては，とくにヨーロッパの特定地域でのミルク生産の増加と穀類生産の減少の例を挙げて，「その短期の資源配分を漸進的に修正して，より良い栄養とより大きな生産効率とを目的とする長期計画にいっそう緊密に順応する」ことが求められている。この場合の長期計画とは，「自国民のより良好な食事〔への要求〕と栄養面でより良い食料を求める国際的需要とに基づく，自国の諸資源の最適な利用ための，世界規模での長期の調和的生産計画」のことであった[8]。こうして，前章で見たFAO事務局長オールが言うように，ホット・スプリングス会議が唱える長期計画が国際的効率に配慮した各国の資源配分を重視していることは明らかであり，小麦に関して言えば，長期的には，英国での生産には信が置かれていない。

しかしながら農相ウィリアムズは，健康を守る食料を中心にイギリス農業を再編すべきだという主張に対して，その主張の方向性を認めなが

---

p.221. 1950年代においては，価格保証金支出は制限されたが，生産助成金支出がほぼ倍増する。生産助成金は，各種農業投資・改良に対して与えられるものであり，価格保証金よりも「効率」向上に寄与した。EC加盟直前には，生産助成金は価格保証金を上回る。Cf. G. McCrone, *The Economics of Subsidising Agriculture*, George Allen & Unwin, 1962, pp.46,57; Holderness, *British Agriculture, op.cit.*, p.22.

7） *Parliamentary Debates*, 5th Series, HC, Vol.415, col. 2334, 15 November 1945.

8） *Final Act of the United Nations Conference on Food and Agriculture*, Cmd.6451, HMSO, 1943, pp.23,25.

らも，こう反論した。「だがわれわれは，近年の〔戦争の〕経験が教えるように，あまりに厳格に，またあまりに先に進んで計画を立てることはできない」。「われわれはどの国からでも得られるならば，安価な食料を必要としていることは真実である」。だが他方で，貿易収支赤字を軽減するために，われわれは「われわれ自身の自然諸資源を可能なかぎり最大限に活用しなければならない」。戦前のように「われわれは，海外投資に依拠して食料の購入をすることはもはやできない」。1947年法によって生産者に対して価格の安定をもたらすことで，「変化するニーズに対応した調整を可能にする十分な伸縮性」が生まれる[9]，と。

47年農業法は価格の「安定」を通じて経営の「効率」をもたらし，長期的農業政策への移行を意図したが，戦争による対外債権の減少と多額の戦時債務とがもたらした経常収支赤字のなかで，価格の「安定」の意図するところは，当面は，将来のニーズの変化に対応する生産面での「伸縮性」維持に重点が置かれることになった。国レベルでの長期の農業政策策定は先送りされた。1939年の農地利用は耕地面積1,300万エーカー：永久牧草地面積1,900万エーカーであったが，戦中の草地開墾拡大で，1945年には1,900万エーカー：1,200万エーカーに比率が逆転していた。1953年においても1,810万エーカー：1,300万エーカーとこの比率は変わらなかった。穀物生産維持の必要に加えて，戦後においても飼料輸入の回復が見込めず，畜産増大のための飼料作物増産の必要も，高い耕地比率の一因ともなった[10]。

世界食料危機に加えて，戦後イギリスの厳しい国際収支状況のなかでは，戦前のような大量食料輸入を貿易外収支の黒字で賄う余裕はなかった。戦中に輸出は戦前の3割程度に激減し，サービス収支も商船の減少で減退していた。戦争でイギリスは海外資産11億ポンドを失い，米国からの200億ドル（約50億ポンド）の武器貸与とスターリング諸国を中心に約35億ポンドの戦時債務（ポンド残高）が存在した。戦争直後の国民総生産は約80億ポンドと推計されるが，1947年の貿易収支，経常収支の赤字はそれぞれ3億6,000万ポンド，3億8,000万ポンドに上った。

9）*PD*, 5thSeries, HC, Vol.432, cols. 629-30, 27 January 1947.

10）三澤嶽郎『イギリスの農業経済』農林水産業生産性向上会議，1958年，183-84ページ。

貿易収支赤字を海外投資収益・サービス収支といった貿易外収支黒字で補塡するという戦前の国際収支構造は崩壊した。

1945年に締結された英米借款協定によって，戦時の米国の対英債権200億ドルは棚上げにされ，新たに37億5,000万ドルの借款が認められた。だが，それに伴うポンドの交換性回復（47年7月）はドルの急激な流出を招き，わずか1月余りで交換は再停止された。戦後復興に必要な物資を輸入するドルの不足は，戦後農業政策に影響を与えずにはおかなかった。しかも49年には，大幅な――1ポンド=4.03ドルから2.80ドルへ――ポンド切り下げを強いられた。こうして戦後農業政策には，食料輸入をできるだけ減らして国内生産を増大させ貿易収支を改善することが，重要な目標として内包されることになった。農業省と食料省が1947年に出した資料は，国内農業生産増大の外国為替節約効果を1950年度には戦前価格で1億1,600万ポンド，時価で1億9,100万ポンドと推計している[11]。だが次節で見るように，輸入節約のための国内食料生産の増大は，国庫による補助金負担の増加というコストを伴った。

ここで1980年代中盤までの，すなわち，1973年にイギリスがECに加盟し，共通農業政策の保護のもとで小麦生産が急激に増加し，ついに小麦自給率が100%に達するまでの，小麦の生産ならびに輸入状況について概観しておきたい。18世紀には小麦輸出国でありながら，産業革命のなかで小麦輸入を増加させ，穀物法廃止後の19世紀後半から生産量の減少傾向を示した結果，20世紀初頭には週末しか自給できない国民と言われたイギリスは，二つの世界大戦とEC加盟を経て，劇的な生産増加によって小麦輸出国に復帰した。第2節以下で見るように，戦後の英国経済の抱えた問題――戦争がもたらした多額のポンド残高，国際収支の悪化，度重なるポンド危機，そしてコモンウェルス諸国との経済的繋がりの弛緩と統合ヨーロッパに比した経済実績の停滞，関税同盟化するヨーロッパ経済共同体（EEC）に対抗するヨーロッパ自由貿易連合（EFTA）の結成，さらにはEEC加盟申請など――のなかで，小麦の自給化に至るまでの英国農業政策は展開された。

11）*Post-War Contribution of British Agriculture to the Saving of Foreign Exchange*, Cmd.7072, HMSO, 1947, p.6.

戦前には153万トン（=700万クォータ）であったイギリスの小麦生産量は第二次戦中に大幅に増加し，1943年には350万トンと最高値を記録する。終戦前年から生産量は減少したものの，1946年には200万トンを数えた。そしてそれ以降EC加盟までの期間には，1950年265万トン，1960年311万トン，1970年424万トンと，ほぼ一貫して増加傾向を示した。1973年の加盟時は500万トンであった小麦生産量は，輸入課徴金と域内市場介入とによる価格支持を中心とする共通農業政策のもとで，1980年847万トン，1985年1,205万トン（=5,540万クォータ。作付面積は大戦中のピーク時の1.4倍）と急増する。EC（10か国）の小麦生産に占める英国の割合はこの間に上昇を続け，12.6%から20%を超える水準に高まる。加盟後小麦の作付面積は1.7倍に増加し，面積当たりの収穫量も1.8倍に増大した。戦前からみれば，作付面積・面積当たりの収穫量はともに2.7倍である。面積当たりの収穫量増加の過半は品種改良の成果であり，さらに化学肥料，除草・殺虫剤，機械技術の効果が大きい。化学肥料の増投は土壌維持を容易にし，根菜類・飼料作物の作付の大幅な減少と小麦作付面積の拡張とを可能にした。

こうしてEC加盟から10年後の1980年代初めには，小麦の自給率は100%に達し，80年代後半以降小麦輸出は輸入を上回り続ける。2世紀ぶりにイギリスは小麦自給を回復した。ただし1,032万トンを生産し自給率が100%に達した1982年の，国内向け小麦総（輸入を含む）供給量952万トンのうち人間消費（食）用に製粉された小麦は453万トンであり，うち国産小麦は312万トンであった。そして食用とほぼ同量の434万トンが飼料として使われた。ここには，製粉時に生まれる麸と直接に動物飼料に使用された小麦が含まれる。こうして，国産小麦のうち国内で食用に使われたのは3割であり，過半は飼料，種子，そして輸出用である[12]。

12)　H.F. Marks (D.K. Britton ed.), *A Hundred Years of British Food and Farming: A Statistical Survey*, Taylor & Francis, 1989, p.8, tables 10.2, 10.9, 10.10, 10.16; C.W. Capstick, Agricultural Policy Issues and Economic Analyses, *Journal of Agricultural Economics*, Vol.34, No.3, 1983, pp.269-70; マーチン，前掲訳第5章「科学と技術の革命」。ちなみに，1,526万トンと戦前の10倍の小麦生産量を記録した2011年には，輸入は90万トン，輸出は229万トンである。国内向け総供給のうち食用は612万トン，飼料用は627万トンである。食用に占める国産小麦の割合は89%に達したが，国産小麦総量に占める食用の割合は35.7%である。

1981年3月27日付けの『ファイナンシャル・タイムズ』紙は，農業特派員の以下の記事を載せている。「10年前にもし誰かが，イギリスは穀類の大輸出国になりつつあると言ったならば，私はその人が正気かどうか疑ったことであろう。10年前のイギリスは，総穀類利用2,100万トンに対して平均自給率は60％であった。現在総利用トン数はほぼ同じだが，今やイギリスの自給率は86％である。7月に次の収穫が始まる前に，325-350万トンの小麦と大麦が輸出されなければならないであろう」，と。同じく1985年11月2日『エコノミスト』誌はこう記した。すなわち，イギリスの小麦自給率は143％に達し，エーカー当たりの平均小麦収穫量（1984年）はアメリカのそれの2倍以上である。「こうして英国農業経営者は世界最高効率の部類に入る」，と。『エコノミスト』の記事は，オランダ・デンマークと肩を並べるミルクの生産性の高さも強調している[13)]。

小麦を自給化した1980年代中盤には，英国では過剰状態にあったミルクや，輸出が大幅に超過していた大麦をはじめ，牛肉・豚肉・羊肉・家禽・卵が自給もしくは90％以上の自給率に達している。小麦の自給化はEC共通農業政策の下での，英国農業の自給化の一環であった。同時に，英国農業の自給化はECでの食料過剰化の一環でもあった。1984年にはECの穀物全体の過剰が5,500万トンを超え，価格維持コストの急増に対処するために，穀物生産に対する共同責任課徴金によって生産抑制策が実施される。1988年にはセット・アサイド（休耕）措置も導入される。1972年度から84年度にかけて（この間にイギリス，アイルランド，デンマーク，ギリシャが加盟），ECの（補助金付）小麦輸出は605万トンから1,762万トンに増加した。小麦の輸入地域であったヨーロッパの輸出地域への転換は，世界小麦市場の混乱を生んでいた[14)]。

Agriculture in United Kingdom 2013, 2014, table 7-2. 同様の傾向は，2015年（生産量1,644万トン）でも変わっていない。

13)　John Cherrington, UK Role as an Exporter, *Financial Times*, 27 March 1981, p.41; *Economist*, Technological Fix, 2 November 1985, p.41. 乳牛1頭当たりの搾乳量は，配合飼料の導入によって戦後から1980年代中盤までに2倍以上に増加した。Marks, *A Hundred Years of British Food and Farming, op.cit.*, table 21.5; マーチン，前掲訳146ページ。

14)　マーチン，前掲訳，203-04ページ。1962年の農業保護原則の確定時には「ヨーロッパ統合の礎石」であったCAPは，1980年代末に至ると農業支持コストの急増によって「統合の障害」に見えるようになっていた。Michael Tracy, *Government and Agriculture in*

イギリスの輸入に関しては，戦前（1937-39年平均）には516万トンの小麦が輸入されたが，国際収支悪化のなかで輸入の制限を強いられた1946年には343万トン，1950年には332万トンと減少したのち，50年代後半以降輸入量はいったん増大に転じる――55年456万トン，60年417万トン，1970年493万トン。ただしそれでも戦前より少ない――。しかしながら，EC加盟後の国産小麦の大幅な増加は輸入小麦の減少をもたらした。1975年363万トン，1980年226万トン，1985年161万トンである。

輸入元としては，戦後，小麦大量購入協定が締結されたカナダが最大の供給源であり続けたが，カナダからの輸入量は以下のように減少する（カッコ内は総輸入に占めるカナダの割合を示す）。1946年293万トン（86%），1950年250万トン（75%），1960年216万トン（52%），1970年153万トン（31%），1980年151万トン（67%），1985年82万トン（50%）。食用に製粉された小麦の国産比率が1977年の42%から86年の64%に上昇したのに比例して，製パン用に使用されるカナダ産硬質小麦の輸入は減少している。20世紀初頭に確立した工場で生産される白パン消費の標準化をもたらした，カナダ産硬質小麦の輸入と英国における製粉・製パン業界の連結は転機を迎えた。ちなみに86年には，輸入量ではEC内のフランスがカナダを越える。またオーストラリアからの輸入は，EC加盟後はほぼなくなる。英国産小麦が主に軟質小麦であり，パン用小麦としては，同様の性質のオーストラリア産と直接に競合するからである。食料消費全体に占めるコモンウェルスからの輸入の割合も，1969年の12%から87年には5%へと低下していた[15]。

Western Europe 1880-1988, Harvester Wheatsheaf, 1989, pp.vii,263,345.『エコノミスト』の一論説（1982年）はすでに，ECの各種食料価格が世界価格を上回る割合を，バター53%，牛肉52%，小麦38%，大麦35%，砂糖33%，豚肉24%と記し，これらすべての域内自給率が100%を超え，このために輸出補助金が急増している事実をグラフで示していた。*Economist*, ABC for the CAP, 23 October 1982, pp.54-55.

15） Marks, *op.cit.,* p.35, table 10.23; マーチン，前掲訳179ページ。イギリスへの輸出が減少傾向をみせたカナダは，大量販売契約を通じて輸出先をソ連ならびに中国にシフトしてゆく。1960年代末には，カナダ小麦の最大の輸出市場は中国であった。 A. Magnan, *When Wheat was King*, UBC Press, 2016, pp.69-72. オーストラリア産軟質小麦のイギリスへの輸出が，英国のEC加盟後には大きな影響を受けることは，北米産硬質小麦への影響と対比して，予想されていた。 M. Butterwick, Food Supplies from Australia and New Zealand: Effects of British Membership of EEC, *Three Banks Review*, No.76, 1967, pp.24-25.

2　国民経済における農業の位置 ――E.M.H ロイドと A. ロビンソン

1947年農業法は国内生産を増加させて，厳しい国際収支状況のなかでドル節約という役割を果たそうとしたが[16)]，他面では価格の安定と各種助成金とによる生産者保護は，消費者の税負担増加につながった。労働党議員パジェットは『リスナー』誌の一論説（1948年1月）で，47年法による国際価格よりも高い価格保証によって，農業者と農業労働者は「社会の権益層」になり，農業の少なくとも一部は「パブリック・サービス」になると記した。また彼は，法案審議の議会演説でも，同法によって農業を「ナショナル・サービス」として認める以上，このサービスには当然に価格保証という「報償」が支払われる，と述べた。だがその彼も，食料自給率の向上には限界があると，記さざるを得なかった[17)]。

同じく労働党側の主張として，ブリッツ『配給手帳の裏側』（1950年）が記したように，生産者への価格保証と各種助成金とによる食料価格の低位安定――1945-49年の食料品価格上昇は数%であり，賃金上昇率より小さく，また他国に比して穏当である――の実現は，一種の社会サービスになっていた。すなわち，こうした観点からすれば食料補助金は「生計費補助金」と称すべきであり，① 貧者に対する基礎的食料獲得のための補給，② 社会的弱者（妊婦・児童など）に対する追加的栄養の提供をもたらし，それは，税の徴収と支出を通じた富者から貧者への富の移転の手段である――すなわち「公正なシェア（fair shares）」の実現――，という主張も成り立ちえた。

ブリッツによれば，年所得600ポンド以下の両親と子供2人家庭では，補助金による安価な食料を通じた受け取り額が担税額を上回る。し

---

16)　食料・飼料の輸入金額に占めるドル地域の割合は，1946年の36%から減少を続け，1950年には16%に低下している。K.G. Fenelon, *Britain's Food Supplies*, Methuen, 1952, p.203. 小麦に代表されるカナダからの輸入はドルで決済されたから，カナダ向け工業品輸出の増大が求められた。

17)　R.T. Paget, Feeding Britain, *Listener*, 8 January 1948, pp.46-47; *PD*, 5th Series, HC, Vol.432, cols. 666-67, 27 January 1947.

かしながら戦前には1,300万ポンドにすぎなかった農業補助金が1948年には5億ポンドに膨らみ，国家予算の主要項目――1948年の国家予算は33億5,360万ポンド（含む国債費5億1,140万ポンド）――になった現状においては，その増加には限度があると書かざるを得なかった。1950年から農業補助金総額は年4億1,000万ポンドに制限される。小麦については，開戦当初の補助金額1,020万ポンドから1944年度には4,780万ポンド，そして1950年度には8,660万ポンドと増大し，この結果パンの小売価格は補助金によってコストの6割程度（1950年）に抑えられた[18)]。1947年法が目指した1951年度までの1億ポンドの食料増産のために，政府が上乗せ負担した価格補助ならびに助成金額は1億8,500万-1億9,500万ポンドに上った[19)]。

補助金を通じた生産拡張政策の成果は，早くも1950年代初めには一部食料について国内需要の充足として表れ始めた。『エコノミスト』誌（1952年2月9日）は，「農業政策はもはや生産に対する全般的刺激を与えるという問題ではなく，むしろ生産の選択的拡大という問題となった」と記し，とくにミルクを取り上げて，その生産は「当面は消費者需要の限界に到達した」と述べた[20)]。1945年から50年にかけてミルク生産量は36%増加していた。飲用ミルクはもともと自給状態にあったから，あえてこうした表現がされたのは，それへの高い補助金を意識してのことであり，さらに加工用に使用されるミルクの低い国際競争力という現実を反映したものであった。

小麦に関しても，戦中のピークから1947年には169万トンと生産量は半減したが，47年農業法による保護を通じて1950年には265万トンに回復していた。1951年に政権に復帰したチャーチル保守党政府は，食料省による穀物購入という国家取引を廃止して民間取引に戻し，小麦

18）J.F. Blitz, *Behind the Ration Book, A Survey of Britain's Food Situation*, Fabian Publications, 1950, pp.93-98. 本書には，食料相ストレイチーが序文を寄せている。Cf. Fenelon, *Britain's Food Supplies*, *op.cit.*, pp.192-94,196; B.R. Mitchell and H.G. Jones, *Second Abstract of British Historical Statistics*, Cambridge University Press, 1971, p.160. 最大の補助金対象品目（1951年）は，パン・小麦粉9,000万ポンド，次いでミルク7,000万ポンド，以下牛肉4,500万ポンド，同じくベーコン4,500万ポンドである。*Economist*, Tackling the Food Subsidies, 1 December 1951, pp.1345-46.

19）E.H. Whetham, *British Farming 1939-49*, Thomas Nelson, 1952, pp.159-60.

20）*Economist*, Incentive for Farmers, 9 February 1952, p.320.

粉・パンへの補助金の多くを廃止することをすでに決定していた。戦中から継続された小麦粉への補助金は1953年に廃止され，パンの価格統制も56年には解除される[21]。

これは世界的な小麦の余剰傾向を反映するものであった。それを象徴する事態を，1953年の（戦後第二次）国際小麦協定において，小麦輸出最高価格＝1ブッシェル当たり2ドル5セント案に反対するイギリスが，2ドル以上の支払を拒否して同協定から脱退した事例に見ることができる。脱退を支持して，『タイムズ』紙（1953年4月13日）はこう述べた。「小麦は豊富にある」。北米での収穫は好調であり，「膨大な量」の在庫が生まれる。合衆国政府が国内生産者からの買い上げ価格を高く設定したことが，国際協定の最高価格に影響している。「売り手と買い手の間の言い値5セントのちがいは――アメリカの国内政策の国際貿易への強要がもたらす――原則上のちがいである。イギリスは譲歩すべきでない。英国は他に並ぶもののない最大の輸入国である。英国抜きの協定は効果を発揮しそうもない」，と[22]。

同じく『エコノミスト』誌（1953年7月25日）は，英国の国際小麦協定脱退を「戦後の商品統制解除における最重要な方策」と称し，新協定発効の「8月1日をもって，イギリスは小麦取引の新時代に入った。英国はリヴァプールならびにロンドン民間穀物取引を通じて，小麦を世界『自由』市場で購入するであろう。食料省という単一購入者による14年間にわたる大量購入（そのほとんどが長期〔購入〕契約と国際販売協定とのもとで行われてきた）は終わりを迎える」，と記した。

旧国際小麦協定では最高価格が1ブッシェル=1ドル80セント，最低価格1ドル20セントであったものが，新協定ではそれぞれ2ドル5セント，1ドル55セントに引き上げられた。同論説はこう論じた。英国の協定脱退は，今後の世界小麦価格の動向は上昇ではなく下落にある，と政府が「計算されたリスク」をとったことを意味する。合衆国で

21）　*Economist*, Farmers and Free Markets, 31 January 1953, p.259; The Monopolies and Mergers Commission, *Flour and Bread: A Report of the Supply in the United Kingdom of Wheat Flour and of Bread made from Wheat Flour*, HMSO, 1977, pp.42-44.

22）　*Times*, Two-Dollar Wheat, 13 April 1953, p.7: 東畑精一「序文」（磯辺俊彦訳『国際小麦協定の経済学』農業総合研究所，1953年，所収）。

の小麦在庫は，生産の増加と輸出の大幅減少とによって，前年の5億8,000万ブッシェル（=7,250万クォータ）から7億7,000万ブッシェル（=9,625万クォータ）へと大幅に増加する。この点では，食料不足に悩むパキスタンへの3,600万ブッシェル（=450万クォータ）の援助も「溢れんばかりのバケツのなかの一滴にすぎない」，ワシントンは農家の全余剰を「倉庫保管ではなくて，財務省の豊かな資金を通じて（外国の）胃袋に入れる」ことを計画している，と[23]。

合衆国は翌1954年に公法480号を制定し，購入国への低利融資を通じた余剰農産物処理をすすめ，「アメリカの農産物輸出の永続的拡張のための基盤を築くこと」を目的に食料援助を制度化する。日本，さらには第三世界の小麦の輸入依存を生んだ食料援助の政治化が始まる。そして1959年から始まる（戦後第四次）国際小麦協定では，最高価格は1ブッシェル=1ドル90セント，最低価格は1ドル50セントに引き下げられる。小麦の余剰問題が現出する[24]。1954年夏には，イギリスで食料の配給は終了し，開戦と同時に創設された食料省は農務省と合体される。

1955年の総選挙では，51年に次いで保守党が勝利したが，それは「第二次大戦終結後の10年間英国政治を支配した，社会主義的経済統制と自由市場回復との間の，また公正なシェアと消費者の自由との間の戦いの終わり」を画した[25]。戦争終結後10年を経て，戦後食料体制の改編は峠を迎えた。食料国際価格低下とともに保証価格も引き下げられ，食料価格の低位維持のための補助金は減少した。農業者への価格補助金・生産助成金額は約2億5,000万ポンドに抑制された。しかしなお，農業生産額に占める補助金の割合は高かった。

こうしたなか，E.M.H.ロイドは「農業政策管見」と題する農業経済学会会長就任演説（1956年）で，英国農業の現状についてこう述べた。すなわち，とくにミルク，豚肉，卵そして小麦への補助金が過大で，今

23）　*Economist*, Taking a Risk in Wheat, 25 July 1953, pp.273-75.

24）　逸見謙三『世界農産物市場の課題』大明堂，1963年，第5章「戦後の国際小麦協定」。

25）　Ina Zweiniger-Bargielowska, *Austerity in Britain: Rationing, Controls, and Consumption 1939-1955*, Oxford University Press, 2000, p.264.

後の政策目標は産出額増大よりも補助金を含む投入額削減を第一に置くべきであり，補助金が廃止され国際競争にさらされれば，現在の30万農業者のうち1/3の限界的生産者は淘汰される，と。彼は前年の論説「農業者への『適正な報酬』」でも，生産量に応じて支払われる価格補助金の過半は，生産量の多い農場に――規模が大きく生産性が高く，補助金を必要としない農場に――支給されている，と制度の欠陥を指摘していた[26)]。第8章で見たように，第一次大戦後に公刊した『安定化』で，食料と原材料の価格安定のために国際的コントロールの必要を説いた新国際主義者ロイドによるイギリス農業の現状に対する厳しい指摘であり，学会では，1947年から53年まで食料省次官を務めた後に，ロイドは19世紀の自由主義経済学へ回帰したとの批判も出たが，彼の発言は当時の英国農業の抱えた問題を表現するものであった。

ロイドの会長就任演説の内容は以下である[27)]。国内での食料生産拡大がどこまで必要なのか，経済的に望ましい生産パターン（耕種・畜産）はなにか，「効率的な」生産と販売を進めるための最良の政策はなにか，という論点を中心に，長期の農業政策を――政治的・社会的な観点からよりも――経済的観点から論じる。1947年農業法による食料増産計画では，純産出（＝総産出－飼料・種子・飼育用家畜の輸入分）よりも総産出の増大が目標に置かれ，品目としては産出額の大きいミルク・豚・卵が重視された。総産出か純産出かという論点は，平時においては後者におかれるべきであるが，世界食料不足と悪化した国際収支状況においては前者が目標とされ，1952年度までの5年間でミルクは年率にして4%，卵は9%，豚に至っては18%もの生産増加率を示した。だが52年以降世界の食料状況は大きく変化した。小麦を含めた穀物の供給は豊富になり，世界の食料輸出も戦前水準に近づいた。政府の食料統制と大量購入も廃止された。農業保護論者からは，世界人口の将来の増加が食料

26）E.M.H. Lloyd, "Proper Remuneration" for Farmers. I-Subsidies and Efficiency, *Times*, 20 July 1955, p.9.

27）Lloyd, Some Thoughts on Agricultural Policy, *Journal of Agricultural Economics*, Vol.12, No.2, 1957, pp.128-42. 西欧諸国の農業総産出額に占める価格支持補助金の割合（1955年）は，イギリスは24%と推計され，フィンランド，スイスに次いで高かった――フランス15%，イタリア14%，西ドイツ18%。McCrone, *Economics of Subsidising Agriculture*, *op.cit.*, p.51.

供給を逼迫させてイギリスの工業品輸出の交易条件を悪化させることを理由に，農業総産出の増加の必要とそのための補助金の必要が説かれているが，英国の交易条件は過去と同じく将来も改善するであろう。小麦について言えば，こうした状況においては，輸入小麦と競争可能な点を越えて国内生産を維持する理由はない。また世界の牛肉輸出が需要の増加に及ばなければ，牛肉価格上昇は補助金がなくとも国内生産増加をもたらす。世界供給状況の逼迫が予想されないにもかかわらず，安価な輸入による農業所得減少がもたらす政治的・社会的危険を回避するために，非経済的論拠から価格補助金が支持されている。

さらに国内総産出増加が直ちに貿易収支改善に貢献するとは言えない。総産出の減少は必ずしも純産出の減少を，まして農業純所得の減少を意味しない。現在農業がなしうる貿易収支に対する最重要な貢献は，量にして400万トン，金額で1億ポンドに及ぶ輸入飼料依存の軽減である。これは国産飼料供給増加によってのみならず，総産出減による「必要とされる飼料の量の減少」，すなわち投入の減少によってももたらされうる。長期的には，牧草管理・乾草ならびにサイロ管理・牧畜技術の改善が必要になる。だが国産飼料生産増加のための労働・資源コストは過大であってはならないし，飼料生産増加が補助金増加に依拠するものであってはならない。また，投入の減少は輸入燃料（年2,000万ポンド）の減少や機械使用の減少によっても可能であるが，それは耕地面積の減少・牧草地の増加を意味する。これは牛・羊生産拡大に適するが，ミルク・豚・卵生産の減少をもたらす。

ミルク・豚・卵への補助金総額は1億ポンドを超えた。これらの品目は小規模農業者の生産が大きく，保証価格削減には政治的・社会的困難が伴う。だが農相は，これらの供給は十分であり，そのための輸入飼料は貿易収支を悪化させ，また補助金額は過大であると述べている。豚肉補助金は市場価格の1/3以上である。したがって，これら品目の生産コストを引き下げ，競争環境を改善するためには，限界農場での高コスト生産の減少，非経済的に維持されている総産出の減少が必要である。ミルクの総産出は4年前より6%増であり，これに伴い平均コストも上昇した。そしてコスト上昇が保証価格を引き上げさせた[28]。本来ならば，総産出の減少，コスト引き下げ，ミルクから牛肉への限界的シフトを促すために，保証価格の引き下げが必要であったにもかかわらず，小規模農業者の所得減少を避けるために，政治的には実施できなかった。卵・豚についても同様である。

小麦についても，白書はその例外的奨励の理由はなくなったと述べている。現在の生産量は260万トンと予想されるが，面積当たりの収量増加によって，戦前よりも少ない作付面積（175万エーカー）で200万トンの生産ができる。高コスト生産の除去によって補助金の廃止と労働量・機械投入の節約とが可能になる。

以上のように，ミルク・豚・卵・小麦への価格補助金が廃止もしくは削減された場合の，現在（1955年度）の各種食料産出量から5年後（1960年度）の変化を予想すれば，以下のようになろう――戦前平均も付す――。牛・羊の微増（波線）を除いて他の品目はすべて減少（下線）する，というのがロイドの想定であった。小麦（戦前165万トン→1955年度260万トン→1960年度200万トン），他の穀物（279万トン→617万トン→600万トン），ミルク（1,563百万ガロン→2,184百万ガロン→2,000百万ガロン），卵（39万トン→57万トン→50万トン），牛肉（58万トン→70万トン→75万トン），羊肉（20万トン→19万トン→20万トン），豚肉（44万トン→65万トン→55万トン）。

5年後に「いっそう経済的な生産パターン」が実現されれば，「投入の真に劇的な減少（特に機械と購入飼料）が，総産出の穏当な縮小と1人当たり生産性の着実な増加と1億ポンドもの補助金の減少と，そして農業者・農業労働者・地主1人当たりの所得の増加を伴う」。投入労働力は15%減り，1人当たりの稼得は10%増す。農業支出（労働・地代・利子・機械・飼料・肥料・その他）は12%減り，販売価額は6%減るが純所得は14%増す。ロイドは，生産者利益を販売面で保証する各種マーケティング公社の解体・改編を提案し，「効率の進歩は，競争の制限ではなくて競争の強化によって最も良く達成される」という言葉で，会長就任演説を締めくくった。

28）ロイドは前年の論説でも，保証価格上昇→生産増加→購入飼料投入増大→コスト増加→保証価格引き上げ，という悪循環を指摘していた。

ロイドの主張では，全体としての農業総産出は減少するが，交易条件の継続的改善の下で，また価格補助金の負担から解放された財政状況の下で，増加する工業品輸出によって食料の（当然に増大する）輸入は可能であり，しかも再編され全体として生産性が上昇した国内農業の純産出は増大し，（再編を経た）農業者の純所得も製造業水準に引き上げられる，と想定されている。さて，ロイドの会長就任演説がなされた年に，いっそう広い視野から，国民経済における（補助金に依存した）農業の意義と10年先のそのあり様に関する，一つの会議が持たれた。1956年11月に帝国化学産業（Imperial Chemical Industries）が主催した「英国経済における農業」会議がそれである[29)]。この会議にはロイドも参加し発言をしている。

会議主催者帝国化学産業のチィヴリイ（S. Cheveley）は，開会演説で英国農業の置かれた位置を以下のように示した。農家戸数36万戸が68万2,000人の常用・10万人の臨時労働者を雇用するが，1949年以降の7年間で労働者は14万6,000人減少した。だが，農業技術の改善と機械化の進展によって，英国農業は，現在（1955年）では国内食料消費の約半分――1939年には約1/3――を生産している。国の輸入総額に占める食料輸入の割合は約40%である。主要食料のなかでは，ジャガイモ，豚肉，ミルクの自給率は90%以上であり，卵も80%である（小麦粉は24%，牛肉は66%）。農業総産出額は13億ポンドであるが，このうち飼料輸入額として1億2,500万ポンド，さらに種子ならびに飼育家畜輸入分を差し引いた，英国農地が生み出した純産出額は年約9億5,000万ポンドである。だが農地が生み出した純産出額のうち，価格補助・生産助成金額は2億2,500万ポンドに上り，それは（農業者自身の労働，生計費，税の控除前の）農業者総利潤の約4/5を占めている（ICI, pp.10-12）。

チィヴリイは，戦後の慢性的な財政危機のなかで高い割合を占める農業補助金の在り方について問題を提起したのであり，会議では以降，国内農業生産増加の是非，それを支える補助金・助成金制度の存廃と改革，さらには（競争力の低い）農業の維持が国民経済全体に与える影響

29)　この会議全体の議事は，*Proceedings of Conference 'Agriculture in the British Economy': November 15th,16th & 17th,1956, Grand Hotel, Brighton, Sussex*, Imperial Chemical Industries Ltd., 1957として公刊された。本書からの参照箇所は，ICIと略して本文中に示す。

について議論が戦わされた。この会議で立場の対立を鮮明にしたのが，すでに紹介したロイドと同様の立場に立つE.F. ナッシュ（ウエールズ大）と，農業生産拡大の必要を説いたオースティン・ロビンソン（ケンブリッジ大）であった。

ナッシュは「英国農業の競争的地位」（1955年）という論説で，農業補助金・各種助成金がなかったならば，1952・53年度の英国農業の純所得額は「実を言えばまったくなくなってしまう」と結論づけ，自由貿易と補助金廃止が今行われれば英国農業は現状の生産額を維持できないと論じ，その競争的地位に疑問を呈していた[30]。彼が会議で行った「英国食料供給の源泉」と題する報告は以下である。

イギリスの食料輸入は，国内生産増加によって戦前より16%減少している。だが国内生産拡大が，他方でオーストラリア，デンマーク，アルゼンチンなどでの生産増加を妨げている[31]。農業補助金総額は年3億ポンドであり，内訳は国産食料価格補助が2億4,000万ポンド，価格に入らない交付金や助成金が5,000万ポンドである。もし輸入が国産に代替すると，国産減少分を上回る経済資源が解放され，他分野での生産が可能である。これまで，戦争直後の深刻な経済状況が農業拡張政策を「例外的方法」として正当化してきた。しかし現在，世界の食料供給状況は好転した。こうした状況下でのイギリスの農業拡張政策は，他国を犠牲にして自国利益を図るものである。牛・羊肉に比して，小麦・甜菜・豚・ミルクへの補助は過大である。一方，牛と飼料（特に牧草）の生産拡大には輸入節約効果が望める。

だが，「現在の国内農業生産の全体的水準は，現状では最適水準を越えている」。価格支持補助金がなくなれば，農業所得は大きく減る。補助金によって，農業と製造業との所得格差は戦後縮小したが[32]，それに

30） E.F. Nash, The Competitive Position of British Agriculture, *Journal of Agricultural Economics*, Vol.11, No.3, 1955, pp.233-34.

31） ICI会議が開催された1956年に，オーストラリアは，戦前の110万トンから50万トンに減少していたイギリスへの小麦輸出の戦前水準への回復を要求していた。小川浩之『イギリス帝国からヨーロッパ統合へ』名古屋大学出版会，2008年，59ページ。

32） 農業と他産業の1人当たり総生産額の比率（1956-60年）は，ヨーロッパ諸国のなかではイギリスはオランダに次いで高くパリティがほぼ達成されている。ミカエル・トレイシー『西欧の農業』阿曽村邦昭・瀬崎克己訳，農林水産業生産性向上会議，1966年，246-47ページ。ただし，ナッシュは「農業政策の反省」（1955年）では，農業・工業所得格差

よって過大な資源が農業に吸収され，それがまた，「現在，世界全体を通じて，農業資源の深刻な誤用」を生んでいる。今後10年，世界の食料供給は改善し食料価格は下落し，交易条件も輸入国に有利に動く。農業生産拡大を主張するロビンソンも，「英国の将来の輸出能力は，われわれの輸入意欲と独立に決定されるものではないことには同意するであろう」。ナッシュは，現状の農業生産増大よりも石油生産増大のほうが，英国の将来の福利に役立つのではないか，と述べて報告を閉じた（ICI, pp.52-57）。彼は直接に言及していないが，ICI会議直前に，英国のスエズ運河出兵が国連による原油制裁措置とポンド危機を生んでいたことを想起すべきである。

また他の報告・発言者からは，現在の価格補助金が全体として過大で，またミルク，豚肉，卵，小麦に偏っており，「『安定』を目指すことで，かえって不自然な価格構造を作り上げた」という批判（J.R. Raeburn，ロンドン大。ICI, pp.68-69）[33]や，農業補助金支出のために英国の税負担は他国に比して過大であり，それが貯蓄率を引き下げ，全体としての資本投下を阻害し，「英国経済の深刻なひずみ」と「経済的弱点の悪化」の原因となっているという批判（S.P. Sanders，ICI副会長。ICI, pp.280-81）がなされた。またロイドも，「効率的で競争力のある農業達成のためには，1人当たりの総産出の最大化から純産出の増加に目標を転換しなければならない。国民経済に対して農業がなしうる最大の貢献は，その人力・設備・機械・輸入飼料といった〔経済〕資源を解放して，資源の最小限の利用によって経済的な純産出を獲得することである」，と強い口調で自説を述べた（ICI, p.298）。

こうした批判に対して，ロビンソンの報告「国民経済における農業の位置」は英国工業品の交易条件の今後の悪化を想定し，「産業上の主導

は縮小したが，補助金による農産物の高価格によって両部門での純生産の格差が「隠蔽されて」おり，補助金がなければ英国農業者1人当たりの純産出は製造業のそれの55％であると推定していた。Nash, Some Reflections on Agricultural Policy, *Lloyds Bank Review*, New Series, No.41, 1956, p.49.

33）ローバンは，将来の交易条件の変化に対する「保険」として農業補助金の必要を認めたが，供給条件と消費者需要との変化に対応する柔軟性を欠いた，現在の価格保証を中心とする補助金の在り方は「経済的とはいい難くなっている」と，農業保護制度の改編を主張していた。J.R. Raeburn, Agricultural Policy: Some Economic Results and Prospects, *Three Banks Review*, No. 20, 1953, pp.18, 20.

権」を失いつつある英国経済における農業生産増大の必要を説くものであった（ICI, pp.21-28)。ロビンソンの農業生産拡大論は，この報告の前後に公刊された著作において詳細に主張されている。彼は，19世紀に英国が獲得した「産業上の主導権」の1930年代以降の長期にわたる喪失過程がもたらした国際収支の悪化のなかで，「経済システムをより少ない輸入水準で運営するべく調整する」必要にイギリスは迫られており，戦後外国からの援助によって支えられてきた「輸入水準の維持さえ極めて困難になる時期がこの先待っている」，という悲観的将来認識を基本に据えて，英国農業の意義を論じた[34)]。

彼は現時点の合衆国の「技術上の主導権の大きさ」は19世紀の英国のその比ではなく，しかも各国の比較生産性格差が減少しつつある現代においては，イギリスの活力と技術をどんなに発展させても，以前の「産業上の主導権」回復が可能だとは考えられない，と判断していた[35)]。マーシャルが，イギリスの「産業上の主導権」独占の喪失と合衆国を筆頭とするアングロサクソン諸国への主導権移行の過程を，一面では不可避の，また他面ではおそらく一定の満足をもって記述してから，半世紀後の現実をロビンソンは以上のように認識した。

ロビンソンの悲観的認識は将来の交易条件悪化の見通しに基づいている。すなわち，西ドイツ・日本の世界市場復帰によって1950年以降世界の工業品貿易の拡大は著しく（年率8%増)，英国の工業品輸出も増加した。だが英国の輸出増加率は世界貿易の拡大率に及ばず，世界工業品輸出におけるシェアは低下している。確かに53年以降輸出の増加は大きい。だが英国の輸出見通しは，輸出の半分を占めるスターリング地域の輸入能力に依存する。同地域は主に第一次産品輸出国であり，英国の交易条件改善は同地域の輸入能力増大とは，長期的には両立しない。英国にとっての「有利な交易条件と大きな輸出との結合が，無期限に継続すると想定することが現実的かどうかは極めて疑わしい」。さらに世界

34）　Austin Robinson, The Future of British Imports, *Three Banks Review*, No. 17, 1953, pp.16-17. ロビンソンの主張は，トレイシー『西欧の農業』前掲，12章でも概要が説明されている。

35）　Robinson, The Changing Structure of the British Economy, *Economic Journal*, Vo.64, No.255, 1954, pp.455-56.

の一次産品生産力の向上が，途上国での急速な人口増加と世界全体での生活水準向上のための原材料・燃料投入の増大とに対して，バランスを維持していけるかどうかも疑わしい。「われわれは交易条件のかなりの悪化を想定しなければならない」[36]。

ここで重視されるのが，国内農業生産である。すなわち，1948年以降の輸入全体の増加は，輸出の増加と輸入に占める原材料割合の増加，そして食料のそれの減少とで賄われてきた。輸入に占める食料の割合は，1938年には47%であったが，48年には43%，52年には35%に低下した（53年には一時的に上昇したが）。今後の世界での工業品輸出市場の拡大見通しは明るくなく，「長期的には，英国農業政策と農業の輸入節約への貢献とについて再考する必要に迫られる」。そこでは「輸入飼料のかなりの拡大に依拠して，農業総産出を増大するなかで，農業の純産出と輸入節約効果とを最も効果的に増大することは可能」である。今後10年間で農業総産出を30%増加させれば，戦前（1938年）の食料総供給の7割を国内で生産することになり，戦前の食料輸入の65%分の資金手当てができれば，戦前比10%増と想定される人口に対して12%多い食料を供給できる，というのがロビンソンの立論の骨格であった[37]。さらに彼は，この間の実績からして，農業生産拡大による輸入節約効果が工業生産拡大によるそれに比して劣るとは言えず，農業生産拡大を「非経済的な資源利用」だと考える理由がない，と結論づけた[38]。

ロビンソンは後に「対外貿易政策再考」（1963年）という論説で，1958年以降の英国経済の現状を「最も失望的」と表現したうえで，比較生産費説原理に対する制約要因についてこう論ずることになる。議論は抽象的だが，上記の彼の主張を踏まえれば，論点が「国民経済における農業の位置」に敷衍可能なことは明らかである。すなわち，「すべての物価水準と為替レートとが完全に調整される，完全な自由貿易世界においてさえ，すべての国々がたまたま比較利益を有する単一の財も

36）Robinson, The Problem of Living within our Foreign Earnings further considered, *Three Banks Review*, No.38, 1958, pp.10-11.

37）Robinson, The Problem of Living within our Foreign Earnings, *Three Banks Review*, No.21, 1954, pp.13,17.

38）Robinson, The Cost of Agricultural Import-Saving, *Three Banks Review*, No.40, 1958, p.10.

しくは少数の財集団に特化すると予想することはできない」。輸送コスト，原材料コストやアクセスに関する収穫逓減，純粋に地方市場向け財・サービスへの需要といった事情が，「ほとんどの国において彼らが必要とする財の大部分をその大きさに応じて自ら供給するように保証する」。貿易利益の大きさは比較利益の相違の程度に依存する。19世紀には技術の緩慢な伝播のおかげで，英国は繊維産業で例外的に有利な，また国民所得に対する高い貿易比率を維持した。だが「20世紀中葉においてはむしろ，比較利益の相違はますます小さくかつ短期のものとなると考え，こうして，より成熟した〔経済をもつ〕国々の幾つかにおいては，国民所得に対する輸出の比率は低下するだろうと予想するに足る十分な根拠が存在する。連合王国はこの段階にあり，われわれはこうした事実に適応するように自らの思考を変えなければならない」，と。

そして彼はこう付け加えた。「輸入がどれだけであっても，輸出が放任されればそれに均衡するようになるという単純な信念」に基づいて，英国は輸入性向を増大させる政策をとってきた。だが「輸入は輸出に対するそれ自身の需要を創造するという一種のセイ法則には，極めて限られた，また極めて部分的な真理しか存在しない」。輸入性向を増大させる政策は「貿易収支と〔経済〕成長との両立を保証するうえでは間違った方策」である。「われわれは，英国の輸出可能性について責任ある長期の見解をもち，そして英国の輸入政策と輸入節約政策とをこの輸出可能性に調整する必要がある」，と[39]。このロビンソンの主張の最後の部分

---

39)　Robinson, Re-Thinking Foreign Trade Policy, *Three Banks Review*, No.60, 1963, pp.3,21,22. ロビンソンは，「輸入のプランニング」を主張したのであり，「相対的に開放された経済において輸入制限を全面的に抑制することは，『頻繁な〈ストップ・アンド・ゴー〉コントロールを必要とするし，必要とし続けるであろう』」と論じた，いうケアンクロスの指摘も参照（『』は，本論説でのロビンソンの言葉。p.21）。A. Cairncross, *Austin Robinson*, St. Martin's Press, 1993, p.149. ロビンソンにとっては，1958年以降の英国経済は戦後経済史のなかで「最も失望的な時期」と表現すべき状態であった。経済成長率はヨーロッパで最低であり，世界工業品生産は28%，工業品貿易は35%増加したのに対し，英国はそれぞれ14%増にとどまった。同じく，1950年代後半における輸入の急増（「近年の英国の諸困難の唯一の原因」）がもたらした国際収支不均衡を厳しく批判したのが，ロイ・ハロッドであった。ハロッドによれば，第二次大戦がもたらした「構造的不均衡」が解決されていない状況下での，「保護の一つの形態」である輸入制限の解除は慎重に実施されるべきあったにもかかわらず，戦後の「最も軽率な単独措置」として制限の解除がなされてしまった。Roy Harrod, *The British Economy*, McGraw-Hill, 1963, pp.149-50；服部正治『自由と保護（増補改訂版）』ナカ

が，ICI 会議でのナッシュの発言――「英国の将来の輸出能力は，われわれの輸入意欲とは独立に決定されるものではない」――を批判するものであることは明らかであろう。

すでに見たようにロイドは 1955 年に，政策目標を総産出の最大化から純産出の増加に転換して，ミルク・豚・卵・小麦への価格補助金が廃止・削減され，「いっそう経済的な生産パターン」が実現された場合の，5 年後（1960 年度）の各種食料産出量を牛・羊の微増を除いて他の品目はすべて減少する，と想定した。また ICI 会議で，3,000 エーカーの大規模農場（サフォーク）の地主兼農業者であるグリーンウェル（P. Greenwell）は，その報告「穀作の将来」で，高い小麦価格補助金が続くことはありえないとして，現在の 2 億ポンドの農業への補助金が 7,000 万ポンド以下に削減された場合の，10 年後の 1965 年度における各種穀物の産出量を小麦横ばい，大麦増大，オート麦横ばい，作付面積は小麦・オート麦減少，大麦増大と予測した。大麦の生産増加は 100 万トン以上と予測されるが，生産量の 2/3 は飼料用である。小麦の作付面積は 20% 減少するが，収穫量は変わらない（ICI, p.89）。

ところが実際には，穀物生産量は 1955-65 年度の 10 年間に小麦の増加（1.5 倍）と大麦の大幅増加（3.5 倍），オート麦の半減という形で以下のように変化した[40)]。小麦作付面積 / 生産量（1955 年 224 万エーカー /269 万トン→ 1965 年 253 万エーカー /417 万トン），大麦（200 万エーカー /235 万トン→ 521 万エーカー /819 万トン），オート麦（233 万エーカー /233 万トン→ 92 万エーカー /123 万トン）であった。さらに小麦・大麦輸入は国内生産増加に応じて減少した（オート麦はもともと輸入が少ない）。作付面積が 2.5 倍になり，生産量が大きく増加した大麦は，麦芽用・蒸留用を大幅に上回って飼料として使用された。また小麦についても，1950 年代前半には総供給の 8 割が食用に使用されたが，60 年代前半には食用使用は 7 割程度になり，飼料使用が増大した。大幅に増加した大麦を中心として穀物の飼料使用が拡大して，国内での畜産拡大の基礎も拡充した。1955-65 年度の 10 年間の畜産品目の生産増加は以下である。牛

ニシヤ出版，2002 年，終章。

40)　Marks, *A Hundred Years of British Food and Farming, op.cit.,* tables 10.2, 10.3, 10.4, 10.10, cf. tables 10.15, 10.17.

肉（72万トン→88万トン），羊肉（18万トン→25万トン），豚肉（61万トン→84万トン），ミルク（10,792百万リットル→11,551百万リットル），卵（848百万ダース→1,104百万ダース）[41]。

こうして全体として，1955年度からの10年間でイギリスの農業生産は拡大した。戦前水準からの増大比はOEEC諸国で最大であった。しかも，特に批判の対象とされた価格補助金は，1955年度の1億4,300万ポンドから1965年度には1億2,200万ポンドへと減少し――世界価格が大きく低下した1961年度には2億2,600万ポンドに増加したものの――，70年度の9,400万ポンドまで減少傾向は明らかであった。ただし価格補助金は減少したが，生産の改良に直接つながる各種（肥料，石灰，耕起，子牛など，そして新たに設けられた農場改良）助成金は増加し，農業補助金総額は全体として60年代を通じて2億ポンド台で推移した。補助金総額の抑制は重要課題であったが，価格補助金総額と品目ごとの保証価格の引き下げ幅とをそれぞれ前年度の2.5%以下，4%以下――後者については3年で9%以下――に抑えることが，1957年農業法で定められるに止まった。ただし，65年度までの10年間で財政支出は45億1,700万ポンドから72億6,500万ポンドに増大したから，財政に占める農業補助金の割合は減少した[42]。

1950年代中盤から60年代にかけての英国農業生産の拡大と生産性向上とその輸入節約効果とを高く評価する論理を，「国民経済における農業の位置」（1966年）と題する論説に見ることができる。著者は農務省に属するシャープとキャプスティックである。この論説は，戦後英国経済の脆弱な国際収支という壁が，いわゆるストップ・ゴー政策を強いて経済成長を抑制するという現実への対策の一つとして，農業生産拡大を主張した。

すなわち，① 1964年の農業生産の輸入節約額は10年前に比して2億5,000万ポンド大きい。② それは，高産出品種穀物・ハイブリッド家禽・除草剤・殺虫剤といった農業技術の進歩，さらには合併・集中・

41）　Marks, *ibid.*, tables 17.8, 18.6, 19.6, 21.6, 22.6.

42）　Marks, *ibid.*, table 8.1; McCrone, *Economics of Subsidising Agriculture*, *op.cit.*, pp.46-47; マーチン，前掲訳111ページ; Holderness, *British Agriculture, op.cit.*, p.21; Mitchell and Jones, *Second Abstract of British Historical Statistics*, *op.cit.*, p.160.

特化・機械化といった農業経済組織の発展の結果である。この10年間の農業労働人口の生産性上昇率は経済全体のそれよりも高く，農業者の資本投下を保証した価格補助金と各種投資に対する助成金とがこれを促した。③ この結果，英国農業の労働生産性は，「ヨーロッパでは最高の部類」にあり，農業補助金を除いて推計しても，英国農業の労働者1人当たり産出額はヨーロッパの平均を明らかに上回る。④ こうして，英国農業の国際競争力は強化されている。小麦に関して言えば，この10年で輸入価格に比した国内価格（補助金を含む）の水準は低下している。同様の傾向は畜産品についても当てはまる。⑤ 戦後の英国経済の抱える問題は，国際収支の度重なる悪化であり，経済成長の加速が国内需要の拡大と輸入増加とを生んで国際収支を悪化させ，収支改善のための景気抑制という，ストップ・ゴー政策を余儀なくされている点にある。成長と収支改善（強いポンド）とを両立させる劇的な万能薬はなく，限定的な改善を積み重ねるしかない。それは特定種類の輸入の抑制と，輸入に代替する生産の奨励である。それが農業である。

この論説はこう結論した。「弱体化した貿易収支によって〔経済の〕全体的拡張率が制約されるというリスクが存在する限り，また農業がその効率向上率を維持し続け，そうして食料の代替的供給〔=輸入〕に対して正当かつ効果的に競争することが可能な限り，農業産出のいっそうの増加を求める主張には経済的根拠が存在する」，と[43]。

この主張は，ロイドらの補助金依存の農業に対する批判から10年を経て，イギリス経済の全体的停滞のなかで，生産性向上を果たしつつある英国農業の意義を，すなわち国民経済における農業の位置を確認するものであった。次節に見るように，1961年のEEC加盟申請時には英国農業の競争力向上という認識が広まりつつあった。

43） G. Sharp and C.W. Capstick, The Place of Agriculture in the National Economy, *Journal of Agricultural Economics*, Vol.17, No.1, 1966, pp. 4,6,9,10,12-14. 英国農業の競争力向上はEEC側（オランダ大使館農業専門官）からも指摘されていた。すなわち，英国農業は「極めて健全な状態」にあり，EECと比べて，気候・土壌・組織の点で「より良好な基礎的農業条件という大きな利点」を有するとともに，機械化の進展が「英国農業に有利な決定的要因」である，と。P.J. Pardinois, The United Kingdom and the European Economic Community（a Continental View-point），*Journal of Agricultural Economics*, Vol.14, No.4, 1961, p.533.

3　EEC加盟申請と小麦の競争力

国民経済における農業の位置が，またそれを支えるコストが問題とされ始めた1950年代後半以降，農業を越えてイギリス国民経済全体のあり様と，とくに西欧諸国に比した低い経済成長とが問題となった。この背景にあった事実として以下の点を指摘できる。

第一に，戦前のオタワ協定による帝国特恵体制を基礎とするコモンウェルス諸国との経済的繋がりが，戦後のGATT構築によって課せられた特恵拡大に対する制約を通じて弱体化し，さらになによりもイギリスの経済的地位の低下がコモンウェルス諸国の経済的自立化と英国からの遠心化傾向を強め，これら諸国の英国以外の国々との経済関係が拡大していたこと。第二に，1961年のポンド危機，64年・65年の各国中央銀行による二度にわたる巨額のポンド支援と64年の「緊急国際収支対策」としての輸入課徴金賦課，67年のポンド切下げ（1ポンド＝2.80ドルから2.40ドルへ）と続いた，国際収支悪化，ポンド危機，ポンド防衛のための景気引き締め策の強要という形で現れた，経済状況の悪化。さらに第三に，1958年にフランス，西ドイツ，イタリア，ベネルクス3か国によってEECが結成され，英国を上回る経済実績が実現されつつあったこと[44]。こうした英国を取り巻く（ロビンソンの悲観的見通しに象徴される）経済環境の変化が，特に英国の貿易体制に変化を迫っていた。

経済環境の変化に対応すべくイギリスは，関税同盟結成を通じて帝

44）ただしミードも指摘したように，この時点では，EEC 6か国の高い経済成長率が統合に起因するという証拠はない。むしろ統合以前からの6か国の高い成長率が統合による貿易障壁除去に伴う構造調整を可能にした。James Meade, *UK, Commonwealth and Common Market*, Institute of Economic Affairs, 1962, p.12. OECDは1950年代イギリスの経済実績についてこう指摘している。①GNP成長率はEEC諸国の半分である。②物価上昇率はフランスを除くEEC諸国よりも高い。③1955-60年の英国の輸出の伸びは輸入のそれの半分であるのに対し，EECでは両者は均衡している。輸出の伸びの低さは50年代英国の経済実績の「最も著しい特徴の一つ」である。④その結果，EECでは50年代を通して貿易収支は大きく改善したのに対し，英国では50年代前半に8億ドル悪化し，後半でも若干の回復にとどまった。Cited in Alan Booth ed., *British Economic Development since 1945*, Manchester University Press, 1995, pp.39-40.

国諸国を域外として関税差別を行う EEC には参加せず，デンマークらヨーロッパ 7 か国で，域外関税には加盟国の自主権を認める（したがって従来の帝国諸国との特恵関係維持が可能な）自由貿易協定に基づく EFTA（ヨーロッパ自由貿易連合）を 1960 年に発足させた。しかも EFTA では自由貿易の対象から食料は除外された。これは，英国農業をこれら EFTA 構成国との競争から保護するとともに，コモンウェルス産食料の英国市場への輸入との競合を避けるためであった。しかも，コモンウェルス諸国は EFTA 構成員からは除外されるので，そこでの英国工業製品に対する特恵マージンは維持される。また食料を自由貿易の対象から除外したものの，1960 年の英国のベーコン・ハム輸入の 7 割弱を輸出し，バター・チーズ・卵などでも多くのシェアを得ていたデンマークに対しては，輸入割当協定を結んでシェアの保証がなされた。

こうして従来の経済関係を保持したうえで，イギリスは自由貿易協定によって EFTA 諸国への工業品輸出拡大を図るとともに，ヨーロッパにおける EEC への求心化傾向に対抗したのである。

ところが H. マクミラン保守党内閣は，ヨーロッパ西側諸国が EEC と EFTA に別れることに対する合衆国からの政治的不支持をうけて，さらにはヨーロッパでの経済成長の中心がはっきりと EEC に傾くなかで，1961 年には EEC への加盟の申請を行う。域内共通価格，域外共通関税設定をめぐって，EEC で共通農業政策（CAP）が策定されていた時期である。次節以下でも見るように，「イギリスと欧州共同体との関係のあらゆる段階において，農業政策は決定的な役割を演じた」[45]のであり，マクミラン首相が加盟申請表明（1961 年 7 月 31 日）で，「連合王国〔の農業〕，コモンウェルス，ヨーロッパ自由貿易連合の特別の要求を充たす満足のいく調整が可能であれば加盟することを目的として交渉を行う」と発言したように[46]，加盟交渉において農産物の占める地位は高かった。加盟申請表明に先立つ政府の対コモンウェルス，EFTA，さらには国内農業団体への説明と意見聴取の過程においても，加盟がもたらす農業生産・輸出に関する懸念が表明されていた[47]。特にコモンウェルスに

45）Tracy, *Government and Agriculture in Western Europe*, *op.cit*., p.277.

46）*Parliamentary Debates*, 5th Series, HC, Vol.645, cols. 929-30, 31 July 1961.

47）小川『イギリス帝国からヨーロッパ統合へ』前掲，261-62，283 ページ。

とっては，英国のEEC加盟は，従来英国市場で享受していた特恵がなくなるばかりか，域外共通関税の設定によって，英国市場で域内農産物が自由輸入されるのにコモンウェルス農産物には関税がかかるという，逆差別を生むことになるからである。

こうして，イギリス経済全体の抱える課題への対応という大きな枠組みのなかで，1950年代後半から70年代初頭にかけて英国農業は，EECに加盟した場合に生じる自国農業生産とコモンウェルスからの食料輸入とへの影響にいかに対処するのかいう課題を抱えつつ，生産を拡大することになる。

マクミラン内閣がEEC加盟申請をした1961年に，英国ヨーロッパ運動カウンシルは『英国の食料と共同市場』という一般向け小冊子を出版した[48]。親ヨーロッパの立場をとるこの団体の小冊子作製には，E.M.H.ロイドも係った。この著作は冒頭に，加盟は「英国農業の継続的な安寧を保証する……満足のいく取り決め」が得られるかどうかにかかっており，この場合の「目的は繁栄し，安定的で効率的な農業」の保持であり，「これはわが国民の不動の決意を示すものである」という，マクミランの下院演説（1961年8月2日）を引用して，加盟が国内農業に，さらにはコモンウェルス諸国からの食料輸入に与える影響を検討している。

前節でみた，英国農業の生産力向上を背景に，全体として，加盟が国内農業また国内消費者に与える影響については楽観的な見通しがなされた。だが，コモンウェルス諸国からの食料輸入については，（今作成されつつある）共通農業政策が英国とコモンウェルス諸国との従来の関係の維持をどこまで許容するかによって，その影響は大きく左右されると主張された。すなわち，「たとえ，英国農業者ならびに消費者の利害はイギリスの共同市場加盟への深刻な障害にはならないとしても，コモンウェルスに対する政治的経済的影響がもたらす問題ははるかに重大である」（p.14）というのが，この著作の結論であった。

この結論は，EEC加盟がもたらす英国農業生産とコモンウェルスか

48）　The United Kingdom Council of the European Movement, *Britain's Food and the Common Market*, London, 1961. 参照箇所は本文中に示す。この団体は，現在では英国のEU離脱（Brexit）に反対する運動を展開している。

らの食料輸入とへの影響という，二つの論点についての当時の認識をよく示している。そのなかでも，前者の論点に関わる本書の主張は以下である。① 加盟による英国農業への影響は全体として小さい。英国農業の生産力は（オランダ，また英国に続いて加盟申請予定のデンマークを除けば）EEC より高い。域内共通価格によって同一の価格水準であれば，英国農業者は大陸のそれよりも「かなり大きな所得」を得ることができる。「もし公正かつ公平な条件で競争が行われれば，英国農業はそのほとんどにおいて，ヨーロッパのどの国の農業とも競争できるとわれわれは確信している」。園芸作物については気候上の不利が存在するが，市場への近接と消費者の国産品選好のために規模の大きな農業者は存続可能であろう。

② 加盟によって，小麦・牛肉・バター価格は上昇する。だが現在，輸入関税やマーケティング公社を通じる販売規制によって価格が維持されている果物・野菜・ジャガイモ・ミルクは下落する。ただし共通価格実現までの数年の移行期間を考慮すれば，生産者への対応は可能である。また生計費に占める食料支出の割合からして，消費者家計への影響は大きくない。③ EEC では，国際価格よりも高い指標価格を設定して国際価格の変動に応じて上下する課徴金を課して輸入を制限し，さらには指標価格実現のために介入価格を定めて域内生産物の価格支持購入を行うことで，価格の安定を図る。こうして EEC はほとんどの温帯産食料では事実上自給状態であるが，輸入を事実上自由にして価格補助を通じて農業者を保護するイギリスは輸入依存度が高い。パン用穀物自給率は英国の 36% に対して EEC は 91% である（pp.4-10,12）。

この③の論点は，国際価格よりも高い指標価格と全体としての自給率の向上とを目指す EEC 共通農業政策のなかで，イギリスが加盟すれば小麦生産増大の可能性が増すことを示唆するものであった。特に加盟によって小麦価格は上昇するという論点は，同時期に出版された幾つかの著作においても確認される。PEP『農業，コモンウェルス，EEC』（1961年）が示した資料によれば，EEC 平均の生産者価格（1959 年度）が英国（価格補助金を含む）より高いのは小麦・その他穀物・ジャガイモ・肉牛・豚肉であり，低いのは甜菜・卵・ミルクである。そして EEC 平均価格と国際価格との乖離が大きいのは，小麦を含む穀類，肉牛，豚肉であった[49]。またナッシュも，EECならびに英国農業者がそれぞれの保護制度を通して，1956-59年に得た小麦の平均価格が国際価格を超過した割合は，英国が27%であるのに対しEECの平均は49%であり，フランスを除いてすべての国が英国よりもかなり高い（ベルギー67%，西ドイツ61%，イタリア67%。フランスは18%と英国より低いが，これは58年のフラン価値の引き下げの影響が大きい）ことを指摘している[50]。

イギリスのEEC加盟申請は1963年に拒否されるが，H.ウィルソン労働党内閣は再度の加盟申請を67年に行う。再度の申請に際して政府は『EECの共通農業政策』と題する『白書』を発表した[51]。そこでは，加盟による英国農業への影響が品目ごとに予想されており，英国穀物生産のEECに対する生産力上の優位を前提に，共通農業政策による，とくに小麦の価格上昇と生産増加とが明確に――そして小麦を含む穀物の価格上昇を軸にして，穀物を飼料とする畜産への影響が――述べられ，さらに加盟による国際収支への負担が示される。

『白書』の論点は以下である。① 1967年度のEECの介入価格は，小麦がトン当たり35ポンド10シリング，大麦が30ポンド10シリング

49） 本書の結論はこうである。「全体として，ヨーロッパの共通価格水準の受容で，ほとんどの英国生産者が深刻な打撃を被るということはありそうもない」。Political and Economic Planning, *Agriculture, the Commonwealth and EEC*, 1961, pp.44-46.

50） Nash, Agriculture and the Common Market, *Journal of Agricultural Economics*, Vol.15, No.1, 1962, pp.37-38. もちろん，EECの生産者価格が全体としてイギリスよりも高く，加盟による英国農業への影響は小さい（むしろ加盟によって生産拡大もありうる）と言えるとしても，加盟は食料輸入を低コストのコモンウェルスから高コストのEECに転換することで，食料輸入依存度の高い英国の国際収支を悪化させるという主張も成り立ちうる。ハロッドは1962年に，加盟による貿易転換は「英国の国際収支，さらには生活水準にとってマイナスとなる」，と加盟反対の立場を鮮明にした。彼によれば，第二次大戦前には輸入額の35%もあった海外投資収益や金融収益が1-2%にまで大幅に減少した現在においては，国際収支問題は深刻であり，CAPの共通農業関税の修正がなされないままでのEEC加盟は「イギリス国際収支を悪化させる方策」となる。ただしハロッド自身は英国農業生産の全般的拡大を望んだわけではない。コモンウェルスを含む途上国からの輸入拡大こそが「自由世界」の先進国イギリスが果たすべき役割であるが，英国に比しても遅れた農業水準にあるEECは，生産方法の近代化と農業人口の大幅減少の困難とによって「農産物余剰を拡大させる見込みが大きく」，加盟による英国市場の提供がEECでの「余剰の生産に対する積極的な奨励」になることを懸念した。Roy Harrod, Britain, Free World, and the Six, *Times*, 2 January 1962, p.9; Harrod's Speech, in the Forward Britain Movement, *Britain should Stay Out, Report of Britain-Commonwealth-EFTA Conference held at House of Commons,……on July 16-19,1962*, pp.29-31.

51） *The Common Agricultural Policy of the European Economic Community*, Cmnd.3274, HMSO, 1967. 本書からの参照箇所は本文中に示す。

である。これに対して 66 年度の英国の生産者価格は，小麦が 25 ポンド 7 シリング，大麦が 24 シリング 10 ペンスである[52]。加盟後は価格補助金が認められないとしても，「これらの価格〔の大幅な格差〕は，〔加盟による英国の〕小麦ならびに大麦生産の収益が絶対的にも他の作物に比しても，大きく増加することを明瞭に示すであろう。したがって生産も著しく増大するであろう。収益の増加は，したがって生産増大の効果は大麦よりも小麦が大きいであろう。〔オート麦を含めて〕……現状では全農業産出の 12% を穀物が占めているが，この比率は大きく上昇すると予想しうる」(pp.6-7)。ウィルソン首相は，この『白書』を用いて加盟の必要を説いた議会演説（1967 年 5 月 8 日）では，さらに踏み込んで，穀物生産増加の見通しをこう述べている。「他の農業生産から穀物へ向けた資源の大きな移転が生じるであろうことは明らかである」。物価水準が変わらなければ，「英国の穀物生産は昨年の約 1,300 万トンから数年で 2,000 万トン程度に増加しうる」。「現在の EEC の価格水準では，そして極めて高い水準にある英国農業の生産性を考慮すれば，やがて，そして遠からずして，英国は他の共同市場諸国に対する大量の穀物輸出国になるであろう」，と[53]。

② 牛肉に関しては，加盟によって価格は上昇し，生産は増加する。しかし家畜部門の飼料コストは投入の 65% を占めており，穀物価格上昇による飼料コスト負担の増大，穀作地増加による牧草地の減少などの要因も考慮すれば，価格水準の差が示すほどの生産増加は生じないかもしれない (p.8)。穀価上昇による飼料コスト増大は，ミルク，豚肉，家禽についても生ずる。とくにミルクについては，英国に比して加工用使用が大きい EEC ですでに過剰が生じており，加盟によって英国でのミルク生産の利益は減り，生産量も減少する (pp.10-11)。③ 全体として，

52）『白書』発行後の 1967 年 11 月にポンドが 14.3% 切り下げられたことで，EEC 諸国との価格差は拡大した。

53）*Parliamentary Debates*, 5thSeries, HC, Vol.746, col. 1067, 8 May 1967.『農業の輸入節約』（1968 年）と題する農業経済発展委員会報告は，1972 年までに現在の 380 万トンから約 200 万トンの小麦の大増産（50 万トンが製粉用，残りが飼料用）をはじめとする，農産物全体で 17% の総産出増加を提起し，それによる輸入節約効果を 2 億 2,000 万ポンドと見積もった。National Economic Development Office, *Agriculture's Import Saving Role: A Report by the Economic Development Committee for the Agricultural Industry,* 1968, HMSO, pp.1,9,34.

価格水準の上昇によって農業者の総収入は大きく増加するが，飼料コストの増加は機械化によるコスト削減効果を上回る。収入と利潤の増加は穀物，次いで牛肉・羊肉農業者に生まれるが，コスト増加の負担は酪農，豚肉，家禽農業者にかかる。これは当然に英国農業構造の変化をもたらす。穀物部門の拡大と家畜・畜産部門の再編，すなわち，「専門化と大規模生産の進行を伴った大きな構造変化」を強いられる（p.17）。

④ 果物，野菜価格は低下するが，パン，バター，牛肉価格は上昇する。消費者にとっての食料価格上昇は全体として，移行期間（5年）を経て域内共通価格が実現した時点では10-14%と見積もられ，生計費全体では2.5-3.5%上昇する（p.19）。⑤ 最後に，加盟による国際収支への負担は，食料価格上昇による輸入支払い増と「ヨーロッパ農業指導・保証基金」への非常に大きな拠出とがある。域外からの輸入課徴金収入の90%が基金へ拠出されるから，域外食料輸入の大きい英国の負担額は大きい。全体として，EEC加盟の国際収支への負担は年間1億7,500万-2億5,000万ポンドと予想される（p.20）。

⑤の国際収支への負担増――価格変動や加盟交渉内容にも左右されるが――は大きいが，ウィルソンは負担を上回る利益の可能性を議会では強調した。すなわち，加盟による「英国経済への動態的でプラスの効果，そして特に英国の輸出と稼得力への効果」，製造品輸出増と食料増産による輸入代替の効果はおそらく年1億ポンドの単位で生まれる。この効果を生むための経済資源の転換は年に10億ポンドの規模にもおよび，資源利用の大転換は国際収支構造の改善を可能にする。1964年の8億ポンドの貿易赤字は67年には黒字に転ずるであろう。ウィルソンは，「英国のより洗練された技術が生み出す製品に対する巨大で成長する〔拡大EECという〕市場」において，英国製造品への需要の増加は「極めて短期間に」貿易収支を好転させる，と論じた[54)]。

67年『白書』は，加盟によるとりわけ穀物――小麦と大麦――生産の大きな増加の見通しを強調することで，英国農業の構造変化の必要を訴えるものであった。しかも穀物のかなりの部分の飼料利用が前提され，そのうえで穀物価格と生産の増大が畜産・酪農に与える影響が論じ

54） *PD, op.cit.*, cols.1081-84. 67年度の貿易黒字転換の予測は実現せず，ポンド切り下げにもかかわらず貿易赤字は67・68年度と増加した。

られた。67年度の小麦総供給785万トン（国産390万トン，輸入395万トン）の内，食用は509万トン，飼料用は241万トンであり，65年度の大麦総供給839万トン（国産819万トン，輸入20万トン）の内，醸造・蒸留用は136万トン，飼料用585万トンであった[55]。飼料使用は小麦で総供給の1/3，大麦で2/3である。第二次大戦中のホット・スプリングス会議では，エネルギーを生む食料（穀物）から健康を守る食料（とくにミルク，野菜，卵など）への先進国農業のシフトの必要が唱えられたが，四半世紀後には，飼料利用の増大を前提に，EEC加盟を通じる英国農業のエネルギーを生む食料増産――5年後には現状の1,300万トンから2,000万トンの穀物生産――の途が提起されるに至った。

67年の加盟申請もフランスの反対で拒否される。加盟が実現するのは73年である。この時点では，EECでは共同市場・域外共通関税の形成に加えて，資本・労働の移動の自由も合意され，さらに欧州石炭鉄鋼共同体・欧州原子力共同体とも統合されてEC（European Communities）が成立していた。EC予算の2/3は農業支持に向けられており，英国の加盟にとって農業政策の重要性は変わらなかった。73年の加盟実現に向けて，ウィルソン労働党内閣は『英国とEC：経済的評価』（1970年），E.ヒース保守党内閣は『連合王国とEC』（1971年）のそれぞれの『白書』で加盟による国内農業生産への影響について検討を加えたが，67年『白書』が主張した加盟による農業生産増大という結論に変化はない。

70年『白書』で強調された論点は，① ECでの農業予算の急増（66年度から67年度にかけて3倍以上の増加。農業予算の1/3が穀物，1/3がミルクならびに乳製品向け）と農業予算の24%を拠出するフランスが40%を受け取るという事実，② 小麦112.5%をはじめとするEC内での自給率上昇と余剰処理のためのコストの増大，③ 移行期間後の食料小売価格の上昇予測（67年『白書』より増加して15-22%），である。農業予算増大と食料価格上昇は，加盟による英国の拠出と国際収支への負担とを増すが，「はるかに大きくかつ急速に成長する市場が生む加盟による動態的効果」がそれを上回るという論理に依拠して，政府の加盟への志向

55） Marks, *A Hundred Years of British Food and Farming, op.cit.*, tables 10.15,10.17.

は変わらなかった[56)]。

4 EC加盟と世界食料危機：小麦自給化
――『自国資源からの食料』(1975年) と『農業と国民』(1979年)

イギリスがECに加盟した1973年には，第四次中東戦争を機に石油危機が勃発し，原油価格は5倍以上に高騰した。しかも，1971年のアメリカの金ドル交換停止に始まる変動相場制移行を背景に，72年の世界的不作のなかでのソ連，中国による小麦の大量（世界小麦貿易量の30%超）買い付けが世界穀物市場の需給状況を一変させ，世界食料危機を醸成した。72年9月には，合衆国は従来の補助金付小麦輸出を停止した。1970年度にはECの小麦共通価格は国際価格の2倍の水準であったが，72年には国際価格がEC共通価格を上回り，ECから域外への小麦輸出には輸出課徴金が課せられる事態に至った。74年にイギリスでは，パン価格上昇を抑えるために家庭用小麦粉と製パン業とに対して補助金が与えられた。小麦価格（トン当たり）は，二度の石油危機を経験した1970-80年の10年間で27ポンドから105ポンドに上昇した。食料（小売）価格全体では1962-72年の上昇は年率4.5%であったが，72-74年には同14.3%と暴騰した[57)]。

---

56) *Britain and the European Communities: An Economic Assessment* , Cmnd.4289, HMSO, 1970, pp.7-10,12,15-17,21,37.1970年に政権復帰した保守党内閣は，加盟を見越して，従来の不足払いによる価格支持制度に変えて輸入課徴金を伴う「最低輸入価格」制に代替し始めており，加盟に向けた障害は低下していた。Tracy, *Government and Agriculture in Western Europe*, *op.cit.*, pp.286-87.

1971年『白書』では，加盟のプラスの効果が特に強調されるとともに，加盟によるコモンウェルスからの英国への食料輸入への影響についても，この間の減少傾向を指摘して，全体として楽観的な見通しが示された。国内農業生産に関しては，「拡大市場において，英国農業者全体として，飼料価格の上昇にもかかわらず，彼らの生産物に対するより大きな総収益が期待できる。英国農産物・食料の拡大共同市場への輸出にも，その高い価格のなかでより良い見通しが期待できる。英国の効率性に富む農業ならびに食品産業はこうした機会を十分に活用できる」という言葉が，『白書』のスタンスを物語る。*The United Kingdom and the European Communities*, Cmnd.4715, HMSO, 1971, pp.22-23.「動態効果」と「衝撃効果」という観点からの二つの『白書』の分析については，井上義朗「EC加盟論争」服部正治・西沢保編『イギリス100年の政治経済学』ミネルヴァ書房，1999年所収，を参照。

57) *Food from Our Own Resources*, Cmnd.6020, HMSO, 1975, p.2; Marks, *A Hundred*

世界食料危機は途上国での貧困と飢餓を悪化させるとともに，先進国でも食料の国内自給を唱える声に力を与えた。リッソン（C. Ritson）は『自給と食料安全保障』（1980年）で，世界食料危機が自給（self-sufficiency）を評価に値するコンセプトにさせたと，以下のように指摘した。すなわち，戦後のイギリス農業の拡張に関する議論においては，その国際収支上の貢献や輸入食料コストに比した効率性に力点が置かれてきたが，1970年代前半の世界食料価格の暴騰が輸入食料の将来の価格動向に議論を向かわせ，さらに自給という用語の頻繁な使用という結果をもたらした，と[58)]。

こうした70年代の状況のなかで，労働党ウィルソン内閣ならびに同キャラハン内閣はそれぞれ，小麦を含めた食料自給向上を掲げた『白書』を公刊する。『自国資源からの食料』（1975年）と『農業と国民』（1979年）がそれである[59)]。前者は，75年のEC残留の可否をめぐる国民投票（67%の支持で残留選択）を前に出されたもので，世界食料危機の帰趨がなお流動的な状況のなかで，EC共通農業政策の下での自給向上と食品産業発展の意義を強調した。すなわち，今後5-10年の期間，1960年代のような低食料価格の時代への復帰は望むべくもなく――同『白書』に関する議会の議論では，「安価な食料の時代は過ぎ去った」という言葉も発せられた（EC議会農業特別委員会議長ウォルストン卿）[60)]――，輸入食料・飼料のコストは増大する。こうした状況下では「英国における食料生産の継続的拡大こそが国民的利益であろう」[61)]。また国民経済における食品産業の意義は重要で（GDPに占める農業生産の割合は2.7%だが，食品産業はそれに2%上積みする），農業生産の拡大は食品産

Years of British Food and Farming, op.cit., table 10.31; Tracy, Fifty Years of Agricultural Policy, *Journal of Agricultural Economics*, Vol.27, No.3, 1976, p.341; MMC, *Flour and Bread*, *op.cit*., pp.47-48.

58）C. Ritson, *Self-sufficiency and Food Security*, Centre for Agricultural Strategy, University of Reading, 1980, pp.26,66-67.

59）75年『白書』の原題は注57に示した。79年『白書』の原題は *Farming and the Nation*, Cmnd.7458, HMSO, 1979. 両『白書』からの参照箇所は，それぞれ *Food* ならびに *Farming* と略記して本文中に示す。

60）*Parliamentary Debates*, 5th Series, HL, Vol.362, col. 214, 2 July 1975.

61）表現はやや抑制的であるが，79年『白書』にも次の言葉がある。「中期的には農業の純産出の継続的拡大こそが国民的利益である，というのが政府の確固とした結論である」（*Farming*, p.7）。

業発展の基礎を拡充する[62]。

75年『白書』は，1980年までに年率2.5%（総計で穀物9%，ミルク20%，牛肉10%，豚肉11%，家禽12%，羊肉19%，甜菜30%）の増産目標を示し，それによる輸入節約効果を5億3,000万ポンドと見積もった[63]。そのうえで『白書』は，自給の向上が食料供給の安全に資することを以下のように表現した。すなわち，「政府の政策目標は，農業者に対してより大きな国内生産を奨励する水準で彼らの報酬を安定させるという見通しを提供することである。そしてこの国内生産の増加は〔食料〕不足と高価格の時期に対する保障を与えるであろう」，「農業拡張は〔貿易収支と消費者への食料コストとの両方に対する〕リスクへの部分的保障となる」，と（*Food*, pp.2,4,8,15）。

75年『白書』が，自給向上の意義を将来の食料不足と高価格に対する安全保障として強調した背景には，直接には，食料危機による価格上昇の結果，イギリスの食料・飲料の貿易赤字が1972年の17億5,000万ポンドから74年には約30億ポンドへと急増したことがあった（*Food*, pp.3,18）。さらに自給向上の必要は，石油危機後の世界食料需給状況への不安によっても正当化された。

すなわち，今後10年間での世界人口増加は年率2%であり，世界食料需要は25%――先進国で13%，途上国で33%――増加する。こうした需要の増大は「世界の食料生産資源に対する厳しい圧力」を生むとともに，途上国への食料援助の必要，さらにはソ連・中国での食肉・畜産物需要増加による穀物の大量購入を考慮すれば，「今後5年間にわたって，穀物・高タンパク飼料への世界需要が増加することは確実である」。

62）79年『白書』では，食料自給と食品産業の意義がさらに強調される。製造業総純産出の12%を食品・飲料産業が占めており，「食品・飲料産業がその効率を高め製品販売の増大を達成することが，また食品産業によって使用される国産原材料の経済的に可能な比率が高まることが，国民的利益である」（*Farming*, p.28）。

63）ミルクの20%増産は，バター・チーズ・ミルクパウダーなど加工用使用の増加を意図したものだが，ECでのミルクの過剰が問題となっているなかでは，その実現には疑問も呈された。75年『白書』と同時期に出されたEC委員会報告書では，「ミルク部門は現在，可能な販路との関係では根深い構造的生産過剰が存在する唯一の部門であり，最高水準の予算支出を生んでいる部門でもある」，とその過剰の構造性が指摘されていた。EC Commission, Stocktaking of the Common Agricultural Policy, *Bulletin of the EC*, Supplement 2/75, p.34. 問題は，穀作農業者よりも畜産（特に酪農）農業者にいわゆる家族経営が多く農業収益も低いという現実であった。Tracy, Fifty Years of Agricultural Policy, op.cit., p.346.

石油危機以前には世界小麦需要の1%でしかなかった途上国の輸入小麦依存は，1980年にはその6%に達する。過去においては，高収穫品種の開発，化学肥料の増投，機械化の進展によって，生産コストの上昇は小麦価格のそれに比して小さかった。だが現在では，輸出国での穀物在庫水準は1972年の1/3に低下しているうえに，今後は単位当たりの穀物生産コストは上昇する。石油価格上昇がもたらした窒素肥料・農業機械をはじめとする生産コストの上昇は，穀物生産の急速な回復を困難にしている（*Food*, pp.3,9-10）。

さらに同『白書』は，世界食料危機がもたらした途上国経済への影響を意識して，逼迫した世界穀物市場において，国内穀物生産の増加は「世界の食用穀物利用に対する英国の需要を減らす」ことによって「途上国の利益」に資すると記し（*Food,* p.3），石油危機後の新たな状況下での，イギリスを含んだECでの自給向上を正当化した。『農業と国民』（79年『白書』）は，英国の穀物自給向上が自国の食料安全保障にとって重要であるとともに，貧困に苦しむ途上国に対する先進国からの貢献足りうるという主張を，以下のように表現した。

> 「食料の並はずれて大きな割合を輸入に依存する連合王国にとっては，国内生産の割合を増加させることによって，食料輸入と価格との変動というリスクを減らし，かつ幾つかの基本的食料供給の安全を維持することを支持する客観的な議論が存在する。だが，こうした政策は〔国際的にみて〕責任ある仕方で追求されなければならない。先進国は，途上国にとって不可欠な食料の〔先進国での〕生産拡大がもつ意味について留意すべきである。特に，穀物は〔途上国の〕栄養不足人口の日常食であり，もし〔先進国による〕家畜生産用の穀物の輸入増加が〔途上国の〕栄養不足人口にとって穀物をますます希少で高価にするのならば，家畜飼料用の穀物輸入を，それが可能な国では回避すべきである」（*Farming,* p. 12）。

家畜飼料用の穀物輸入の回避は自国での穀物生産増加を前提にする。EEC加盟に反対したハロッドは「イギリス，自由世界そして6か国」（1962年）で，先進国ヨーロッパがその共通農業政策によって，コモンウェルスを含む途上国の農産物に対しても輸入課徴金を課して域内自給率を高めようとすることは，「援助ではなくて貿易を」という途上国経済開発の大原則に反するものであり，「現在ヨーロッパで有力な考えは〔自己中心的であり〕あまりに狭量すぎる」と批判していた。同じくジョーン・ロビンソンは，「イギリスは〔EECの〕外部に留まるべき」会議（1962年）での発言で，共同市場の構想全体を「穀物法廃止は英国農業に対する破壊的裏切りであるという理由で，高コストの国内生産者を保護するために関税を打ち立てた」「穀物法擁護論」を想起させる，と批判していた[64]。さらにニコラス・カルドアは「ヨーロッパ農業の混乱」（1970年）で，共通農業政策が事実上目標とする「農業の自給自足は〔今日では〕偉大な美徳ではなく」，自給政策の重大な短所は「それによって未発展の一次産品生産国から市場が奪取されてしまう点」にあると論じ，CAPを「穀物法と近似した」方式と批判していた[65]。

先進国の食料自給率の向上が途上国の一次産品輸出を通じる経済開発計画とどこまで整合するのか，先進国の食料安全保障と途上国の経済発展への貢献という容易には両立し難い論点が，世界食料危機という時代を背景に，79年『白書』では——一つの段落で——結び付けられた。

75年『白書』は，国内での穀物増産の中心を飼料用小麦に定めて以下のように記した。すなわち，イギリスのあらゆる種類の穀物の年間必要量は2,200-2,300万トンであり，輸入が700-800万トンを占める。輸入のうち300-400万トンが小麦であり，うち200万トンが北米産の製粉用硬質小麦であり，150万トンがEC諸国からの飼料用小麦である（他に飼料用・食品工業用の250-350万トンのトウモロコシがある）。1969年以降，小麦粉として製粉される小麦の国産比率は，北米産小麦価格の上

64） Harrod, Britain, Free World, and the Six, op.cit., p.9; Joan Robinson's Speech, in the Forward Britain Movement, *Britain should Stay Out, op.cit.,* p.92. コーリン・クラークの以下の文章も挙げておく。CAPによる「農産物の過度な高価格という政策は不可避的に過剰生産に導き，こうして組織的なダンピングによってそれは処理されることになる。たとえそう〔過剰が処理〕されたとしても……こうした政策は，国際秩序と弱小国とに対する真の脅威となるであろう」。Colin Clark's Contribution, "Going into Europe" Symposium（III）, *Encounter*, Vol.20, No.2, 1963, p.69. 同誌上シンポジュウムにはJ. ロビンソン，カルドアも寄稿し，加盟反対論を述べている。

65） N. カルドア『貨幣・経済発展そして国際問題』笹原昭五他訳，日本経済評論社，2000年，251-53ページ。

昇のために，1/3 からほぼ 1/2 に高まった。だが製パン技術の変化，パンの種類の変化，また収穫的には劣る製パン用小麦への国産小麦栽培の切り替えがなければ，北米産硬質小麦をこれ以上大幅に代替することはできない。同じく輸入トウモロコシについても，国産穀物での代替可能性は限られている。製パン用に使用される国産小麦の割合を増すべく研究と実用技術開発を急ぐ必要があるが，国内での小麦生産増大は，現状では主として飼料用ということになる（*Food,* p.9）。

79 年『白書』は，74・75 年の悪天候による穀物生産の落ち込みから 78 年には回復した状況を踏まえて，農業新技術と高収穫品種小麦の広範な採用によって，今後の穀物生産のいっそうの増加をこう見通した。すなわち，「こうした生産の増加によって連合王国は飼料用穀物の自給国になる見込みである」。「われわれは飼料用穀物で初めて純自給国に達した」。特に大麦生産は国内必要量を越えて輸出されている。そして食用小麦の自給については，「パンの種類の変化，もしくは製パン技術の重要な変革」（強調は引用者）が前提になることが指摘されたうえで，国内でのパン消費の一貫した減少傾向が製パン業界での技術革新のための資本投下を妨げている現実が記された（*Farming*, pp.34-35）。英国での 1 人当たり年間パン消費量は，戦時中（1942 年）の 89kg から減り続け 1980 年には 46kg であった[66]。

5　小麦の自給化と世論の変化

75 年『白書』と 79 年『白書』がともに，自給向上を唱えつつ，合わせて食品産業の意義に，また小麦に関しては製パン技術の革新に言及したのには理由があった。第 8 章で述べたように，19 世紀末の北米産硬質小麦の大量輸入には，イギリス製粉業における製粉技術の変化（石挽製粉からローラー式製粉へ）と生産されるパンの品質の変化（白いパンの標準化）が伴った。二つの世界大戦時には，小麦輸入の減少がもたらし

66)　家計支出（1980 年）に占める食料・飲料支出の比率は 16.6%，食料・飲料支出に占めるパン・穀類の比率は 13.4% である。家計支出に占めるパン・穀類の比率は 2% 程度にすぎない。Marks, *A Hundred Years of British Food and Farming, op.cit.,* tables 9.1, 9.3, 9.5.

た製粉歩留まり率の引き上げによってパンの品質は変化したが，小麦製粉歩留まり率法定の解除（1956年）後には，ブラウンパン消費は激減し，白パンの標準化は再度確立した[67]。75年『白書』が指摘したように，イギリスが輸入する200万トンの北米（カナダ）産の製粉用硬質小麦は，国民の嗜好に合致した白パンの生産には欠かせないものであり，国産の軟質小麦では——製パン技術の革新がなければ——代替不能なものであった。79年『白書』が製パン技術の変革に言及した所以である。

A. マグナン『小麦が王座であった頃』（2016年）によれば，パン用国産小麦比率を高める技術革新が「チォリウッド・パン製法」（Chorleywood Bread Process. CBP）であった。小麦粉の高速攪拌によるこの製法によって，パン生地発酵過程の必要が簡素化され，製パン業者は工場内でのスペースと時間の節約が可能になったばかりでなく，製粉用穀物に占める硬質小麦の割合を大幅に減らし，より多くの軟質（国産）小麦をブレンドすることが可能になった。この製法開発は，英国政府と英製粉・製パン業リサーチ協会が，製粉・製パン業の垂直統合のための新技術開発と外国小麦依存低減とを目指した共同の努力の結果であった[68]。また製パン業の企業集中も1960年代に急速に進んでいた。

75年『白書』が発行されたのは4月であったが，翌5月2日の『タイムズ』紙に出された「パン。イギリスでなお最高の食料価値」と題する，小麦粉顧問事務局の広告は政府と業界の努力の結果を周知するものであった。そこでは，北米産小麦に対する世界需要の高まりのなか，英国のパン用小麦350万トンの半分以上が北米産であるにもかかわらず，英国のパンが世界で最も安い（しかも色目も良く長持ちする）のは，製粉・製パン・流通部面でのイノベーションの結果であると記された。すなわち，英国のパンの80%以上の生産に使われている「チォリウッド・

67）「おそらく過去全50年の歴史のなかで最も劇的な変化は，白パン生産が再び許可されるや否や生じた『国民パン』〔＝ブラウンパン〕から白パンへの突然の先祖帰りである」。David Buss, The Changing Household Diet, in J.M. Slater ed., *Fifty Years of the National Food Survey 1940-1990*, HMSO, 1991, p.51.

68） Magnan, *When Wheat was King*, *op.cit.*, p.75. 従来のパン生地発酵過程では小麦に含まれるタンパク質の一部が失われたが，CBPはビタミンC・乳化剤・酵素を加えた小麦粉の高速攪拌によって発酵過程を大幅に短縮し，コスト節約を可能にした。生産されるパンは，白くて軽く柔らかい品質となるとともに，スライスし易くかつ保存期間を延ばすことができた。

パン製法（CBP）のおかげで国産小麦の使用比率を高め，高価な北米産小麦の使用を減らすことが可能となった。これによって，英国の貿易収支を改善し，また高騰する輸入小麦のコストを相殺することができる」。そして，CBP 普及の結果，現在ではパン用小麦の半分近くが国産であるが，業界の開発プログラムの進展が国産比率の向上を可能にする，と結ばれた[69]。

この広告が出された 1975 年には，輸入を含む総小麦供給に占める国産比率は 57% であった。製粉小麦の国産比率は 4 割程度と推定されるが，正確な数字は不明である。1977 年以降については，総供給に占める国産比率と製粉小麦の国産比率とは以下のように推移した。1977 年（59%-42%），78 年（71%-41%），79 年（75%-55%），80 年（88%-57%），81 年（97%-67%），82 年（108%-69%），83 年（101%-73%），84 年（108%-78%），85 年（120%-76%）である。

この推移から，自給率の向上とともに製粉小麦の国産比率が上昇し，自給率が 100% を越えイギリスが小麦輸出国になった 1980 年代中盤には，製粉小麦の国産比率が 70% 台後半に達したことがわかる——本章注 12 で示したように，現在では，製粉小麦の国産比率は 90% 程度に上昇している——。75 年・79 年『白書』が，また 75 年の『タイムズ』紙広告が記したように，製パン技術の革新とその普及（CBP の発明自体は 1961 年になされていた）は，国民のパンに占める国産小麦比率を高めるとともに，小麦の自給化を伴ったのである。

ただし同時に留意すべきは，1975 年以降国産小麦の生産量は急増したが（1975 年 449 万トン，80 年 847 万トン，81 年 871 万トン，82 年 1,032 万トン，83 年 1,080 万トン，84 年 1,496 万トン，85 年 1,205 万トン），その一方で，輸入小麦も含めた製粉小麦量は減少・停滞傾向（1975 年 518 万トン，80 年 489 万トン，81 年 471 万トン，82 年 453 万トン，83 年 448 万トン，84 年 470 万トン，85 年 475 万トン）を示していることである。カナ

69）*Times*, Bread: Still the Best Food Value in Britain, 2 May 1975, p.7. ちなみに 2010 年には，イギリス第二の製パン業者ホヴィスは，100% 英国産小麦で生産されるパンをそのパッケージに 100 percent British Wheat というロゴをつけて販売する。Magnan, *When Wheat was King, op.cit.,* p.158; H. Wallop, First truly British Loaf of Bread to go on Sale, *The Telegraph,* 20 November 2009. http://www.telegraph.co.uk/foodanddrink/foodanddrinknews/6608005/First-truly-British-loaf-of-bread-to-go-on-sale.html.

ダ産硬質小麦の輸入量も，1980年の151万トンから85年には82万トンに半減する。これは明らかに，イギリスにおけるパン消費の減少傾向を反映するものであった。そして急増した国産小麦は飼料使用の増加と輸出の増加とに向けられた。飼料使用量は1980年407万トン，81年331万トン，82年434万トン，83年470万トン，84年516万トン，85年520万トンと80年代に入って増加した。また輸出量は1980年106万トン，81年151万トン，82年235万トン，83年140万トン，84年222万トン，85年189万トン，86年399万トンと，75-79年（平均）24万トンを大きく上回った[70)]。

本章第1節で述べたように，1980年代イギリスでの小麦自給化は英国農業全体の，またEC農業全体の自給化と過剰化を伴った。指標価格維持のために輸入課徴金を課し，さらに過剰食料は補助金をつけて域外市場に輸出するという共通農業政策の下では，価格維持コストはEC加盟国全体で負担するから，個別農業者には生産抑制のインセンティブは直接には働かず，生産量の過剰化傾向が生まれることになった。1990年に出版された『イギリス農業：圧力と政策の変化』で編者D. ブリットン（元国際農業経済学会会長。本書でたびたび参照している統計資料集，H.F. マークス『イギリス百年の食料と農業』の編者）は，1980年に出版された一著作のなかの，農業生産拡大の論拠を追求する必要を訴えた文章を引用したうえで，余剰という事態を生むに至ったこの10年間の変化を以下のように記した。

すなわち，「穀物やミルクといった基本食料の生産において英国が不足から余剰状態へと移行した事実が，農業をめぐる世論の展望全体を大きく変容させた……。〔10年前とちがって〕今では農業生産の全般的拡張を力説する者はいない」。世論の関心は，農業の（今では環境に有害だとさえ見做されている）効率性から焦点を移動させて，現時の農業不況期における農村景観の保持や農村コミュニティの維持といった問題に移っている。また過去半世紀さまざまな形で行われてきた農業保護策は，そのコストが担税者と消費者にとって許容不能な水準に膨張するにつれてますます疑問視されている，と。

70） Marks, *A Hundred Years of British Food and Farming, op.cit.,* tables 10.16, 10.23; N.L. Kent and A.D.Evers, *Kent's Technology of Cereals*, 4thed., Pergamon, 1994, pp.192-93.

ブリットンは，イギリスが小麦自給国に復帰した80年代において，1984年がしばしば「農業にとっての分水嶺」と見なされている事実を指摘した。それは，共通農業政策の予算管理をいっそう強化すべく，EC各国農相が供給削減に向けた確固とした方策を取り始めたからである。彼は，農用地の一定の，また労働力の大幅な，それぞれの減少にもかかわらず産出量を2倍にしたこの30年間の英国農業（特に穀物とミルク）の発展がもたらした「長期的達成」は「誇るべき事柄」であり，またそれはイギリスを「食料供給において極めて高水準の自給状態」にしたと述べた後で，食料供給の自給化は「将来的にはそれほど大きな目的とはならないかもしれない」と追加することになった[71]。

ブリットン編のこの著書には，興味深い世論調査の結果が示されている。ひとつは1973年にNFU（英国農業経営者団体）のために行われたもので，「英国は食料を増産すべきか」という問いに84%がYes，1%がNoと答えている（残りは解答なし，もしくはわからない）。また「農業者は効率的か」という問いに77%がYes，12%がNoと答えた。もうひとつは別の団体による，農業と自然環境に関する1985・87年に行われた調査である。そこでは，「現代農業は農村景観を傷つけているか」という問いに85年63%，87年68%がYesと答え，農業生産増大がもたらす環境負荷への関心の高まりが示されている。さらに「農業者は食料を増産すべきか」という問いには85年には53%がYesと答えたものの，87年には35%しかYesと答えなかった。二つの世論調査は，目的も時期も実施主体も異なり，単純な比較はできないが，英国がECに加盟した「1973年以降，食料生産を拡大すべきと信じる数の劇的な減少

71）Denis Britton ed., *Agriculture in Britain: Changing Pressures and Policies*, C.A.B. International, 1990, pp.10-12,201. ブリットンの分析によれば，英国がECに加盟した直後の，1973-76年の食料価格暴騰の「突然で短命の期間」を除けば，70年代以降の産出高の増大は実質販売総額の減少を伴った。1988年の農業産出高は1974年の水準を2割程度上回ったが，産出額では25%下回った。世界的食料危機の影響は80年代には表面上は消失していた。イングランド穀物専業農家の経営（1980-86年）調査によれば，小麦価格26%・大麦価格25%（実質ターム）の減少にもかかわらず，肥料・消毒剤・種子・機械・労働・借入資本などのコストは相応には減らず，費用節約的改良にもかかわらず農業者の収益は低下し，生産規模の小さい農業者の経営を窮迫させた。エディンバラ公の言うように，「農業者は自らの成功の犠牲になった」。

が生じていた」という事実は読み取れる[72]。

イギリスならびにECの農業保護政策を批判し，英国のCAPからの離脱——ただし，ECには残留——を主張した著書『農業者のための農業？』（1985年）で，ホワースはEC加盟以降の農業保護がもたらした結果をこう整理した。

① 加盟後の食料価格の大幅上昇にもかかわらず，その実質価格は低下している，② ミルク・穀物への優遇措置に比して，豚・牛・家禽へのそれは抑制されており，品目ごとの不公平が増大している，③ 大規模（富裕）農業者への補助金が圧倒的に多く，農業者への補助の不公平が存在する，④ 保護拡大にもかかわらず，実質農業所得は低下し，また農家（専業）1戸当たりの所得も低下している，⑤ 農業保護コストの負担割合が，所得に占める食料消費比率の大きい都市部の貧者に高い，⑥ 英国消費者が支払った保護コストの半分以上が他国農業者の支持に使われている，⑦農家実質所得の低下にもかかわらず，農用地地価の上昇は著しく，また農業純所得に占める地代の比率は大幅に上昇している，⑧ EC農業保護が世界農産物貿易自由化の障害となっており，また農産物輸出に依存する途上国の経済発展を阻害している，以上であった[73]。

ホワースは，こうした農業保護への批判が表面化した1980年代初めからの英国世論の変化の背景として次の事実を指摘した。第一は，市場経済原理の復活と福祉予算の削減を標榜するサッチャー政権の成立（1979年），第二は，CAP予算の急増とイギリスの負担の増加とEC内での負担の不公平の顕在化，第三は，小麦を含む食料自給の増大が化学肥料・農薬使用の増大や農村景観を破壊する耕地拡大によって支えられてきたことに対する，環境保全団体からの批判の高まりであった[74]。

72） Ian Hodge, The Changing Place of Farming, in *ibid.*, pp.40-41. ホッジは，CAPによって消費者は利益を得ているかというECでの世論調査（1987年）では，EC10か国（加盟直後のスペイン，ポルトガルを除く）でイギリスでは否定的意見が最も大きかった事実を紹介している。p.122.

73） R.W. Howarth, *Farming for Farmers ? : A Critique of Agricultural Support Policy,* Institute of Economic Affairs, 1985, chap.5: The Case against Support.

74） *Ibid.*, chap.1: The 'Great Debate' on Agriculture. 農業保護批判の発端となったのがR. ボディ『農業：功績と恥辱』(Richard Body, *Agriculture: The Triumph and the Shame*, Temple Smith, 1982) であった。この書物は，戦後の保護の下での英国農業の「功績」の裏面をなす

農業保護批判の高まりは，自給化と食料安全保障とのつながりに対する疑問を生むことにもなった。その典型例が，I.M. スタージェス（ケンブリッジ大学）の「連合王国ならびに EC における自給と食料安全保障」（1992 年）と題する農業経済学会会長就任演説である。スタージェスは，EEC 結成を定めたローマ条約 39 条では「食料供給の安定（security of food supply）」という言葉は見られるものの「自給（self-sufficiency）」という言葉はなかったが，時代とともに「自給」が政策目標化され，1962 年の CAP 策定においては「食料生産の自給達成」が主要目標とされるに至った事実，またイギリスでも 1975 年・79 年『白書』によって「食料生産拡張政策」が正当化され，「国家的自給の拡大による食料安全保障の追求はほとんど留保をつけずに擁護される」に至った事実を指摘した。そのうえで彼はこう記した。「こうした感情への支持は，今では，ロンドンでもブルッセルでも公式には弱まっている」，と。

彼は有事ならびに食料禁輸措置が取られた場合の価格・供給状況の変化などを検討して，食料安全保障向上のためには自給拡大よりも「消費

「恥辱」を暴きだした。自らが農業者であり，農村選挙区選出議員である著者の厳しい農業保護批判は，世論を大きく刺激した。ボディは，1980 年代初めの――2 世紀ぶりに小麦の自給を達成した当時の，そしてサッチャー政権の下での――イギリス農業の現状をこう描いた。「英国は世界の極めて繁栄した地域のまさに典型的な種類の農業を有している。それは膨大な政府資金によって支えられ，産出量の着実な増大を――だが，多大なコストを払って――もたらしている。公には，産出量の増大についてわれわれはたっぷりと聞かされている。だが，そのコストについては最近まで聞かされることはほとんどなかった。英国農業者は，……苦境にあり政府の補助金で支えられる造船所や自動車工場，また船渠といった現場の労働者よりもはるかに国家の負担になっている」(Introduction)。ボディは農業保護を厳しく批判し，集約的農業による農村景観の破壊を批判しつつも，農村景観を保全する目的での農業者への補助金付与は，自由貿易政策とは矛盾しないと述べた (pp.78,98)。環境保護意識の高まりを読みとれる。

『エコノミスト』誌（1992 年 12 月 12 日）は，農業保護の世界的拡大と GATT ウルグアイ・ラウンドでの農産物貿易自由化交渉の進捗の停滞とを批判して「新穀物法」と題する特集記事を組んだ。そこでは 1985 年のデータに基づいて，農業者の総所得に占める補助金・税の割合と面積当たりの化学肥料使用量の相関を表す「保護と汚染」と題する図によって，EC10 か国ではそれらがともに高い位置にあることが示された。ちなみに，両者が最も高かったのが日本（次いで韓国）であった。*Economist,* The broken Ground, 12 December 1992, p.17. 環境保護運動の高揚は，1986 年農業法第 17 条に，「安定的かつ効率的な農業の振興と管理」とならんで，「自然景観と……田園地域の快適さ，および考古学的諸特徴の保全と強化」の必要を組み入れることになった。化学肥料の多投や家畜糞尿の未処理が原因でイングランド東部，ミッドランドの穀倉地帯での地下水の硝酸塩濃度は基準の 2 倍を超えていた。福士正博『環境保護とイギリス農業』日本経済評論社，1995 年，16-17，203 ページ。

調整の準備」，食料・原料などの「在庫ストックの貯蔵」，「輸入による恒常的供給ルートの確立」の方が重要であると結論し，就任演説をこう締めくくった。「多くの国々が国内〔食料〕価格を世界貿易価格にリンクさせることを認めれば認めるほど，世界市場はより安定し，また食料安全保障のための〔自給拡大という〕国家的政策の必要性は小さくなる」，と[75)]。

スタージェスの主張の10年以上前に，リッソンは『自給と食料安全保障』（1980年，前掲）で，食料自給向上の行く末をこう指摘していた。すなわち，食料輸入先進国には，緊急事態に備えて，国内資源から国民の「最低食料必要量（minimum food requirements)」を満たす能力と両立する程度の自給を目指す強い論拠が存在する。しかし，食料供給の安全を増すために自給率を高めようという主張は，国民の最低栄養ニーズを超えた国内生産水準に達すると，その論拠を急速に失う，と[76)]。

2世紀ぶりのイギリスでの小麦自給化は手放しでの賞賛の対象ではなかった。

75） I.M. Sturgess, Self-Sufficiency and Food Security in the UK and EC, *Journal of Agricultural Economics,* Vo.43, No.3, 1992, pp.313,315,324-25. ちなみに，1987年には小麦・大麦の年間消費量（食用・飼料用）のほぼ1年分が貯蔵されていた。L.A. Winters, Digging for Victory: Agricultural Policy and National Security, *The World Economy,* Vo.13, No.2, 1990, p.186. この論説は，食料安全保障という目的のためには，食料よりも石油・窒素肥料の備蓄の方が重要だと主張する。

76） Ritson, *Self-sufficiency and Food Security*, *op.cit.*, pp.65,70.

終章

穀物安定供給

18世紀後半のアダム・スミスから1970・80年代の『白書』や著作までの，穀物生産と穀物貿易に関する経済学者たちの，また政策担当者たちの主張を俯瞰したうえで，幾つかの問題を示しておきたい。以下①から⑧は，本書各章の論点整理を兼ねる。

① スミス，マルサス，リカードウといった古典派経済学者にあっては，彼らそれぞれの経済学の体系が，穀物の生産，分配に関する法則を基軸に，またそれと関連づける形で構成されていた。スミスにあっては，彼の言う「商業的社会」成立に至る歴史的視点と合わさって，資本主義分析において地代論や穀物の「真の価値」論に見られた，理論上の恣意的想定を生むという犠牲を払って，人間存在に，すなわち労働力の再生産に不可欠な材としての穀物の重視というスタンスが保持された。マルサスは，需要供給という「経済学の一般原理」に基づく地代論に依拠して，穀物の本源的意義に関わる論点を交換価値分析のなかで処理しようとしたが，結局は経済学を超える「得策（policy）」と言う基準によって穀物のもつ意義を確認することになった。リカードウは，穀物の人間存在にとっての（使用）価値とは切断された，生産性に規定された穀物の価値が一国の経済発展を究極的に左右するという主張を一貫した論理で打ち立て，穀物法廃止の理論的根拠を据えることができた。

② スミス，リカードウにあっては，穀物の自由貿易はイギリス農業に大きな打撃を与えるほどの穀物輸入を招来しない，リカードウの言葉を使えば，穀物自由貿易下においてイギリスは「一大農業国」に留まると，と想定されていた。マルサスにあっては，「一大農業国」に留まる

ことがイギリスのような大国にとっては大前提であるが，穀物自由貿易はその前提＝農工並立国を崩しかねず，そのために農業保護が「得策」として主張された。

③　自由貿易下での「一大農業国」存立の条件は，(1) ジェイコブが分析したように，ヨーロッパの穀物輸出国での輸出能力の構造的低位，(2) ウィルソンやポーターが論じたように，イギリス農業の改良の進展，に求められた。そうして，ルークにあっては進んで，「一大工業国」であることが「一大農業国」であるための条件とさえされていた。

④　穀物の安定供給維持のためには，国内農業の改良に加えて，輸入の途絶の恐れのない植民地からの穀物供給が安全弁として必要とされた。とりわけウェイクフィールドにあっては，植民地の概念が拡張されることによって，自由貿易下での穀物の安定供給を保証する枠組みが組織的植民を通じて形成された。

⑤　穀物法廃止直後の小麦輸入の急増にもかかわらず，多くの経済学者はそれを一過性のものとして理解しようとした。しかしながら，小麦輸入源のヨーロッパからアメリカへの移行によって，「一大農業国」維持が困難になるにつれて，ケアードのように現状を追認する形で，穀作から畜産へのイギリス農業転換の主張が生まれた。一方で穀物自給率の低下は，同時に安価な食料の輸入を通じて，イギリス国民の食生活を向上させた。これを背景に，ジェヴォンズに見られるように，人間存在に不可欠な穀物という観点と穀物生産過程に関する関心とは，輸入も含めた穀物供給の豊富のなかで消失し，穀物を含めたすべての財の価値は希少性によって規定されるとする消費の観点からの経済学が生まれた。

⑥　20 世紀初頭に，穀物自給率低落がもたらす「国力」の低下を正すために，カニンガムのように帝国特恵を通じて「自給帝国」を創出しようという，関税改革運動が生まれた。これに対して，帝国特恵は合衆国をも含む「連邦化されたアングロ - サクソンダム」成立を阻害するとして，関税改革運動に反対したマーシャルは，イギリスが保持してきた「産業上の主導権」の「アングロ - サクソンダム」への解消を，一面では不可避の，そして一定の満足をもって受け入れた。マーシャルにとっては，穀物自給率低落をもたらす「新国」からの安価な穀物輸入は，収穫逓減という自然の制約を人間の努力が克服する過程を表現する

ものであった。彼は準地代概念を創出し，それを人間の努力にも適用することによって，生産要因として彼が重視した「組織」に理論的根拠を与えることに成功した。

⑦　二つの世界大戦は，食料安定供給の重要性を，すなわち，食料供給の一時的途絶は国の存立に関わる重大事であることを国民全体に知らしめた。戦中は政府による食料生産・分配への統制がなされ，多くの食料の配給が実施されたが，ベヴァリッジが示したように，パンは配給の対象にされなかった。食料供給全体が制約を受けるなかでは，パンは自由な購入が認められる最重要な食料として位置づけられた。第二次大戦においては，オールに見られるように，戦時国内食料政策論に加えて，戦後の飢餓と貧困とから解放された「豊かな世界」実現のための世界食料政策論が提示された。しかし戦後の世界食料危機のなかで，実効性の乏しいパンの配給制実施に象徴されるように，戦中にその地位を高めた小麦の政治化が顕在化した。さらに，イギリスはカナダとの小麦輸入協定を結んで，世界食料危機のなかで自国への小麦安定供給の方途を独自に追求した。こうしてオールが唱えた，緩衝在庫を通じる世界への食料安定供給構想は，アメリカも含む大国のナショナル・インタレストの前に挫折を余儀なくされた。

⑧　第二次大戦後のイギリス農業政策の特質は，「効率的で安定的な」農業生産の発展という，容易には両立できない目的を掲げた1947年農業法以降，生産者への補助金，EC加盟後は共通農業政策の下での輸入課徴金と域内市場介入を通して，一貫して国家が食料生産に関与し保護し続けたことにある。これは，農業への過大な補助が問題視され，「国民経済における農業の位置」が重要な論争点をなしたにもかかわらず，そうであった。こうしたなかで，イギリスの穀物生産は増加を続け，1980年代には小麦の自給を実現した。この背景には，パン消費の減少と小麦の飼料使用の増大，また製粉・製パン技術の革新による英国産軟質小麦の製パン使用比率の増加があった。イギリスでの小麦の自給化は，小麦以外の食料自給率全般の高度化とEC全体での食料の過剰生産を伴った。小麦自給化を支えた論理は，イギリスのEC加盟と同時に生じた世界食料危機のなかで，先進国の食料自給率向上は食料危機に対する自国の安全保障に資するとともに，食料危機が加重した途上国での

貧困と飢餓に対する抑止（＝途上国の必要とする穀物を先進国は奪わない）として作用するというものであった。だがこの後者の論理は，途上国経済発展への展望を欠く，先進国のナショナル・インタレストを前面に押し出すものであった。また国内的にも，イギリスを含むECの食料自給化政策は，その達成が過剰食料処理のコストという問題を表面化させて，自給化政策自身への批判を生むことになった。

以上の各章の論点整理を踏まえて幾つかの問題を提示したい。

第一に，200年に及ぶイギリスの穀物をめぐる議論の歴史のなかで，穀物の自由貿易によって穀物自給率が大幅に低下し「一大農業国」に留まれなくなった時代においても，食料安定供給への国家の関与は表面化するにせよ，しない（＝関与の強化なしに穀物安定供給が可能）にせよ，続けられた。ここでの最大の政策目標は自給ではなくて――可能な限り安価な――安定供給であった。19世紀末の穀物自給率の決定的低落から第一次大戦までが，国内穀物生産の減退にもかかわらず，しかも国家関与の強化なしに穀物安定供給が可能な時期であった。「週末しか自給しない国民」という言葉は，一面では食料供給の不安定を表現するものではあるが，他面では「週末しか自給しなくとも」食料安定供給が実現されていたという現実を表すものでもあった。

穀物法の廃止（1846年）は，少なくとも1860年代まではイギリス穀物生産の決定的低落を生まなかったし，しかも一方では，植民を通じた帝国からの穀物供給の増加が模索された。また，国家の強い関与なしには食料供給維持が不可能な状況が生まれた二つの世界大戦においては，国内穀物増産政策が実施された。これらの政策によっても過半の穀物の外国依存という事情は変わらなかったが，国内，帝国，さらには合衆国，経済帝国とも称しうるアルゼンチンなどとの経済的・政治的関係のなかで，国家の存立にかかわる食料供給維持のための努力が行われた。とりわけ第二次大戦直後の世界食料危機においては，イギリスは帝国の一員カナダとの経済的・政治的繋がりを最大限に活用して，国際的批判にもかかわらず自国への小麦の安定――しかも当時の状況では安価な――供給を図った。

さらに第二次大戦後全般にわたって，イギリスの厳しい国際収支状況とECに比して良好とは言えない経済実績とのなかでは，国内農業生産の輸入節約効果を考慮しつつ，国際的に見て高いコストにもかかわらず農業保護策が一貫して実施された。こうした努力が，EC共通農業政策の下での1980年代の小麦自給化の達成につながった。

問題は，穀物の国内自給か否かというよりも，穀物安定供給のために，いかに国内生産ならびに輸入の条件を整備するかにあった，と言うべきであろう。そして生産・輸入の条件整備にあたっては，時々の国の経済力（国内生産維持のコストと穀物輸入支配の程度）に依存するところも大きい。第一次大戦前の，食料輸入の安全を保障するための海軍力整備，さらには特にカナダ西部穀倉地帯への資本と労働の植民やアルゼンチンへの資本輸出も，その例となるであろう。チェンバレンが主張した帝国での穀物生産増大のための帝国特恵は実現しなかったが，19世紀末からの資本輸出と植民がカナダをはじめ帝国の穀物生産を急増させて，「自給帝国」の基礎が強化された。こうした基礎のうえで，第一次大戦中の帝国ならびに合衆国との経済的繋がりが，食料供給の一時的危機が戦争の帰趨を制するに至る危険を未然に防いだ。

A.W.クロスビーは，ヨーロッパからの移民が多数を占める地域（カナダ，合衆国，アルゼンチン，ウルグアイ，オーストラリア，ニュージーランド，さらにブラジル南部といった温帯地方で，北半球・南半球のちがいはあるがほぼ同じ緯度の地域）をネオ・ヨーロッパと呼んで，そこからの食料輸出がきわめて大きく，1982年には小麦の世界貿易額180億ドル中，ネオ・ヨーロッパからの輸出が130億ドルを占めた事実を指摘している。さらに，1840-1930年の間にヨーロッパ人口は1億9,400万から4億6,300万人に増加する一方，5,000万人を超える人口がネオ・ヨーロッパに移住したこと，1750-1930年の間にネオ・ヨーロッパの人口は14倍以上の増加を示し，その増加率はアジアを始め他地域をはるかに凌ぎ，同地域での豊かな食料生産が人口急増を支えたこと，さらに今後の世界人口の増加が，500年前には小麦も大麦もライ麦もなく，牛も豚も羊も山羊もいなかったネオ・ヨーロッパの食料生産の増加にかかっていると結論した[1)]。長い視野で見れば，イギリスの組織的植民の努力も，

1） アルフレッド・クロスビー『ヨーロッパ帝国主義の謎：エコロジーから見た10-20世紀』佐々木昭夫訳，岩波書店，1998年（原著は1986年），プロローグ，371-72ページ。

豊かな食料生産を求める，ネオ・ヨーロッパとの経済的繋がりの一環であった。

第二に，穀物安定供給のための政策は，その時点での世界の穀物生産・輸送状況と自国の穀物支配（輸入）能力と自国での穀物生産コストという――さらに政治的環境を加えるべきであろうが――，相互に関連する要因のなかで策定された。ジェイコブの調査が示した，19世紀前半の大陸ヨーロッパでの穀物輸出能力の構造的低位を前提にすれば，事実上の穀物の自由貿易を行い，またそれによる（けっして大量にはならない）一定量の穀物輸入の継続こそが，かえって穀物安定供給をもたらしえた。またニコルソンが述べたように，19世紀後半以降の合衆国，カナダでの西部開拓による穀物生産の急増という状況のなかでは，大量の穀物輸入を阻止するためには，それを実施すればかえって穀物安定供給という目的を壊しかねず，経済的には実施不能なほどの高度の保護主義が必要とされたのであり，こうしたなかでは「一大農業国」に留まるための保護政策は行われなかった。

さらに1980年代にイギリスならびにECでの穀物の過剰をもたらすことになった，とくに1970年代前半の世界食料危機のなかでの自給向上政策は，世界的に不足する穀物を途上国のために留保するという論理でいくら補強しようと，途上国の経済発展の制度的道筋が国際的に提示されない以上，先進国のナショナル・インタレストを前面に出すものに他ならなかったが，国際的に見て高コスト農業を維持する経済力をイギリス（またEC）が保持していたからこそ自給向上政策が実施可能であったとも言える（対照的に，70年代に外資導入を進めた多くの途上国は，80年代に至って累積債務問題を表面化させる）。だが自給が過剰を生み，共通農業政策（CAP）の財政コストの負担が限界に達すると，CAPはヨーロッパ統合の象徴から統合の阻害要因に転化した。

イギリスが穀物自給化を達成し，またECでの過剰食料処理問題が顕在化した1986年に開かれた，GATTウルグアイ・ラウンドにおいて，アメリカ農務長官は「開発途上国は自力で食べられるようにならなければならないという考えは，もはや過去の話であり，時代錯誤です。より安価なアメリカ産農産物に依存したほうが，彼らの食料安全保障はより確実なものになる」と述べた。その2年前の1984年には，世界穀物生産が史上最高との見通しが出されたにもかかわらず，エチオピアをはじめアフリカでの飢餓状態が生じ，世界の緊急援助が要請されていた[2)]。国レベルでの食料生産基盤の崩壊のうえに，すなわち「食料主権」の完全な放棄のうえに成立する「食料安全保障」は，世界の，またアメリカの食料供給状況と条件（遺伝子組み換え作物など）への全き依存を意味するものに他ならない。この時点での途上国の多くは，第二次大戦後のアメリカの，公法480号に象徴される米国産食料への依存の恒常化を目指す食料戦略のなかで，また累積債務への対処のために自国農業の単一（大量生産型）作物生産への編成替えを強いられ，自国の食料生産基盤を崩壊させており，食料の純輸入国化していたのである。

アスターとロウントリ『農業のジレンマ』（1935年）は，第一次大戦での食料供給不安の経験を経て，しかも第二次大戦の予兆が迫るなかで，24%という低い小麦の自給率にもかかわらず，平時の食料輸入こそが船舶・造船業という食料輸送手段を拡大させ，また食料輸出国との良好な経済的・政治的関係を維持し，ひいては戦時の安全保障につながると論じ，平時での小麦自給率の引き上げは非経済的であり，実行不可能と結論した。と同時に，この著作は，戦時に備えた小麦の大量備蓄（年消費の1/4）政策のコストは自給率2倍化のそれよりはるかに小さいと論じ，備蓄政策の有用性を強調した[3)]。

小麦の大量備蓄が可能であるためには，ケインズの「食料ならびに原材料の政府備蓄政策」（1938年）からも明らかなように，輸入による小麦支配のための経済力が前提となることは，言うまでもない。第二次大戦前の，経済的にはなお強固な地位を誇るイギリスの食料政策と，50年後の合衆国の影響のもとにあるグローバル化した世界での途上国とで

2）ポール・ロバーツ『食の終焉』神保哲生訳，ダイヤモンド社，2012年（原著は2008年），236ページ。アフリカ21か国で3,000万人以上が飢餓にさらされた事実を，FAOはこう記した。「逆説的なことだが，1984年はまた農産物豊作の年であった。世界の穀類生産は9-10%増加した……一方で，アフリカでの痩せ細った飢えに苦しむ人々の姿がテレビで繰り返し放映された」。そしてこうした現実を「前例のない飢餓と栄養不足に直面する制御困難な食料余剰，という現代の冷厳なパラドクス」と呼んだ。FAO, *The State of Food and Agriculture 1984*, 1985, pp. v, viii.

3）*The Agricultural Dilemma, A Report of an Enquiry organized by Viscount Astor and Mr. B. Seebohm Rowntree*, London, 1935, chap.4 ‘Security in War’. 本書のドラフトはH.D. ヘンダーソンが書いた。服部正治『イギリス食料政策論』日本経済評論社，2014年，16ページ以下。

は，置かれた状況はまったく異なる。しかもそのイギリスにしても，第二次大戦以前の投資収支・サービス収支黒字で食料輸入を賄えた国際収支構造が崩壊した大戦後には[4]，戦後農業政策の基本を据えた1947年法によって，農業政策のなかに国際収支問題を内包させる形で，農業保護による国内生産増加の方針を確認した。

さらに，1980年代に農業保護を厳しく批判し，CAPからの離脱を訴えたホワースは，輸入課徴金を全廃してイギリスの食料価格が世界価格に低下した場合には，平均して温帯性食料について約25%の価格低下が生じ，それによる国内生産の減少を15%と想定した。彼は，それでも，現在自給率が80%の「温帯性食料については2/3程度の自給がなお保持される」と述べ，現在の英国の食料消費量の2/3が人口に均等に配分されれば，「人口が十分に生存できることに関しては――もちろん食の多様性は減るが――ほとんど疑問の余地はない。栄養学者たちはあまねく，われわれのほとんどは健康にとって良好な量よりも少なくとも1/3は過剰に食べているという点で，一致している」と，楽観的な見通しを述べた。25%の価格低下が15%の産出の減少で済むのかどうかは別にして，こうした議論ができるための前提は，経済的コストを払ったこれまでの農業保護の結果として全体として80%の自給率が――しかも主要食料については自給が――達成されたという現実があったことは，忘れてはならない[5]。

第三に，経済学における穀物の地位は限界革命以降明らかに低下した。第1-3章で見たように，古典派経済学者にあっては，彼らそれぞれの経済学の体系が，穀物の生産，分配に関する法則を基軸に，またそれ

4）ハロッドはポンド危機の最中に書かれた「イギリス問題」（1965年）で，戦後20年もたつのに，大戦による対外金融資産喪失と対外債務増大とがもたらした英国経済の「構造的不均衡」は未だ解消されていないと述べた。彼は，「戦争にまで遡らなければならないのはうんざりだが，遡らなければ問題の真相を無視することになる」と，かつての経済大国が1年足らずの間に二度も巨額の救済を受けるに至った状況において，輸入数量制限と賃金・配当の凍結を含む「非常事態宣言」を擁護した。R. Harrod, The British Problem, *Banker's Magazine*, November 1965, pp.289-90; 服部『自由と保護』（増補改訂版）ナカニシヤ出版，2002年，278ページ。

5）R. W. Howarth, *Farming for Farmers ?*, IEA, 1985, p 124. 同じく第10章で見た，食料供給の安全を増すために自給率を高めようという主張は，国民の最低栄養ニーズを超えた国内生産水準に達するとその論拠を急速に失う，と論じたリッソン（『自給と食料安全保障』1980年）についても，国民の最低栄養ニーズの国内での充足が前提となっている。

に関連づけて構成されていた。また——本書では，その総体的分析は果たせなかったが——，穀物法廃止直後に主著『経済学原理』（1848 年）を公刊した J.S. ミルについても同様の位置づけができるであろう。言葉を足せば，穀物の生産・分配という問題と一国経済全体の問題が，彼らそれぞれの理論的枠組みのなかで，何らかの関係づけを与えられていた。序章で書いたように，「経済学が人間の織り成す社会的行為の結果としての社会の物質代謝過程を総体的にとらえようとする限り，人間の存在を，すなわち労働力の再生産を可能にする食料，そのなかでも穀物は最重要な位置を占めるはずである」。この言葉は，古典派経済学においては，おそらく直接に——穀物生産・分配と相即する形で経済全体が論じられたことで——当てはまる。

だがそれ以降の経済学の展開は，ジェヴォンズに典型的に示されるように，財の生産過程への関心は背後に退き，すでに存在する財の効用を消費の観点から評価するという理論に変容した。財の効用は「人間の欲求に対する関係から生ずるその物の状況」と関係づけられた——米農務長官の，国内食料生産のない完全な食料安全保障という発言はその行き着く先である——。たとえ『石炭問題』においてジェヴォンズが，アメリカからの穀物輸入への対価としての工業生産の基礎に石炭を置き，イギリス経済の将来を石炭生産の推移に基礎づけたとしても，少なくともこの論点は彼の『経済学の理論』に組み入れられることはなかった。

おそらく古典派以降の経済学の展開において，自らの経済学体系と穀物の本源的意義とを関係づける理論的可能性を有したのは，マーシャルであった[6]。だがそのマーシャルにしても，眼前の安価な穀物の大量輸

6） マーシャルと同時期のニコルソンは，第 7 章で見たように『穀物法の歴史』を書き，しかも彼の『経済学原理』（全 3 巻，1893，1897，1901 年）は「生産」「分配」「交換」「経済進歩」「政府の経済的機能」という 5 つの編から構成されている。だが服部「J.S. ニコルソンの自由貿易論」（『立教経済学研究』第 44 巻 4 号，1991 年），「J.S. ニコルソンの〈帝国主義の経済学〉」（『同』第 45 巻 4 号，1992 年）が指摘したように，関税改革批判の立場から帝国外の自由貿易に対する留保の立場に移行したにもかかわらず，その後も内容の更訂なしに『経済学原理』の版を重ね続けたニコルソンは，自らの見解の変化を状況の変化に求めたものの，見解の変化は『経済学原理』という理論の変更を必要としなかった。この点が象徴するように，彼の歴史的事実に関する博識が「生産」から始まる全編に示される『経済学原理』は——各所に，穀物に関する叙述を含むものの——，一国経済全体のあり様を穀物に関わらせて展開することはなかった。

入を，収穫逓減という自然の壁を人間の努力が前方に押しやる過程の一齣として，楽観的に把握することによって，穀物と一国経済全体とを関係づける理論的可能性は閉ざされた。マーシャルは，一国の経済的・文化的特質を表現する「産業上の主導権」をイギリス一国で維持するのは困難だが，アングロ - サクソン全体にそれが解消されることを通じて進化すると論じたが，途上国全体が工業化を進める遠い将来に至るまでは，アングロ - サクソンを中心にした――さらにはそれ以外の帝国も含めた――「新国」からの輸入で，イギリスへの安価な穀物の供給は保証されると考えた，と思われる。

マーシャル以降の経済学者にあっては，穀物供給問題は，自国生産と輸入による供給とをめぐる，それぞれ個別の時論としては論じられても，各自の経済理論を基礎づける論点とはならなかった。ベヴァリッジの『イギリス食料統制』はカーネギー財団「〔第一次〕世界大戦の経済社会史」の1冊として，戦時食料統制の展開の歴史的叙述とその教訓とから構成されており，彼の経済学とは直接の関連を有しない[7]。

またケインズの――本書でも折々にそれを紹介してきた――多面的な活動は多くの穀物・農業に関する論説を生んだし，第8章で見たように，相対的に小さな割合の穀物過剰が世界的価格暴落をもたらすという現実をコントロールする（=「狂気のパラドクスからの脱却」の）ために，彼は緩衝在庫案を提示して世界的な穀物価格安定策を提示もした。だが，彼の『雇用，利子および貨幣の一般理論』（1936年）は表題が示すように，不完全雇用と不安定な経済循環の下での雇用量決定の理論であり，穀物供給問題は直接の論点ではない。『一般理論』のなかで小麦（穀物）への言及は極めて少ないが，言及される場合でも――例えば資本の物的生産力定義の例としての小麦（第11章「資本の限界効率」）や貨幣の利子率に類比した小麦の利子率（第17章「利子と貨幣の基本的性質」）といったように――小麦に独自に意味は付与されてない[8]。

7） 失業―福祉国家論の視角からベヴァリッジの膨大な経済論策を取り上げ，彼の経済思想の全体像を示した小峯敦『ベヴァリッジの経済思想』昭和堂，2007年においても，『イギリス食料統制』については出版の事実が記されているだけである。

8） 『一般理論』では，景気変動要因としての農業の意義は現代世界では極めて小さくなったと判断される。その理由として，第一に全産出量に占める農産物の割合が著しく低下したこと，第二に両半球に及ぶ世界市場の発達が，豊作と凶作の効果を均等化させたこと，

また第 9 章で見たオールにしても，後に FAO 初代事務局長に就任するものの，彼は栄養・生理学者であって経済学者ではない。さらに第 10 章で取り上げた，農業経済学を専門とする論者たちの英国農業問題に関する著作や幾つもの『白書』も，そのほとんどが特定の論点に関する時論が中心であり，それから彼らの経済学の骨格を推し量ることは困難であった[9)]。

第四に――これは第三の問題とも関連するが――，英国食生活におけるパンの地位の低下に象徴される食習慣の変化がもたらす，途上国での穀物消費との格差の拡大という現実である。第 8 章で見た，パン消費の歴史的減少傾向を指摘したロイドとオールの主張から明らかなように，「健康を守る食料」としてのミルクの食生活における意義は強調されても，「エネルギーを生む食料」としてのパン消費は――低い自給率の下でも――すでにイギリス国内では必要基準が達成されているという認識が前提されていた。オールの世界食料政策論においても，イギリスでの小麦生産は重視されていない。第二次大戦後も引き続いたパン消費の減少は，小麦の自給を達成した 1980 年代中盤には戦中の半分（1 人あたり年 50kg 以下）の水準にまで落ちこんだ。パンを含めた穀類全体の消費量も 1945 年の 6 割程度に減っている。

EC 加盟以降の小麦生産量の増加と食用小麦消費の停滞と小麦輸入の減少は，小麦の飼料使用と輸出との増加を伴った。飼料として使用された小麦は最終的には人間の口に入るにせよ，牛・豚・羊・家禽などの飼育のためには，人間の口に入るそれらの重量の数倍以上の小麦が必要である。1988 年度にイギリスに供給された小麦の内で，直接人間の口に入った量（400 万トン）よりも多くの量（630 万トン）の小麦が動物の口に入った[10)]。こうした事情においては，小麦（穀物）は人間存在に不可

が記された。『ケインズ全集第 7 巻』塩野谷祐一訳，東洋経済新報社，1983 年，330-31 ページ。

9）ホワースは，第二次大戦後から EC 加盟までのイギリス農業保護（価格維持・助成金）政策に対する農業経済学者からの批判は――本書でも言及した E. ナッシュ，G. マクローンやオクスフォード農業経済研究所などを除いて――少なかったと指摘し，その背景に英国農業経営者団体（NFU）をはじめとする各種農業者団体ならびに農務省と農業経済学者とのさまざまな繋がりの存在を記している。Howarth, *Farming for Farmers ?*, *op.cit.*, pp.104-05.

10）1988 年度に人間用として製粉された小麦 510 万トンの内約 400 万トンが小麦粉として使用され，110 万トンの麩などが飼料用として使用された。これに製粉されずに

欠ではあるが，その不可欠さの程度は——小麦の自給化のなかで——明らかに小さくなった。

食物史家オッデイは，1890年代から1990年代までのイギリスの1世紀の食事の変化を「質素な食事（plain fare)」から「フュジョン・フード（fusion food)」へ，と特徴づけた。彼は，この1世紀のなかで1970年代までは食の嗜好が徐々にしか変化しない相対的に安定的な時期であったが，最後の四半世紀にはスーパーマーケットの拡大とファストフード産業の発展とに象徴される（世界の至る所で同じものを食べる）大量生産加工食品の普及によって，「英国の食のアメリカ化」が進み英国の食の習性ははっきりと変化した，と記した。この意味で「20世紀は食料消費の不足からその過剰への漸進的な移行の時期であった」[11)]。パン消費の減少のみならずこうした食生活の変化は，「命の糧」としての穀物の意義を低下させていた。『連合王国における国民的食料政策』（1979年）と題する著作は，第二次大戦前には，病気がエネルギーならびに栄養の不足と関係づけられたが，現在では，病気はエネルギーならびに特定食物——加工食品，添加物——の過剰消費と関連づけられていると，食習慣の変化がもたらした問題を指摘していた[12)]。

ただしその一方で，1990年代初頭には，食事エネルギー必要量（タンパク質，炭水化物，脂肪）を充たせない状況が長期にわたって継続する「栄養不足」状態＝飢餓状態にある人は，世界人口の18.6%にあたる10億1,100万人に上っていた。開発途上地域ではおよそ4人に1人が飢餓状態にあった[13)]。イギリスではその意義を低下させていた小麦は，

直接飼料用とされた小麦520万トン（内，290万トンは飼料用加工業者が使用）を加えると，計630万トンがまずは動物の口に入ったことになる。N.L. Kent and A.D. Evers, *Kent's Technology of Cereals*, 4th ed., Pergamon, 1994, pp.302-03. すでに1970年代中葉には，イギリスの過剰な肉消費が飼料穀物輸入を必要としており，不健康の原因である肉消費を削減すれば穀物輸入減少は可能であり，潜在的には英国は自給状態にある，という主張も生まれていた。Kenneth Mellanby, *Can Britain feed Itself ?* , Merlin Press, 1975, pp.i,6-7.

11） D.J. Oddy, *From Plain Fare to Fusion Food; British Diet from the 1890s to the 1990s*, Boydell Press, 2003, pp.x,225,233.

12） Centre for Agricultural Strategy, *National Food Policy in the UK*, University of Reading, 1979, pp.9-10.

13） FAO, WEP, IFAD『世界の食料不安の現状：2015年報告』(http://www.fao.org/3/a-i4646o.pdf) 国際農林業協働協会，2015年，8,53ページ。ただしこの報告の強調点は，2015年までの飢餓人口の半減という事実である。

小麦を主穀とする世界ではなお「生命の糧」であり続けた。1980年代中葉でも，世界全体では小麦の2/3は——種子用を除けば70%以上が——食用に使用されていた[14]。

戦後食料危機のなかで公刊されたFAO『世界食料概観』（1946年）はすでに，栄養摂取の南北格差をこう指摘していた。世界人口の半数以上が1日平均2,250kカロリー以下（小売り段階）しか摂取しておらず，摂取カロリーの低い国の食事は主に穀類と植物であるのに対し，高い国では畜産物の割合が増す。畜産物生産のためには飼料として平均7倍のカロリー供与が必要であるから，オリジナル・カロリーで見た栄養摂取格差は大きい。例えば摂取カロリーに占める畜産物の割合が30%の北米と5%の南アジアでは，人間の口に入るカロリー格差は1,030kカロリーであるが，畜産物を通じて摂取する分を含めたオリジナル・カロリー格差としては5,650kカロリーにも達する，と[15]。しかも現代では，オリジナル・カロリー格差は畜産物消費のみが原因ではない。肉類，乳製品に加えて，トウモロコシから作られる種々の澱粉，コーンスターチ，さらにバイオ燃料消費などを加えれば，合衆国では，年間1人当たり1トン以上の各種穀類を直接・間接に消費していると言われている[16]。途上国との穀物消費格差は拡大している。

第五に，そして最後に，食料の海外依存がもたらす食料生産者と消費者との間の食料チェーン（生産，加工，保蔵，流通，そして消費）の空間的距離の拡大と，それに伴う生産者・消費者双方の間の意識のあり様という問題である。国家は国民経済レベルで生産・貿易を通じて食料安定供給維持のための政策を行うにせよ，国民大衆がそうした政策に信頼感を持つかどうかは別のことである。イギリスでは，20世紀初めには農業人口が全体の10%以下に減少していたから，ほとんどの国民は非農業人口（ステュアートの言うフリー・ハンズ）であり，ひたすら食料の消費者として，しかも食料の高い海外依存のなかで生産過程の情報からは切り離されたうえで，国家の政策の結果を受け取った。

F.トレントマンは，J.A.ホブソンの言葉（『産業システム』1909年）

14） Kent and Evers, *Kent's Technology of Cereals*, *op.cit*., table 15.1.

15） FAO, *World Food Survey,* Washington, 5 July 1946, pp.6-8,19.

16） 佐久間智子『穀物をめぐる大きな矛盾』筑波書房，2010年，8-12ページ。

──すなわち，過去の地域自給的な社会では農民は隣人に食を給するという意識を有したが，20 世紀初頭には合衆国ダコタの農民は，自ら生産した小麦をその長い旅の後にグラスゴウやハンブルクの市民に供することになるが，自分の農作業の社会的目的について以前のような感情を持つことはない──を引用したうえで，関税改革論争期の帝国主義的国家対立が激化しつつある国際情勢のなかで，イギリスは「食料〔供給〕の不安定」というリスクを抱えながらも自由貿易の継続を選択し，自らの食料安定供給を──帝国自給構想を否定して──世界市場における外国生産者に委ねるという自発的意思を表明したのは何故なのか？　と問うた。彼の回答は，遠く離れた外国からの食料供給を危険視するのではなくて，自由貿易こそそれ以外の選択肢よりも食料安定供給を保証するという信頼感をもち，食料を供給する外国生産者と自らの距離に架橋するような「消費者文化」がイギリスでは存在した，というものである。この「消費者文化」とは，彼の言う，自由貿易（がもたらす安価な食料とは区別される）の文化的・道徳的意味を支えた「市民 - 消費者」という国民大衆の成立であった[17]。

生産者の顔もまた生産現場も見えない遠距離からの食料供給への信頼が消費者の側から生まれた例を，トレントマンは帝国諸国の食料生産者に対する英国消費者の共感に認めている。それは 1920 年代に高揚した帝国産品購入運動に表現され，そこでは帝国産品消費を通じた帝国生産者に対する「思いやり」という意識が醸成された。この運動は「帝国フェア・トレイド」運動というべき性格のものであった。トレントマンは，生産者に対する共感を有する「市民 - 消費者」は，第一次大戦後の──19 世紀のコブデン的自由貿易主義の否定のうえに，本書で論じたロイドやオールに代表される，国家横断的協力と調整とを通じて生産者・消費者双方にとって「公正な」食料価格の安定を目指す──新国際主義に受け継がれ，さらに第二次大戦を経て，戦後の協同組合運動に地

---

17)　F. Trentmann, Coping with Shortage : the Problem of Food Security and Global Visions of Coordination, c.1890s-1950, in Trentmann and F. Just ed., *Food and Conflict in Europe in the Age of the Two World Wars,* Palgrave Macmillan, 2006, pp.13, 17-24.「イギリス国民の多数は，自由貿易が食料のより低廉な価格を意味したからそれを選択した，しかしながら彼らはまた，自由貿易が階級闘争やトラスト・カルテルや国際対立といった種々のリスクを制御可能にする社会システムと結びついていると見なしたから，自由貿易を選択したのである」(p.17)。

下水脈として通流し，しかも帝国に限定されずにグローバルな生産者を対象とする市民社会意識が形成された，と主張する。

そして1940・50年代の協同組合運動のなかでは，「地球上の消費者と生産者との間の倫理的絆を接合する，グローバル化を増した関係倫理」が生まれ，そうした関係倫理は後には，1970年代の世界食料危機における飢餓に対する世界的関心の高まりや近年のフェア・トレイド運動の高揚に受け継がれた，とトレントマンは理解する。つまり生産者と消費者の距離を拡大する食料チェーンの進化は，他方で，生産者と消費者がともに対等の立場で「共有された倫理意識」を創出する条件を――少なくとも1950年代までのイギリスでは，またその後も一定の範囲内ではあるが――生み出した，と言うのである。こうした「共有された倫理意識」は，先進国消費者から途上国生産者に対する慈善・思いやりという一方通行の意識ではなく，両者がともに対等の立場でのそれであることが，トレントマンには肝要であった[18)]。

だがしかし，多国籍アグリビジネスが食料生産・流通の大きな割合を支配する現代において，生産者・消費者が対等な立場で「共有された倫理意識」を保持することへの障害は増している。英国食習慣のアメリカ化が進み，スーパーマーケットでの加工食品購入が増し，持ち帰りや外食消費の増加のなかで，食材の調理自体が簡素化され，消費している食品が何から作られているのかも分かりにくくなっている現在，すなわち労働力の再生産において日々体内に取り込む食料に関して，一種のブラック・ボックスが存在する現在，生産者と消費者との距離――（J. クラップの言う）「食料生産の社会的・環境的インパクトについての〔両者の〕知識のギャップ」[19)]――は拡大している。生産現場においても，アグリビジネスの支配が拡大するばかりか，金融資本の農業生産・流通へ

18）　こうした理解については，服部『イギリス食料政策論』（前掲）付論を参照。トレントマンは，1950年代中葉まではイギリスにおいても，「健康を守る食料」の不足は低所得層でなお存在し，「第一世界」と「第三世界」との質的差異はなかったと指摘する。Trentmann, ibid., pp.37-38,42.

19）　J. Clapp, Financialization, Distance and Global Food Politics, *Journal of Peasant Studies,* Vo.41, No. 5, 2014, pp.798,807. 生産者と消費者との距離は，①地理的，②文化的，③両者の間の取引力の格差，そして④両者に介在するエージェントの増加，に概念化される。T. Princen, The Shading and Distancing of Commerce, *Ecological Economics,* No.20, 1997, pp.243-50.

の進出に伴い，農用地購入の増大と農業者の契約農家化が進行し，さらに食料投機の拡大の結果，食料価格の変動が拡大している。世界各地で食料暴動を発生させた2008年の穀類の価格高騰では，06年比（4月）で，小麦2.5倍，トウモロコシ2.5倍，大豆2.3倍とそれぞれ過去の価格変動の範囲を越えた最高値を記録し，食費比率の高い途上国貧困層の生活を直撃した。さらにアメリカ北中部主要穀類生産州では，小麦，その他穀類，牧草などの多作物・多年型輪作からトウモロコシ・大豆への作付転換が長期的に進行しており，小麦はもはや基幹作物とは言い難くなった現実すら生まれている[20]。

K. マルクスの次の言葉は引用するに値する。農業生産への工業的生産方式の導入による生産性向上は，「人間と土地との間の物質代謝を攪乱する。すなわち，人間が食料や衣料の形で消費する土壌成分が土地に還ることを，つまり土地の豊穣性持続の永続的自然条件を攪乱する。したがってまた同時に，それは都市労働者の肉体的健康と農村労働者の精神活動をも破壊する」[21]。

イギリスが小麦自給化を達成した1980年代以降，自給化に伴う経済的コストにとどまらず，農用地の環境保全，狂牛病発生に象徴される食料の安全，アグリビジネスによる途上国農業生産の利潤志向の強化，先進国低所得層と途上国での（加工食品摂取増加に伴う）健康問題[22]など，食料に関わる諸問題が世界的に顕在化している。労働力の再生産に必要な食料の摂取は，たんに資本にとって必要な労働能力の肉体的回復の前提であるばかりではない。労働を通じて社会とつながり，社会を形成す

20）磯田宏「米国におけるアグロフュエル・ブーム下のコーンエタノール・ビジネスと穀作農業構造の現局面」ならびに立川雅司「農業・食料の「金融化」と対抗軸構築上の課題」安藤光義・北原克宣編『多国籍アグリビジネスと農業・食料支配』明石書店，所収，2016年。

21）『資本論』第1部4篇13章10節「大工業と農業」。大月書店版『資本論』第1分冊，656ページ。

22）総摂取カロリーにしめる高度加工食品 (ultra-processed products) からの摂取量は，今世紀初頭にはカナダで5割を，ブラジルで1/4を越えた。多国籍アグリビジネスの拡大とともに，1980年代以降その比率は，伝統的食生活を解体しつつ，高・中所得国で高まった。高度加工食品は高カロリーで，脂肪分，糖・塩分を多く含むが植物繊維は少なく，総じて肥満をもたらす可能性が高く，食材そのものではなくてその加工過程から抽出・精製された成分から作られる。その高摂取がもたらす心臓疾患・糖尿病への影響がWHOからも指摘されている。C.A. Monteiro et al, Ultra-processed Products are becoming dominant in the Global Food System, *Obesity Review,* Vol.14, 2013.

る存在としての人間にとっては，食料の消費は社会的存在としての自らの肉体的・精神的陶冶の基本である。生産者と消費者との間の距離が量的にも質的にも長くなりつつある現在，上のマルクスの文章が示唆するように，食料の摂取と代謝を通じた労働能力の陶冶に関わる問題の解決はその意義を増している。こうした状況のなかで，ある研究者は「世界人口の多数にとっては，食料は単なる消費対象ではない。それは実際には生活の在り方である」と記した[23)]。

23） P. McMichael, The Power of Food, *Agriculture and Human Values,* No. 17, 2000, pp.31-32.

あとがき

2016年6月23日，EU残留（Bremain）か離脱（Brexit）かをめぐる国民投票で，イギリスのEU離脱が決まった。

「少なくとも英国では，かつてはまたおそらくは現在でも，CAP（共通農業政策）はEUの政策の中で愛されることの最も少ないものである」とは，国内やECの農業政策策定に関与した元官僚の言葉である（Richard Packer, Brexit, agriculture and agricultural policy, *Pointmaker,* Center for Policy Studies, 2017, p.2）。ただし農業問題は――この言葉にあるように，英国農業条件に十分配慮しないEUの官僚的農業規制への批判は強かったものの――直接の中心争点とはならなかったように思われる。今回の国民投票で主要争点となったのは，急増する移民とそれに伴う社会保障コスト問題，さらに政策決定における国家主権の回復という問題であった。前者については，農業・食品加工部門で移民労働比率が高いという意味では農業問題とは関係があるが，移民は農業関連部門でのみ存在するわけではない。むしろ農業をはじめ相対的に低賃金部門で必要労働力を国内では確保できないという現実に目が向けられるべきであろう。後者については，経済・政治統合を行う以上付いて回る問題であり，経済的利害の損得という基準だけで評価できるものではない。

第10章でも示したように，CAPに代表される農業保護は，ヨーロッパ統合の初期にはその「礎石」であったし，また1980年代以降は「障害」にもなりつつあったが，EU予算に占めるCAP予算の比率は，1970年代の70%超から――90年代のマクシャリー改革を経て，価格保証を通じた生産支持から生産と切り離された所得支持（全体の3/4を占める経営面積に応じた補助と農村発展に対する補助）へと保護内容が移行し――，現在では40%程度にまで低下している。こうして農業保護は，以前の価格・生産支持から，農業環境・農村地域維持を配慮しつつ，その重点を移しつつあるが，経営面積に応じた補助への批判は強い（D. Helm, Agriculture after Brexit, *Oxford Review of Economic Policy*, Vol.33, No.1, 2017）。ただし農業環境・農村地域維持のための保護に関しては，EU離脱・残留にかかわらず，その必要は前提とされていた。またイギリスがEU農業予算に支払う金額が，英国農業がEUから受け取る金額を上回るという事実は，経済規模に比した農業の割合が小さいイギリスにとってはEC加盟以降の変わらぬ現実であったから，今回の国民投票で初めて浮上した争点ではない。

一方で，イギリスの農産物全体の自給率（金額ベース）はこの30年間で80%弱から61%に低下している。第10章の最後で論じた時期が自給率のピークであった。現時点での自給率は小麦，大麦，オート麦，ミルクは100%以上であるが，牛肉83%，豚肉61%，羊肉93%，家禽86%，卵85%，ジャガイモ77%，甜菜55%，野菜類55%，果物類17%である（Department for Environment, Food and Rural Affairs, *Agriculture in the United Kingdom 2016*）。食生活においてその比重を増した野菜・果物の輸入依存が高い。両者は最大の輸入部門で，計59億ポンドに達する――ちなみに英国の小麦輸出額は3億8,300万ポンドである。英国農産物（食料・飼料・飲料。2016年）貿易は輸入426億ポンドに対して輸出201億ポンドであり，農産物貿易赤字は1990年代から増加傾向にある。また輸入の約7割，輸出の約8割がEUであった。英国政府は（関税ならびに衛生・植物検疫などの非関税障壁を含む）包括的な自由貿易協定をEUと締結することを求めているが，この交渉次第で，英国農産物輸出への影響は避けられない（House of Lords European Union Committee, *Brexit: Agriculture*, 2017）。

こうしたなか，EU離脱で英国農業はCAPの農業保護から解放され，食料自由貿易を通じて食料価格が低下し，また保護が誘導する工業的農業生産下での化学肥料・殺虫剤など環境負荷的農業から離脱し，農村景観の保全と地価の下落とを通じて，農業関係者を除く国民の大多数は利益を得るという，楽観的見方も生まれている（*Times*, Time to cut our greedy farmers down to size, 9 July 2016）。また，離脱によるポンド下落が英国小麦（またその他食料）の輸出競争力を大幅に強化しているという主張も散見される（*Financial Times*, UK wheat industry grinning from ear to ear, 22 July 2016）が，自給率の低下した英国にとって，ポンド安は利益ばかりではないことも明らかである。

多国籍アグリビジネスと金融資本とによる世界食料生産・流通・消費支配が強化されつつある現在，CAP から離れてイギリスが WTO の一員として食料貿易自由化の方向を選択しても，それは，世界規模での環境負荷的投入に依拠する工業的農業生産物という，しかも食品安全基準としては現状よりも低下した「安価な食料」輸入の増大と食料自給率の下落とを結果することになろう。EU 離脱後も農産物輸入への関税は不要ということにはならないであろう。第 10 章で見た，高いコストと種々の問題を抱える食料自給に対する批判は，それから約 30 年を経て低下しつつある自給率のさらなる低下の容認を意味するのだろうか。今こそ，食料生産（特に園芸・野菜・養鶏・家禽加工・食肉加工）部門において EU からの移民労働者依存が最も高いという現実の中で，環境・農村景観維持という目標を掲げつついかなる内容の農業生産を国内で確立するのか，そのための農業保護は——その大きさと在り方は——いかにあるべきか，が問われていると言うべきであろう。

N. ウッドの以下の言葉は，問題の所在と課題の困難とを示している。「英国は，外国からの輸入が自国の農業目標を圧倒してしまわないように保証しなければならない。すなわち，農業者が現在直面する課題は，英国自身の国内にある。……英国にとって最も緊急の目標はどのような種類の農業と食料とを発展させるのかを決定し，そうして〔離脱後に〕自由貿易協定を締結しようとしている世界の主要輸出国との交渉において自国利害を守ることにある。この協定締結相手国には，塩素洗浄した鶏肉販売の英国内での承認を自国農業者のために要求している合衆国も含まれる。だが英国の貿易交渉者が国内農業者にとって有利な条件を確保する可能性は低い。……この結果，新たな自由貿易協定は，国民的な農業の目的を守るどころか，安価な食料輸入の増加をもたらすことになりそうである。……英国の政策策定者は，自然的・人為的厄災に対するその場しのぎの対応を越えて，より効果的で信頼できる保護制度を確立しなければならない」（Ngaire Woods, Brexit is a chance for farming reform - but we must get the policy right, *Guardian*, 17 August 2017）。

本書を知泉書館から出版するに際して，大森郁夫氏からさまざまの便宜と教示と激励をいただいた。本書の出版が，研究者として長く交流してきた氏の早稲田大学退職に間に合ったのは，知泉書館社長小山光夫氏のご配慮の賜物である。また，本書で使った文献に関する様々の情報を提供していただいたのは，立教大学図書館相互利用担当 古澤良子さんである。

私事であるが，本書原稿の入稿直前にがんが見つかった。連日の検査，手術，入院，療養の日々を余儀なくされるに至ったが，なんとか本書を公刊できたのは僥倖というより他はない。最後に，長きにわたる研究者生活の内 40 年間共に過ごしてきた妻 都に最大の感謝の気持ちを述べたい。在職中はもとより退職後も研究に没頭できる家庭環境が整えられたのはひとえに彼女の努力のおかげである。あわせて農業を営む妻の実家からはこの 40 年間欠かさず米と季節の農産物が送付され，まさに穀物の安定供給が保証された。

人名索引
（アルファベット）

事項索引

あ　行

か　行

さ　行

た　行

な　行

は　行

ま　行

や　行

ら　行

服部 正治（はっとり・まさはる）
1949年生まれ。立教大学名誉教授。
〔主要著作〕『穀物法論争』（昭和堂，1991年），サミュエル・ホランダー『古典派経済学―スミス・リカードウ・ミル・マルクス』（共訳，多賀出版，1991年），『経済学のオプティクス』（共編，ミネルヴァ書房，1994年），『自由と保護―イギリス通商政策論史』（ナカニシヤ出版，1999年），『イギリス100年の政治経済学』（共編，ミネルヴァ書房，1999年），『経済政策思想史』（共編，有斐閣，1999年），『回想　小林昇』（共編，日本経済評論社，2011年），『イギリス食料政策論―FAO初代事務局長J.B.オール』（日本経済評論社，2014年），他。

〔穀物の経済思想史〕　ISBN978-4-86285-263-2

2017年10月25日　第1刷印刷
2017年10月30日　第1刷発行

著者　服部正治
発行者　小山光夫
製版　ジャット

発行所　〒113-0033 東京都文京区本郷1-13-2
電話03(3814)6161 振替00120-6-117170
http://www.chisen.co.jp
株式会社 知泉書館

Printed in Japan　印刷・製本／藤原印刷